科技基础性工作数据汇交与规范整编丛书

科技基础性工作数据资料编目与分析

（非资源环境领域）

诸云强　朱华忠　宋　佳　李威蓉　赵　硕等　著

科学出版社

北　京

内 容 简 介

　　本书是"科技基础性工作数据汇交与规范整编"丛书之一，介绍了科技资料编目的基础理论方法，阐述了科技基础性工作专项项目及其数据资料的编目方法与流程，编著形成了 1999～2011 年科技基础性工作专项非资源环境领域项目目录和数据资料目录。对 1999～2011 年非资源环境领域科技基础性工作专项项目及其产生的数据资料的类型、时空特征进行了分析，并构建了项目及数据图谱。

　　本书可为从事科学数据整合集成、编目、挖掘分析研究的学者、教学人员、研究生，以及科技基础性工作专项管理人员等阅读参考，也可供科技基础性工作专项数据资料用户等查阅参考。

图书在版编目（CIP）数据

科技基础性工作数据资料编目与分析：非资源环境领域/诸云强等著.
—北京：科学出版社，2019.10
　（科技基础性工作数据汇交与规范整编丛书）
　ISBN　978-7-03-062636-3

Ⅰ. ①科…　Ⅱ. ①诸…　Ⅲ. ①科学研究工作-数据-研究-中国　Ⅳ. ①G322

中国版本图书馆 CIP 数据核字（2019）第 223058 号

责任编辑：刘　超 / 责任校对：樊雅琼
责任印制：吴兆东 / 封面设计：无极书装

科　学　出　版　社 出版
北京东黄城根北街 16 号
邮政编码：100717
http://www.sciencep.com

北京建宏印刷有限公司 印刷
科学出版社发行　各地新华书店经销
＊

2019 年 10 月第　一　版　　开本：720×1000　1/16
2019 年 10 月第一次印刷　　印张：35 3/4
字数：670 000
定价：355.00 元
（如有印装质量问题，我社负责调换）

《科技基础性工作数据资料编目与分析（非资源环境领域）》作者名单

诸云强	朱华忠	宋　佳	李威蓉	赵　硕
杨雅萍	彭克银	何明跃	陈佑启	陈　艳
付　磊	庞丽娜	杨　眉	邹金秋	刘　燕
李金斌	乐夏芳	白　燕	王翰林	王晓爽

前　言

科技基础性工作专项是国家重大科技计划之一，其目标是通过考察、观测、探测、监测、调查、试验、实验以及编撰等方式获取到的数据、图集、典志、标本和样品等进行广泛的传播和共享利用，支撑科技创新、国家战略决策和社会经济的发展。

1999 年国家启动科技基础性工作专项以来，已经支持开展了数百个项目，产生了一大批重要的科技资料（数据、图集、志书、典籍、标准物质、标本、样品、标准规范等）。为了促进基础性工作专项科技资料的广泛共享与利用，2013 年科技部启动了"科技基础性工作数据资料集成与规范化整编（2013FY110900）"项目，其目标是：制定基础性工作数据资料汇交集成与共享服务的管理规范与技术标准，构建基础性工作数据资料集成服务环境，实现科技基础性工作项目数据资料的分类集成与规范化整编。

本书是该项目的重要研究和实践成果，重点介绍科技基础性工作专项科技资料的编目方法，并对 1999～2011 年非资源环境领域[①]科技基础性工作专项项目以及数据资料进行编目，形成广大科研用户可以快速查阅的非资源环境领域科技基础性工作专项项目目录和数据资料目录及检索表，进而促进和提升科技基础性工作数据资料的共享与使用。

全书的内容组织如下：

检索表：非资源环境领域项目数据检索表。按数字、拼音顺序建立 1999～2011 年科技基础性工作专项非资源环境领域项目数据资料检索表，方便用户查阅使用目录。

第 1 章：绪论。分析科技基础性工作的目标定位与内涵特点，科技基础性工作项目产生的数据资料类型、内容及特点，提出专项项目及数据资料编目需求。

第 2 章：编目基础理论与方法。介绍国内外编目理论与技术方法的发展趋势，阐述科技基础性工作项目及数据资料的编目原则、编目范围及编目技术流程。

第 3 章：科技基础性工作专项项目目录。阐述科技基础性工作专项项目编目方法及其编目要素项，给出 1999～2011 年科技基础性工作专项非资源环境领域项

---

① 由于资源环境领域的科技基础性工作专项项目较多，产生的数据资料数量庞大，将单独编目，成书出版。

目目录。

第 4 章：科技基础性工作数据资料目录。阐述科技基础性工作数据资料编目方法及其编目要素项，给出 1999～2011 年科技基础性工作专项非资源环境领域项目数据资料目录。

第 5 章：科技基础性工作专项项目及数据资料分析。介绍统计分析、语义分析、空间分析等常用的数据资料分析方法，从类型、时空特征、图谱等维度对 1999～2011 年非资源环境领域的科技基础性工作专项项目及数据资料进行分析。

全书由诸云强设计，诸云强、李威蓉负责第 1 章、第 2 章编写；第 3 章、第 4 章由诸云强、朱华忠、赵硕负责，彭克银、何明跃、陈佑启、陈艳、付磊、杨雅萍、庞丽娜、杨眉、邹金秋、刘燕、李金斌、乐夏芳、白燕等参与编写；宋佳、王翰林、李威蓉、朱华忠负责第 5 章编写；诸云强、赵硕负责检索表编制；全书由诸云强、李威蓉统稿。

本书出版得到了科技基础性工作专项项目（2013FY110900）的资助。衷心感谢科技部基础研究司、国家科技基础条件平台中心、项目专家组对本书内容的指导，项目组全体成员对本书内容的讨论。本书出版也得到了中国科学院地理科学与资源研究所资源与环境信息系统国家重点实验室、国家地球系统科学数据中心、中国地理学会地理大数据工作委员会的支持。由于作者水平有限，书中不足之处在所难免，敬请读者指正。

作　者

2019 年 8 月

目　　录

检 索 表

为了便于用户查找、使用正文中整编的 1999～2011 年科技基础性工作专项非资源环境领域项目的 1004 个数据集，按顺序给出数据集的检索表。检索规则是：

1）依据数据集名称首字，按照数字（1 到 10）、拼音字母（A 到 Z）递增排序；

2）如果数据集名称首字相同，则依据名称的第二个字，按照 1）的规则排序，依次类推；

3）参与排序的数据集名称首字如果是特殊符号，如"（"""《"""""""""等，则忽略，选择下一个非特殊符号的文字进行排序。

1

| 检 索 表 |

| 检 索 表 |

第1章 绪 论

1.1 科技基础性工作概述

1.1.1 科技基础性工作内涵与定位

科技基础性工作是以满足国民经济建设与科学研究需求为起点，所开展的资源与环境本底状况的考察调查，基础科学数据的采集与整理，实体科技资源（生物标本、动物种质、微生物菌种、人类遗传资源、实验材料、岩矿化石）的处理、鉴定及保藏，志书/典籍编研、标准物质研制、标准规范制定及其相关信息的综合分析与评价等一系列的科学活动，其本质目标是推动各类科技资源与技术方法的广泛共享与利用，为基础科学研究、重大公益研究、战略高技术研究与产业关键技术研发等提供服务与支持[①]。科技基础性工作作为国家科技计划的重要组成部分，不仅能够体现国家的整体科技水平，同时也是科学研究持续发展和科学技术不断创新的重要基础，在国民经济建设与社会发展过程中占据着至关重要的地位，具体体现在以下三个方面。

1）科技基础性工作通常以观测、实验、试验、探测、考察、调查、编撰等方式采（收）集和整理各类科技资源，这些方式所涵盖的技术方法大多针对科技资源获取过程中涉及的共性问题，具有基础通用性、高效性、前瞻性等特征，因此，对于其他学科领域内相关研究项目而言，既是数据获取的前提和基础，同时在技术方法层面也具有较高的参考价值和借鉴意义。

2）科技基础性工作产出的科技资源一般有基础科学数据、实体科技资源、标准物质、志书、典籍等多种，每一类资源都有其特定用途。例如基于基础科学数据，可分析、探索自然界中存在的演变规律或现象，并获取新知识、新原理，提出对实际应用过程具有建设性的理论与技术方法体系；基于标准物质，可实现化学测量仪器校准与测量方法评价；基于实体资源，可推断出历史生物的进化历程、

---

① 参见《国家科技基础性工作专项"十二五"专项规划》（公示稿）、《基础性工作及其未来发展与政策研究》（公示稿）、《国家"十五"科技基础性巩固走专项实施意见》（公示稿）

形态变化趋势及时间序列等重要信息。诸多科技基础性工作数据资料都能为各类研究和产业应用提供强有力的科学依据和支撑。

3）科技基础性工作是以服务于科技进步，推动国民经济建设与社会发展作为整体目标，其覆盖范围广泛，不仅涉及科学研究本身，还延伸到国家发展和区域支撑等多个层面：①科学研究层面，服务于基础学科研究与科技创新的多学科、跨部门且具有共享性质的基础性工作；②国家发展层面，服务于国家经济与社会发展相关的业务活动，如常规的社会公益性事业活动，重大产业关键技术、战略高新技术研究活动等基础性工作；③区域支撑层面，服务于地方企事业单位发展相关的如生产活动、区域性政策的提出与应用示范等基础性工作。

1.1.2　科技基础性工作特点

科技基础性工作不以产生论文、专利等创新性研究成果为首要目的，具有原始性与直接性、公益性与共享性、基础性与支撑性、系统性与全面性，以及长期性与持续性等特点[①]。

1）原始性与直接性。科技基础性工作数据资料大多是通过观测、探测、考察、调查、实验、试验等多种方式直接获取到的原始记录、原始材料、自然现象或过程的描述信息等，即大多数属于最初的、第一手的科技资料。因此，科技基础性工作具有原始性与直接性特点。

2）公益性与共享性。科技基础性工作通常支持大规模、受益面宽、影响深远的非营利性和具有社会效益性的项目，如农业、水利、国防、交通、扶贫、教育等方面的项目，且研究成果最终会在项目结题后实现对外共享与服务。因此，科技基础工作具有公益性与共享性的特点。

3）基础性与支撑性。科技基础性工作的最基本特点，即基础性工作产出的成果以基本数据资料、志书、典籍、参考类的标准规范、标准物质、研究报告以及通用技术方法为主，这些成果大多普适性较好，能够为国民经济建设和不同领域内相关科学研究的发展提供良好数据支撑和技术支持。因此，科技基础性工作具有基础性与支撑性特点。

4）系统性与全面性。科技基础性工作一般围绕国民经济建设与社会发展的不同需求，且考虑不同学科领域差异，有组织、规划地进行项目设置与布局管理，并全面覆盖多学科领域及其要素对象，其支持力度与重点也层次分明。因此，科技基础性工作具有系统性与全面性特点。

---

① 参见《国家科技基础性工作专项"十二五"专项规划》（公示稿）

5）长期性与持续性。科技基础性工作中某些特定领域如地理学、生态学、地质学、生物学、天文学等涉及的很多研究对象（如气候、生物多样性、沙漠化），需要经过长时间的持续观测、考察、调查、实验与试验，才能获取长时间序列信息以及揭示出自然现象或规律的演变趋势。因此，科技基础性工作具有长期性和持续性特点。

1.2　科技基础性工作数据资料概述

1.2.1　数据资料内容及组成

科技基础性工作数据资料主要包含科学数据、图集、实体资源、标准规范、志书、典籍、研究报告以及论文专著等八大类，如图 1-1 所示。

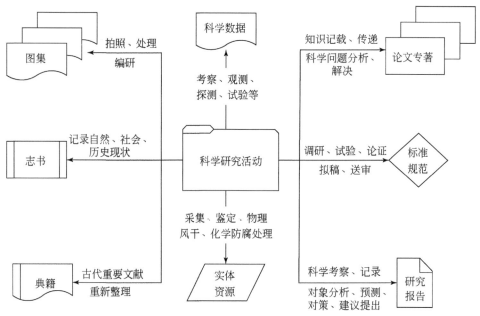

图 1-1　科技基础性工作数据资料组成

资料来源：诸云强，宋佳，李威蓉等，2019

1）科学数据是指在各类科技活动中通过考察、观测、探测、监测、调查以及试验等方式获取到的各类原始性、基础性数据，以及根据不同项目需求与研究需要进行系统加工所形成的数据产品及其相关信息。根据数据资源的类型格式，科学数据可以划分成非空间数据与空间数据两大类，非空间数据也称之为属性数据，空间数据包含矢量数据和栅格数据。

2）图集是按照一定准则或者规范所编制的地图或图形图像集合。科技基础性工作中常见的图集有地图集、标本图集等，其中地图集通常包含以综合表达某一制图区域内自然、人文、社会经济等要素总体特征的普通地图集以及针对某一个或多个主题要素所建立起来反应区域自然或社会经济重要细节特征的专题地图集两类；标本图集是记录动物、植物及岩石与矿物标本的原始形态、演变过程、分布状况等信息，为鉴定、考证及研究等提供重要参考的图像文件集合。

3）实体资源是经过各种加工操作如物理风干、化学防腐处理、冷冻等，使得能长期保持原始形态的动物、植物、矿物等的实体样本、标本、样品等。科技基础性工作中实体资源可分为种质资源（植物种质资源、动物种质资源、微生物菌种资源、人类遗传资源）、生物标本资源、岩矿化石资源、实验材料资源及标准物质。其中种质资源指生物亲代传递给子代的遗传物质，标准物质是一种已经确定了具有一个或多个足够均匀的特性值的物质或材料，是用于测量仪器校准、测量分析方法评价及材料特性值确定的"量具"（于亚东和刘媛，2010；赵文龙和李冬青，2004；赫元萍等，2009）。

4）标准规范是对保障人身健康和生命财产安全、国家安全、生态环境安全以及满足经济社会管理基本需求的产品、方法、服务等的统一技术要求与规定，主要包括国家标准、行业标准、地方标准、企业标准等四个级别以及技术标准、管理标准、工作标准三大类。其中技术标准是针对领域内具有普遍性且多次重复出现的技术问题所提出的解决方案；管理标准是为满足领域、行业或企业内部的多种需求对相关管理事项进行规范化的规则与条例；工作标准是针对工作责任、权利、范围、程序、检查方法、考核办法所制定的准则。此外，标准规范还可以依据其是否具有法律属性，将其分为强制性标准和非强制性标准（推荐性标准）。

5）志书是以地区作为目标对象，全面、系统、准确、翔实地记录该地区自然和社会方面有关历史与现状的著作，其主要包括几种类型，以朝代和历史阶段为主，如唐志、宋志、明清时期志等；也有基于志书内容，综合描述全国政治、经济、文化、自然条件、教育、宗教、习俗、方言、军事等情况的总志与一统志及针对山水禅林、寺庙、书院、风土、人物、游览名胜等单一主题内容进行编撰的专志，如江河志、山川志、植物志、动物志等。还有以描述区域详细概况的如省志、州志、县志等地方性方志。此外，也可以从出版形式上对志书进行区分，如印刷本（石印、铅印、胶印）志书、手抄本志书以及原稿志书。

6）典籍是对我国古代重要文献资料或书籍的总称，其涉及的范围较广，不同领域内各有其代表性的典籍。科技基础性工作数据资料中涉及的典籍通常是对历史遗留下来具有较高理论与实用价值的古代文献的重新翻译与整理，主要聚焦于医学、气象、地理学等领域。例如，医学领域的《中华海洋本草》、地理学领域的《清代旱灾档案史料》。

7）论文专著是有关某一学科领域内特定问题的研究技术方法、规律分析、结果发现等方面的论著，与传统文学作品有较大的区别，具有内容上的科学性、结构上的严谨性及语言上的专业性与规范性等特点。论文专著通常需要对特定科学问题、研究现状、研究思路与方法、研究结论等进行详细的阐述与分析，并最终以专著、年鉴、期刊论文、会议论文、专利文献等形式正式出版发表，从而达到记载和传递知识的目的。

8）研究报告通常是针对某一重要的科学研究或工作需求，对与其相关的各项要素如类型、特征、分布状况等进行详细的调查研究、对比分析，并以其涉及的问题为基点，提出有效的解决方案或具有建设性的意见或建议，从而为决策、支持等提供服务的一种报告。

1.2.2　数据资料特征

科技基础性工作覆盖多个学科领域，不同领域的研究内容与数据需求各不相同。因此，所产出和需要的数据资料也差异较大，具有明显的跨领域性、数据类型复杂、分散性、异构性等特征。

（1）跨领域性

科技基础性工作数据资源通常具有跨学科领域的特性，即存在同一个基础性项目所产生的数据资源覆盖多个学科领域，例如本书所依托的"科技基础性工作数据资料集成与规范化整编（2013FY110900）"项目中的数据资源涉及农学、林学、地球物理、医学、资源环境等多个学科领域；"中国北方及其毗邻地区综合科学考察（2007FY110300）"项目中的数据资源涉及资源科学、大气科学、地理学、土壤学、社会经济等多个学科领域。

（2）数据类型复杂

科技基础性工作数据资源的类型较为复杂，通常涉及文档、表格、图片、数据库以及矢量文件等多种类型，而且同一种数据类型往往又以多种不同数据格式的形式存在，如文档的数据格式有 doc、docx、pdf、txt 等，图片的数据格式包含 jpg、tiff、geotiff、png 等，表格包含 xls、xlsx 等；矢量文件的数据格式 dwg、shp、coverage、E00、VCT 等；数据库文件格式包含 Access 数据库、Oracle 数据库、SQLServer 数据库、MySQL 数据库、GeoDatabase 地理数据库等。

（3）分散性

科技基础性工作数据资料通常具有地域和内容两个方面的分散性。地域分散性是指数据资源保存在各项目承担单位或科学家手中，分布在全国各地，存在存储位置和知识产权归属的分散性；内容分散性是指不同项目可能存在覆盖同一个专题要素不同地点的科技资源，例如："中国北方及其毗邻地区综合科学考察""阿克苏河上游吉尔吉斯斯坦基础数据综合调查"两个项目中都存在包含有与降水量相关的各类数据或数据集，即相同要素的数据资源分散在不同的多个项目中。

（4）异构性

科技基础性工作专项数据资源的异构性通常包含数据资源自身异构和语义异构两类。数据资源自身异构指数据资源在单位、测量方法、精度等方面的差异，例如在数据资源单位异构方面，体现为同一指标或物理量所采用的单位不相同；在测量方法的异构方面，则体现为针对同一指标的测量，所采用的方法存在多种，导致其数据精度的不一致；语义异构则是指数据资源的相关描述在语义层次上的差异。例如，采用了不同分类体系的土地覆被数据。异构性问题的存在往往会大大增加数据资源集成与整编工作的难度。

1.3　科技基础性工作项目及数据资料编目需求

科技基础性工作编目是将科技基础性工作专项项目和数据资料按一定规则和用途，编排形成项目目录和数据资料目录的过程。编目工作不仅能够完成数据资料和专项项目信息归档、分类整理，而且是实现项目及其数据资料快速查询与统计分析的重要基础，对于数据资料的广泛共享与利用具有非常重要的意义。

据不完全统计，我国自1999年启动基础性工作专项到"十一五"末，已经在气象、地球科学、生物学、农业、林业、医学、环境、材料等多个领域，设置了上百个项目。通过这些项目，采集产生了一批重要的科学数据、文字资料、图集典籍、科学规范、标准物质、样本样品等数据资料。由于没有建立统一的可供查询的基础性工作专项项目及其数据资料目录，管理部门以及用户很难快速准确了解基础性工作专项立项情况，以及这些项目产生的数据资源情况，大大阻碍了科技基础性工作专项项目数据的流通与共享，不仅影响了基础性工作本质目标的实现，也导致了基础性工作成效的下降，不利于基础性工作事业的发展。

1）通过编目工作，系统梳理我国科技基础性工作专项项目及其产生的数据资料信息，为全面掌握和了解我国科技基础性工作专项项目及其产生的数据资料总体情况，分年度、分领域立项情况，分类型数据资料情况等奠定基础。

2）通过科技基础性工作项目编目、数据资料编目，用户可以快速进行项目及其数据资料的检索、查看，为用户获取基础性工作项目数据资料提供了一种便捷的途径，可以有效促进基础性工作项目数据资料的共享与利用。

3）通过科技基础性工作项目编目、数据资料编目，可以对基础性工作专项立项及其产生的数据资料的分布区域、学科领域、资源要素等进行统计分析，可进一步为科技基础性工作专项立项项目的布局决策、立项项目的实施区域及要素选择决策等提供基础。

4）通过本书项目及其数据资料编目方法的研究与实践，可进一步丰富和拓展编目的理论及应用范围，为其他科技计划项目数据资料编目，以及国家科学数据中心、共享服务平台等项目数据资料的编目提供技术方法借鉴。

第 2 章　编目基础理论与方法

2.1　编目技术国内外发展趋势

2.1.1　国外编目技术发展趋势

国际上编目工作起始于 19 世纪 70 年代，经过 100 多年的发展，在各领域内都取得丰富的成果。其中较为知名且应用广泛的分类与编目方法主要有杜威分类法（Dewey decimal classification，DDC）、英美编目条例（Anglo-American cataloguing rules 2，AACR2）、书目记录功能要求（functional requirements for bibliographic records，FRBR）、国际标准书目著录（international standard bibliographic description，ISBD）、资源描述与访问（resource description and access，RDA）等多种（何乐，2017；曾伟忠和何乐，2015）。

DDC 于 1876 年问世，其分类的基本思想是将人类知识分成历史、文艺以及科学三大部分，然后将其倒置排列，展开形成 10 个大类。DDC 主要包含主表（总论、哲学、宗教、社会科学、语言、技术、文学等）、附表（标准复分表、地区复分表、文学复分表、语言复分表、语种复分表、人物复分表等）、索引、使用手册四卷，其体系结构完整、严谨，类目详尽，层次清晰，DDC 不仅针对分类表设置了详细的索引，而且首创仿分、复分等具有组配性质的编号法，是目前使用最久、影响最大的文献分类法，已被全球 135 个国家和地区所采用。

AACR2 于 1978 年由美国、英国图书馆协会、英国国会图书馆、加拿大编目委员会等提出，目前在世界范围内被广泛应用，已生成了亿万条编目记录。AACR2 的编目结构由著录描述与标目两部分构成：著录描述部分包含有著录总则、专著图书、测绘制图资料、手稿、乐谱、录音资料、分析著录等内容；标目则包括检索点选取、地理名称、统一提名、参照等，具体如图 2-1 所示。

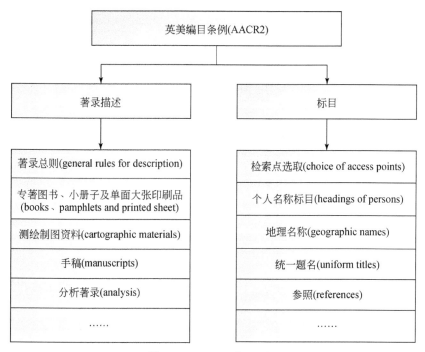

图 2-1 AACR2 编目结构

FRBR 于 1998 年由世界图书馆协会 IFLA 所提出，是应用 E-R 模型（entity-relation，实体-关系模型）所构建出来揭示书目结构及其相互间关系的一个概念框架。FRBR 具体包含三组内容：①通过智慧和艺术创作的产品，包括作品（work）、内容表达（expression）、载体表现（manifestation）和单件（item）；②第二组是对智慧和艺术创作产品负责任的个人和团体，这些个人和团体与第一组中的实体间存在着各种角色关系；③产品的主题内容，包括概念、实物、事件、地点、第一组与第二组实体。

ISBD 是国际图联 IFLA 根据 1969 年国际编目专家会议的建议，而制定的一套关于文献著录的国际标准，其目的是实现世界范围内编目资源的广泛共享与利用。ISBD 主要是对单行出版物、连续出版物、地图资料、非书资料、印本乐谱、古籍、折出文献、计算机文件等多种信息资源的客观描述，具体包含引言（introduction）、总则（general chapter）、著录单元（specification of elements）、附录（appeendices）、索引（index）五部分内容。

RDA 是以 FRBR 概念模型为基础，同时通过继承 AACR2 内容与特点，创造性提出的一套更为综合、能覆盖所有内容和媒介类型资源的描述与检索的原则和说明。RDA 具有可扩展性、一致性与连贯性、灵活性与便利性、继承性与协调性以及经济性与高效性等诸多特点。RDA 主体包含属性记录、关系记录两大部分，其中属性记录涉及个人、家庭、团体、概念、对象、事件、地点等属性以及作品与内容表达；关系记录主要对不同对象之间关系的阐述，如不同主题、不同载体、不同团体之间的关系，具体如图 2-2 所示。

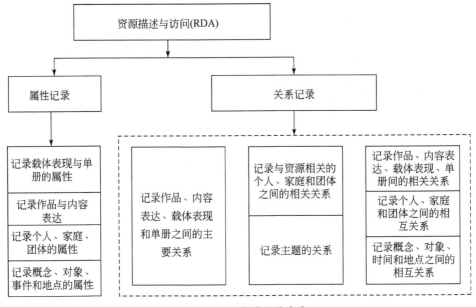

图 2-2　RDA 主体部分内容

此外，国际上还有很多用于计算机编目的格式标准、系统及编目处理工具。例如：机器可读目录（machine readable catalog，MARC）、机读编目格式标准（machine-readable cataloging，MARC21）、联机公共目录查询系统（online public access catalogue，OPAC）、MarcEdit①。MARC 是 1961 年由美国国会图书馆，提出的一种以特定代码形式和结构记录存储并能被计算机识别和阅读的目录，是计算机编目中使用最为广泛的一种编目标准；MARC21 是结合加拿大机读编目格式（CAN/MARC）与美国机读编目格式（USMARC）两种相似格式，再排除相异性而形成的，具体包含：书目、权威、馆藏、分类、社区资讯等五种资料格式，已成功应用于加拿大国家图书馆和美国国会图书馆；OPAC 是一种馆藏信息资源的联机检索系统，用户可以不受空间地点的限制，实现书名、作者、年份、分类、导出词、出版社、丛书、套书等多种方式检索；MarcEdit 是基于 MACR21 开发，用于编目数据有效性、字段统一性检验的一种工具，国际上大多将其作为一种

---

① 参见 https: //marcedit.reeset.net

辅助工具，与各自图书馆系统，如芝加哥伊利伊诺大学 Voyager 集成管理系统、休斯敦大学 Millennium 管理系统等结合，完成电子文献资源的批处理、更新和维护。

2.1.2　国内编目技术发展趋势

我国编目工作历史较为久远，最早可追溯至西汉时期，由著名经学家、天文学家、目录学家刘歆编著的《七略》。《七略》由辑略、六艺略、诸子略、诗赋略、兵书略、术数略和方技略等七部组成，其中辑略相当于现在目录的叙例，而其他六部则是将古代图书按不同领域、流派、文化等分成六类，即六艺略是指一些儒家经典及其相关学习的基础读物；诸子略是指古代政治、经济、法律以及哲学方面的著作；诗赋略是对古代诗词等相关文学著作的统称；兵书略是指古代军事方面的著作；术数略指天文、地理、数学、占卜等相关著作；方技略指医学相关的著作。《七略》所创立出的分类法和著录法对我国编目工作的开展产生了深远影响。我国早期的编目工作侧重于对分类与编目方法的理论研究，缺少系统、规范的编目规则。直到清代末期开始，经过大批文献情报工作者的共同努力，国内的编目环境逐渐发生了较大变化，取得了阶段性的成果。

民国时期的分类与编目规则主要有《仿杜威分类法》（1925 年）、《世界图书分类法》（1925 年）、《中文图书编目条例草案》（1929）、《西文图书编目规则》（1933 年）、《国立中央图书馆中文图书编目规则》（1934 年）等（刘峰峰和孙更新，2015）。《仿杜威分类法》是我国首部真正意义上的文献分类法，它是以《杜威分类法》为基础，同时结合国内文献情况，通过调整一些基本部类，所形成的一种适用于国内图书文献的分类法。《仿杜威分类法》由于分类过于简单，使用者不多，但对后续图书分类法及编目规则的发展具有一定的启示意义。

中华人民共和国成立后出现的分类与编目规则有《中文图书提要卡片著录条例》（1958 年）、《中文图书著录条例》（1974 年）、《中文图书统一著录条例》（1979 年）等，《中文图书提要卡片著录条例》于 1958 年由中国人民大学、北京图书馆等单位完成，具体由总则（著录内容、著录依据、格式、位置）、各著录目录项的著录规则（书名项、著者项、出版项、稽核项、附注项、提要项）以及补充著录（分析著录、综合著录）等三个部分构成，共计 8 章；《中文图书著录条例》是对《中文图书提要卡片著录条例》的继承和更新，前 8 章与《中文图书提要卡片著录条例》一致，并增加两章内容，分别用于特种类型图书的著录以及图书馆业务的注记；《中文图书统一著录条例》与《中文图书著录条例》内容上基本一致，仅从结构上稍作调整，该条例影响较大，被当时很多文献机构所采用。

随着信息时代的来临，为了迎接新技术对编目工作的巨大挑战，国际上提出了 ISBD、AACR2、FRBR 等多种编目理论与技术方法，在国外编目理论的影响下，国内也开展了新一轮的编目研究工作，且取得了较大成果，例如有《文献著录总则》（1984 年）、《中国机读目录通信格式》（1991 年）、《规范数据款目著录规则》（1999 年）、《中国机读规范格式》（2002 年）、《中国图书馆分类法》（第五版）（2012 年）、《中国文献编目规则》（2005 年）等，其中《中国文献编目规则》应用最为广泛，它是对 ISBD 和 AARC2 的继承，其结构由著录法和标目法两大部分组成，其中著录法部分包含总则和对 13 种不同类型文献资源（图谱图书、学位论文/科技报告/标准文献、古籍、拓片、测绘制图资料、乐谱、录音资料、影像资料、静画资料、连续性资源、缩微文献、电子资源、手稿、综合著录与分许著录）的定义规则，标目法部分包含总则、个人名称标目、团体/会议名称标目、提名标目、参照等规则。《中国文献编目规则》具有著录客观、标目规范、与相关标准具有较高的协调性以及较强的实用性等优点，对于我国的编目工作具有非常重要的意义。

此外，在编目工具、系统方面，除与国外做法类似，国内知名大学如清华大学、上海交通大学、西安交通大学、武汉大学等也都使用 MarcEdit[1]与各自图书馆管理系统结合实现电子文献资料的管理与维护外，国内还有一个对于文献资源编目、文献资源管理及其共享等方面具有重要实践意义的系统中国高等教育文献保障系统[2]（China academic library & information system，CALIS），CALIS 于 1998 年 11 月正式启动，其目标是实现信息资源共建、共知、共享，具体由管理中心和骨干服务体系两大部分构成，其中管理中心由北京大学负责运营，骨干服务体系由全国四大中心（文理中心——北京大学、工程中心——清华大学、农学中心——中国农业大学、医学中心——北京大学医学部）、七大地区（华东北——南京大学、华东南——上海交通大学、华中——武汉大学、华南——中山大学、西北——西安交通大学、西南——四川大学、东北——吉林大学）中心、全国 31 个省级中心（不含港澳台地区）及 500 多个服务馆组成。这些分馆的文献资源、人力资源、服务能力被全部整合，为全国所有高校的文献资源检索、导航、共享以及人员培训等提供服务。

---

①参见 https://marcedit.reeset.net
②参见 http://www.calis.edu.cn

2.2　科技基础性工作项目与数据资料编目方法

2.2.1　编目原则

为了最终编排出系统化、规范化、合理化的科技基础性工作专项数据资料目录，在目录编排过程中需要遵循一致性、实用性、简洁性以及可扩展性等多项原则。

（1）一致性原则

科技基础性工作专项数据资料编目应与现有的国家、行业规范保持一致。各条目不得互相重复交叉，没有语义的冲突。

（2）实用性原则

科技基础性工作专项数据资料编目应以用户的实际需求（目录查询检索、开放共享、统计分析等）作为权衡准则。编目结构与格式的设计、元素的增加与取舍等方面，应充分考虑其实用性。

（3）简洁性原则

在不影响科学性、实用性和用户体验，确保信息资源可以有效查询、统计分析等的基础上，编目应力求简洁，避免冗余信息和不必要的工作量。

（4）可扩展性原则

应允许使用者在遵循本规范扩展原则的前提下，对编目元素、子元素或属性值等进行扩展，以便能够适应未来编目资源的扩展，满足不同应用的需要。

2.2.2　编目内容与范围

科技基础性工作专项项目信息能有效揭示项目的概况、研究目标、应用出口等内容，而数据资料信息是掌握数据资料现状，实现数据资料快速定位和查找的重要参考依据。数据资料来源于专项项目，是重要的研究成果，且专项项目信息对于数据资料的使用具有一定的指导意义，例如结合数据资料信息与项目信息中的研究内容、目标可帮助用户获取数据资料的使用方法、范围及其用途，且专项项目信息中还附有负责人的联系方式，在数据使用过程中如有任何疑问，也可联系相关人员进行咨询，专项项目信息和数据资料信息二者相辅相成，无法割裂。

专项项目编目包含项目编号、项目名称、项目摘要、项目类型、项目时间、承担单位、负责人及主管部门等内容。数据资料编目相对比较复杂，包括数据本身的信息，以及所属项目的信息，具体包含：标识、数据名称、数据类型、内容摘要、学科分类、数据格式、数据时间及数据地点等内容，具体如图 2-3 所示。

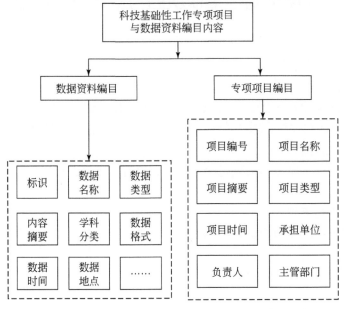

图 2-3 科技基础性工作专项项目与数据资料编目内容

2.3 科技基础性工作编目流程

科技基础性工作专项数据资料编目工作是基于已经汇交审核通过的科技基础性工作专项项目和数据资料进行的，其流程包括：项目基本信息和元数据收集、项目基本信息和元数据质量校核、编目内容提取、编目、目录质量审核等五个步骤，如图 2-4 所示。

1）项目基本信息和元数据收集。基于审核通过的科技基础性工作专项原始数据资料库，收集用于编目的所有项目基本信息及其元数据。

2）项目基本信息和元数据质量校核。以科技基础性工作专项数据资料元数据标准为依据，对收集到的元数据进行质量校核，确保用于编目的元数据信息的完整性和规范性，并对项目基本信息完整性和规范性等进行校核。如有问题，返回汇交审核人员，甚至是汇交单位进行修正。

3）编目内容提取。根据图 2-3 中数据资料和专项项目涉及的编目内容，从元数据和项目基本信息中分别提取出用于编目的数据资料信息项和专项项目信息项。

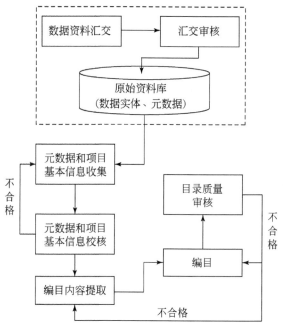

图 2-4　科技基础性工作专项数据资料编目流程

4）编目。按照指定的编目项，对编目元素进行编排，形成按特定编目项编排的科技基础性工作专项数据资料目录和专项项目目录。也可根据编目目的，调整排列位置。

5）目录质量审核。从完整性、规范性、唯一性、一致性等方面对编目质量进行评价，直到符合编目规范要求。如有问题，需要重新进行编目，甚至是编目内容的重新提取。

第3章 科技基础性工作专项项目目录

3.1 专项项目编目方法

目前，国内外知名编目方法FRBR、ISBD、RDA等大多基于文献的核心信息，如文献名称、文献编号、文献类型、出版机构、出版时间、作者等，这些信息是揭示文献概况，实现文献的分类整理、回溯以及快速导航的重要参考依据，但国内外尚无统一的、完整的针对数据资源的编目方法与标准规范。因此，本书借鉴文献情报领域中经典的编目方法，同时考虑科技基础性工作非资源环境领域项目的实际情况，本着习惯认同与经济实用原则，提出一套适用于科技基础性工作非资源环境领域项目的编目方法，重点针对项目的标识信息（项目名称、项目编号）、主要内容信息（项目类型、项目摘要）、联系信息（项目负责人、承担单位、主管部门）等要素（图3-1）按年份先后顺序（同一年份按项目编号先后顺序）进行编目。

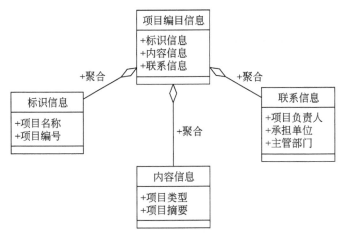

图 3-1 项目编目信息的 UML 类图

项目的标识信息，包括项目名称、项目编号字段。项目名称，即基础性专项项目的名称，与科技部批准的项目任务书上的项目名称保持一致。项目编号，即基础性专项项目的编号，原则上与科技部批准的项目任务书上的项目编号保持一致。由于管理的原因，对于一些历史基础性工作项目，可能没有编号，对于无编号的项目，按照"年份-基础性工作类型-整编标识-3 位顺序码"格式进行补充。年份用 4 位数字表示；基础性工作类型，用"JC"2 位字母表示；整编标识，用"ZB"2 位字母表示，对部分缺失编号的项目，统一采用"YYYY-JC-ZB-序号"的格式编目。

　　项目的内容信息，包括项目类型、项目摘要字段。项目类型，即基础性工作专项项目所属类型，分别为"科学考察与调查"、"科技资料整编和图集"、"志书/典籍编研"、"科学规范与标准物质"以及"其他"类型。项目摘要，即基础性专项项目的概要信息，用于描述基础性专项项目的目标、主要研究内容及主要研究成果等内容。

　　项目的联系信息，主要包括项目负责人、承担单位、主管部门字段。项目负责人，即承担项目的负责人姓名，与科学技术部批准的项目任务书上的项目名称保持一致（有些项目找不到负责人信息）。承担单位，即项目的第一承担单位（牵头负责单位），与科学技术部批准的项目任务书上的项目名称保持一致。主管部门，即项目第一承担单位的主管部门，与科学技术部批准的项目任务书上的项目名称保持一致。

3.2　非资源环境领域项目目录

　　"科技基础性工作数据资料集成与规范化整编（2013FY110900）"项目是科技基础性工作专项于 2013 年立项的重点项目，其目标是开展科技基础性工作专项自 1999 年开展立项以来项目数据资料的分类集成与规范化整编；制定基础性工作数据资料汇交集成与共享服务的管理规范与技术标准；构建基础性工作数据资料集成服务环境，促进已有基础性工作数据资料的广泛共享和有效利用，保障我国基础性工作数据资料长期、持续的集成与共享服务。

　　目前，该项目已经整合集成了 1999～2011 年立项的项目数据资料，数据资料内容涉及：资源环境、地质、地球物理、农业、林业、医学等不同的学科领域。根据已经整合集成的项目数据资料分析，基础性工作专项资源环境领域的项目及其产生的数据资料占据了明显的优势（超过一半）。因此，为了便于用户查阅使用，我们将编目分为资源环境领域编目和非资源环境领域（地质、地球物理、农业、林业、医学等学科）编目。资源环境领域编目已通过《国家科技基础性工作专项资源与环境领域项目成果编研》（上、下册）出版（杨雅萍等，2019a，2019b）。本书重点阐述和介绍非资环领域基础性工作项目及其数据资料的编目。

　　本书编目的非资源环境领域的基础性工作项目，从 1999～2011 年共计 229 个。

其中，1999 年，12 个；2000 年，55 个；2001 年，35 个；2002 年，28 个；2003 年，1 个；2004 年，14 个；2005 年，10 个；2006 年，16 个；2007 年，24 个；2008 年，16 个；2009 年，8 个；2011 年，4 个；另有 6 个项目具体年份不详，有待核实。

需要说明的是，由于科技基础性工作专项设立初期（1999～2002 年）的部分项目的部分信息难以核实和校对，导致部分信息缺失，如项目编号、项目负责人等信息的缺失。对于缺乏编号信息的项目，按照"年份-基础性工作类型-整编标识-3 位顺序码"格式，对这些项目统一编号。对于缺乏项目负责人等确实无法考证的信息，按照忠于原始现状的原则，未进行信息的补充，但在项目编目中进行了标注说明。此外，2003～2005 年及 2010 年，国家并没有单独安排基础性工作专项项目，而是以社会公益类项目的形式，对基础性工作予以持续支持，因此，本书也将 2003～2005 年的社会公益类项目整编到目录中。2006 年以后，科学技术部进一步加强和规范了基础性工作专项的管理，后续项目（2006～2011 年）编目信息质量较高，每个项目的各编目项都较完整。

项目详细编目信息如下文所示。

1. 1999 年立项项目编目

（1）地球科学数据库系统—WDC-D 地震学科中心

项目编号：G99-A-01a

项目类型：科学考察与调查

项目摘要：地球科学数据库系统（WDC-D）地震学科中心选取基于 WINDOWSNT 服务器的地震前兆数据库管理及处理系统（CAPOmen）来组织和管理地震前兆数据，并提供一套完整的数据处理方法。通过 Internet 方式，任意地方的用户可以按时间范围、台站分类、方法分类等方式随时访问、查询、获取、下载存放在中心的各种类型前兆数据。

项目负责人：赵仲和

项目承担单位：中国地震局地震数据中心

主管部门：中国地震局

（2）中国地学大断面与深部地球物理资料整理（地震局部分）

项目编号：G99-A-01f

项目类型：科学考察与调查

项目摘要：项目整理了 2 个人工地震测深观测参数数据库文件，1 个数据库查询幻灯片文件，提供"二进制地震波形数据转换为 ASCII 码程序"和"USGS 数据库装配程序"为用户服务。

项目负责人：方盛明

项目承担单位：中国地震局地球物理勘探中心

主管部门：中国地震局

（3）中国地学大断面与深部地球物理资料整理（国土部部分）

项目编号：G99-A-01g

项目类型：科学考察与调查

项目摘要：项目整合了新疆阿勒泰—台湾、青海格尔木—内蒙古额济纳旗、安徽灵璧—上海奉贤内蒙古满洲里—黑龙江绥芬河、新疆独山子—泉水沟、西藏亚东—青海格尔木地区地学大断面与深部地球物理资料。

项目负责人：高锐

项目承担单位：中国地质科学院

主管部门：中国地震局

（4）北方化石和岩石标本库

项目编号：G99-A-03

项目类型：科技资料整编和图集、志书/典籍编研

项目摘要：该项目的主要目标是建成一个现代化、国际化、开放型的"北方化石和岩石数据中心"，使其具有收集储存功能、检索查询功能、上网服务功能和数据发布功能，为国内外同行专家服务。为此，中国地质大学（北京）、中国地质博物馆和中国科学院古脊椎动物与古人类研究所共同开展北方地区化石和岩石标本的收集、整理、保存及数字化，建立标本数据库。实现标本资源的抢救性收集和长期保存和科学管理。完成 1000 件化石和岩石标本的数字化。

项目负责人：吴淦国

项目承担单位：国土资源部地质大学探矿工程研究所

主管部门：国土资源部①

（5）中国古生物志与中国各门类化石编研（地大部分）

项目编号：G99-A-04a

项目类型：科技资料整编和图集、志书/典籍编研

项目摘要：古生物学研究在生物学和地质学两个方面都具有重要意义，而翔实的系统分类是一切理论古生物学研究的基础。该项目的具体目标有：①有计划地加速古生物志的出版；②修订和增补《中国各门类化石》系列专著；③在实际工作中培养一批扎实有分类学基础的年轻学者。项目组将过去我国发现并已研究发表的古生物种属进行重新分类、划分和厘定，就种属的定义及系统分类进行全

---

① 现为自然资源部，下同

面修订，并进行有关问题的论述；同时介绍了古生物学领域近年来的新发现，对前人的研究进行总结。共出版了**8**部专业著作。

项目负责人：王训练

项目承担单位：国土资源部地质大学

主管部门：教育部

（6）中国古生物志与中国各门类化石编研（南古所部分）

项目编号：G99-A-04b

项目类型：科技资料整编和图集、志书/典籍编研

项目摘要：古生物学研究在生物学和地质学两个方面都具有重要意义，而翔实的系统分类是一切理论古生物学研究的基础。该项目的具体目标有：①有计划地加速古生物志的出版；②修订和增补《中国各门类化石》系列专著；③在实际工作中培养一批扎实有分类学基础的年轻学者。项目组将过去我国发现并已研究发表的古生物种属进行重新分类、划分和厘定，就种属的定义及系统分类进行全面修订，并进行有关问题的论述；同时介绍了古生物学领域近年来的新发现，对前人的研究进行总结。共出版了**8**部专业著作。

项目负责人：徐均涛

项目承担单位：中国科学院院南京地质古生物研究所

主管部门：中国科学院

（7）西南若干关键地区动植物资源库体系的建立

项目编号：G99-A-12

项目类型：科技资料整编和图集

项目摘要：采用 Internet 新技术，以四川大学生命科学学院植物标本馆馆藏标本数据为基础构建了中国西部植物标本网络数据库，有效地解决了数据库远端查询的困难，查询服务面向所有的 Internet 用户，各种专业的人员均可按自己的需求索取数据，可大大提高植物标本的利用率，同时为植物标本数据的二次开发提供了基础，可基于此数据库开发相关的专业数据库，如按植物的用途分类建立药用植物数据库、观赏植物数据库等，最终建立西部植物资源数据库集群。

项目负责人：陈放

项目承担单位：四川大学生命科学学院

主管部门：教育部

（8）华南地区动植物标本馆建设

项目编号：G99-A-13a

项目类型：科技资料整编和图集

项目摘要：改善了植物标本馆藏条件，对动植物标本进行了维护。整理标本资料，录入了动植物、昆虫、化石、DNA 标本数据，其中植物标本已录入 98 916 份，占归档高等植物标本的 50%；完善了植物标本信息管理软件，该软件能处理植物分类鉴定的历史变化，使数据库能忠实保存标本所承载的、有重要研究价值的鉴定历史数据。整理录入馆藏动物（不含昆虫）标本名录 1076 号，录入昆虫模式标本名录 502 号，建立种子植物 DNA 库 449 种 804 号，整理录入植物化石标本 372 号。

项目负责人：李鸣光

项目承担单位：中山大学生命科学学院

主管部门：教育部

（9）东北地区动植物资源库及其功能作用的研究

项目编号：G99-A-13b

项目类型：科技资料整编和图集

项目摘要：建设东北地区动植物资源库，开展了东北地区动植物资源信息系统功能研发。

项目负责人：高玮

项目承担单位：东北师范大学生命科学学院

主管部门：教育部

（10）细胞培养细胞库建设

项目编号：G99-A-14a

项目类型：科学考察与调查

项目摘要：项目研究结合国内长期积累的细胞培养研究经验和已有的细胞系（株），引进急需的细胞系（株），收集、建立并保藏包括人体各主要系统及重要的国家重点保护动物的细胞系（株），并不断扩大库容，使之成为服务于医疗与科研单位的全国性细胞保藏中心。

项目负责人：任民峰

项目承担单位：中国医学科学院基础医学研究所

主管部门：卫生部①

（11）标本馆基础设施维修改造及信息网络建设

项目编号：G99-A-17

项目类型：科技资料整编和图集

项目摘要：维修改造了植物标本馆基础设施，整理标本资料，开展了标本数

---

① 现为国家卫生健康委员会，下同

字化和信息网络建设工作。

项目负责人：刘启新

项目承担单位：江苏省中国科学院江苏植物研究所

主管部门：教育部

（12）生物科学数据库系统的构建（动物所部分）

项目编号：G99-A-18b

项目类型：科技资料整编和图集

项目摘要：根据动物学研究和应用的特点，收录我国动物学研究领域的基础数据，构建中国动物数据库，并实现信息共享。是国内动物学领域规模最大、权威性最强的数据库系统。

项目负责人：纪力强

项目承担单位：中国科学院动物研究所

主管部门：中国科学院

2. 2000 年立项项目编目

（13）全国地壳应力环境基础数据库

项目编号：2000-112

项目类型：科学考察与调查

项目摘要：项目总体目标是通过收集 6 类主要地壳应力数据，参照相应的国际通用标准格式建立资料齐全、数据准确、易于维护和更新的"全国地壳应力环境基础数据库"。该数据库主要是水压致裂应力测量数据，计主数据录入 192 条数据，分测段数据表已录入 1014 条数据。其中，常规平面应力测量方法（HF）为 166 条数据，约占总数的 86%；多个交汇钻孔三维地应力测量方法为 15（HFM）条，约占总数的 8.3%；只给出应力梯度信息而无具体测段数值的数据（HFG）为 11 条，约占总数的 5.7%。

项目负责人：谢富仁、陈群策

项目承担单位：中国地震局地壳应力研究所

主管部门：中国地震局

（14）林业科技信息网络资源建设

项目编号：2000DEA30019

项目类型：科技资料整编和图集

项目摘要：该项目建成了全球共享的林业科技信息服务平台《中国林业信息网》（http://www.lknet.ac.cn），为各类数据库资源上网运行和科技人员查找国内外文献资料提供了支撑平台；项目建立了良好的信息资源组织和收集机制，制定了数据采集与数据库建立的标准和规范，数据分类指标体系，建立了元数据库，培养和锻炼了一支稳定的人员队伍，建立了以共享为核心的管理制度和数据质量保证体系。解决了不同类型结构数据库的建库技术和检索方法，完善和建设了 11 个拥有自主知识产权的林业科技信息资源数据库，项目新增入库数据记录 39.5 万余条，提供共享的数据总量为 53 万多条，文本信息量 255MB，初步建成了林业信息资源采集、加工和数据库建设基地，为林业信息资源建设打下了基础。

项目负责人：李卫东

项目承担单位：中国林业科学研究院林业科技信息研究所、中国林业科学研究院资源信息研究所

主管部门：国家林业局①

（15）木材在西部地区典型自然环境下腐朽规律的研究

项目编号：2000-GY-15

项目类型：科学规范与标准物质

项目摘要：该项目组 2001～2003 年选择青海、西藏的塔尔寺、布达拉宫、罗布林卡等重点古建筑，对其古建筑木材种类及其腐朽状况进行实地勘察和实验室分析，研究西部典型地区木材腐朽变化规律，在西部古建筑木材腐朽和虫蛀类型确定与应用无损检测技术进行古建筑木构件安全评估方面取得了创新性成果，为青海、西藏地区古建筑的安全检查与制定古建筑的维修方案提供理论依据。

项目负责人：李玉栋

项目承担单位：中国林业科学研究院木材工业研究所

主管部门：国家林业局

（16）中国农业典籍的搜集、整理与保存

项目编号：2000-JC-08

项目类型：志书/典籍编研

项目摘要：收录历史上关于农业的古事苑、事类赋、修辞指南、艺文类聚和月令广义。收录明代及北宋等关于农业政策及品种的说明典籍。其中艺文类聚 100 卷，2575 页。事类赋 30 卷，725 页。古事苑 12 卷，966 页。月令广义 24 卷，1834 页。修辞 20 卷，1067 页。包括新锦陈眉公先生十种藏书、《初学记》和《唐宋白孔六帖》等古籍。新锦陈眉公先生十种藏书共 3784 页。《初学记》30 卷，1721 页。《唐宋白孔六帖》100 卷 5780 页。整编了唐荆川先生编写的农业编目。共计 7928 页，全书共分 200 卷，分别说明了唐代农业政策情况及说明。收录了江苏省

---

① 现为国家林业和草原局，下同

部分地区特产情况、图书，质量清晰，并收录了江苏省的历史农业典籍和地方志及相关说明，共 310 种。

项目负责人：张芳、王思明、龚龙英

项目承担单位：南京农业大学

主管部门：教育部

（17）西部资源生态环境基础数据库

项目编号：2000-JC-24

项目类型：科技资料整编和图集

项目摘要：项目开展数据库设计、信息分类与编码、信息发布与信息安全等方面的研究工作；制订数据库共建共享原则和政策措施，建立元数据库和数据字典；建立西部 10 个省区的土地、水、森林、草地等四大资源及相应生态环境的综合性属性基础数据库及陕西省空间数据库系统；实现了基于网络的西部地区资源环境、示范省专题数据及背景数据的数据库分类查询、检索等功能。

项目负责人：李增元

项目承担单位：中国林业科学研究院资源信息研究所

主管部门：国家林业局

（18）森林动植物标本馆数字化

项目编号：2000-JC-25

项目类型：科技资料整编和图集

项目摘要：通过将覆盖我国的生物标本馆和植物园的物种和标本等原始材料的数据和信息数字化，并与地理信息系统无缝链接，形成具有高效查询、检索和综合功能的物种信息管理和共享系统、通用物种和标本鉴定描述自生成参照系统、物种分布的地理信息系统、图形图像模式或模糊识别系统并具有知识挖掘和创新功能的专家系统。

项目负责人：蒋有绪

项目承担单位：中国林业科学院森林生态环境与保护研究所

主管部门：国家林业局

（19）机械施药技术示范

项目编号：2000-JC-43

项目类型：科学考察与调查

项目摘要：针对各作物生长过程，制定了植保施药的标准规范，并依据西部地区的气候、土壤等资源数据，进行了施药指导。

项目负责人：戴奋奋

项目承担单位：南京农业机械化研究所

主管部门：农业部①

（20）农区生物多样性编目

项目编号：2000-JC-84

项目类型：科技资料整编和图集、志书/典籍编研

项目摘要：本编目主要对象是中国农区重要生态系统与生境分布区点，并在有关的概述中简介了农区重要物种和遗传资源概况。

项目负责人：李玉浸、陶战

项目承担单位：农业部环境保护科研监测所

主管部门：农业部

（21）我国西北地区生态气候环境监测预测方法研究

项目编号：2000-JC-ZB-001

项目类型：科学规范与标准物质

项目摘要：研究和模拟了西北地区的气候变化规律，为实现西北地区生态气候环境监测预测做出了贡献。

项目负责人：徐祥德

项目承担单位：中国气象科学研究院

主管部门：中国气象局

（22）珍稀濒危野生中药材资源基本情况调查及保护和合理利用

项目编号：2000-JC-ZB-002

项目类型：科学考察与调查

项目摘要：摸清珍稀濒危野生中药材资源基本情况，研究了珍稀濒危野生药用植物资源的迁地保护。

项目负责人：杨世林、张昭、林余霖

项目承担单位：中国医学科学院药用植物研究所

主管部门：卫生部

（23）西北地区生态环境监测预警系统研究

项目编号：2000-JC-ZB-003

项目类型：科学规范与标准物质

项目摘要：研究了通过建立生态系统评价指标体系来构建生态环境监测预警系统的方法。

---

① 现为农业农村部，下同

项目负责人：叶志华、欧阳华

项目承担单位：中国农业科学院科技管理局

主管部门：农业部

（24）防风固沙草种快繁技术

项目编号：2000-JC-ZB-004

项目类型：科学规范与标准物质

项目摘要：研究适合防风固沙的草种资源的繁殖技术，为大面积人工草地建立专业化草籽生产基地。

项目负责人：不详

项目承担单位：中国农业科学院草原研究所

主管部门：农业部

（25）中国西北地区典型大震遗迹保护

项目编号：2000-JC-ZB-005

项目类型：科技资料整编和图集、志书/典籍编研

项目摘要：项目对中国西北地区八大地震遗迹进行了分类，同时将相关大震的调查研究历史、发表过的论文、专著和文献等进行整合。在对近 1000 份文献资料和 3000 多张图形图像数据筛选、整理后，最终将 16 000 多个文献和遗迹数据项、近 600 张图形图像数据录入数据库中。

项目负责人：戴华光

项目承担单位：中国地震局兰州地震研究所

主管部门：中国地震局

（26）地震灾害基础数据的体系化建设

项目编号：2000-JC-ZB-006

项目类型：科学规范与标准物质

项目摘要：项目从地震应急基础数据库建设的意义、数据库定义、基本数据内容、数据库的作用、建库方法与原则等多方面对目前正在开展的地震应急基础数据库建设进行了阐述，是对前一阶段地震应急数据库建设工作的一个阶段性总结。

项目负责人：聂高众、刘惠敏、高建国

项目承担单位：中国地震局地质研究所

主管部门：中国地震局

（27）强震及工程震害资料基础数据库

项目编号：2000-JC-ZB-007

项目类型：科学考察与调查

项目摘要：该项目内容共分两大部分，一是数据库的建立，二是面向用户而建立的运行环境。提供了经统一处理的 3944 条强震记录和背景资料，21 914 条的数据和图片文件，在线容量 2GB 以及未处理的国外强震记录 13 373 条，脱机容量总计 12GB；工程震害数据库提供了地震中工程震害的图片和说明，包括的地震主要是我国 20 世纪 50 年代以来发生的有影响的破坏性大地震，以及部分国外地震，共计 16 个地震，约 2912 条工程震害资料。

项目负责人：崔杰

项目承担单位：中国地震局工程力学研究所

主管部门：中国地震局

（28）高精度全球定位系统 GPS 数据库和共享系统

项目编号：2000-JC-ZB-008

项目类型：科学考察与调查

项目摘要：系统采用网络技术建立数据库，包括：制定数据库技术规范以确定各子库的内容、结构标准；研制数据预处理软件以实现数据自动或交互式归档入库；建立以中国地壳运动观测网络基准网、基本网、区域网为核心的国家高精度 GPS 基本信息库、GPS 观测数据库、GPS 结果数据库；研制数据库管理软件实现数据管理、数据备份与数据恢复；研制基于 WEB 的数据查询检索系统，实现共享各方网络在线数据共享、客户连接数据共享。

项目负责人：牛之俊（孙汉荣）

项目承担单位：中国地震局监测预报司

主管部门：中国地震局

（29）中国人重大疾病相关细胞的收集、整理和保藏

项目编号：2000-JC-ZB-009

项目类型：科学考察与调查

项目摘要：通过项目研究，建成一个与国际接轨，面向全国的，集科研、服务、培训等多功能为一体、保藏品种齐全、资料丰富的中国人重大疾病细胞资源库，为提高我国生命科学、重大疾病的研究水平和培养高水平的人才，提供高质量的服务。

项目负责人：刘玉琴

项目承担单位：中国医学科学院基础医学研究所

主管部门：卫生部

（30）中国人体寄生虫标本收集、整理和保存

项目编号：2000-JC-ZB-010

项目类型：科学考察与调查

项目摘要：收集中国重要的人体寄生虫标本，进行整理和保存，对于研究人体寄生虫的形态结构、生活史、致病、诊断、流行及防治等具有重要意义。

项目负责人：不详

项目承担单位：中国预防医学科学院寄生虫病研究所

主管部门：卫生部

（31）中国甲类传染病—鼠疫、霍乱菌种资源库

项目编号：2000-JC-ZB-011

项目类型：科学考察与调查

项目摘要：对中国鼠疫、霍乱等甲类传染病的菌种进行收集，建立资源库，并建立相关数据资源库。

项目负责人：不详

项目承担单位：中国预防医学科学院寄生虫病研究所

主管部门：卫生部

（32）中草药与民族药标本的收集、整理和保存

项目编号：2000-JC-ZB-012

项目类型：科技资料整编和图集、志书/典籍编研

项目摘要：该项目针对目前全国中草药与民族药标本的收集、整理、保存等方面存在的不足，通过对代表性和权威性书籍中收载药材品种的确定，编辑相关名录，整理现有标本馆的馆藏标本，对缺乏的品种进行实地调研采集，在此基础上，建成中草药和民族药的药材标本库，并应用计算机技术建立腊叶标本和药材标本计算机管理系统（数据库）及保存操作规范（SOP），编撰，为正本清源、辨别真伪和进一步保护与开发中草药资源提供了标本资源的共享平台。

项目负责人：黄璐琦、邵爱娟

项目承担单位：中国中医研究院中药研究所[①]

主管部门：国家中医药管理局

（33）针灸文物保护与针灸图库建设

项目编号：2000-JC-ZB-013

项目类型：科技资料整编和图集、志书/典籍编研

项目摘要：对国内外针灸文物的外形特征、经穴数量、穴名书写特征、经穴归经以及经穴定位特点等方面进行系统研究，并建设针灸图库。

项目负责人：黄龙祥

项目承担单位：中国中医研究院针灸研究所[②]

---

① 现为中国中医科学院中药研究所，下同
② 现为中国中医科学院针灸研究所，下同

主管部门：中华人民共和国国家中医药管理局

（34）实验动物管理条例

项目编号：2000-JC-ZB-014

项目类型：科学规范与标准物质

项目摘要：为了加强实验动物的管理工作，保证实验动物质量，适应科学研究、经济建设和社会发展的需要而制定该条例。

项目负责人：不详

项目承担单位：中国医学科学院实验动物研究所

主管部门：卫生部

（35）国家职业卫生管理规范及标准体系

项目编号：2000-JC-ZB-015

项目类型：科学规范与标准物质

项目摘要：为推动我国科学数据信息共享的全面发展，促进预防医学科学研究的进步，我们对国家职业卫生管理规范及标准体系实施了计算机化与信息网络研究，建立了科学数据信息共享机制，研究了科学数据信息共享标准（电子版数据提交标准、元数据定义、数据集命名标准、变量名命名标准等），开发了国家职业卫生管理规范及标准体系科学数据信息共享平台（国家职业卫生管理规范及标准体系检索光盘、国家职业卫生管理规范及标准体系共享服务网站），以向社会提供国家职业卫生管理规范及标准体系数据信息的共享服务。

项目负责人：不详

项目承担单位：中国预防医学科学院劳动卫生与职业病研究所

主管部门：卫生部

（36）中国药学术语词库和主题词表

项目编号：2000-JC-ZB-016

项目类型：科学规范与标准物质

项目摘要：项目首次系统收集编排了我国药学领域包括中药学、药学及其相关学科的术语及主题名词。填补了国内药学领域文献加工处理与要学信息研究所需词表类工具书的空白。

项目负责人：不详

项目承担单位：国家药品监督管理局信息中心

主管部门：国家药品监督管理局

（37）中医药基本名词术语规范化研究

项目编号：2000-JC-ZB-017

项目类型：科学规范与标准物质

项目摘要：该项目是科学技术部 2000 年度科技基础性工作资金立项项目，由中国中医研究院牵头实施，同时纳入中医药名词委工作范围，实行准课题制管理。经过两年的努力，对照《科技基础性工作专项资金项目合同书》" 四、考核内容与指标"，该项目不但圆满完成 4000 个中医药基本名词的汉文名、英文名的规范，而且比合同书多出 1284 个名词的规范，并增加了名词的注释，大大超过规定的指标。

项目负责人：王永炎

项目承担单位：中国中医研究院[①]

主管部门：国家中医药管理局

（38）中医证候动物模型建立与评价标准

项目编号：2000-JC-ZB-018

项目类型：科学规范与标准物质

项目摘要：项目通过分析东西方医学体系中比较医学思想的特点及比较医学思想对中医证候动物模型研究的意义，用比较医学思想构建中医证候动物模型建立与评价标准。

项目负责人：不详

项目承担单位：中国中医研究院基础理论研究所[②]

主管部门：国家中医药管理局

（39）国内失传中医善本古籍的抢救回归与发掘研究

项目编号：2000-JC-ZB-019

项目类型：科技资料整编和图集、志书/典籍编研

项目摘要：该项目完成海内外藏书机构的调查报告（包括国内失传的中医古籍的种类、名称、收藏国家和馆藏）；复制、回归 200 种国内失传的中医善本古籍（约 8 万页）；出版 30 种精选的回归善本古籍医书。

项目负责人：马继兴、郑金生

项目承担单位：中国中医研究院中国医史文献研究所[③]

主管部门：国家中医药管理局

（40）中国人口与计划生育决策支持信息系统

项目编号：2000-JC-ZB-020

项目类型：科学考察与调查

项目摘要：建立以计算机和网络为依托的数据收集、存储、处理、分析、信

---

① 现为中国中医科学院，下同
② 现为中国中医科学院基础理论研究所，下同
③ 现为中国中医科学院中国医史文献研究所，下同

息反馈和发布、事务处理和决策支持系统，系统将覆盖国家、省（自治区、直辖市）、地（市）、县（市）、乡（镇）到各级计划生育部门。届时，社会各界将能及时地获取全国人口的变动情况，并可运用国家计生委开发的科学的决策支持系统获得各种决策和管理所需的信息。

项目负责人：不详

项目承担单位：中国人口信息研究中心[①]

主管部门：卫生部

（41）建立我国肿瘤防治数据库

项目编号：2000-JC-ZB-021

项目类型：科学考察与调查

项目摘要：建立全国肿瘤防治数据库，及时、准确地提供我国肿瘤发病死亡和防治情况，促进资源共享，降低恶性肿瘤对人民群众的危害。材料和方法：数据包括全国 20 世纪 70 年代与 90 年代两次死亡回顾调查资料、肿瘤发病死亡登记资料，肺癌、食管癌、宫颈癌大规模流行病学研究资料，部分肿瘤医院临床治疗资料。

项目负责人：乔友林

项目承担单位：中国医学科学院

主管部门：卫生部

（42）我国常见毒物数据库及中毒、伤害谱

项目编号：2000-JC-ZB-022

项目类型：科学考察与调查

项目摘要：随着工业化进程的加速，伤害和中毒日益成为突出的社会问题。伤害对人体健康所造成的严重损害日益受到政府、社会和公共卫生学的重视和关注。我国至今无全面、系统的中毒、伤害统计报告系统。中国每年约有 20 多万伤害者需急诊处置和入院治疗。鉴于伤害具有急诊医疗服务需求的特点，探讨急诊伤害的流行特征，建立我国常见毒物数据库及中毒、伤害谱。

项目负责人：不详

项目承担单位：中国预防医学科学院

主管部门：卫生部

（43）国民营养与体质数据库

项目编号：2000-JC-ZB-023

项目类型：科学考察与调查

---

① 现为中国人口与发展研究中心，下同

项目摘要：合理的食物结构向人体提供的充足且平衡的营养素是维持人体生命和健康的重要物质基础，发达国家对国民的营养与健康状况非常重视。该项目建立国民营养与体质数据库，研究评价各类人群营养与体质状况的标准，特别是学龄儿童的生长发育标准。

项目负责人：不详

项目承担单位：中国预防医学科学院营养与食品卫生研究所

主管部门：卫生部

（44）饮用水系列卫生标准、监测与评价

项目编号：2000-JC-ZB-024

项目类型：科学规范与标准物质

项目摘要：生活饮用水卫生标准可包括两大部分：法定的量的限值，指为保证生活饮用水中各种有害因素不影响人群健康和生活质量的法定的量的限值；法定的行为规范，指为保证生活饮用水各项指标达到法从保护人群身体健康和保证人类生活质量出发，对饮用水中与人群健康的各种因素（物理、化学和生物）的量值规定，以及为实现量值标准和检测评价进行研究。

项目负责人：不详

项目承担单位：中国预防医学科学院环境卫生监测所

主管部门：卫生部

（45）中国人体血清标本和病毒毒种库的建立和保藏

项目编号：2000-JC-ZB-025

项目类型：科学规范与标准物质

项目摘要：该项目研究人体血清和病毒毒种的标本收集、保存技术，建立中国人体血清标本和病毒毒种库。

项目负责人：不详

项目承担单位：中国预防医学科学院病毒学研究所

主管部门：卫生部

（46）全国艾滋病毒分子流行病学调查及数据库的建立

项目编号：2000-JC-ZB-026

项目类型：科学考察与调查

项目摘要：进行全国范围的 HIV 分子流行病研究，即用分子生物学技术来研究传统流行病学难以确定的全国 HIV 流行毒株的种类、来源、地区与人群分布及进而测算其流行时间和传播路线。

项目负责人：邵一鸣

项目承担单位：中国疾病预防控制中心性病艾滋病预防控制中心

主管部门：卫生部

（47）老龄科学研究基础数据库

项目编号：2000-JC-ZB-027

项目类型：科学考察与调查

项目摘要："老龄科学研究基础数据库"的建设总体目标是建立一套老龄科研基础数据及文献的采集、监理、转换、入库有效模式，建立开放、稳定、安全、共享的数据库，为我国老龄科研的建设提供空间数据基础设施。

项目负责人：台恩普、张恺悌、郭平

项目承担单位：中国老龄科学研究中心

主管部门：民政部

（48）药用微生物次级代谢产物库的构建

项目编号：2000-JC-ZB-028

项目类型：科学考察与调查

项目摘要：药用真菌作为我国传统中医药体系的重要组成部分，有着悠久的历史。它们能够产生丰富的活性次级代谢产物，具有神经保护、抗肿瘤、降血脂等诸多药效。然而，目前对大部分药用真菌次级代谢产物的化学和生物学研究较少。课题组主要以抗肿瘤、抗炎、抗菌以及抗病毒等生物活性为指导，选择重要药用真菌进行化学研究，构建我国特色药用真菌代谢产物库。

项目负责人：不详

项目承担单位：四川抗菌素工业研究所

主管部门：中国医药集团总公司

（49）海洋药用生物资源及基因库构建

项目编号：2000-JC-ZB-029

项目类型：科技资源整编和图集

项目摘要：针对海洋条件复杂、采样困难、环境污染严重、过度捕捞等造成的海洋药源生物低的问题，该项目通过对现有海洋药源生物进行全面的收集、鉴定、分类，筛选出药源生物的基础上，建立相应的种质库、标本库和基因库，并不断采集海洋药源生物新种，整理入库，提高库的种类和数量，增强库的广度和深度，从而达到保护海洋药源生物种质和固有基因资源的目的，同时对于科技工作者进行相关研究与开发、政府部门的决策支持等都具有重要意义。

项目负责人：徐洵、于文功

项目承担单位：海洋局第三海洋研究所

主管部门：国家海洋局①

（50）建立中国海洋标准物质体系

项目编号：2000-JC-ZB-030

项目类型：科学规范与标准物质

项目摘要：该项目旨在通过系统化、规模化的研究，建立出适合我国国情且符合海洋经济、军事、环境监测评价需求的海洋标准物质体系，使海洋标准物质能真正有效地参与到海洋数据质量保障和评价中，不仅能为我国海洋标准物质发展奠定夯实的基础，也有利于我国海洋监督与海洋综合管理工作的全面开展。

项目负责人：吕海燕

项目承担单位：国家海洋局第二海洋研究所

主管部门：国家海洋局

（51）中国民族民间文艺基础资源数据库工程

项目编号：2000-JC-ZB-031

项目类型：科技资源整编和图集

项目摘要：该项目旨在通过对民歌、民间故事、舞蹈、戏曲音乐、戏曲志以及言语等资源的收集与整理，并构建出文艺基础资源数据库，实现文艺基础资源数据的共享与利用，进而推动区域民族民间文艺事业的发展以及提升国民综合文艺素质。

项目负责人：李松

项目承担单位：文化部民族民间文艺发展中心

主管部门：文化部②

（52）中国刑事犯罪案件数据库

项目编号：2000-JC-ZB-032

项目类型：科技资源整编和图集

项目摘要：该项目旨在对全国每年发生的刑事犯罪案例，按《刑法》分则的罪名体系进行分类，编排出科学实用的检索系统，动态显示刑事案件的变化情况，为中央决策机关、司法机关以及行政执法等部门制定科学的防范措施提供依据和技术支持。同时，不仅为国家完整、准确、持久地积累、运用司法成果提供科技平台，还可为全国的刑事司法工作和培训工作等提供服务。

项目负责人：刘雅清

项目承担单位：检察理论研究所

主管部门：最高人民检察院

---

① 现为自然资源部，下同
② 现为文化和旅游部，下同

（53）资源昆虫种质资源收集、整理、保存

项目编号：2000-JC-ZB-033

项目类型：科技资料整编和图集

项目摘要：该项目对资源昆虫种质资源的收集、整理、保存进行了研究，为资源昆虫种质资源的信息化和数据化管理打下了基础。

项目负责人：陈晓鸣

项目承担单位：中国林业科学研究院资源昆虫研究所

主管部门：国家林业局

（54）林木、草及竹藤种质资源收集、整理、保存

项目编号：2000-JC-ZB-034

项目类型：科技资料整编和图集

项目摘要：该项目对林木、草及竹藤种质资源的收集、保存、测定、评价与利用进行了研究，对于林木种质资源的信息化和数据化管理做出了贡献，为建设林木种质资源共享平台打下了基础。

项目负责人：顾万春

项目承担单位：中国林业科学研究院林业研究所

主管部门：国家林业局

（55）中国药用濒危野生物种保护战略研究

项目编号：2000-JC-ZB-035

项目类型：科学规范与标准物质

项目摘要：该项目开展药用濒危野生物种资源的调查研究，对保护管理现状进行考察和评价，促进中药资源可持续利用。

项目负责人：贾谦

项目承担单位：中国科学技术信息研究所

主管部门：科学技术部

（56）防沙治沙林木优良品种快繁技术研究

项目编号：2000-JC-ZB-036

项目类型：科学规范与标准物质

项目摘要：该项目研究组织培养、嫩枝及硬枝扦插、微型扦插、播种等快速繁育技术在防沙治沙林木优良品种繁育中的应用，为荒漠化地区规模化植树造林解决苗木生产问题。

项目负责人：江泽平

项目承担单位：中国林业科学研究院林业研究所

主管部门：国家林业局

（57）沙尘暴监测技术

项目编号：2000-JC-ZB-037

项目类型：科学规范与标准物质

项目摘要：该项目在收集了大量的有关沙尘暴起源、发展、影响及生态环境资料的基础上，利用遥感、计算机、网络等高新技术，并结合数学、气象学、林学等理论和知识，建立了主要受沙尘暴影响地区的生态环境和监测数据库、沙尘暴提取技术及软件应用系统和沙尘暴定量参数提取技术应用软件系统等四个软件应用系统，为沙尘暴的起源、路径、范围和强度的监测预报提供了技术方法和应用软件。

项目负责人：鞠洪波

项目承担单位：中国林业科学研究院资源信息研究所

主管部门：国家林业局

（58）热带森林对水资源供需调节的监测研究

项目编号：2000-JC-ZB-038

项目类型：科学规范与标准物质

项目摘要：该项目分析研究了热带森林对降水、径流、土壤水分和地下水以及水质量的调节作用，研究热带森林与水环境、水资源的相互作用机理，为揭示森林生态系统的水文生态功能提供依据。

项目负责人：李意德

项目承担单位：中国林业科学研究院热带林业研究所

主管部门：国家林业局

（59）全国生态环境综合数据库与监测信息网络

项目编号：2000-JC-ZB-039

项目类型：科技资料整编和图集

项目摘要：该项目研究和构建生态环境综合数据库，为实现生态环境监测的信息化和自动化做出了贡献。

项目负责人：孟伟

项目承担单位：中国环境科学研究院

主管部门：环境保护部[①]

（60）林化产品质量标准制订与升级

项目编号：2000-JC-ZB-040

项目类型：科技资料整编和图集

---

① 现为生态环境部，下同

项目摘要：该项目提出了 5 个标准物质、两个标准溶液研制方案、18 项标准的修订方案以及 16 项标准制订方案，并超额完成聚合松香产品、增效剂产品、栲胶原料分析方法、活性炭单宁酸吸附值的测定方法等 4 项标准的研究与制订工作；解决了林产化工标准样品制备技术、标准样品的定值方法、重要技术标准分析试验技术、林产化工标准体系构建等关键技术。

项目负责人：宋湛谦

项目承担单位：中国林业科学研究院林产化学工业研究所

主管部门：国家林业局

（61）三峡库区林业生态综合治理技术研究与示范

项目编号：2000-JC-ZB-041

项目类型：科学规范与标准物质

项目摘要：以库区典型小流域为单元开展林业生态综合治理试验，围绕优良适生植物种质材料选择和新型高效栽培模式与配套技术营建两个关键技术问题进行了研究，①筛选出了适宜三峡库区栽培的优良植物种质资源材料 30 种，其中乔灌草水土保持树种 18 种，优良生态经济树种 6 种（19 个品种和无性系），笋用竹 6 种。②根据小流域不同地段及植被现状，设计并营建了防治水土流失的生物措施治理模式 29 种，营造示范林 45 hm^2。建立了气象观测台 1 个和径流场 26 个，开展了综合治理控制水土流失效益的研究，项目实施区生态效益初见成效。③研究提出了坡耕地乔灌草立体配置的复合经营模式和配套栽培技术措施，竹子、茶叶等部分生态经济林已产生经济效益。

项目负责人：萧江华

项目承担单位：中国林业科学研究院亚热带林业研究所

主管部门：国家林业局

（62）森林、草原重大病虫害及火灾监测与防治技术研究

项目编号：2000-JC-ZB-042

项目类型：科学规范与标准物质

项目摘要：项目提出通过改善、保护和增加森林生态系统的多样性、应用先进的信息技术做好预测预报、应用生物防治技术发挥天敌对害虫的长期、持久的控制作用，从而达到对森林灾害的防控目的。

项目负责人：杨忠岐

项目承担单位：中国林业科学研究院森林生态环境与保护研究所

主管部门：国家林业局

（63）十种濒危药用植物资源调查与保护

项目编号：2000-JC-ZB-043

项目类型：科学考察与调查

项目摘要：该项目研究 10 种濒危药用植物资源的野生资源现状、栽培资源现状、市场开发利用现状，以及存在问题和保护对策。

项目负责人：不详

项目承担单位：中国医学科学院药用植物研究所

主管部门：卫生部

（64）珍稀濒危中药资源调查及保护系统的建立

项目编号：2000-JC-ZB-044

项目类型：科学考察与调查

项目摘要：根据中药资源药用价值、经济价值、学术价值、潜在价值、道地性、分布情况、野生资源贮存量、栽培情况、生物学特点、商品情况、临床应用等情况为参数，建立濒危中药资源的数据库及预警系统。

项目负责人：不详

项目承担单位：中国中医研究院中药研究所

主管部门：国家中医药管理局

（65）防沙治沙特种种质资源的调查评价与利用

项目编号：2000-JC-ZB-045

项目类型：科学考察与调查

项目摘要：通过系统调查，抢救性收集 8 属、80 余个物种、410 个居群的小麦族植物的资源，其中新收集物种 28 个；同时，建立了图像库和数据库，并编目、入国家圃（库）保存。筛选出防沙、固沙植物资源 12 个物种、52 个居群，高产牧草植物资源 5 个物种、8 个居群。从收集的极端环境下的小麦族植物资源中，发现了一些新物种，并在一些物种的起源演化等基础理论研究方面，获得了一些有价值的新结论。

项目负责人：不详

项目承担单位：中国农业科学院作物品种资源研究所[①]

主管部门：农业部

（66）基于 GIS 的滇藏森林生态灾害监测预警系统研制

项目编号：2000-JC-ZB-046

项目类型：科学规范与标准物质

项目摘要：构建森林生态灾害数据库，研究预警预报模型。

项目负责人：暂时不详

---

① 现为中国农业科学院作物科学研究所，下同

项目承担单位：云南省气象科学研究所

主管部门：中国气象局

（67）林业生态工程的水资源调节影响监测研究

项目编号：2001-82

项目类型：科学规范与标准物质

项目摘要：该项目研究森林植被与水资源、水环境的相互作用机理，对合理指导林业生态工程建设提供科学依据。

项目负责人：王彦辉

项目承担单位：中国林业科学研究院森林生态研究所

主管部门：国家林业局

3. 2001 年立项项目编目

（68）森林植物种质资源收集、保存与编目

项目编号：2001DEA10002

项目类型：科技资料整编和图集

项目摘要：该项目围绕国家生物种质保育目标战略，重点进行我国重要、典型、特有、珍稀和濒危的乔灌木、竹藤、西部原生乔灌草种质、花草及其他原生种的种质资源抢救、保存。开展了全国性森林植物种质资源基础性收集、测定、评价和利用等研究，开展研制和完善林木种质资源信息管理系统工作，建立了有关技术规范，初步建立了森林植物标本和木材标本两个多媒体数字化标本馆。项目取得了显著进展和阶段成果。

项目负责人：江泽慧

项目承担单位：中国林业科学研究院

主管部门：国家林业局

（69）林业微生物菌种的收集、整理和保藏

项目编号：2001DEA10004

项目类型：科技资料整编和图集

项目摘要：对林业微生物菌种的收集、整理和保藏进行了研究，构建了林业微生物菌种数据库，为林业微生物菌种的信息化和数据化管理做出了贡献。

项目负责人：田国忠

项目承担单位：中国林业科学研究院森林生态环境与保护研究所

主管部门：国家林业局

（70）中国重要医学生物资源的保藏与共享

项目编号：2001DEA10007

项目类型：科学考察与调查

项目摘要：该项目初步建立了国家重要医学病毒、细菌、血清、细胞和人类遗传资源等医学生物资源保藏中心，明显改善了各资源保藏单位现有医学生物资源的保藏设施、设备和工作条件；开展了对保藏资源的标准化研究并初步建立了管理规程；初步建立了便于计算机管理的重要医学生物资源数据管理系统，完成了所保藏生物资源目录的编制和修订，已向社会提供了大量的生物医学资源材料和信息，初步实现了重要医学生物资源与信息共享。

项目负责人：不详

项目承担单位：中国预防医学科学院病毒学研究所

主管部门：卫生部

（71）国家化石和岩矿标本库

项目编号：2001DEA10008

项目类型：科技资料整编和图集、志书/典籍编研

项目摘要：中国地质大学（北京）、中国地质博物馆、中国科学院古脊椎动物与古人类研究所和中国科学院南京地质古生物研究所共同开展我国化石和岩石标本的收集、整理、保存及数字化，建立标本数据库。实现标本资源的抢救性收集和长期保存和科学管理。完成了 2000 件化石和岩石标本的数字化。

项目负责人：吴淦国

项目承担单位：中国地质大学（北京）

主管部门：国土资源部

（72）西南野生生物种质资源收集保存的前期研究

项目编号：2001DEA10009

项目类型：科学规范与标准物质

项目摘要：该项目的研究包括五个保护区的本底调查（无量山、巧家药山、高黎贡山、铜壁关、分水岭），五个功能库的资源收集保存前期研究（种子库、植物离体库、动物种质库、微生物库、DNA 库），以及活体植物收集规范研究以及信息系统建设等。

项目负责人：李德铢、龙春林

项目承担单位：中国科学院昆明植物研究所

主管部门：中国科学院

（73）中药材标准及相关中医临床疗效评价标准

项目编号：2001DEA20010

项目类型：科学规范与标准物质

项目摘要：该项目涉及中药材优良种质标准、中药材质量标准和中药材炮制

品标准三方面的工作，涵盖中药原植物—药材—饮片，即中药生产前三个环节的质量控制。通过总结现行质量标准并进行分析，在收集整理大量文献资料的基础上，经反复筛选，选定了 14 种中药材优良种质、36 种中药材以及 9 种中药材的炮制品作为质量标准的研究。

项目负责人：不详

项目承担单位：中国中医研究院中药研究所

主管部门：国家中医药管理局

（74）数字化地震前兆观测标准

项目编号：2001DEA20024

项目类型：科学规范与标准物质

项目摘要：该项目共计完成地震前兆观测的各类标准 46 项，涵盖了台网设计、台站建设、观测环境技术要求、地震观测仪器、检定规程、数据格式及代码等方面，已构成地震前兆观测技术系列标准的基本框架，编写完成的 46 项标准中，已有 39 项得到有关部门批准发布。项目产出的经国家质量监督检疫检验总局批准发布的 4 项国家标准和中国地震局批准发布的 40 项地震行业标准汇编成册—《地震观测技术标准汇编》，共三册。

项目负责人：赵家骝

项目承担单位：中国地震局分析预报中心

主管部门：中国地震局

（75）中医药科技信息数据库

项目编号：2001DEA20039

项目类型：科技资料整编和图集、志书/典籍编研

项目摘要：中医药科技信息数据库具有国际先进水平，最纠名包括中药基础与实验研究数据库群组，其中有 50 个了数据库、110 个表单及数百个自动生成的中间表、800 余个著录项目，涵盖所有中医药有关医、药及学术的内容，并能够通过网络技术提供远程检索服务，其完全开放式的结构便于实时扩充完善。该项目动员了全国 28 家中医药科研院所、大专院校的 270 余名科研人员通力合作，目前已完成各种数据、文献的撰写、整理、录入、标引 47 万条，收录基础词条 60 万，3800 余万字，标注中药文献 70 种，编制了 8900 种中药的正异名词表。

项目负责人：柳长华

项目承担单位：中国中医研究院

主管部门：国家中医药管理局

（76）人体生理常数数据库

项目编号：2001DEA30031

项目类型：科学考察与调查

项目摘要：该项目完成人体生理（心理）常数整体全国选点、现场调查样本2.5万～3万计划中的指标测试和调查工作；完成科技人员特殊群体的健康检测工作；完成收集研究成人骨骼标本男女各350具，以及少年儿童骨骼六大关节X光片男女各600套总体计划工作量，标本无霉变、虫蛀，编号清楚，图像清晰。

项目负责人：朱广瑾

项目承担单位：中国医学科学院基础科学研究所

主管部门：卫生部

（77）中国生物医学数据库（基因、染色体、蛋白质、细胞）（2001年）

项目编号：2001DEA30032

项目类型：科学考察与调查

项目摘要：生物医学数据库是以基因、染色体、蛋白质和细胞等数据为主要对象，以数学、信息学、计算机科学为主要手段，以计算机硬件、软件和计算机网络为主要工具，对浩如烟海的原始数据进行存储、管理、注释、加工，使之成为具有明确生物学意义，并可便于利用的生物学信息资源。

项目负责人：沈岩

项目承担单位：中国医学科学院基础科学研究所

主管部门：卫生部

（78）中国居民营养与健康调查

项目编号：2001DEA30035

项目类型：科学考察与调查

项目摘要：该项目对全国营养与健康调查，对膳食、身体活动水平及操纵和肥胖等因素对成人血脂水平及血脂异常患病率的影响进行了初步分析和探讨。

项目负责人：不详

项目承担单位：中国预防医学科学院预防与食品卫生研究所

主管部门：卫生部

（79）林业资源数据采集与信息网络系统建设（2001年）

项目编号：2001DEA30037

项目类型：科技资料整编和图集

项目摘要：该项目研究和采集、整合林业行业丰富的科学数据和信息资源，研究开发了信息共享系统。

项目负责人：张守攻

项目承担单位：中国林业科学研究院

主管部门：国家林业局

（80）CODATA 中国理化数据库

项目编号：2001DEA30041

项目类型：科技资料整编和图集、志书/典籍编研

项目摘要：CODATA 中国理化数据库，不仅包括数据库的建立、数据信息交换、学术交流，而且更具有特色的是要做实验数据的创造、评估、组织等工作，形成中国理化数据共享的数据资源基础。项目的主要目标是在 3～5 年内建成以 CODATA 中国理化数据库为主体的涉及农林、机械材料、生物等学科的数据库信息服务体系，形成一个面向数理化等领域，能为科研和生产提供基础和应用数据的 CODATA 中国理化数据库中心群。项目建立了总中心和四个分中心：①化学及化工物性数据库中心；②核物理基础数据库中心；③原子分子数据库和基本物理常数数据库中心；④地球热力学和化学。项目为国家基础科研教育、科技创新、社会经济发展提供信息化的共享平台和数字化的科研环境。

项目负责人：肖云

项目承担单位：中国地质科学院矿产资源研究所

主管部门：国土资源部

（81）濒危与珍稀动植物资源的收集、整理、保存

项目编号：2001DEB10048

项目类型：科技资料整编和图集

项目摘要：该项目开展濒危与珍稀动植物资源的调查、调研，整理整合濒危与珍稀动植物资源信息，基本获知濒危与珍稀动植物资源的现状。

项目负责人：不详

项目承担单位：中国农业科学院特产研究所

主管部门：农业部

（82）1100 种中医药珍籍秘典的整理抢救

项目编号：2001DEB10049

项目类型：科技资料整编和图集、志书/典籍编研

项目摘要：该项目率先利用现代信息技术，对现存的 1100 种具有重大学术价值和文物价值的中医药珍善本古籍进行全面系统地数字化整理和抢救工作。该研究对北京、上海、南京等地急需抢救的 350 种珍善本中医古籍进行数字化整理，实现了中医药古籍资源共享，对中医教学、科研和医疗起到重要的支撑作用。

项目负责人：不详

项目承担单位：中国中医研究院中医药信息研究所[①]

① 现为中国中医科学院中医药信息研究所，下同

主管部门：国家中医药管理局

（83）人造板及制品品质和加工质量标准制定与升级

项目编号：2001DEB20053

项目类型：科技资料整编和图集

项目摘要：该项目研究人造板及制品的研制工艺，开展品质和性能的检验、测试方法研究，为人造板及制品品质和加工质量标准制定提供依据。

项目负责人：吕斌

项目承担单位：中国林业科学研究院木材工业研究所

主管部门：国家林业局

（84）古生物志与化石编研

项目编号：2001DEB20056

项目类型：科技资料整编和图集、志书/典籍编研

项目摘要：1962～1976 年我国出版的 15 种 17 册系列专著《中国各门类化石》是中国古生物分类研究的一次重要总结。随着 30 多年来中国古生物学研究取得重大发展，对这些资料进行系统整理和再研究、准确观察记述和合理归纳总结，重新确定分类位置十分必要。为了总结和完善老一辈科学家积累几十年的古生物学基础资料，构筑我国古生物学新的学术平台，促进我国古生物学事业在 21 世纪持续、全面的发展，该项目系统地总结了古生物系统分类研究资料，先后完成并出版了 5 本专著，完成一系列古生物学基础性研究著作，并出版了工具书《中国古植物学（大化石）文献目录（1865～2000）》，是一批高水平的古生物学学术著作。

项目负责人：钱迈平、徐均涛

项目承担单位：国土资源部南京地质矿产研究所[①]

主管部门：国土资源部

（85）工程结构抗震设计样板规范

项目编号：2001DEB20060

项目类型：科学规范与标准物质

项目摘要：该项目通过对国外样板规范的研究，基于性态的抗震设防和设计，编制工程结构抗震设计样板规范。提供场地、地基基础和地震动，结构抗震等部分共 20 篇调查研究报告，计 39 万多字。

项目负责人：谢礼立

项目承担单位：中国地震局工程力学研究所

---

① 现为自然资源部南京地质矿产研究所，下同

主管部门：中国地震局

（86）防震减灾重点地区遥感数据库

项目编号：2001DEB30072

项目类型：科学考察与调查

项目摘要：该项目收集整理了"防震减灾遥感数据库建库与网络发布系统""防震减灾重点地区遥感数据库项目成果介绍"等防震减灾重点地区遥感论文。

项目负责人：张景发

项目承担单位：中国地震局地壳应力研究所

主管部门：中国地震局

（87）常用有毒中药中毒机理与中毒谱

项目编号：2001DEB30076

项目类型：科学考察与调查

项目摘要：目前有毒中药已愈来愈广泛地应用于临床，而中药中毒之现象屡有发生。为确保临床用药安全有效，有必要对影响中药毒性的主要因素做更深入的研究，以期为临床合理用药提供理论依据。

项目负责人：于智敏

项目承担单位：中国中医研究院基础理论研究所

主管部门：国家中医药管理局

（88）中国人群出生、死亡及行为危险因素数据库

项目编号：2001DEB30077

项目类型：科学考察与调查

项目摘要：该项目收集出生、死亡和人群行为危险因素数据，建立数据库，对数据深入分析，提供数据服务，实行联合共享。

项目负责人：杨功焕

项目承担单位：中国预防医学科学院流行病学微生物学研究所

主管部门：卫生部

（89）西部活断层及新构造基础数据 GIS

项目编号：2001DEB30078

项目类型：科技资料整编和图集、志书/典籍编研

项目摘要：活断层及新构造环境在中国西部的环境与资源问题中占有重要地位。我国有关中国西部活断层及新构造环境的重要资料尚未形成可供浏览和交流的数据库，影响了这些宝贵资料在西部经济开发及科学研究中的使用。为了填补

这方面的空缺，该项目通过调查、收集、整理和分析现有的有关中国西部活断层及新构造环境的各类数据和资料，根据现有的资料数据及以往的 GIS 数据库设计经验，应用 WebGIS 技术建立了在 Internet 上联网的中国西部活断层及新构造环境基础数据库系统。该系统使得我国西部活断层及新构造数据的基础资料得到方便广泛发应用，有助于在西部环境与资源等问题的研究中加深对活断层及构造环境因素的分析与认识。

项目负责人：叶洪

项目承担单位：中国地震局地质研究所

主管部门：中国地震局

（90）心血管病防治数据库

项目编号：2001DEB30079

项目类型：科学考察与调查

项目摘要：该项目旨在构建我国多种心血管疾病的临床研究数据库，且不同的医疗机构能共享该数据库。

项目负责人：不详

项目承担单位：中国医学科学院

主管部门：卫生部

（91）典型生态系统野外定位观测与数据共享研究

项目编号：2001DIA10004

项目类型：科技资料整编和图集

项目摘要：该项目整理整合典型生态系统野外定位观测数据资料，研发数据库系统，探索数据共享模式，为森林生态系统的研究提供数据支撑。

项目负责人：肖文发

项目承担单位：中国林业科学研究院森林生态环境与保护研究所

主管部门：国家林业局

（92）辽西半干旱区生态经济型林业模式构建的研究

项目编号：2001DIA10013

项目类型：科技资料整编和图集

项目摘要：该项目研究了辽西半干旱区适用的树种选择、人工林营造模式和技术，探索以森林为主体发展林业经济和保持水土、建设生态环境的有效模式。

项目负责人：孟平

项目承担单位：中国林业科学研究院林业研究所

主管部门：国家林业局

（93）社会林业工程创新与创新体系的研究与实施

项目编号：2001DIA50043

项目类型：科学规范与标准物质

项目摘要：通过项目的研究与实施，提出中国社会林业工程发展现状、评价指标体系、可持续发展模式、总体布局与发展规划。项目成果包括"课题总结报告"33 篇，"区域社会林业工程技术体系研究报告"34 篇及"区域社会林业工程政策法律法规研究报告"，"重点示范县发展模式""社会林业工程创新体系的研究与实施总结报告""中国社会林业工程重点示范县发展模式研究"等报告。

项目负责人：王涛

项目承担单位：中国林业科学研究院林业研究所

主管部门：国家林业局

（94）濒危动物保护技术研究

项目编号：2001DIB10058

项目类型：科技资料整编和图集

项目摘要：该项目利用微卫星分子标记技术来从濒危动物的毛发、粪便、标本等材料获取动物遗传多样性及遗传结构的信息，从而提出濒危物种有效保护策略。

项目负责人：李迪强

项目承担单位：中国林业科学研究院森林生态环境与保护研究所

主管部门：国家林业局

（95）南方低丘红壤林业生态整治技术

项目编号：2001DIB10066

项目类型：科学规范与标准物质

项目摘要：该项目研究了在南方低丘红壤的人工林营造模式和技术，探索以森林为主体构建良好生态体系的有效模式。

项目负责人：陈益泰

项目承担单位：中国林业科学研究院亚热带林业研究所

主管部门：国家林业局

（96）石质溶岩山地生态综合整治技术研究及示范

项目编号：2001DIB10067

项目类型：科学规范与标准物质

项目摘要：开展封山育林、以快速恢复植被为目的的人工造林、珍贵用材林营造、农林复合经营模式营建等研究与示范，通过各种示范模式解决群众的薪材、牲畜饲料等问题使示范区步入资源合理利用、经济有序发展和环境逐步改善的良性循环。

项目负责人：白嘉雨

项目承担单位：中国林业科学研究院热带林业研究所

主管部门：国家林业局

（97）矿山生态环境综合整治技术示范

项目编号：2001DIB10068

项目类型：科学规范与标准物质

项目摘要：该项目研究乔木、灌木、草本（含作物）物种（含品种）的选择、多物种配置模式、栽培试验等，以达到加速恢复植被改善生态环境，人工优化生态、经济、社会三大效益的目的。

项目负责人：孙翠玲

项目承担单位：中国林业科学研究院森林生态环境与保护研究所

主管部门：国家林业局

（98）秦巴山区漆树资源可持续发展及规模化管理

项目编号：2001DIB10080

项目类型：科学规范与标准物质

项目摘要：该项目研究了秦巴山区漆树资源可持续发展的制约因素和优势，提出了秦巴山区漆树资源可持续发展模式和战略思路，为漆树资源可持续发展进行了很好的探索。指标体系框架、定量测评方法与模型。

项目负责人：魏朔南

项目承担单位：中华全国供销合作总社西安生漆涂料研究所

主管部门：中华全国供销合作总社

（99）宁夏移民迁出区退耕还林的气候模拟与分析

项目编号：2001DIB10090

项目类型：科学规范与标准物质

项目摘要：该项目研究退耕还林带来的植被变化与区域气候间的相互影响关系，通过数值模拟，分析退耕还林所产生的森林对气候的效应。

项目负责人：不详

项目承担单位：宁夏回族自治区气象科学研究所

主管部门：中国气象局

（100）广西山口红树林生态自然保护区海洋环境管理信息示范系统建设

项目编号：2001DIB10091

项目类型：科学规范与标准物质

项目摘要：基于服务红树林资源保护和海洋生态环境监测的原则设计和建设

管理信息系统，实现海洋管理信息数据库、空间分析评价模型、虚拟现实技术的集成和海洋信息资源的全面整合，为各级用户提供多层次的海洋信息服务。

项目负责人：不详

项目承担单位：国家海洋局天津海水淡化与综合利用研究所①

主管部门：国家海洋局

（101）森林防火接警指挥系统

项目编号：2001DIB20097

项目类型：科学规范与标准物质

项目摘要：该项目应用了计算机系统技术为森林防火和火情发生决策研发实现了一个信息化系统。

项目负责人：刘少刚

项目承担单位：国家林业局哈尔滨林业机械研究所②

主管部门：国家林业局

（102）干热河谷区生态综合整治技术研究及示范

项目编号：2001-JC-ZB-001

项目类型：科学规范与标准物质

项目摘要：以生态适应理论为依据，构建该地区人工造林树种生态适应的指标体系和标准，对现有金沙江干热河谷不同海拔高度地区人工造林树种进行生态适应性评价，综合分析该地区的人工造林树种生态适应性，为金沙江干热河谷地区植被恢复和重建提供科学依据。

项目负责人：李昆

项目承担单位：中国林业科学研究院资源昆虫研究所

主管部门：国家林业局

4. 2002 年立项项目编目

（103）实验动物的保存和利用

项目编号：2002DEA10010

项目类型：科学规范与标准物质

项目摘要：实验动物资源是生命科学研究的重要支撑条件，是一种完整的生物型研究工具和试验对象，实验动物资源的合理开发、安全保存和共享利用对于促进我国基础生命科学的发展和生物医药的研发具有重要的支撑和保障作用，继而推动我国社会经济的发展和科技进步。

---

① 现为自然资源部天津海水淡化与综合利用研究所，下同

② 现为国家林业和草原局哈尔滨林业机械研究所，下同

项目负责人：徐平

项目承担单位：中国科学院上海生命科学研究院

主管部门：中国科学院

（104）森林、湿地和旱地生态系统监测规范与数据信息共享系统研建

项目编号：2002DEA20020

项目类型：科技资料整编和图集

项目摘要：收集整理各森林生态站观测到的数据涉及诸如林地使用状况、森林资源情况、植被分布特征、立地条件、社会经济等许多因子数据，数据既有空间数据又有属性数据。构建了基于 WebGIS 和 Internet 网络合理应用与共享的系统，在设计的时候采用的是甲骨文公司的 Oracle 作为后台数据库开发运行平台。ArcSDE 则是 ESRI 公司的空间数据库引擎，用于对海量空间数据及其属性数据的管理和驱动。

项目负责人：王兵

项目承担单位：中国林业科学研究院森林生态环境与保护研究所

主管部门：国家林业局

（105）食品、中药与天然药物有效成分检测技术研究

项目编号：2002DEA20021

项目类型：科学规范与标准物质

项目摘要：该项目对食品、中药与天然药物中的营养成分和有效成分检测技术比较与方法建立研究。

项目负责人：王晶

项目承担单位：中国计量科学研究院

主管部门：国家质量监督检验检疫总局

（106）实验动物质量检测标准与体系的研究

项目编号：2002DEA20023

项目类型：科学规范与标准物质

项目摘要：实验动物质量是应用实验动物开展生命科学及医药研究科学性、重复性与可比性的基础。该项目主要针对实验动物标准和质量保障体系研究，以及实验动物质量检测技术研究。

项目负责人：魏强

项目承担单位：中国预防医学科学院

主管部门：卫生部

（107）地震科学数据共享

项目编号：2002DEA30025

项目类型：科学考察与调查

项目摘要：项目收集整理了地震科学数据相关总结报告以及相关科学数据，为用户提供更多、更全面的地震共享数据。

项目负责人：陈鑫连

项目承担单位：中国地震局分析预报中心

主管部门：中国地震局

（108）林业资源数据采集与信息网络系统建设（2002 年）

项目编号：2002DEA30040

项目类型：科技资料整编和图集

项目摘要：该项目进一步研究和整合林业行业丰富的科学数据和信息资源，为建设林业科学数据共享和再应用做出了贡献。

项目负责人：张守攻

项目承担单位：中国林业科学研究院

主管部门：国家林业局

（109）中国生物医学数据库（基因、染色体、蛋白质、细胞）（2002 年）

项目编号：2002DEA30044

项目类型：科学考察与调查

项目摘要：该项目研究建立中国生物医学数据库，包括基因、染色体、蛋白质、细胞等信息，开展计算生物学和系统生物学研究、生物医学大数据深度挖掘以及生物分子网络模建。

项目负责人：王恒

项目承担单位：中国医学科学院基础医学研究所

主管部门：卫生部

（110）国家材料（制品）腐蚀试验站网与数据库

项目编号：2002DEA30045

项目类型：科技资源整编和图集

项目摘要：该项目针对国家重点基础设施建设和重大工程的需求，在我国中东部地区开展环境腐蚀试验的基础上，完善西部地区腐蚀试验站（点）建设，并开展新型材料、制品环境腐蚀试验，建立数据共享，对于开展工程材料的耐腐蚀性研究具有非常的重要意义。

项目负责人：杨德泽、李晓刚

项目承担单位：冶金工业信息标准研究院、中国地质科学院矿产资源研究所

主管部门：国务院国有资产监督管理委员会

（111）地震模拟和预报的数据库应用平台

项目编号：2002DEB30092

项目类型：科学考察与调查

项目摘要：该项目以地壳动力学和地震机理研究为对象，建成集数据库和数据库应用于一体的平台。用户也可以利用这个平台发布自己的研究成果与同行交流，更多的人可以通过 WEB 查询共享平台数据库提供的各种信息。

项目负责人：黄忠贤

项目承担单位：中国地震局地壳应力研究所

主管部门：中国地震局

（112）全国固体潮观测数据库建设及共享服务

项目编号：2002DEB30093

项目类型：科学考察与调查

项目摘要：该项目收集整理了"全国固体潮观测数据库建设及共享服务"等全国固体潮观测数据论文。

项目负责人：唐久安

项目承担单位：中国地震局兰州地震研究所

主管部门：中国地震局

（113）青藏高原科学考察林业文献收集整理与数字化

项目编号：2002DEB30100

项目类型：科技资料整编和图集

项目摘要：挖掘和整理历次青藏高原科学考察活动中有关林业、生态、荒漠化和生物多样性方面的各类数据、资料，建立青藏高原科学考察相关的数据库、资料保存特藏室和青藏高原科学考察林业数据中心。

项目负责人：王忠明

项目承担单位：中国林业科学研究院林业科技信息研究所

主管部门：国家林业局

（114）食疗双重干预方法

项目编号：2002DEB30105

项目类型：科学考察与调查

项目摘要：将中医食疗学和现代营养学融合一体，研究并建立食疗双重干预方法，对以中医理论为指导，结合现代营养学理论，辨证辨病相结合，提供个体化食疗方案的新的食疗理论、方法。该项目确定了相关主题词的统一标准，制作了其文献数据库。数据库共载录 436 种药食同源的物品。每个物品都从名称、别名、类别、性味、中医功效、西医药理、食用方法、忌食、图片、成分含量等方面进行了数据采集与加工。确定了数据库程序的工作流程，建立了数据库结构，数据表的字段名称及建立表索引等。

项目负责人：张雪亮

项目承担单位：中国中医研究院

主管部门：国家中医药管理局

（115）磁暴基础数据库

项目编号：2002DIB10043

项目类型：科学考察与调查

项目摘要：项目以中国地震局所管理的地磁台网为依托，系统地汇集、整理各种相关观测数据，绘制成图，并将其数值化，向公众提供系统、全面和快捷的数据共享服务。

项目负责人：高玉芬

项目承担单位：中国地震局地球物理研究所

主管部门：中国地震局

（116）VEGF、自体神经干细胞治疗脑缺血的实验研究

项目编号：2002DIB40097

项目类型：科学考察与调查

项目摘要：该项目探索脑血管病基因和干细胞治疗的新的方法，为全国近千万脑血管病后遗症患者提供康复的希望；完成基因和干细胞临床实验基地的初步建设。

项目负责人：高志强

项目承担单位：中国医学科学院北京协和医院

主管部门：卫生部

（117）红外线森林火灾监测定位报警系统

项目编号：2002DIB50121

项目类型：科学规范与标准物质

项目摘要：该项目应用红外线检测森林火灾发生，为森林火灾监测和预警实现了一个信息化系统。

项目负责人：刘少刚

项目承担单位：国家林业局哈尔滨林业机械研究所

主管部门：国家林业局

（118）外来树种入侵性与生态安全评价

项目编号：2002DIB50122

项目类型：科技资料整编和图集

项目摘要：项目整理、整编近几十年来中国从国外引进外来树种的相关数据，研究构建了中国外来树种信息系统，并利用地理信息系统对外来树种的入侵进行预警。研制了我国的外来树种入侵性评价技术规程，收集整理了 200 种我国重要引种成功的外来树种信息，并绘制在我国的地理分布图和推测它们的适生区，以便对外来树种的生态风险建立预警系统奠定基础。

项目负责人：郑勇奇

项目承担单位：中国林业科学研究院林业研究所

主管部门：国家林业局

（119）主要经济林产品质量控制技术研究及示范

项目编号：2002DIB50124

项目类型：科学规范与标准物质

项目摘要：以试验示范基地的方式开展了经济林产品质量过程控制技术规范的研究，在大量科学调查、测定和试验数据的基础上，该项目着重探讨了柿果农药残留动态规律、果实膨大剂对猕猴桃品质的影响、油茶采后处理技术及油茶油储藏技术及土壤和果品中重金属含量的关系，总结了经济林产品各自的质量控制的关键因子。

项目负责人：费学谦

项目承担单位：中国林业科学研究院亚热带林业研究所

主管部门：国家林业局

（120）宁夏枸杞黑果病暴发的农业气象条件及预报方法研究

项目编号：2002DIB50127

项目类型：科学规范与标准物质

项目摘要：该项目首次开展了基于炭疽菌分离、培养、制种技术和实验室、大田接种后人工设置不同气象条件，研究其侵染、发病与爆发流行的气象条件，在炭疽菌快速制种技术、室内生物学鉴定、实验室接种侵染、大田接种后发病气象条件模拟、药剂防治等多方面取得创新性成果。研究方法严密，技术先进、成熟，实用性强，在服务中受到政府的重视。在监测、预测、防治上系列化，会取得明显的经济和社会效益。对保护枸杞品牌、维护枸杞原产地品质、稳定枸杞价格、减少农户损失、增加农户收入都会起到积极作用，对宁夏枸杞产业发展起到技术支撑作用，也对全国其他枸杞产区开展枸杞炭疽病气象监测、预报提供了技术支撑。

项目负责人：杨云

项目承担单位：宁夏气象科学研究所

主管部门：宁夏气象局

（121）珠江三角洲森林植被结构与环境间的互动监测

项目编号：2002DIB50132

项目类型：科技资料整编和图集

项目摘要：森林是生态环境建设的主体，森林通过能量转换、吸收同化、物质循环等功能对大气环境、水环境、陆地土壤环境等产生显著的影响，珠江三角洲地区为我国南亚热带，光、热资源充足，雨量充沛，是森林植被极易繁衍的地区，也是城市化和经济发展最快的地区。2002～2003 年对顺德大良大岭山常绿针阔混交林集水区水循环过程进行定位监测，开展测定降水、穿透水、树干径流、渗透水、总径流及水化学采测以及水样分析研究等研究工作。

项目负责人：陈步峰、尹光天

项目承担单位：中国林业科学研究院热带林业研究所

主管部门：国家林业局

（122）猕猴桃樱桃珍稀种质资源收集、保存与评价鉴定

项目编号：2002-JC-ZB-001

项目类型：科技资料整编和图集

项目摘要：项目对云南、四川和河南的猕猴桃种质资源进行了调查收集和嫁接保存，并建立了比较规范的 10 亩（1 亩≈666.7m^2）猕猴桃资源圃；收集保存樱桃资源 202 份，其中有 10 多个种、100 多个品种，建立起樱桃种质资源圃和樱桃资源共享方案框架。

项目负责人：不详

项目承担单位：中国农业科学院郑州果树研究所

主管部门：农业部

（123）重要野生食用菌种质资源收集与保藏研究

项目编号：2002-JC-ZB-002

项目类型：科技资料整编和图集

项目摘要：对重要野生食用菌种质资源进行了调查、收集、保藏研究，探明了食用菌资源现状，建立重要食用菌野生种质资源数据库。

项目负责人：不详

项目承担单位：中华全国供销合作总社昆明食用菌研究所

主管部门：中华全国供销合作总社

（124）造纸工业纤维原料资源品质研究

项目编号：2002-JC-ZB-003

项目类型：科技资料整编和图集

项目摘要：该项目对我国现有的造纸原料资源进行系统的调查，并按原料的名称、学名、别名、科属、资源分布、生长状态、纤维质量、细胞形态及原料的化学成分进行了系统的分析研究，建立了造纸工业纤维资源品质的数据库，为造纸工业服务。

项目负责人：不详

项目承担单位：中国制浆造纸研究院①

主管部门：中国轻工集团公司

（125）我国山区菌物资源的保护和利用

项目编号：2002-JC-ZB-004

项目类型：科技资料整编和图集

项目摘要：该项目调查和研究冬虫夏草等菌物资源的分布和开发利用状况，提出资源保护和合理利用的对策。

项目负责人：胡清秀

项目承担单位：中国农业科学院农业自然资源与农业区划研究所

主管部门：农业部

（126）牧草生产-生态基础数据库及共享服务系统

项目编号：2002-JC-ZB-005

项目类型：科技资料整编和图集

项目摘要：该项目着眼于草畜业管理数字化发展的国际趋势，以及我国建立资源节约型社会和草畜业产业化发展对数字化管理技术的需求，综合运用数据库技术、3S技术、网络技术等现代信息技术，研究草场信息管理、分析、共享技术，研制牧草生产-生态数据库和共享服务系统，提高了我国草畜业生产各环节的管理水平，探索了农牧业信息化、科学化和资源节约型发展模式。

项目负责人：辛晓平

项目承担单位：中国农业科学院

主管部门：农业部

（127）国家重大林业生态工程监测与评价技术研究

项目编号：2002-JC-ZB-006

项目类型：科学规范与标准物质

项目摘要：该项目制定了信息的采集、处理标准规范，研制统一规划和设计的技术平台，进行应用系统集成，为实现林业重大生态工程建设的信息资源共享和技术共享提供技术支持，为实现国家重大林业生态工程的数字化、信息化、智能化做出了贡献。

---

① 现为中国制浆造纸研究院有限公司，下同

项目负责人：鞠洪波

项目承担单位：中国林业科学研究院资源信息研究所

主管部门：国家林业局

（128）森林植物病害标本信息管理系统及森林土壤退化指标体系

项目编号：2002-JC-ZB-007

项目类型：科技资料整编和图集

项目摘要：该项目整理整合近几十年来我国森林中发生普遍而严重的病害，以及中国林业科学研究院森林植物病害标本数据资料，研究建立了中国森林植物病害信息管理系统。

项目负责人：张星耀

项目承担单位：中国林业科学研究院森林生态环境与保护研究所、中国林业科学研究院林业研究所

主管部门：国家林业局

（129）我国大兴安岭区雷击火发生预测预报系统

项目编号：2002-JC-ZB-008

项目类型：科学规范与标准物质

项目摘要：雷击火作为天然火源是一种难以控制的自然现象，其形成机理极为复杂。我国大兴安岭林区是雷击火主要发生区，对雷击火的研究表明特殊可燃物、雷暴的天气和较高的地形构成了雷击火发生的火环境。该项目分析雷击火的发生与火险指数的关系，根据雷击火发生概率和每日火险指数建立了雷击火发生概率预测模型以及预测预报系统。

项目负责人：舒立福

项目承担单位：中国林业科学研究院森林生态环境与保护研究所

主管部门：国家林业局

（130）热带牧草种质资源收集、整理与保存

项目编号：2002-JC-ZB-009

项目类型：科技资料整编和图集

项目摘要：该项目对热带牧草种质资源的收集、整理、保存进行了研究，为热带牧草种质资源的信息化和数据化管理打下了基础。

项目负责人：不详

项目承担单位：中国热带农业科学院

主管部门：农业部

5. 2003 年立项项目编目

（131）土壤重金属污染植物修复的试验示范研究

项目编号：2003-JC-ZB-001

项目类型：科学规范与标准物质

项目摘要：植物修复是以植物忍耐和富集某种或某些有机或无机污染物为理论基础，利用植物或植物与微生物的共生体系，清除环境中污染物的一门环境生物技术，其核心是对植物能忍耐和超量积累重金属的生物学特性的利用，其具有费用低廉、节约土地资源或储藏费用、利用植物本身特性、不破坏生态环境和无二次污染等多方面的优点，有望成为一项具有广阔应用前景的治理重金属污染土壤的全新技术。该项目调查分析重金属污染土地的植物，以得到适宜于当地的生物修复技术，研究通过客土、施肥及相关的综合农艺措施来更大程度修复土壤污染。

项目负责人：尚鹤

项目承担单位：中国林业科学研究院森林生态环境与保护研究所

主管部门：国家林业局

6. 2004 年立项项目

（132）木材加工中有机挥发物释放及对环境影响评估

项目编号：2004DIB1J030

项目类型：科学规范与标准物质

项目摘要：采用小型干燥机干燥木材，在冰浴中用酸化的 2,4-二硝基苯肼溶液和去离子水分别对尾气中醛类和有机酸、醇类采样，用活性炭管对萜烯类采样，采用高效液相色谱仪和气相色谱仪对有机挥发物进行分析。研究了木材干燥释放的主要物质、挥发量、挥发浓度以及影响挥发量的因素，为评估木材加工过程对环境影响提供依据。

项目负责人：龙玲

项目承担单位：中国林业科学研究院木材工业研究所

主管部门：国家林业局

（133）主要尘源性与植源性大气污染物对人体健康的影响评价

项目编号：2004DIB1J031

项目类型：科学规范与标准物质

项目摘要：该项目通过在森林公园和城市街道实地测定空气悬浮颗粒物浓度、空气负离子浓度、空气微生物浓度、有机挥发物以及小气候指标，研究和评价主要尘源性与植源性大气污染物对人体健康的影响，研究森林在减轻空气污染所起的作用。

项目负责人：王成

项目承担单位：中国林业科学研究院林业研究所

主管部门：国家林业局

（134）野生纤维植物基因资源的发掘与保护技术研究

项目编号：2004DIB3J091

项目类型：科技资料整编和图集

项目摘要：该项目开展了野生纤维植物基因资源现状的调查研究，并研究了野生纤维植物基因资源的保护和利用。

项目负责人：熊和平、臧巩固

项目承担单位：中国农业科学院麻类研究所

主管部门：农业部

（135）荒漠草原区植物资源及生态环境监测评价

项目编号：2004DIB3J094

项目类型：科学规范与标准物质

项目摘要：该项目以"3S"技术（遥感技术、地理信息系统技术和全球定位系统技术）为依托，采用遥感监测、地面调查及数学模型分析等综合研究手段，建立了荒漠草原植物和生态环境评价系统；提出了荒漠草原资源及其生态环境宏观监测评价体系、评价方法，并确定了具体标准和技术集成范式；从植被、景观、水分、土壤、气象、人畜活动等不同层面全面揭示荒漠草原的植物资源和环境状况和近20年的变化，为草地利用、改良和恢复以及草地环境保护提供理论依据和科学数据。

项目负责人：刘桂香

项目承担单位：中国农业科学院草原研究所

主管部门：农业部

（136）外来危险入侵植物病害监测预警技术体系研究

项目编号：2004DIB3J096

项目类型：科学规范与标准物质

项目摘要：该项目建立了外来潜在危险性入侵植物病害数据库，其中包括106种入侵植物病害的生物学特性、入侵途径、分布扩散的可能区域，及其防控措施等有关信息，并进一步完善了农业部外来物种预防与控制研究中心网站；完成了10种重要危险性植物病害入侵我国的适生性定量风险评估，建立了潜在危险性入侵植物病害的风险评估方法与指标体系；研究建立了6种代表性的植物病原物的快速分子检测技术；提出了 5 种重要危险性入侵植物病害的控制预案，形成了外来入侵植物病害风险评估规范和番茄溃疡病菌快速分子检测技术规程草案各 1 个。

项目负责人：谢丙炎

项目承担单位：中国农业科学院蔬菜花卉研究所

主管部门：农业部

（137）森林火灾消防指挥智能决策支持系统

项目编号：2004DIB3J101

项目类型：科学规范与标准物质

项目摘要：该项目研究了机器学习在森林火灾扑救决策中的应用，开发了森林火灾消防指挥智能决策支持系统。

项目负责人：刘少刚

项目承担单位：国家林业局哈尔滨林业机械研究所

主管部门：国家林业局

（138）植被建设与水资源相互关系调控决策支持系统

项目编号：2004DIB3J102

项目类型：科技资料整编和图集

项目摘要：为探讨北方干旱缺水地区森林植被的水文影响，在 2006～2007 年的两个生长季（5～10 月）在六盘山南侧具半湿润气候特征的洪沟小流域，开展森林植被特征、森林水文过程、小流域径流的研究，以求深入认识森林植被的水文作用机理并为六盘山及类似地区的水源涵养林建设提供理论基础和技术支持。

项目负责人：王彦辉

项目承担单位：中国林业科学研究院森林生态环境与保护研究所

主管部门：国家林业局

（139）落叶松、杨树人工林碳计量方法和参数研究

项目编号：2004DIB3J103

项目类型：科学规范与标准物质

项目摘要：该项目总结分析生物量模型（包括相对生长关系和生物量-蓄积量模型）和生物量估算参数这 2 类常用的生物量估算方法，提出今后我国在森林生物量估算领域的研究重点；通过整理归纳落叶松（Larix）天然林和人工林的生物量文献数据，研究探讨了有关生物量碳计量参数。

项目负责人：张小全

项目承担单位：中国林业科学研究院森林生态环境与保护研究所

主管部门：国家林业局

（140）濒危植物云南红豆杉的资源及保护技术研究

项目编号：2004DIB3J104

项目类型：科学规范与标准物质

项目摘要：在广泛收集云南红豆杉地理分布资料的基础上，利用国际上比较流行的研究植被与气候相互关系的指标和方法，研究了云南红豆杉在中国的地理分布及其与气候的关系，讨论了云南红豆杉垂直分布的上限、下限以及北界热量指标状况。采集了 10 个龄级和 12 个地理种源的云南红豆杉样品，用高效液相色谱（HPLC）测定树皮、3 年生小枝和当年生叶的紫杉醇含量，红豆杉资源系统产业开发存在的问题，并提出了发展的重点和对策。为中国的红豆杉野生资源的保护、人工规模化繁殖栽培及其进一步规模产业开发研究提供了理论依据并指明努力方向。

项目负责人：苏建荣、陈晓鸣

项目承担单位：中国林业科学研究院资源昆虫研究所

主管部门：国家林业局

（141）湿地资源监测与可持续利用评价技术研究

项目编号：2004DIB3J105

项目类型：科学规范与标准物质

项目摘要：该项目结合国内外湿地评价现状，创新性地从湿地资源保护与可持续利用角度对我国具有代表性的五个湿地实验区做了综合评价，评价结果表现为湿地资源的可持续利用程度，根据评价模型计算可持续度分值，按照分值高低划分为强可持续、偏强可持续、中等可持续、弱可持续、不可持续五个级别。该研究在全国范围内选取具有代表性的五个湿地作为实验区，分别是兴凯湖湿地（沼泽湿地）、东洞庭湖湿地（湖泊湿地）、盐城湿地（人工湿地）、慈溪杭州湾湿地（沿海湿地）和秭归三峡库区（河流湿地）。课题通过实地考察访谈数据、参考本底数据及结合遥感数据，做了以下工作：①基于 PSR 模型，从保障体系、湿地生态环境、社会文化、湿地经济及开发利用五个方面入手，建成湿地资源保护与可持续利用综合评价指标体系；②运用德菲尔法与层次分析法相结合，为各项确定指标权重；③分定量与定性对指标进行归一化处理；④建立模型，计算各实验区可持续度；⑤分析比较实验区间可持续度差异，阐述不同管理、保护和利用模式下，湿地生态系统、功能和价值等方面的差异，划分评价等级，分析差异形成原因；⑥针对各个实验区实际情况，分别提出解决途径，建立实现湿地资源高可持续利用的方案。课题一方面对单个实验区进行湿地资源可持续利用评价并提出相应对策；另一方面实验区之间，进行湿地资源可持续利用对比分析，阐述不同管理、保护和利用模式下，湿地资源可持续利用程度的差异。通过比较分析，促进区域间湿地保护的交流和合作，加强湿地利用和管理的协调发展。并以此为依据，探索我国湿地资源可持续利用的优化方案，以期为湿地生态系统的保护和利用提供理论依据，促进湿地生态系统与社会、经济、环境和生物多样性的协调发展。并力图丰富和发展资源可持续利用理论与方法，为全国湿地资源的评价、利用以及与区域经济发展的协调提供有益的借鉴。

项目负责人：鞠洪波、吴明

项目承担单位：中国林业科学研究院资源信息研究所、中国林业科学研究院亚热带林业研究所

主管部门：国家林业局

（142）藏东南特有林木资源的评价与共享技术研究

项目编号：2004DIB3J106

项目类型：科学规范与标准物质

项目摘要：该项目对藏东南特有的林木资源开展了调查、研究和评价，为更好地利用藏东南地区林木种质资源为林业建设服务提供依据。

项目负责人：张守攻

项目承担单位：中国林业科学研究院林业研究所

主管部门：国家林业局

（143）利用天敌控制我国重要天牛的技术研究

项目编号：2004DIB4J166

项目类型：科学规范与标准物质

项目摘要：美国白蛾、红脂大小蠹、光肩星天牛、栗山天牛和传播松材线虫病的松褐天牛以及白蜡窄吉丁是危害我国林木的重大害虫，已在其发生区造成了严重灾害。该项目研究这些重大林木害虫的天敌昆虫的生物学特性，以及研究应用昆虫天敌开展生物防治的技术。

项目负责人：杨忠岐

项目承担单位：中国林业科学研究院森林生态环境与保护研究所

主管部门：国家林业局

（144）华北平原农田防护林体系水分效应监测与评估

项目编号：2004DIB4J167

项目类型：科技资料整编和图集

项目摘要：研究华北平原杨树防护林的蒸腾变化规律及其影响机制、防护林内作物蒸腾变化特征及其与开阔农田作物的差异、林带与作物耗水比例关系，深入分析杨树农田防护林系统耗水特征，为华北平原农田防护林及农林复合系统的

可持续发展提供必要的水分生态理论依据，为进一步深入研究农林复合系统水分生态特征提供一定的工作基础。

项目负责人：孟平

项目承担单位：中国林业科学研究院林业研究所

主管部门：国家林业局

（145）古建筑木结构防护和无损检测评价新技术研究

项目编号：2004DIB5J187

项目类型：科学规范与标准物质

项目摘要：该项目以故宫和西藏布达拉宫等重点古建筑为对象，研发古建筑木结构元损检测和保护新技术，低毒环保型古建筑木构件防腐、防虫处理新技术，研究无损检测新技术在古建筑木结构勘测设计中的应用，形成古建筑木构件防腐、防虫处理技术和安全性检测评价体系成果。

项目负责人：段新芳、黄荣凤

项目承担单位：中国林业科学研究院木材工业研究所

主管部门：国家林业局

7. 2005 年立项项目编目

（146）沿海红树林降灾功能与效益计量研究

项目编号：2005DIB3J137

项目类型：科学规范与标准物质

项目摘要：对华南沿海 11 种不同类型红树林的消波效应开展了长期野外监测，提出了这些典型红树林的定量减波指标，分析了红树林消波效应与影响因子的相关性，在此基础上，建立了红树林对波浪消减效应的模拟模型，初步提出消波红树林所具备的结构标准，为华南沿海红树林消波功能的综合评价提供参考和依据。

项目负责人：周光益

项目承担单位：中国林业科学研究院热带林业研究所

主管部门：国家林业局

（147）远程森林消防灭火用炮、车、弹系统

项目编号：2005DIB3J138

项目类型：科学规范与标准物质

项目摘要：该项目研究的目的是研制出一种高性能的缓冲系统，能够更好地适应远程气动灭火炮射程远、威力大和高速连续发射时，满足较小后坐力，较短后坐距离的要求。首先，通过分析国内外远程气动灭火炮缓冲系统的研究现状，根据远程气动灭火炮的结构特点，结合传统弹簧缓冲系统的结构，提出一种新型摩擦吸能缓冲系统的方案，以用来减小远程气动灭火炮的后坐力对炮架的影响。其次，根据上述方案，对远程气动灭火炮摩擦吸能缓冲系统的结构进行了设计并建立了其数学模型。与传统的带有弹簧缓冲系统的远程气动灭火炮对比分析，得到两种方案灭火炮的后坐规律。再次，利用虚拟样机仿真软件 ADAMS 对两种缓冲方案运用实际物理参量进行了仿真分析。为远程气动灭火炮的整体设计提供了有价值的参考。

项目负责人：刘少刚

项目承担单位：国家林业局哈尔滨林业机械研究所

主管部门：国家林业局

（148）松材线虫病的流行及控制新途径研究

项目编号：2005DIB3J139

项目类型：科学规范与标准物质

项目摘要：松材线虫病是我国最重要的检疫性森林病害，对我国松林资源和生态环境造成严重威胁。该项目项目针对病害传播和流行规律及其疫情监测和检疫等防控关键技术开展系列研究，取得了多项重要成果在生产上广为应用，在近年来我国松材线虫病快速蔓延的势头得到有效控制的过程中发挥了重大作用。

项目负责人：汪来发

项目承担单位：中国林业科学研究院森林生态环境与保护研究所

主管部门：国家林业局

（149）林业血防生态工程监测与评价技术研究

项目编号：2005DIB3J140

项目类型：科学规范与标准物质

项目摘要：通过多年的试验研究，提出了多物种、多层次、多结构、多功能的低丘滩地的治理与开发模式以及不同类型的抑螺防病综合治理模式，形成了以生物为主与工程措施相互结合的一整套较为系统的抑螺防病林体系。目前在长江流域湖区 5 省建立抑螺防病林试验点 19 个，试验区面积 6 万多 hm，抑螺防病效果十分明显。同时，林业血防生态工程还兼具湿地保护、促进滩地综合治理与开发、有效降低滩地钉螺密度和促进林业产业发展等多重功能。

项目负责人：张旭东

项目承担单位：中国林业科学研究院林业研究所

主管部门：国家林业局

（150）石漠化植被恢复技术支持体系构建

项目编号：2005DIB3J146

项目类型：科学规范与标准物质

项目摘要：该项目以桂西、黔中和滇东三个典型喀斯特石漠化地区为研究对象，深入研究了石漠化山区造林树种幼苗的抗旱性、主要植被恢复模式的生态学特征和土壤特性、植被盖度的季相变化与石漠化的动态规律等内容。

项目负责人：姚小华

项目承担单位：中国林业科学研究院亚热带林业研究所

主管部门：国家林业局

（151）西北极干旱荒漠区退化植被恢复技术研究

项目编号：2005DIB4J141

项目类型：科学规范与标准物质

项目摘要：该项目以干旱区甘肃民勤绿洲-荒漠生态系统、极干旱区内蒙古额济纳绿洲-荒漠生态系统为研究对象，研究了荒漠植物水分利用格局，探讨民勤地区绿洲植被的主要组成之一——梭梭林工林、沙枣人工林的退化现象、和极端干旱区额济纳地区胡杨林退化现象背后的植物在干旱环境下的水分利用和适应机制。研究探讨了包括退化植被恢复作业区调查、恢复对象与条件、恢复目标、植被恢复措施、有害生物防治、验收与监测等植被恢复技术。

项目负责人：卢琦

项目承担单位：中国林业科学研究院

主管部门：国家林业局

（152）退化云南松天然林恢复技术研究

项目编号：2005DIB4J145

项目类型：科学规范与标准物质

项目摘要：滇中地区是云南松的核心分布区，目前大面积分布的云南松天然林，除滇西北、滇中边远地区和一些山脊地段还分布有少部分原始林分外，现存的绝大部分云南松天然林是在地带性亚热带半湿润常绿阔叶林遭受破坏后，在迹地上更新起来的中幼龄天然次生林，其林下植被不断受到外来入侵物种紫茎泽兰（*Eupatorium adenophorum* Spreng.）的干扰，已严重影响到云南松天然林的群落结构和重要生态过程。该项目以云南松纯林和云南松混交林以及择伐后天然更新的云南松天然林为研究对象，采用典型取样设置样地，通过野外调查和室内分析，开展退化云南松天然林生态恢复研究。

项目负责人：杨文云

项目承担单位：中国林业科学研究院资源昆虫研究所

主管部门：国家林业局

（153）群团植被自适应抽样与遥感相结合的技术研究

项目编号：2005DIB5J142

项目类型：科学规范与标准物质

项目摘要：该项目以内蒙古磴口县巴彦高勒镇乌兰布和沙漠边缘地区为研究区，选取沙枣（*Elaeagnus angustifolia*）、梭梭（*Haloxylon ammodendron*）、白刺（*Nitraria tangtorum*）和柽柳（*Tamarix chinensis*）研究对象，研究了四个物种的空间分布格局。使用研究区域的实际调查数据和遥感数据，选择物种分布模型 MaxEnt 模型和 GARP 模型进行了应用研究，并提出了物种分布模型和抽样技术相结合的应用研究方法。

项目负责人：雷渊才

项目承担单位：中国林业科学研究院资源信息研究所

主管部门：国家林业局

（154）木材防腐产品检测技术及评价体系的构建

项目编号：2005DIB5J143

项目类型：科学规范与标准物质

项目摘要：该项目通过调查分析国内外木材防腐产品检测的技术资料，以及对已有检测技术标准的对比分析和研究，提出了木材防腐产品检测技术与评价方法，以及检测评价体系的构成，为制定木材防腐产品检测评价技术标准提供技术支持。

项目负责人：蒋明亮

项目承担单位：中国林业科学研究院木材工业研究所

主管部门：国家林业局

（155）广西雅长兰科种质基因库营建及可持续利用

项目编号：2005DIB6J144

项目类型：科学规范与标准物质

项目摘要：该项目开展野生兰科植物引种驯化栽培技术、生物及生态学特性研究，建立野生兰科植物种质资源基因保存库；探索对野生兰科植物可持续利用的方法和途径。

项目负责人：冯昌林

项目承担单位：中国林业科学研究院热带林业实验中心

主管部门：国家林业局

8. 2006 年立项项目编目

（156）华北地下精细结构探查项目

项目编号：2006FY110100

项目类型：科学考察与调查、科技资料整编和图集、志书/典籍编研项目摘要：该项目旨在利用地震台阵技术，对华北地下精细结构进行探查，获取地震记录的基础数据，取得华北地区高分辨率的三维壳幔结构图像，同时实现观测数据和研究成果的共享，为我国的科研、教学、政府提供基础信息。

项目负责人：丁志峰

项目承担单位：中国地震局地球物理研究所

主管部门：中国地震局

（157）人体生理常数数据库扩大人群调查

项目编号：2006FY110300

项目类型：科学考察与调查

项目摘要：该项目扩大调查人群数量，使数据库总人数达到全国人口的 1：10 000 比例，拓展地域范围并增加少数民族种类，其中有我国的北部（包括东北）、西部（包括西北、西南）、南部和中部地区，约 6～7 个省、5～6 个少数民族。在健康问卷和体检的基础上，进行反映生长发育和体质表型（体重、高度、围度、体重指数等）、主要器官系统（血液、循环、呼吸、骨骼等）功能状态的生理常数检测，合理、高效地进行现场的组织和实施，严格把握质量关，进行现场后的数据录入处理，数据库分为两个层次，面向全民和专业人员，数据库在 Internet 网上实行数据共享，开展数据挖掘扩大应用。

项目负责人：朱广瑾

项目承担单位：中国医学科学院基础医学研究所

主管部门：卫生部

（158）中国儿童青少年心理发育特征调查

项目编号：2006FY110400

项目类型：科学考察与调查

项目摘要："中国 6～15 岁儿童青少年心理发育特征调查"项目是由北京师范大学认知神经科学与学习国家重点实验室董奇教授、林崇德教授主持，全国 52 所高校、科研机构和医院近 300 位专家联合攻关完成。项目建立了第一套反映我国儿童青少年心理发育关键特征的多级指标体系，研制完成了具有自主知识产权、信效度良好、适合我国国情的成套系列标准化测查工具；基于全国数据，建立了我国第一套具有全国代表性、区域代表性、城乡代表性的多类型、多形态儿童青少年心理发育特征常模。建成了我国第一套具有全国、区域和城乡代表性的儿童青少年心理发展的大型基础数据库，并搭建了我国首个儿童青少年心理发育数据的共享平台，为使用者提供高质量的使用指导和反馈服务。

项目负责人：董奇

项目承担单位：北京师范大学

主管部门：教育部

（159）库姆塔格沙漠综合科学考察

项目编号：2006FY110800

项目类型：科学考察与调查

项目摘要：该项目通过野外考察、定位观测、样地调查、标本采集与分析，完成了对库姆塔格沙漠的系统性、综合性科学考察，填补了中国沙漠科考的最后空白。初步探明库姆塔格沙漠羽毛状沙丘的形成机理，揭示了沙漠地表沉积物矿物组成及其来源、识别出晚新生代沉积物的特点及地层序列，编制了反映该沙漠全貌的自然地理图件；建立了全方位、全天候沙漠气象观测场，开展了野生双峰驼种群及其适宜生境调查，发现了沙生柽柳等 6 个植物种的新分布区，划定沙漠及其周边区域的生态经济功能分区并分别提出了治理方案和保护建议。

项目负责人：卢琦

项目承担单位：中国林业科学研究院林业研究所

主管部门：国家林业局

（160）中国外来入侵物种及其安全性考察

项目编号：2006FY111000

项目类型：科学考察与调查

项目摘要：该项目在广东、福建、浙江、海南和重庆 5 省市全面优先开展外来入侵物种及其安全性考察，主要调查了外来入侵物种的分布种类和危害特征、外来入侵物种对本土生物多样性的影响、对农林生态与经济的影响。在收集和整理外来入侵物种历史资料和调查信息的基础上，构建了"中国外来入侵物种数据库"，为从事外来入侵物种管理和研究部门以及公众提供外来入侵物种信息的共享平台。

项目负责人：万方浩

项目承担单位：中国农业科学院植物保护研究所

主管部门：农业部

（161）中国地层立典剖面及若干断代全球界限层型

项目编号：2006FY120300

项目类型：科学规范与标准物质

项目摘要：地层是地球演化过程中的客观记录和建立全球地质年代系统的重要物质基础，全球地质年代系统的建立在地学研究中占有特殊重要的地位。该项目的总体目标是建立若干重要断代、不同相型的中国区域性典型地层剖面，作为参考和对比的标准，服务于资源勘探和地学研究的其他领域；选择一批研究基础好、具有国际竞争性的剖面进行旨在建立全球界线层型的深入研究，争取在中国建立若干新的全球界线层型和点位（金钉子）；提高在研典型剖面的综合地层学研究水平，为全球各断代地层的精确划分对比提供系统的数据框架；建立为多学科服务、具权威性的国际、国内立典性剖面，促进与国际接轨。项目组通过野外调研采样、室内测试分析、总结数据资料，建立了若干重要断代、不同相型的中国区域性典型地层剖面。项目完善了我国年代地层划分，为地学其他学科提供相对稳定的地质年表，也促进了其他学科的发展。

项目负责人：尹崇玉

项目承担单位：中国地质科学院地质研究所

主管部门：国土资源部

（162）中国各门类化石系统总结与志书编研

项目编号：2006FY120400

项目类型：科技资料整编和图集、志书/典籍编研

项目摘要：古生物门类总结和志书编研是以系统分类为主线，以现代古生物学为指导，采用国际目前最先进的分类学方法，对我国几十年来已发表的数以万计的化石种属进行分类和厘定。该项目的目标为完成 18 个古生物门类（或断代）的系统总结编研工作，完成 18 部志书，5 年中出版志书 13～15 部；完成 12 个古脊椎动物（含古人类）门类的系统总结编研工作，完成 12 部，5 年中出版 9 部。项目最终共完成 30 部志书，其中古无脊椎动物和古植物课题组完成 20 部，古脊椎动物志课题组完成 10 部。该项目发掘保护了老一代科学家的积累，抢救了一批珍贵的古生物标本资源，对学科的可持续发展、学术交流和生产实践均有十分重要的意义。

项目负责人：沙金庚

项目承担单位：中国科学院南京地质古生物研究所

主管部门：中国科学院

（163）西北干旱地区农业经济用水量调查

项目编号：2006FY210300

项目类型：科学考察与调查

项目摘要：西北干旱地区包括新疆、甘肃的河西走廊、青海的柴达木盆地和内蒙古的西南部等区域，总土地面积为 245.64km^2，约占全国总土地面积的 25%，其中耕地总面积不足全国的 10%，水资源量仅为全国的 10%，是世界人均用水量的 1/20。长期以来，该区域在满足人口急剧膨胀、人民生活质量改善对粮食增长和社会经济发展迫切需求的同时，过度垦荒扩大耕地面积和对有限水资源的过渡引用以及无序开采已导致当地水土资源条件和生态环境恶化，严重威胁到西部大开发的顺利实施。目前。这一地区是全国生态用水与农业用水矛盾最为突出的地区，也是全国贫困人口最为集中的地区之一。

项目负责人：吴普特

项目承担单位：西北农林科技大学

主管部门：农业部

（164）针灸理论文献通考——概念术语规范与理论的科学表达

项目编号：2006FY220100

项目类型：科学规范与标准物质

项目摘要：该项目是对针灸概念术语有关文献进行系统整理和深度加工，对入选的 576 个针灸基本概念术语，在收集整理了 300 多部先秦至清的古代文献基础上，进行了系统深入研究，逐一分析并给出释义，形成了《针灸学基本概念术语通典》《针灸学基本概念术语文献通考》《针灸学基本理论》《针灸理论解读：基点与视角》等四部专著以及针灸术语库；建立了古代针灸语料数据库、先秦两汉非医文献针灸相关资料数据库。研究围绕学科关键概念术语和理论问题，阐明了理论概念术语形成背景、本义与演变、影响因素、使用状况等，为现代理解认识提供了客观和全面的历史解释与文献依据。发表学术论文 31 篇。研究结果填补了该领域空白。对促进针灸文献与理论的基础研究，以及针灸标准化和国际化建设具重要意义，为针灸学科建设和发展奠定了基础。

项目负责人：赵京生

项目承担单位：中国中医科学院针灸研究所

主管部门：国家中医药管理局

（165）中国矿物志——硫化物和硫盐矿物卷

项目编号：2006FY220200

项目类型：科技资料整编和图集、志书/典籍编研

项目摘要：矿物志的编著对提高我国矿物学的研究与测试水平、发展矿物学学科、丰富世界矿物宝库、发掘我国矿产资源与矿物的新用途具有十分重要的意义。该项目的主要目标为：①进行《中国矿物志》第二卷第一分册"硫化物矿物"的编著工作；②进行《中国矿物志》第二卷第二分册"硫盐类矿物"的编著工作；③建立相应的矿物数据库管理系统；④统一审定和出版《中国矿物志》第二卷硫化物和硫盐类矿物。项目组在广泛收集相关研究资料和数据的基础上，开展系统矿物学研究，确定分类体系和编著纲要，适当补充少量代表性矿物的测试数据，进行整理汇编。该项目共完成《中国矿物志》第二卷第一分册"硫化物类矿物"、《中国矿物志》第二卷第二分册"硫盐类矿物"、硫化物矿物数据集以及《中国矿物志》——硫化物和硫盐矿物卷"项目总结报告。

项目负责人：蔡建辉

项目承担单位：中国地质科学院矿产资源研究所

主管部门：国土资源部

（166）地学研究中的重要标准物质研制

项目编号：2006FY220500

项目类型：科学规范与标准物质

项目摘要：标准物质的研制对地学基础性研究及矿产资源、海洋资源调查开发研究方面具有重要的意义。该项目主要目标是标准物质的研制，提交符合国家一级标准物质要求和国际定值规则的铜镍硫化物和海山富钴结壳的 Re、Os 含量及 Os 同位素比值的标准物质各 1 个；硅酸盐基体的微区痕量分析标准参考物 3 个；海湾、河口沉积物超细标准物质 3 个。项目按照国际标准化组织和国家一级标准物质技术规范要求，联合多家国内外权威实验室，采用国际先进的分析技术共同定值，研制出 3 类共 9 个地学研究中急需且特殊的标准物质；在国内外核心期刊发表论文 8 篇；系统收集分类和整理了全球十几个工业发达国家和地区的有关土壤地球化学有机分析国际、国家、地区和行业标准 600 多个；对国内外土壤有机分析参考物质的研究现状进行了分析，探讨并尝试解决我国此方面存在的问题。项目成果完善了我国的地质实验标准体系，推动了地质实验科技基础性工作的开展。

项目负责人：屈文俊

项目承担单位：国家地质实验测试中心

主管部门：国土资源部

（167）中国城乡老年人口状况追踪调查

项目编号：2006FY230100

项目类型：科学考察与调查

项目摘要：按照已有的样本框架，该项目对居住在全国 20 个省（自治区、直辖市）的 160 个县市（涉及 320 个城市街道的 1000 个居委会和 320 个农村乡镇的 1000 个村委会）的 20 000 名老年人进行调查后回收的问卷进行后期录入、整理、分析，撰写相关的调查报告及深入研究。

项目负责人：张恺悌

项目承担单位：中国老龄科学研究中心

主管部门：中国老龄协会

（168）中国母乳喂养婴儿生长速率监测及标准值研究

项目编号：2006FY230200

项目类型：科学考察与调查

项目摘要：该项目经过 2 年的现场监测工作和后期数据审核分析工作，完成对我国经济状况较好地区 1840 名城市婴儿和 764 名农村母乳喂养婴儿 0～12 月龄体格发育指标的纵向随访研究。

项目负责人：王惠珊

项目承担单位：中国疾病预防控制中心妇幼保健中心

主管部门：卫生部

（169）中国运动员生化代谢与分子生物学参数调查及参考范围的建立

项目编号：2006FY230300

项目类型：科学考察与调查

项目摘要：中国运动员生化代谢与分子生物学参数调查及参考范围。

项目负责人：田亚平

项目承担单位：中国人民解放军总医院

主管部门：国家体育总局

（170）中国男性生育力基本指标和生殖相关基础生理数据的调查

项目编号：2006FY230400

项目类型：科学考察与调查

项目摘要：该项目对中国男性生育力基本指标和生殖相关基础生理数据进行
调查。

项目负责人：王介东

项目承担单位：国家人口和计划生育委员会科学技术研究所[①]

主管部门：卫生部

（171）法医人类学信息资源调查

项目编号：2006FY231100

项目类型：科学考察与调查

项目摘要：该项目从头骨图像采集、下颌骨图像采集、牙齿图像采集、四肢
骨图像采集、中轴骨图像采集，五大角度对化石人类骨骼标本的图像采集进行了
系统而详细的描述，形成一套完整的化石人类骨骼标本图像采集标准，使标本的
采集及收录有所依照。

项目负责人：张继宗

项目承担单位：公安部物证鉴定中心

主管部门：公安部

9. 2007 年立项项目编目

（172）青藏高原特殊生境下野生植物种质资源的调查与保存

项目编号：2007FY110100

[①] 现为国家卫生健康委员会科学技术研究所，下同

项目类型：科学考察与调查

项目摘要：该项目通过开展野外调查，实地采集植物材料，完成了特殊生境主要种质资源 32 893 份的入库保存，其中 15 386 份为种子，17 507 份为 DNA 材料，涉及 176 科 1119 属 5381 种（分别占青藏高原分布种子植物科属种的 82.2%、62.8%、50.2%），包括 21，854 号 30，422 张实物照片。采集了完整的植物标本 76 433 份，并建立青藏高原特殊植物标本库；共计完成 109 326 份种质资源及标本的收集与保存。

项目负责人：孙航

项目承担单位：中国科学院昆明植物研究所

主管部门：中国科学院

（173）中国古人类遗址、资源调查与基础数据采集、整合

项目编号：2007FY110200

项目类型：科技资料整编和图集、志书/典籍编研

项目摘要：古人类遗址作为还原和客观评价历史的史实证据，对于研究人类发展乃至我国人类发展及演化有着重要意义。该项目主要目标为：①获取更多、更系统和关键性的化石和相关材料；②对少数关键遗址建立起相对精确的地质信息系统和古人类演化的环境与年代背景信息框架；③提交与出版具有权威性的、内容翔实的古人类资料成果；④建立完备的中国古人类化石与遗物标本、模型收藏中心。项目组组织了数十次大规模考古调查与挖掘，对各遗址的年代、古环境等信息进行了高精度提取，并将得到的材料和信息进行规划汇总，建立了中国古人类遗址各类型数据库 4 个，出版基础性专著 7 部，译注 1 部，论文 180 篇。该项目获得了国内外重要的化石标本模型及数据，为后续工作积累经验、提供标尺，初步改变了我国相关科学资源状况不详、材料零散、信息缺乏系统性和翔实性的局面。

项目负责人：刘武

项目承担单位：中国科学院古脊椎动物与古人类研究所

主管部门：中国科学院

（174）东北森林植物种质资源专项调查

项目编号：2007FY110400

项目类型：科学考察与调查

项目摘要：该项目采用样方调查、典型样线（带）调查及踏查相结合方法，调查物种及其分布，并将早春植物纳入其中，将植物群落和土壤作为种质的生境，获得了样地调查数据 13 个数据集，获得了标本资源数据 25 000 份和有关东北林木良种的基础分布图 1 个图集，形成了东北森林植物种质资源现状的评估报告等

7 份咨询报告和 5 部专著。

项目负责人：韩士杰

项目承担单位：中国科学院沈阳应用生态研究所

主管部门：中国科学院

（175）沿海地区抗旱耐盐碱优异性状农作物种质资源调查

项目编号：2007FY110500

项目类型：科学考察与调查

项目摘要：该项目的主要成果为：①建立"我国沿海地区农作物种质资源基础数据库"，并通过网络实现全社会的共享；②编辑出版报告与图集 3 部；③收集沿海地区农作物种质资源基础样本 3609 份；④从基础样本中获得抗旱、耐盐碱等性状突出的优异资源 233 份；⑤取得的科学数据和采集到的标本等实物将按科技部要求汇交指定地点，项目结题验收 1 年后，向科技界协议共享。

项目负责人：张辉

项目承担单位：中国农业科学院作物科学研究所

主管部门：农业部

（176）珍稀濒危和大宗常用药用植物资源调查

项目编号：2007FY110600

项目类型：科学考察与调查

项目摘要：该项目研究成果主要以药用植物资源信息和调查报告等形式体现，包括数据库、网站、计算机软件和药用植物信息系统等多种形式，通过建立便利实用的现代化共享形式，竭诚为全社会提供药用植物资源信息共享服务。通过文献调研、实地调查、基于 3S 技术的资源调查、市场调查，共获得了 73 种药用植物静态调查报告、12 种药用植物的动态调查报告、6 种基于 3S 技术的药用植物资源调查报告、5 个重点药材市场的调查报告以及目录（目录中共收集了 300 多种珍稀濒危和常用大宗药材的销售信息）、2 个药用植物资源数据库。

项目负责人：邵爱娟

项目承担单位：中国中医科学院中药研究所

主管部门：国家中医药管理局

（177）秦巴山区生态群落与生物种质资源调查

项目编号：2007FY110800

项目类型：科学考察与调查

项目摘要：该项目开展了秦岭、巴山两大区域植物群落、经济植物种质资源、环境因子的系统调查，完成了标本采集整理及数字化、现有文献资料的整编和数字化、以及秦巴山区植物群落和野生经济植物种质资源数据管理系统和网络共享服务系统建设工作。获得成果有：秦巴山区苔藓植物门、蕨类植物门、裸子植物门、被子植物门标本（实体）及其数字化数据 4 个数据集（包括新采集标本数据 46 676 条；整理历史标本数据 90 918 条，总计标本记录 137 594 条），森林、灌丛、草地调查数据（包括植物群落种类组成、多样性指数、层次结构、生境条件、空间分布等 726 个样地数据）3 个数据集；温度降雨数据、水文（重点调查秦巴山区河流分布及其典型河流的多年径流监测数据）和土壤类型 3 个数据集，志书 5 部，专著 1 部。

项目负责人：杨改河

项目承担单位：西北农林科技大学

主管部门：教育部

（178）中国农业气候资源数字化图集编制

项目编号：2007FY120100

项目类型：科学规范与标准物质

项目摘要：该项目围绕我国农业生产和科研的战略需求，应用现代信息技术手段，按照统一的技术规范和标准，对农业气候资源数据进行深度综合加工，编制《中国农业气候资源图集》。

项目负责人：梅旭荣

项目承担单位：中国农业科学院农业环境与可持续发展研究所

主管部门：农业部

（179）道地中药材及主要成分的标准物质研制与分析方法研究

项目编号：2007FY130100

项目类型：科学规范与标准物质

项目摘要：该项目研制的标准物质属计量有证标准物质，可用于中药或化学药的质量控制与评价、仪器校准、方法确认，具有量值溯源和量值传递功能，可广泛应用于科学研究与生产制造领域。

项目负责人：吕扬

项目承担单位：中国医学科学院药物研究所

主管部门：卫生部

（180）高风险农药助剂残留水平及动态变化调查

项目编号：2007FY210200

项目类型：科学考察与调查

项目摘要：通过该项目的调查研究，较为全面的了解了壬基酚聚氧乙烯醚和八氯二丙醚两类农药助剂在我国的使用情况，建立了农产品、水及土壤中这两类助剂的分析方法，并对全国 10 余个省（自治区、直辖市）的 3 种蔬菜、2 种粮食、茶叶和对应种植地土壤、水中这两类助剂得残留情况进行检测，获得 6568 个残留检测数据。这对于我国农药助剂残留检测方法学、农药助剂环境毒性及环境行为研究，均具有重要的推动作用。

项目负责人：王静

项目承担单位：中国农业科学院农业质量标准与检测技术研究所

主管部门：农业部

（181）森林土壤资源调查及标本搜集

项目编号：2007FY210300

项目类型：科技资料整编和图集

项目摘要：该项目通过野外调查和采集土壤标本，以及室内的土壤理化性质分析，获得了中国森林土壤指标检测数据和中国森林土壤剖面调查数据，制定了中国森林土壤调查技术规程 1 套，出版了中国森林土壤资源研究方面的论文集或专著。

项目负责人：孙向阳

项目承担单位：北京林业大学

主管部门：教育部

（182）中国近海重要药用生物和药用矿物资源调查

项目编号：2007FY210500

项目类型：科学考察与调查

项目摘要：该项目首次对中国近海药用生物及矿物资源进行了系统全面的调查评价，探明了海洋药用生物的资源状况和分布特征；对生物样品进行了物种鉴定、药理活性筛选评价和化学成分分析，对文献记载进行了纠偏验证，拓展了药用资源领域，明确了中国海洋药用物种的数量和名录；初步构建了海洋药用生物标本库和海洋药用生物数据库；在海洋药用生物资源调查、评价基础上，编纂出版了海洋药物领域首部大型志书《中华海洋本草》，为我国海洋药用生物资源的深度开发利用提供了基础性科学资料。

项目负责人：王长云

项目承担单位：中国海洋大学

主管部门：教育部

（183）南海微生物药物资源调查

项目编号：2007FY210600

项目类型：科学考察与调查

项目摘要：通过对南海岛屿中药资源、浮游性、游泳性、底栖性海洋药用动植物、海洋微生物、深海海洋药物资源及其共附生微生物进行系统科学的调查和分析，探明南海海洋药物的种类组成、资源量和分布情况；摸清重要海域海洋药物资源及其微生物的物种多样性、资源量以及珍稀濒危海洋药物的数量与分布。

项目负责人：陈省平

项目承担单位：中山大学

主管部门：教育部

（184）中国境内重要生物安全Ⅲ-Ⅳ级病原的流行病学调查

项目编号：2007FY210700

项目类型：科学考察与调查

项目摘要：该项目对中国境内重要生物安全Ⅲ-Ⅳ级病原进行流行病学调查，建立数据库。

项目负责人：李天宪

项目承担单位：中国科学院武汉病毒研究所

主管部门：中国科学院

（185）中国蝎类及其毒素基因资源的调查与鉴定

项目编号：2007FY210800

项目类型：科学考察与调查

项目摘要：该项目对 246 个不同的蝎毒素基因的分离和鉴定，将现有蝎毒素基因的数目提高了 40%，不仅揭示了蝎毒素的分子多样性和不同蝎种的毒素分子差异性，而且为创新药物设计与研发提供了众多候选分子。

项目负责人：李文鑫

项目承担单位：武汉大学

主管部门：教育部

（186）重要古生物遗址调查

项目编号：2007FY210900

项目类型：科技资料整编和图集、志书/典籍编研

项目摘要：古生物遗址是地质遗迹的重要组成部分，包含了 46 亿年地质时期生命历史的真实记录，是不可再生的自然遗产。该项目目标为：①提交古生物遗址调查标准和"中国古生物遗址信息网站"的初步设计方案；②提交各古生物遗址保护规划图；③提交各古生物遗址的调研报告，并提出各遗址的具体保护措施和办法；④在完成古生物遗址、实体标本的系统整理和登录的基础上，完成各古生物遗址的信息数据库的建设；⑤争取各区培养一批地质遗迹保护的骨干力量。项目组通过全面收集、整理基础研究资料，提交了各古生物遗址的调研报告、保护规划图、具体保护措及方法，并完成了各古生物遗址信息数据库的建设。该项目在国家层面上对古生物遗址实际存在的问题作为立典研究示范，具有重要的指

导性意义。

项目负责人：张建平

项目承担单位：中国地质大学（北京）

主管部门：教育部

（187）地球物理观测资料深度加工及数字化表达

项目编号：2007FY220100

项目类型：科学考察与调查

项目摘要：该项目利用 14 个国家地球物理国家野外科学观测研究站长期积累的地球物理观测资料，在现有的成熟理论和方法的基础上，提取了地球物理场演化参量并实现数字化表达；形成了地震观测、引力与固体潮观测、地磁观测、激光测距、火山观测、高空电离层观测和宇宙线观测等地球物理观测资料的标准化深度加工流程，形成了表述地球物理场变化的参量数据库和案例数据库；发表了一批高质量的研究论文，获得了丰富的工作与研究成果。

项目负责人：孙汉荣

项目承担单位：中国地震局地震预测研究所

主管部门：中国地震局

（188）农田长期试验资料的深加工与整编

项目编号：2007FY220400

项目类型：志书/典籍编研

项目摘要：农田长期试验所主要包括的土壤、肥料以及土壤环境长期试验，在认识农业生产与环境的演变过程，揭示其演化规律和作用机理，探索农业生产与自然和谐发展过程中发挥着很重要的作用。它不仅要担负农业自然生态要素演变及其人类农事活动对关键生态要素影响的长期系统监测和数据积累，也要在观测研究和数据积累的基础上进行农业生产过程的科学评价与预测预警基础上，提出促进农业持续发展的优化经济模式、产业模式及技术手段。因而，农业长期试验是农业技术创新和集成的试验田，也是农业技术转移和应用的技术源。如黄淮海平原、南方红黄壤、北方旱地农业等区域农业长期试验，不仅在研究低产原因、调控机理以及高效农业的发展原理方面做出了高水平的工作，而且在更高层次上抓住了区域农业持续发展的关键问题开展中低产田综合治理研究，为国家农业发展提供了决策依据，促进了我国区域农业的粮食增产和农业经济的发展。

项目负责人：张淑香

项目承担单位：中国农业科学院农业资源与农业区划研究所

主管部门：农业部

（189）藏医古籍整理与信息化平台建设

项目编号：2007FY220500

项目类型：科技资料整编和图集、志书/典籍编研

项目摘要：该课题通过调研国内外有一定规模的古籍藏书图书馆或其他收藏机构及民间的藏医药古籍资源，在古籍定级的基础上推荐珍贵藏医古书籍种进入《国家珍贵古籍名录》；遴选 300～500 种珍贵藏医古籍进入《国家珍贵古籍名录》。

项目负责人：冯岭

项目承担单位：中国藏学研究中心（藏医药研究所/北京藏医院）

主管部门：其他

（190）林产化工标准样品研制与体系构建

项目编号：2007FY230200

项目类型：科技资料整编和图集

项目摘要：通过对林产化工标准样品的组成体系及框架结构的研究，构建了林化标准样品框架体系。通过对林产化工标准样品研制工作基础平台构建研究，组建了具有一定规模的、模块化的、集分离制备与分析测试于一体的林产化工标准样品多功能研制平台，实现对林产化工标准样品的程序化研制开发。通过对林产化工重要标准样品的应用方法及技术规范的研究，形成了一批标准样品的应用技术规范，编制了松节油、松香毛细管气相色谱分析方法的标准草案，归纳了松节油与松香系列标准样品用于来源鉴别的应用技术。完成了 α-蒎烯等 14 项标准样品的基础性预研工作，完成了松节油类、松香类和植物提取物类 11 项标准样品的分离与制备、分析方法的确立、均匀性检验、稳定性检验、多实验室联合定值及统计计算等研制任务，顺利通过了全国标准样品技术委员会组织的标准样品评审，并取得国家有证标准样品。

项目负责人：赵振东

项目承担单位：中国林业科学研究院林产化学工业研究所

主管部门：国家林业局

（191）原料血浆核酸检测及血型定型试剂国家标准体系构建

项目编号：2007FY230300

项目类型：科学规范与标准物质

项目摘要：该项目针对血型定型试剂，围绕产品的质量标准与标准品，参考国际上血型定型试剂的普遍标准，完成以下研究工作：①根据产品的技术特点及要求，进一步完善现行国家标准中抗 A、抗 B 血型定型试剂的质量标准；②根据产品的技术特点及要求，制订抗 D 试剂、试剂红细胞等新型产品的国家标准；③建立抗 A、抗 B 血型定型试剂国家标准品及用于红细胞定型试剂质量标准复核

的标准谱细胞库，以形成完整的血型定型试剂国家技术标准体系，使血型定型试剂的技术管理水平与国际接轨。

项目负责人：白坚石

项目承担单位：中国药品生物制品检定所

主管部门：国家质量监督检验检疫总局[①]

（192）我国男性精液及精子质量系统评价与技术标准研制

项目编号：2007FY230400

项目类型：科学规范与标准物质

项目摘要：该项目研究制定我国男性精液及精子质量评价方法与相关技术，制定相关标准。

项目负责人：马旭

项目承担单位：国家人口和计划生育委员会科学技术研究所

主管部门：卫生部

（193）中药毒性分类标准研制

项目编号：2007FY230500

项目类型：科学规范与标准物质

项目摘要：该项目对150种中药材的急性毒性进行了进行了测定并对中药材急性毒性进行了分级。这是首次按照统一的规范性方法对中药材进行的毒性分级研究。采用了基于最大容量的中药材水煎剂经口灌胃的给药方法，观察小鼠给药后的各种中毒症状和死亡情况。通过研究分析，将中药材的经口毒性定为四级标准，即基本无毒、小毒、中等毒性、大毒四级。150种中药材的毒性分级情况是基本无毒45种、小毒12种、中等毒性38种和大毒55种，分别占比例为30.0%、8.0%、25.3%和36.7%。

项目负责人：张宝旭

项目承担单位：北京大学

主管部门：教育部

（194）中国岩石地层名称辞典及信息共享建设

项目编号：2007FY240100

项目类型：科学规范与标准物质

项目摘要：岩石地层的划分与对比对确定地球的发展历史和发展阶段、查明各种地质事件的时间有着重要意义，而科学、标准的岩石地层名称可以给地质调查和各类地质研究提供参考。项目的主要目标为：①建立中国岩石地层名称数据库；②建立一套完整的信息共享平台，包括建立词条数据库、查询系统以及网站

---

① 现为国家市场监督管理总局，下同

网页；③出版"中国岩石地层名称辞典"。项目组通过查阅、对比、厘定和总结国内外公开发表的、与中国岩石地层研究有关的专著和论文，在前人研究的基础上进行岩石地层典籍化研究。该项目建立了相应的中国岩石地层资料数据库，共记录数据 13 149 条；完成编写了《中国岩石地层名称辞典》，共计 220 万字。

项目负责人：胡光晓

项目承担单位：中国地质科学院

主管部门：国土资源部

（195）人脸识别算法与产品评价体系

项目编号：2007FY240500

项目类型：科学考察与调查

项目摘要：该项目建立了一套完整的、科学的人脸识别技术与产品评价体系，评价体系包括评价数据库、评价指标、评价方法和评测平台四个组成部分。评价体系不仅可以全面评估人脸识别核心算法的技术水平，还可以实现各种应用模式下人脸识别产品的整体性能的综合评价。在测试方法研究和测试数据分析基础上，项目组形成了我国第一个人脸识别技术与产品的评测标准。

项目负责人：于锐

项目承担单位：公安部第一研究所

主管部门：公安部

10. 2008 年立项项目编目

（196）非粮柴油能源植物与相关微生物资源的调查、收集与保存

项目编号：2008FY110400

项目类型：科技资料整编和图集

项目摘要：该项目通过科学考察、野外实地调查、数据资料收集，调查了全国 30 个省区，采集到 1500 余种非粮柴油能源植物，对其油料类蓄能器官约 6500 份材料进行化学成分测试与分析，其中有近 800 种能源植物为国内首次测定。采集、分离、测试 550 株生物柴油相关的能源微生物。通过综合评价筛选，提出 150 余种重点开发的种类，如广宁油茶、檀梨、续随子、大果卫矛、木鳖子等。建立了 4 个能源植物资源圃和相关数据库信息系统。完成《中国非粮生物柴油植物》等专著 11 部。

项目负责人：邢福武

项目承担单位：中国科学院华南植物园

主管部门：中国科学院

（197）我国土系调查与《中国土系志》编制

项目编号：2008FY110600

项目类型：志书/典籍编研

项目摘要：拟对我国中东部黑龙江、吉林、辽宁、北京、天津、河北、河南、湖北、山东、安徽、江苏、上海、浙江、福建、广东和海南16个省（直辖市）开展系统的基层分类单元调查，建立基于中国土壤系统分类的基层分类体系，并修订和完善其高级分类单元；制订全国统一的土系建立、土系数据库建设和土系志编制的技术规范；获得预期约2000个以上土系的完整信息；获取约200个新调查土系的整段模式标本，并建立标准参比剖面。该研究将稳定和培养一批基础土壤分类研究的人才队伍，奠定我国土系研究和应用的坚实基础，满足现在和未来土壤资源管理和科学研究对土壤信息的需求。通过多层次的数据共享，为农业、环境和国土规划以及土壤科学研究，提供可靠、系统、规范的科学数据和决策依据。

项目负责人：张甘霖

项目承担单位：中国科学院南京土壤研究所

主管部门：中国科学院

（198）电离层历史资料整编和电子浓度剖面及区域特征性图集编研

项目编号：2008FY120100

项目类型：科技资料整编和图集、志书/典籍编研

项目摘要：项目旨在对不同阶段、不同类型的电离层数据及其衍生产品进行科学的管理和有效的共享。系统可根据各类电离层数据间的关系为用户提供多种方式、相互关联的数据查询、数据在线浏览、电离层报表和变化曲线图表自动生成等功能。

项目负责人：宁百齐

项目承担单位：中国科学院地质与地球物理研究所

主管部门：中国科学院

（199）350种传统医籍整理与深度加工

项目编号：2008FY120200

项目类型：科技资料整编和图集、志书/典籍编研

项目摘要：项目组按照"350种传统医籍整理与深度加工"的总体目标和年度实施计划，已完成或超额完成了对350种古医籍的整理和深度加工任务，获取的主要数据包括：古籍图像16.5万张；点校古籍7078万字；标引完成知识体12.1万条，知识元40.7万条；加工叙词10.5万条。

项目负责人：柳长华

项目承担单位：中国中医科学院中国医史文献研究所

主管部门：国家中医药管理局

（200）重大动物疫病病原及相关制品标准物质研究

项目编号：2008FY130100

项目类型：科学规范与标准物质

项目摘要：该项目研究出禽流感、高致病性猪蓝耳病、口蹄疫、小反刍兽疫、狂犬病、布鲁氏菌病等重大动物疫病疫苗标准菌毒种，并制定相应的标准；研究制备出鸡新城疫等重大动物疫病病原微生物抗体、核酸标准物质，并制定相应的标准；研制出禽用疫苗、哺乳动物疫苗检验用标准物质；对家禽免疫抑制性病毒病强毒株进行标准化；建立和完善国家兽用标准物质库。拟获得标准菌毒种 20～30 个，质量控制新技术、新方法 5～8 种，标准物质 60 种，发表研究论文（著作）25 篇（部）以上，起草标准或标准规范 80 项以上，从而建立和完善国家兽用标准菌毒种和标准物质库及病原微生物核酸标准物质库，为行业提供产品研发、生产检验、出入境检验检疫参照物和技术规范。

项目负责人：于康震、夏业才

项目承担单位：中国兽医药品监察所

主管部门：农业部

（201）农产品、兽药等领域急需高端标准物质的研制

项目编号：2008FY130200

项目类型：科学规范与标准物质

项目摘要：在国家中长期科学和技术发展规划纲要的指引下，以中国计量科学研究院国家标准物质研究中心为主体，联合国内相关行业领域具有丰富标准物质研制经验的权威单位十余家，瞄准国际先进水平，跟踪国内外相关法规及限量标准，着眼国内质量、安全等领域急需，兼顾资源领域结构的系统性和前瞻性，集合优势力量和有限资源，依照与国际接轨的技术规范体系，集中开展国家科技基础条件平台工作无法覆盖的、对国家科技、经济和社会发展起重要支撑作用的重点热点领域高端国家级标准物质的研制。

项目负责人：吴方迪

项目承担单位：中国计量科学研究院

主管部门：国家质量监督检验检疫总局

（202）全国有机氯农药及其他持久性有机污染物的调查

项目编号：2008FY210100

项目类型：科学考察与调查

项目摘要：该项目将重点针对斯德哥尔摩公约控制的有机氯农药和其他 POPs（持久性有机污染物），在我国 7 个区域地区开展空气、土壤中 POPs 的检测。按照"全球 POPs 监测技术导则"，大气中 POPs 的监测采用主动式大体积采样和被动式采样相结合，采样点的规划将高污染区和低污染区并重，使之能客观反映我国实际情况。3 年累计测试环境样品 400 个以上，形成我国环境 POPs 污染基础数据库。

项目负责人：郑明辉

项目承担单位：中国科学院生态环境研究中心

主管部门：中国科学院

（203）茶树病虫和天敌资源调查、鉴定、保存与编目

项目编号：2008FY210500

项目类型：志书/典籍编研

项目摘要：该项目完成了：①收集整理、鉴定茶树病害 53 种，制作茶树病害症状标本 268 套，编制完成了茶树病害标本名录 1 套。收集整理、鉴定茶树害虫 266 种，制作茶树害虫标本 868 套，编制完成了茶树害虫标本名录 1 套。收集整理、鉴定茶园天敌 443 种，制作茶树天敌针插标本和浸泡标本共 1632 套，编制完成了茶树天敌标本名录 1 套。②鉴定获得铃木窗蛾、网锦斑蛾等 7 种为我国茶树害虫新记录；补充 3 省 33 个蜘蛛种类省区新记录；初步揭示了茶树主要害虫茶小绿叶蝉和茶尺蠖地理种群的遗传分化现象。③建成种类最多、保存较为完备的茶树病虫天敌资源标本库，保存标本 762 种。制作开通"中国茶树植物保护信息网"。发表相关论文 65 篇，出版了《茶树病虫害诊断与防治原色图》。④组建了以中国农业科学院茶叶研究所为核心、10 个省级茶叶研究所为依托、联合各专业研究所和院校分类专家的我国茶树病虫和天敌资源收集、鉴定和保存的团队，培养研究生 15 名。

项目负责人：肖强

项目承担单位：中国农业科学院茶叶研究所

主管部门：农业部

（204）2010 年代中国地磁图编制

项目编号：2008FY220100

项目类型：科技资料整编和图集、志书/典籍编研

项目摘要：该项目旨在描述 2010～2015 年中国及周边地区地磁参考场要素预测年变率的空间分布，为 2010 年该地区国家级、权威的区域地磁提供了参考场。

项目负责人：顾左文

项目承担单位：中国地震局地球物理研究所

主管部门：中国地震局

（205）水稻品种历史数据整编

项目编号：2008FY220200

项目类型：志书/典籍编研

项目摘要：农业植物新品种保护是我国实施知识产权战略的重要组成，而对已有品种的全面了解是新品种权授权的根本依据。目前国外对品种权申请的审查

主要分两种方式：一种是以审批机关授权的测试机构所进行田间测试为依据，另一种是审批机关根据申请人依照审批机关制定的测试指南自己测试的结果或现有的各种学术期刊及试验报告进行书面材料进行审查。以欧洲国家为代表的多数成员国采取田间测试的方式，而美国则采取依靠书面材料进行实质审查的方式。而两种方式最基础的技术支撑是完整的已有品种历史数据信息库。

　　项目负责人：朱智伟

　　项目承担单位：中国水稻研究所

　　主管部门：农业部

（206）我国近海及邻近海域地质地球物理图集编制

　　项目编号：2008FY220300

　　项目类型：科技资料整编和图集、志书/典籍编研

　　项目摘要：通过对 908 专项及其他国家专项获得的沉积物底质调查数据的整合，反映渤、黄、东海，南海和西菲律宾海区表层沉积物类型分布特征及规律。内容包括：渤、黄、东海沉积物类型分布图 1 幅；南海沉积物类型分布图 1 幅；西菲律宾海沉积物类型分布图 1 幅。

　　项目负责人：石学法

　　项目承担单位：国家海洋局第一海洋研究所[①]

　　主管部门：国家海洋局

（207）中医外科肛肠科皮肤科骨科眼科耳鼻喉科术语规范审定

　　项目编号：2008FY230200

　　项目类型：科学规范与标准物质

　　项目摘要：该项目完成《中医药学名词：外科学、皮肤科学、肛肠科学、眼科学、耳鼻喉科学、骨伤科学》的规范研究，包括外科 641 条、皮肤科 282 条、肛肠科 105 条、眼科 486 条、耳鼻喉科 503 条、骨伤科 468 条，共 2485 条名词的汉文名（附汉语拼音）、英文名、定义性注释。

　　项目负责人：朱建平

　　项目承担单位：中国中医科学院中国医史文献研究所

　　主管部门：国家中医药管理局

（208）中医精神人口健康与心理学名词规范的制定

　　项目编号：2008FY230300

　　项目类型：科学规范与标准物质

　　项目摘要：该项目研究目的是通过中医精神医学与心理学名词术语规范的制

---

　　① 现为自然资源部第一海洋研究所，下同

订，系统梳理学科的理论和框架，推动学科的建设与发展，促进中医药学现代化、标准化、国际化。研究基于中医基础理论和临床实践，充分收集和整理中医历代医著、医案中关于精神疾病、心理学名词的相关记载，正确表达中医学心理学和精神医学的内容、事实和思想，进行名词规范研究，遵照使用规范名词，丰富中医药学，审定出版中医精神医学与心理学名词工具书，并建立中医精神医学与心理学名词数据库。

项目负责人：杨秋莉

项目承担单位：中国中医科学院

主管部门：国家中医药管理局

（209）含醌类地道中药材的测试分析标准方法及标准物质研制

项目编号：2008FY230400

项目类型：科学规范与标准物质

项目摘要：该项目完成了 10 个含醌类中草药的标准化研究，并对其中 46 个醌类及其相关成分——"标准物质"进行了提取分离纯化制备和结构鉴定。

项目负责人：袁晓

项目承担单位：中国科学院武汉植物园

主管部门：中国科学院

（210）《中医临床诊疗术语·症状体征部分》国家标准编制项目

项目编号：2008FY230500

项目类型：科学规范与标准物质

项目摘要：该项目工作目的是为病状术语规范化奠定基础并在此基础上制定相关术语规范。该项目提供了全面、系统、详尽的病状术语，可供中医、西医、中西医结合临床、教学、科研工作者及学生参考使用，并且是诊疗系统数据库制作的重要基础。

项目负责人：王志国

项目承担单位：中国中医科学院

主管部门：国家中医药管理局

（211）棉花病害种类、生理小种分布、为害调查及抗性快速鉴定

项目编号：2008FY240100

项目类型：科学考察与调查

项目摘要：近十多年来，随着我国转 BT 基因抗虫棉的大面积推广应用，棉铃虫作为制约我国棉花生产的首要问题初步得到解决。但是，棉花病害问题一直没有得到解决，并且呈日渐加重的趋势，成为当前制约棉花生产的首要问题。例如，2003 年仅黄河流域棉区苗期病害为害面积就达 2200 万亩；2002 年、2003 年黄萎病在黄河流域和新疆棉区爆发危害，6 月初发病率已超过 20%，危害面积超过 320 万 hm^2，占两大棉区棉花种植面积的 80% 以上。因此，棉花病害已经成为制约棉花生产可持续发展的主要障碍。在我国棉花生产上经常发生为害的病害有 20 多种。20 世纪 70 年代，我国学者曾经对全国主要棉区病害的致病力及分布进行过研究。但是，十多年来随着种植制度、环境变化和品种演替的加快，病原菌自身也发生了很大变化，其发生、为害和流行规律出现了新的特点。因此，迫切要求系统研究这些新情况和规律，搞清目前我国棉花主要病害的致病力分化、分布、流行、危害等基础性情况，探索新的棉花病情监测、预报和防治技术，确保棉花生产的可持续发展。缺少抗病种质资源是制约我国抗病育种取得突破性进展的主要原因之一，广泛收集抗病种质资源材料，对他们进行准确快速的抗病性鉴定，是筛选和寻找优良抗病种质与材料的基础性工作，对提高抗病育种水平和效率具有重要的现实意义。因此，对当前我国棉花的病害种类、发生、分布、流行及病原菌的胜利小种分化、致病性情况进行系统研究，分析主要棉区的病情发生规律，收集整理抗病种质资源，建立快速准确的抗病鉴定方法，已经成为有效控制病害危害，指导合理防治，确保棉花生产稳产、高产、高效、增加农民收入、支撑棉纺工业和外贸发展等迫切需要解决的重要问题。

项目负责人：徐荣旗

项目承担单位：中国农业科学院作物科学研究所

主管部门：农业部

11. 2009 年立项项目编目

（212）国民重要心理特征调查

项目编号：2009FY110100

项目类型：科学考察与调查

项目摘要：按照科学技术部项目指南的要求，该项目通过对我国 18～75 岁国民的重要心理特征进行抽样调查和监测，建立包括加工速度、记忆、空间认知、言语能力等基本认知指标，语言理解、推理、发散思维和决策等高级认知指标，个性特征、情绪体验、自我评价和环境适应等心理健康指标，以及社会预警与心理和谐等社会心理指标的基础数据库。在科学技术部和中国科学院的支持下，项目克服了一系列实施中难以预期的困难，如期完成了任务，建设了中国人心理与行为特征数据库。

项目负责人：张侃

项目承担单位：中国科学院心理研究所

主管部门：中国科学院

（213）生物信息学基础信息整编

项目编号：2009FY120100

项目类型：科技资料整编和图集、志书/典籍编研

项目摘要：该项目通过对我国18～75岁国民的重要心理特征进行抽样调查和监测，建立包括加工速度、记忆、空间认知、言语能力等基本认知指标，语言理解、推理、发散思维和决策等高级认知指标，个性特征、情绪体验、自我评价和环境适应等心理健康指标，以及社会预警与心理和谐等社会心理指标的基础数据库。在科技部和中国科学院的支持下，项目组克服了一系列实施中难以预期的困难，如期完成了任务，建设中国人心理与行为特征数据库。

项目负责人：赵国屏

项目承担单位：中国科学院上海生命科学研究院

主管部门：中国科学院

（214）植物园迁地保护植物编目及信息标准化

项目编号：2009FY120200

项目类型：科技资料整编和图集

项目摘要：该项目通过对迁地保护植物基础数据的采集和整编，构建了植物园迁地保护植物数据库，数据记录总数8万条，建立了植物园迁地保护植物数据标准，发表了"中国植物引种栽培及迁地保护的现状与展望"，编撰了《植物迁地保护理论与实践》《中国迁地保护植物大全》，出版了《中国迁地栽培植物志名录》。审核、鉴定了一批以前未鉴定的引种植物（sp.种）。

项目负责人：黄宏文

项目承担单位：中国科学院华南植物园

主管部门：中国科学院

（215）中医药古籍与方志的文献整理

项目编号：2009FY120300

项目类型：科技资料整编和图集、志书/典籍编研

项目摘要：该项目通过对中医药古籍和地方志文献的调研和整理，编写并出版《中医历代名家学术研究丛书》48册，影印出版《中医古籍孤本大全》57种，校注出版《中医古籍孤本丛刊》37种，整理出版《欧美收藏稀见中医书丛刊》1套，出版《中医孤本总目提要》工具书1部、《欧美收藏中医古籍联合目录》工具书1部。

项目负责人：曹洪欣

项目承担单位：中国中医科学院中医药信息研究所

主管部门：国家中医药管理局

（216）中国树木溃疡病源多样性及其生态地理分布和危害调查

项目编号：2009FY210100

项目类型：科学考察与调查

项目摘要：该项目通过对我国不同生态气候区域 *Botryosphaeria* 及其相关属真菌引起的病害标本进行广泛采集，就病原菌危害的寄主、生态地理分布及危害进行了系统调查和评估，获得树木溃疡类病害标本近 3000 份，对病原真菌菌株进行分离培养、分类鉴定和保存，共获得 2011 个菌株，这些菌株分属 23 个属、69 个种，其中新种 4 个，新纪录种 25 个。建立了菌株完善的危害症状（368 张图片）、培养学（1009 张图片）、形态学（123 张图片）和分子序列特征（1879 条 DNA 片段序列）数据库。明确了 *Botryosphaeria* 属及相关真菌危害的寄主，明确了引起我国树木溃疡类病害的病原主要是 *Botryosphaeria* 属和 *Valsa* 属，分别包括 *Botryosphaeria dothidea* 等 16 个种和 *Valsa sordida* 等 13 个分类单元。

项目负责人：吕全

项目承担单位：中国林业科学研究院森林生态环境与保护研究所

主管部门：国家林业局

（217）西南地区食用菌特异种质资源调查

项目编号：2009FY210200

项目类型：科学考察与调查

项目摘要：该项目拟对我国中东部黑龙江、吉林、辽宁、北京、天津、河北、河南、湖北、山东、安徽、江苏、上海、浙江、福建、广东和海南 16 个省（直辖市）开展系统的基层分类单元调查，建立基于中国土壤系统分类的基层分类体系，并修订和完善其高级分类单元；制订全国统一的土系建立、土系数据库建设和土系志编制的技术规范；获得预期约 2000 个以上土系的完整信息；获取约 200 个新调查土系的整段模式标本，并建立标准参比剖面。该研究将稳定和培养一批基础土壤分类研究的人才队伍，奠定我国土系研究和应用的坚实基础，满足现在和未来土壤资源管理和科学研究对土壤信息的需求。通过多层次的数据共享，为农业、环境和国土规划以及土壤科学研究，提供可靠、系统、规范的科学数据和决策依据。

项目负责人：高观世

项目承担单位：中华全国供销合作总社昆明食用菌研究所

主管部门：中华全国供销合作总社

（218）中国运动员体能素质、身体形态参数调查及参考范围构建

项目编号：2009FY210500

项目类型：科学考察与调查

项目摘要：该项目通过研制符合各运动项目特点的体能素质、身体形态参数测试指标体系和相应的标准测试方法，制作测试手册和视频指导光盘，对北京、上海、山东、辽宁、江苏、广东、浙江、河北、四川、重庆、湖南、安徽、陕西、吉林、内蒙古、新疆、西藏、广西等18个省（自治区、直辖市）的举重、拳击、摔跤、跆拳道、柔道、跳水、体操、蹦床、艺术体操、自行车、击剑、射箭、棒球、垒球、游泳、短跑100～200m、短跑200～400m、中跑、长跑、竞走、跨栏（弯道）、跨栏（直道）、撑竿跳高、跳高、跳远、三级跳远、铅球、链球、铁饼、标枪、排球、篮球、足球、乒乓球、羽毛球、网球、曲棍球、赛艇、皮划艇等40个运动项目的10 199名运动员进行体能素质、身体形态参数的测试，每名运动员的身体形态数据为34条、体能素质数据为7～23条（依运动项目特点确定），初步确定了我国不同运动项目运动员根据性别和运动员等级划分的体能素质、身体形态参数参考范围，并在此基础上构建了中国运动员体能素质、身体形态参数数据库。

项目负责人：冯连世

项目承担单位：国家体育总局体育科学研究所

主管部门：国家体育总局

（219）藏药古籍文献的抢救性整理研究

项目编号：2009FY220100

项目类型：科技资料整编和图集、志书/典籍编研

项目摘要：该项目的最终目的是要对国内外的藏药古籍进行普查、发掘和整理，完成《藏药古籍名录》的编著，并建立藏药古籍数据库雏形。但由于工作量大、要求的专业性强、涉及的学科多、文献专著散失状况严重等现状的存在，会对课题的进展造成一定困难。为此，将课题主要工作内容进行分解，分期、分批、分阶段的逐步完成，各个攻破，再对各部分结果进行汇总，有助于更高效、更细致、更准确地完成课题的最终任务。

项目负责人：冯岭

项目承担单位：中国藏学研究中心北京藏医院

主管部门：中国藏学研究中心

12. 2011 年立项项目编目

（220）西北干旱区抗逆农作物种质资源调查

项目编号：2011FY110200

项目类型：科学考察与调查

项目摘要：通过该项目，建立了2011～2016年中国西北、华北干旱区抗逆农作物种质资源基础数据库，包含5335条资源记录；收集并保存了我国西北、华北

干旱区抗逆农作物种质资源基础样本 4030 份，形成 2011～2016 年中国西北、华北干旱区抗逆农作物种质资源描述规范表；收集保存抗旱、耐盐碱、耐瘠薄等性状突出的优异资源 603 份，形成 2011～2016 年中国西北、华北干旱区抗旱、耐盐碱、耐瘠薄等性状突出的优异种质资源描述规范表；形成了西北地区抗逆农作物种质资源综合调查报告和西北地区抗逆农作物种质资源有效保护与高效利用发展战略报告，编制了西北地区抗逆农作物种质资源多样性图集，发表文章 26 篇，培养硕士研究生 22 名，博士研究生 13 名。

项目负责人：王述民

项目承担单位：中国农业科学院作物科学研究所

主管部门：农业部

（221）华北地区自然植物群落资源综合考察

项目编号：2011FY110300

项目类型：科学考察与调查

项目摘要：该项目对于华北地区（31.2°N～50.5°N，94.5°E～129.5°E）自然植物群落开展了全面清查。完成了 10329 个样方，包括了森林、灌丛、草地和水生植被等不同植被类型的调查，对重要植物的生态属性进行了测定，形成了数据总量为 4.6MB，共计约 14 万条数据记录的"2011～2016 年华北地区植物群落调查样方数据库"。在野外调查和数据整理基础上，项目组编制了"2011～2016 年华北地区自然植物群落资源分布图集""2011～2016 年华北地区植物群落志"，并对重要植物资源分布与保护现状进行了评估，形成了"2011～2016 年华北地区重要植物类群资源状况评估报告"，并以"2011～2016 年华北地区重要植物类群资源状况评估报告附表"的形式，分省展现 2011～2016 年华北地区重要经济、药用及珍稀濒危植物的分布与保护现状。

项目负责人：刘鸿雁

项目承担单位：北京大学

主管部门：教育部

（222）中国地质志、图及欧亚大陆大地构造图编制

项目编号：2011FY120100

项目类型：科技资料整编和图集、志书/典籍编研

项目摘要：迄今为止，中国尚未编制过一套解读亚欧大陆洲际构造与资源分布规律的基础图件，形成一个明显而亟待解决的科技基础瓶颈。该项目目标为编制一套亚欧大陆大地构造系列图及其相关图件，促进大陆地质基础理论研究和大地构造新理论的创新，为实现"地学强国"战略目标进一步夯实基础。项目系统总结了近 30 年来我国开展区域地质调查、专题研究所积累的新资料以及国内外合

作、交流成果，及时更新、填补一批国家基础地质图件，满足国内外科研、合作和生产需求，为新一轮基础地质调查与研究、矿产与能源勘查勘探、减灾与防灾、环境保护及国外资源开发等提供新的认识基础。主要成果有《中国地质志》与系列地图编制、欧亚大陆大地构造图（1/500 万）及系列分解图件编制及《中国矿物质》的编制。

项目负责人：丁孝忠

项目承担单位：中国地质科学院地质研究所

主管部门：国土资源部

（223）心脑血管与肿瘤疾病诊断重要标志物标准物质的研究

项目编号：2011FY130100

项目类型：科学规范与标准物质

项目摘要：该项目将重点开展心血管及肿瘤疾病等临床诊断标志物标物物质、纳米材料表征标准物质以及心血管疾病治疗用的中药标准物质的研制。

项目负责人：李红梅

项目承担单位：中国计量科学研究院

主管部门：国家质量监督检验检疫总局

13. 其他项目

由于时间久远，部分的项目立项时间未能查明，因此未能给出项目编号，该类项目在本部分列出。

（224）华东地区重要地质遗迹登录、鉴评与保护研究

项目编号：无

项目类型：科技资料整编和图集、志书/典籍编研

项目摘要：华东地区是我国各类地质遗迹丰富的地区。然而，对地质遗迹的研究与发掘深度不够，地质遗迹保护与利用的认识不足，缺乏地质遗迹需要保育的名录和相应保护规划与措施。该项目目标为：完成华东地区重要地质遗迹保护名录，编制地质遗迹分布图，建立相应信息库；建立地质遗迹登录规范和评定分类、分级鉴评体系；阐明重要的，中国特色的地质遗迹的地质环境及其历史文化价值。项目组借鉴国外经验，结合我国实际，通过对华东五省地质遗迹进行全面的调查、评价，完成了华东五省重要地质遗迹保护名录，编制地质遗迹分布图；建立相应信息库建立地质遗迹登录规范和评定分类、分级鉴评体系；对 15 个地质遗迹区做了重点研究与评价。研究工作取得了创新性成果，培养出一批复合型新人才；同时与地质公园建设相配合，对地方申报建设地质公园、科学知识的普及做出贡献。

项目负责人：陶奎元

项目承担单位：南京地质矿产研究所

主管部门：国土资源部

（225）土城子阶、义县阶标准剖面建立和研究

项目编号：无

项目类型：科技资料整编和图集、志书/典籍编研

项目摘要：项目组选择了辽宁义县—北票地区义县组作为义县组建组剖面所在地，建立了土城子阶、义县阶标准地层剖面，并出版了 1 部专著。

项目负责人：王五力、张宏

项目承担单位：沈阳地质矿产研究所

主管部门：国土资源部

（226）紫阳志留纪高分辨率笔石与几丁虫生物地层及生物复苏

项目编号：无

项目类型：科技资料整编和图集、志书/典籍编研

项目摘要：紫阳地区位于秦岭地槽与杨子地台之间的过渡带，具有不少连续而完整的各时代地层剖面，尤其是以含丰富的志留纪笔石地层著称。项目预期目标分为两个阶段，近期目标为国内志留系标准地层剖面，远期目标是争取国际层型。项目组通过在该地区志留系进行高分辨率生物地层工作，对该地区 3 个地层界线，即志留系底界、特列奇阶底界和文洛克统底界的界限作了分析讨论，并出版了 1 部专著。

项目负责人：傅力浦

项目承担单位：西安地质矿产研究所

主管部门：国土资源部

（227）含油气盆地有效烃源岩评价标准

项目编号：无

项目类型：科学规范与标准物质

项目摘要：古生界海相有效碳酸盐岩烃源岩评价是我国海相油气勘探的焦点问题之一，它直接关系到对烃源岩生烃潜力的评价，进而影响到勘探决策。项目组在进行大量文献调研的基础上，对已有的国内外烃源岩地质地球化学资料进行大规模研究，并对国内外的海相古生代样品进行模拟实验和结果分析，深入研究了长期悬而未决的海相碳酸盐岩生烃评价标准问题，提出了新的评价方法、指标体系和计算公式。这对于正确认识和评价我国海相碳酸盐岩的生烃潜力具有重要的指导意义。

项目负责人：张水昌、张大江

项目承担单位：中国石油天然气总公司石油勘探开发科学研究院

主管部门：教育部

（228）海洋地质样品库与属性库建设

项目编号：无

项目类型：科技资料整编和图集、志书/典籍编研

项目摘要：根据国内外常用数据标准，同时结合海洋地质工作研究所涉及的数据类型制定数据标准，并利用网站进行系统集成，建成了样品属性数据区及其服务系统。

项目负责人：石学法、杜德文

项目承担单位：国家海洋局第一海洋研究所

主管部门：国家海洋局

（229）中国地学大断面与深部地球物理资料整理

项目编号：无

项目类型：科技资料整编和图集、志书/典籍编研

项目摘要：地学大断面研究是 20 世纪 80 年代后期国际岩石圈委员会开展的一项全球性地球科学研究计划，为了抢救并充分利用该计划获得的珍贵观测资料，项目组完成了资料的收集整理和数字化，并永久保存在光盘介质上。主要成果有《人工地震测深资料数据库技术规定》、6 条地学大断面的图形数字化、数字化的地学大断面图以及属性分层子图等成果数据。

项目负责人：高锐、方盛明

项目承担单位：中国地质科学院地质研究所

主管部门：国土资源部

第4章　科技基础性工作数据资料目录

4.1　专项数据资料编目方法

科技基础性工作专项非资源环境领域数据资料编目与项目编目类似，主要针对数据资料的标识信息（数据名称、数据编号）、内容信息（数据时间、数据地点、数据内容）、格式信息（数据类型、数据格式）、联系信息（数据负责人、来源项目）等要素（图4-1）。数据资料编目先按项目目录顺序，再按项目类型（科学数据、志书/典籍、自然科技资源、计量基准、标准规范、文献资料）顺序，最后按元数据标识符大小顺序进行。

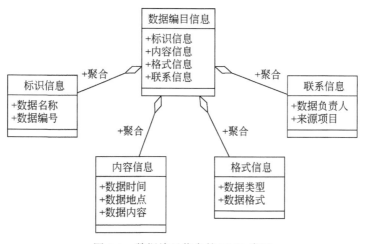

图 4-1　数据编目信息的 UML 类图

数据资料的标识信息，主要包括数据名称、数据编号。数据名称，即赋给数据资料的中文名字或称谓，是对科技资源主要内容、特征等的简要描述，一般包含数据资料的时间、地点和主题三要素，如"2008～2012年东北森林植物资源调查样地分布空间数据"。正式出版的专著、图集、典籍、志书等，数据集名称应加书名号。数据编号，指数据资料的唯一标识，其标识规则为项目编号+"–"+元数据序号+"–"+日期流水号，如"2007FY1110400-01-20140623"。

数据资料的内容信息，包括数据时间、数据地点、数据内容字段。数据时间，即数据资料内容的时间点或时间范围。数据、图集、志书/典籍时间是指其内容表达的时间；标本/样品/标准物质时间指资源的采集、制备时间；标准规范时间指正式发布的时间；论文专著时间为正式发表或出版的时间；研究报告时间是指报告编撰完成的时间。数据地点，即数据资料内容表述的地理位置。数据、图集、志书典籍的数据地点指其内容表达的地点；标本资源的地点指采集的地点（产地）；标准物质指制备的单位地点。内容摘要，即数据资料的内容及其特征简介，是对科技资源主要内容、特征等的简要描述。志书/典籍、研究报告等的内容摘要对应其摘要的简要说明；学科类别，即数据资料所属的学科分类，该类别参照国家标准《学科分类与代码 GB/T 13745—2008》，选择到二级学科分类。

数据资料的格式信息，包括数据类型、数据格式字段。数据类型，即数据资料所属的成果类型。论文、手册、汇编资料等归为文献资料，标准物质中的分析方法/监测方法（如禽白血病病毒的 ELISA 检测方法），归为文献资料；图片、静态网页、视频等归为多媒体；软件系统、模型工具等归为软件工具。数据格式，即数据资料物理存储的格式，包括.doc .xls .mdb .txt .jpg .html .xml 等。一个数据集有多个格式时，中间用"，"隔开。

数据资料的联系信息，包括数据负责人、来源项目字段。数据负责人，即数据资料负责人的姓名，对于缺失数据负责人的情况，填写项目负责人代替数据负责人，并在姓名后面加上"*"以示标识；来源项目，即数据来源项目的项目名称，以便于数据到项目，以及项目到数据的关联。

4.2 非资源环境领域项目数据目录

依据第 3 章所述的 1999～2011 年 229 个非资源环境领域的项目汇交的数据资料，本书对其 1004 条非资源环境领域的数据进行编目。其中，1999～2002 年立项的基础性项目产生的数据，194 条：1999 年立项的项目产生数据，39 条；2000年立项的项目产生数据，68 条；2001 年立项的项目产生数据，39 条；2002 年立项的项目产生数据，48 条。2006～2011 年立项的基础性项目产生的数据有 802 条：2006 年立项的项目产生数据，104 条；2007 年立项的项目产生数据，296 条；2008年立项的项目产生数据，218 条；2009 年立项的项目产生数据，121 条；2011 年立项的项目产生数据，69 条。另有 2 条数据具体年份不详，有待核实。

需要说明的是，1999～2002 年内基础性工作专项产生的数据项较少，部分数据的负责人未能查明。针对该问题，本书暂以项目负责人作为数据负责人，并在人名后加"*"以示区分。2006 年以后，科学技术部进一步加强和规范了对基础性工作的管理,因此 2006～2011 年项目汇交的数据较多,数据编目信息质量较高。

数据详细编目信息如下文所示。

1. 1999 年立项项目数据资料编目

（1）1997～2001 年国家地震信息中心（NEIC）地震目录集

数据编号：G99-A-01a-01-2018051912

数据时间：1997～2001 年

数据地点：全国

数据类型：文献资料

数据内容：包含 1997 年 1 月～2001 年 9 月的美国地质调查局（USGS）的地震目录数据,其中数据的格式以 DAT、EHDF 为主,部分数据配有 TXT 和 HTM 的解释说明,一共 82 个对象。数据以时间为单位编组,数据内容包括:地震发生的时间、经纬度、地点、震级、深度等。

学科类别：固体地球物理学

数据格式：.dat,.ehdf

数据负责人：李圣强

来源项目：地球科学数据库系统—WDC-D 地震学科中心

（2）1988～2000 年全国地震波形数据集

数据编号：G99-A-01a-02-2018051912

数据时间：1988～2000 年

数据地点：全国

数据类型：文献资料

数据内容：该数据集里收录了 1988～2000 年的国内台站的地震波形数据。这些数据以年月日时分为单位对数据进行编组,每一个编组里都包含一个 SEED 和 STATIONS 文件。该数据集里一共有 74 个编组,476 个文件。

学科类别：固体地球物理学

数据格式：.seed,.stations,.txt

数据负责人：李圣强

来源项目：地球科学数据库系统—WDC-D 地震学科中心

（3）2000～2001 年全国地震数据资源调查项目原始数据集

数据编号：G99-A-01a-03-2018051912

数据时间：2000～2001 年

数据地点：全国

数据类型：文献资料

数据内容：该数据集里收录了 2002 年以前的国家地震台网，数字遥测台网，第一监测中心、第二监测中心，地震局工程力学研究所，地质研究所和地壳应力研究所及全国 30 个省局的数据，数据格式多为 xls 和 doc 两种格式。所以以地方为编组单位，数据内容包括：地震观测数据，地磁前兆观测数据，地电前兆观测数据，形变前兆观测数据，流体前兆观测数据，地震现场勘查数据，地震实验数据，地震灾害数据，地震预报与预测数据，地震减灾数据等。

学科类别：固体地球物理学

数据格式：.zip, .xls, .arj, .doc

数据负责人：李圣强

来源项目：地球科学数据库系统—WDC-D 地震学科中心

（4）2000～2001 年首都圈前兆综合数据集

数据编号：G99-A-01a-04-2018051912

数据时间：2000～2001 年

数据地点：首都圈（5 省 2 市）

数据类型：文献资料

数据内容：前兆综合数据集收集了首都圈范围内（包括 5 省 2 市）的地震前兆观测数据，这些数据来自 8 个单位共 304 个台站的前兆观测数据，其中专业台121 个，地方台 183 个，共计 1709 个测项的 344M 前兆综合观测数据。

学科类别：固体地球物理学

数据格式：.mo, .ml, .ywo

数据负责人：李圣强

来源项目：地球科学数据库系统—WDC-D 地震学科中心

（5）1970～2000 年中国微震目录库数据集

数据编号：G99-A-01a-05-2018051912

数据时间：1970～2000 年

数据地点：中国地区

数据类型：文献资料

数据内容：中国微震目录库数据集收录了 1970～2000 年中国地区≤4M 地震的 162 个数据，该数据多为 NX，SC，XJ，YN，GS 文件。

学科类别：固体地球物理学

数据格式：.nx, .sc, .xj, .yn, .gs

数据负责人：李圣强

来源项目：地球科学数据库系统—WDC-D 地震学科中心

（6）2001 年全球地震数据库资源信息库

数据编号：G99-A-01a-06-2018051912

数据时间：2001 年

数据地点：全球

数据类型：文献资料

数据内容：地震数据库资源信息库里主要收录了国际上的地震数据库的资源 100 条信息，这些信息源自于瑞士、美国、加拿大、比利时、捷克、芬兰、法国、德国、希腊、匈牙利、冰岛、爱尔兰、伊朗、意大利、荷兰、挪威、波兰、罗马尼亚、俄罗斯、斯洛文尼亚、西班牙、土耳其、英国、南斯拉夫、澳大利亚、日本、马来西亚、摩洛哥、新西兰、菲律宾、南非等国家的各个地学研究结构。例如国际知名的美国地震学研究联合会（IRIS）、美国地质勘探局（USGS）。这些信息包括国家、单位名称、单位网址，数据种类，数据存储方式，数据查询地址，联系方式等。

学科类别：固体地球物理学

数据格式：.doc

数据负责人：李圣强

来源项目：地球科学数据库系统—WDC-D 地震学科中心

（7）地球科学数据库系统（WDC-D）地震学科部分—地震前兆综合观测数据抢救和整编软件

数据编号：G99-A-01a-07-2018051912

数据时间：2001 年

数据地点：首都圈（5 省 2 市）

数据类型：软件工具

数据内容：地球科学数据库系统（WDC-D）地震学科部分—地震前兆综合观测数据抢救和整编软件选取基于 WINDOWS NT 服务器的地震前兆数据库管理及处理系统（CAPOmen）来组织和管理地震前兆数据，并提供了一套完整的数据处理方法。

学科类别：固体地球物理学

数据格式：.exe

数据负责人：李圣强

来源项目：地球科学数据库系统—WDC-D 地震学科中心

（8）2001 年多媒体中国震例数据集软件

数据编号：G99-A-01a-08-2018051912

数据时间：2001 年

数据地点：全国

数据类型：软件工具

数据内容：中国震例静态网页数据集包含了一个名为 earthquake 的 exe 执行程序，并包含了 29 个调用的数据 DIR 文件。该软件主要收集了中国震例数据，并以多媒体的方式展示给用户。

学科类别：固体地球物理学

数据格式：.exe，.dir

数据负责人：李圣强

来源项目：地球科学数据库系统—WDC-D 地震学科中心

（9）2004～2006 年地球科学数据库系统（WDC-D）地震学科部分—论文集

数据编号：G99-A-01a-09-2018051912

数据时间：2004～2006 年

数据地点：全国

数据类型：文献资料

数据内容：包含《WDC-D 地震前兆综合观测数据的抢救和整编》《WDC 中国地震数据中心建设与完善项目成果介绍》等论文。

学科类别：固体地球物理学

数据格式：.pdf

数据负责人：李圣强

来源项目：地球科学数据库系统—WDC-D 地震学科中心

（10）2001 年以前中国震例静态网页数据集

数据编号：G99-A-01a-10-2018051912

数据时间：2001 年以前

数据地点：全国

数据类型：多媒体

数据内容：中国震例静态网页数据集是把中国震例的数据以 htm 的形式展示出来的一个数据集，一共有 156 个对象。其中的数据内容主要阐述了黑龙江德都 5.0 级、内蒙古阿巴嘎 5.6 级、甘肃迭部 5.9 级、江西寻乌 5.5 级、宁夏灵武 5.5 级、内蒙古苏尼特 5.7 级地震的基本情况。

学科类别：固体地球物理学

数据格式：.htm，.xml，.dif，.mso，.wmz

数据负责人：李圣强

来源项目：地球科学数据库系统——WDC-D 地震学科中心

（11）1992～2003 年上海奉贤—内蒙古阿拉善左旗地学断面数据集

数据编号：G99-A-01f-01-2018051921

数据时间：1992～2003 年

数据地点：上海奉贤—内蒙古阿拉善左旗地学断面全长 1700 余千米，它西起中朝地台的阿拉善台隆东缘，往南东东方向横穿此地台的鄂尔多斯西缘台褶带、鄂尔多斯台坳、山西断隆、南华北断坳和徐淮断隆后，过苏北—胶南地体及扬子地台的苏北断坳至苏南台褶带。

数据类型：文献资料

数据内容：该断面系原中国全球地学断面（GGT）计划 7 号断面的一部分。上海奉贤—内蒙古阿拉善左旗地学断面全长 1700 余千米，它西起中朝地台的阿拉善台隆东缘，往南东东方向横穿此地台的鄂尔多斯西缘台褶带、鄂尔多斯台坳、山西断隆、南华北断坳和徐淮断隆后，过苏北-胶南地体及扬子地台的苏北断坳至苏南台褶带。断面刻画了各级构造单元岩石圈组成、结构和构造的基本特征，研究了地台各自克拉通化和克拉通盆地发育以及印支运动中它们最终拼合成统一大陆的过程，揭示了遭受中、新生代裂陷作用强烈改造而产生的伸展构造和挤压构造的特点及其动力学条件，同时反映了强震区的地震地质背景。因此，它对全球构造的对比研究，对断面沿线寻找矿产资源及其远景评价和减轻地震等地质灾害均有其重要意义。

学科类别：固体地球物理学

数据格式：.vct

数据负责人：方盛明

来源项目：中国地学大断面与深部地球物理资料整理（地震局部分）

（12）1994～1996 年云南遮放—马龙地学断面

数据编号：G99-A-01f-02-2018051921

数据时间：1994～1996 年

数据地点：西起遮放，经宾川、江川，东至马龙；自西向东跨越的构造单元为扬子准地台、三江褶皱系和冈底斯—念青唐古拉褶皱系东南端。断面全长为 745km。

数据类型：文献资料

数据内容：该断面系原中国全球地学断面（GGT）计划 11 号断面。该断面西起遮放，经宾川、江川，东至马龙；自西向东跨越的构造单元为扬子准地台、三江褶皱系和冈底斯-念青唐古拉褶皱系东南端。断面全长为 745 km。

学科类别：固体地球物理学

数据格式：.vct

数据负责人：方盛明

来源项目：中国地学大断面与深部地球物理资料整理（地震局部分）

（13）1994～1996 年内蒙古东乌珠穆沁旗—辽宁东沟地学断面

数据编号：G99-A-01f-03-2018051921

数据时间：1994～1996 年

数据地点：该断面位于中国东北地区，北西走向，全长 960 km。从东至西穿越了中朝准地台的辽东台隆、下辽河断陷、燕山台褶带、内蒙古地轴、和内蒙古—大兴安岭褶皱系的西拉木伦河加里东褶皱带、贺根山华力西褶皱带、东乌珠穆沁旗加里东褶皱带等构造单元，以及海城 7.3 级地震区。

数据类型：文献资料

数据内容：该断面系原中国全球地学断面（GGT）计划 5 号断面。该断面位于中国东北地区，北西走向，全长为 960km。从东至西穿越了中朝准地台的辽东台隆、下辽河断陷、燕山台褶带、内蒙古地轴、和内蒙古—大兴安岭褶皱系的西拉木伦河加里东褶皱带、贺根山华力西褶皱带、东乌珠穆沁旗加里东褶皱带等构造单元，以及海城 7.3 级地震区。

学科类别：固体地球物理学

数据格式：.vct

数据负责人：方盛明

来源项目：中国地学大断面与深部地球物理资料整理（地震局部分）

（14）1994～1996 年江苏响水—内蒙古满都拉地学断面

数据编号：G99-A-01f-04-2018051921

数据时间：1994～1996 年

数据地点：响水至满都拉地学断面全长逾 1200km，由东南向西北斜跨中朝地台及其边缘，穿过苏北—胶南地体、鲁西块体、华北裂谷盆地、太行—五台块体、鄂尔多斯块体、呼和浩特—包头盆地、阴山块体和内蒙古褶皱系 8 个构造单元。

数据类型：文献资料

数据内容：该断面系原中国全球地学断面（GGT）计划 6 号断面。响水至满都拉地学断面全长逾 1200km，由东南向西北斜跨中朝地台及其边缘，穿过苏北—胶南地体、鲁西块体、华北裂谷盆地、太行—五台块体、鄂尔多斯块体、呼和浩特—包头盆地、阴山块体和内蒙古褶皱系 8 个构造单元。它揭示了中朝地台克拉通化的过程及其与古大陆边缘过渡带的关系以及后期遭受改造产生的板缘和板内构造及其动力学特征，从而有助于寻找矿产资源和为减轻地震灾害服务。

学科类别：固体地球物理学

数据格式：.vct

数据负责人：方盛明

来源项目：中国地学大断面与深部地球物理资料整理（地震局部分）

（15）1994～1996 年湖北随州—内蒙古喀喇沁旗地学断面

数据编号：G99-A-01f-05-2018051921

数据时间：1994～1996 年

数据地点：断面由随州起经郑州、安阳、固安、兴隆至喀喇沁旗，全长逾 1200km。

数据类型：文献资料

数据内容：该断面系原中国全球地学断面（GGT）计划 3 号断面北段。断面由随州起经郑州、安阳、固安、兴隆至喀喇沁旗，全长逾 1200km。揭示了桐柏山、南华北平原、太行山东部、华北平原北部和燕山一带的地壳上地幔乃至软流圈顶部特征的大量综合信息。据此，深入地综合研究了以栾川—明港断裂为分界的秦岭褶皱带和中朝板块的部分次一级单元——随州—广济地体，桐柏—大别地体、北淮阳地体、豫西地体、南华北盆地西缘、山西块体东缘、北华北盆地北部、燕山褶皱带和内蒙古地轴（块体）东部的全地壳及深达软流圈顶部的地质地球物理和地球化学过程，以综合解释剖面反映其断面通过地带的地壳的组成、结构和构造特征，并解释了其形成、演化及动力学过程，可为寻找矿产资源和减轻乃至预防地质灾害提供科学依据。

学科类别：固体地球物理学

数据格式：.vct

数据负责人：方盛明

来源项目：中国地学大断面与深部地球物理资料整理（地震局部分）

（16）1994～1996 年青海门源—福建宁德地学断面

数据编号：G99-A-01f-06-2018051921

数据时间：1994～1996 年

数据地点：该断面自西向东跨越祁连褶皱系、中朝地台、秦岭—大别褶皱系、扬子地台和华南褶皱系；横跨中国南北地震带北段和怀来—山西—西安地震带南段。断面全长为 2220 km。

数据类型：文献资料

数据内容：该断面系原中国全球地学断面（GGT）计划 8 号断面。该断面自西向东跨越祁连褶皱系、中朝地台、秦岭—大别褶皱系、扬子地台和华南褶皱系；横跨中国南北地震带北段和怀来—山西—西安地震带南段。断面全长为 2220 km。

学科类别：固体地球物理学

数据格式：.vct

数据负责人：方盛明

来源项目：中国地学大断面与深部地球物理资料整理（地震局部分）

（17）2006 年中国地学大断面与深部地球物理资料整理（地震局部分）—论文集

数据编号：G99-A-01f-07-2018051921

数据时间：2006 年

数据地点：内蒙古东乌珠穆沁旗—辽宁东沟、上海奉贤—内蒙古阿拉善左旗、江苏响水—内蒙古满都拉、青海门源—福建宁德、湖北随州—内蒙古喀拉沁旗、云南庶放—马龙

数据类型：文献资料

数据内容：包含《中国地学大断面与深部地球物理资料整理工作进展》《"中国地学大断面与深部地球物理资料整理"项目成果介绍》等论文。

学科类别：固体地球物理学

数据格式：.pdf

数据负责人：方盛明

来源项目：中国地学大断面与深部地球物理资料整理（地震局部分）

（18）2003 年人工地震测深观测参数数据库查询系统

数据编号：G99-A-01f-08-2018051921

数据时间：2003 年

数据地点：全国

数据类型：软件工具

数据内容：共包含 5 个文件：其中人工地震测深观测参数数据库文件 2 个，数据库查询幻灯片文件 1 个，执行文件 2 个。可执行文件分别是"二进制地震波形数据转换为 ASCII 码程序"和"USGS 数据库装配程序"。

学科类别：固体地球物理学

数据格式：.exe

数据负责人：方盛明

来源项目：中国地学大断面与深部地球物理资料整理（地震局部分）

（19）2003 年中国地学断面大断面与深部地球物理资料管理系统

数据编号：G99-A-01g-01-2018051921

数据时间：2003 年

数据地点：全国

数据类型：软件工具

数据内容：采用 ESRI 公司的控件 MapObject 2.0，并结合 Microsoft Visual

Basic 6.0，自主开发了该系统。底层数据库采用 Microsoft Access 2000 开发。系统能按地学大断面与深部地球物理探测方法等两种方式，查询用户所需信息与数据。系统文件乃用 WINZIP 8.1 打包。运行时可完全脱离 ARC/INFO 环境。

　　学科类别：固体地球物理学

　　数据格式：.exe

　　数据负责人：高锐

　　来源项目：中国地学大断面与深部地球物理资料整理（国土部部分）

（20）1998～2001 年地学断面图形数据库管理系统

　　数据编号：G99-A-01g-02-2018051921

　　数据时间：1998～2001 年

　　数据地点：新疆阿勒泰—台湾、青海格尔木—内蒙古额济纳旗、安徽灵璧—上海奉贤内蒙古满洲里—黑龙江绥芬河、新疆独山子—泉水沟、西藏亚东—青海格尔木

　　数据类型：软件工具

　　数据内容：主要应用了中地信息工程公司的 MAPGIS 软件，分别对六条地学断面进行扫描、数字化、建立属性结构，然后按照国际全球地学断面（GGT）指南对每条断面进行标准化，最后建立地学断面图形库。其中，为了达到地球物理探测数据共享的目的，我们分别建立了中、英文两套数字化图形库，以满足不同的需要。

　　学科类别：固体地球物理学

　　数据格式：.exe

　　数据负责人：高锐

　　来源项目：中国地学大断面与深部地球物理资料整理（国土部部分）

（21）2002～2003 年中国地学大断面与深部地球物理资料整理（国土部部分）—报告集

　　数据编号：G99-A-01g-04-2018051921

　　数据时间：2002～2003 年

　　数据地点：新疆阿勒泰—台湾、青海格尔木—内蒙古额济纳旗、安徽灵璧—上海奉贤内蒙古满洲里—黑龙江绥芬河、新疆独山子—泉水沟、西藏亚东—青海格尔木

　　数据类型：文献资料

　　数据内容：包括 9 个部分：报告、咨询专家委员会、数据共享、数据目录、数据入库技术规定、数据标准格式、用户指南、论文目录和入库数据检验文档。

　　学科类别：固体地球物理学

数据格式：.doc

数据负责人：高锐

来源项目：中国地学大断面与深部地球物理资料整理（国土部部分）

（22）2001 年中国地学大断面与深部地球物理资料整理（国土部部分）—论文集

数据编号：G99-A-01g-05-2018051921

数据时间：2001 年

数据地点：新疆阿勒泰—台湾、青海格尔木—内蒙古额济纳旗、安徽灵璧—上海奉贤内蒙古满洲里—黑龙江绥芬河、新疆独山子—泉水沟、西藏亚东—青海格尔木

数据类型：文献资料

数据内容：包括《深部地球物理探测数据库总库与图形库管理系统建设》，《数据光盘库及数据格式》，《深部重力、磁力测量数据子库》，《大地电磁测深数据子库》，《宽频带数字地震观测数据子库》，《深地震测深数据子库》，《深地震反射剖面数据子库》，《深部地球物理探测数据库研究进展》等论文。

学科类别：固体地球物理学

数据格式：.pdf

数据负责人：高锐

来源项目：中国地学大断面与深部地球物理资料整理（国土部部分）

（23）2001～2002 年 GGT3 数据集

数据编号：G99-A-01g-06-2018051921

数据时间：2001～2002 年

数据地点：新疆阿勒泰—台湾、青海格尔木—内蒙古额济纳旗、安徽灵璧—上海奉贤内蒙古满洲里—黑龙江绥芬河、新疆独山子—泉水沟、西藏亚东—青海格尔木

数据类型：文献资料

数据内容：包括 6 个地形断面图形数据集，分别是 ATT（表示新疆阿勒泰-台湾地学断面）、GET（表示青海格尔木-内蒙古额济纳旗地学断面）、LFT（表示安徽灵璧-上海奉贤地学断面）、MST（表示内蒙古满洲里-黑龙江绥芬河地学断面）、DQT（表示新疆独山子-泉水沟地学断面）、YGT（表示西藏亚东-青海格尔木地学断面）。

学科类别：固体地球物理学

数据格式：.wp，.wt，.wl

数据负责人：高锐

来源项目：中国地学大断面与深部地球物理资料整理（国土部部分）

（24）《黔东南早、中寒武世凯里组三叶虫动物群》

数据编号：G99-A-04a-01

数据时间：2002 年

数据地点：黔东南苗族侗族自治州

数据类型：文献资料

数据内容：该书介绍近年来贵州省丹寨县兴仁区南皋乡九门冲、平寨和岩英，台江县革东镇八郎、顿州和川硐等地早寒武世晚期至中寒武世早期凯里组三叶虫动物的新发现，根据大量保存完好的标本，对凯里组及同期地层三叶虫属种的定义及系统分类进行全面的修订，尤其是对产自喜马拉雅南坡巴基斯坦盐岭，以及克什米尔地区同期地层中已变形的三叶虫属种的系统分类位置作全面的修订，系统描述三叶虫 4 目、18 科、62 属（亚属）、145 种（亚种）和未定种，其中 1 新亚科，8 新属（新亚属），53 新种和新亚种。着重介绍了全球广泛分布的掘头虫类（*oryctocephalids*）三叶虫和宽背虫（*Bathynotus*）三叶虫，深入阐述确定全球下、中寒武统界线层型的标准种 *Olictocephalus indicus* （Reed） 及其完整的演化系列，不仅解决了同期地层全球对比问题，而且对在我国确立全球下、中寒武统界线层型剖面具有极重要意义。

学科类别：地质学

数据格式：.pdf

数据负责人：王训练

来源项目：中国古生物志与中国各门类化石编研（地大部分）+古生物志与化石编研

（25）《浙江早白垩世植物群》

数据编号：G99-A-04a-02

数据时间：1999 年

数据地点：浙江

数据类型：文献资料

数据内容：该书首次深入系统研究了我国南方的早白垩世植物群，其内容丰富完整，化石材料珍贵精美。书中系统描述了产自浙江早白垩世地层中的植物化石，计 41 属 125 种；揭示了植物群组合序列和进化过程；在植物群研究基础上，进行了国内外相关植物群对比；并结合孢粉和绝对年龄资料确定了各含植物化石地层的年代；另外，对我国早白垩世植物地理分区和气候环境等问题也作了较为深入的探讨。全书附化石图版 40 幅。

学科类别：地质学

数据格式：.pdf

数据负责人：王训练

来源项目：中国古生物志与中国各门类化石编研（地大部分）+古生物志与化石编研

（26）《松辽地区白垩纪双壳类化石》

数据编号：G99-A-04a-03

数据时间：1999 年

数据地点：松辽地区

数据类型：文献资料

数据内容：该书详细描述图示了我国东北部松辽地区白垩纪双壳类化石 23属 64 种，包括 1 新属 13 新种，他们分隶双壳纲的翼形亚纲 Pteriomorphia、古异齿亚纲 Palaeoheterodonta 和异齿亚纲 Heterodonta。根据这些化石，将泉头组至明水组的松辽区地层做了划分。多数化石种属表现北方大区和亚洲白垩纪淡水化石的面貌。少数海相属种产生于嫩江组和青山口组，证实这两组沉积时古海水曾内侵入松辽古盆地，它们无碍于总体双壳类化石的非海相。海至滨海相和暗色沉积在这两组中存在，证实缺氧的有利油、气形成的沉积环境。全书附英文摘要和新属种的英文描述，并附化石图版 21 幅。

学科类别：地质学

数据格式：.pdf

数据负责人：王训练

来源项目：中国古生物志与中国各门类化石编研（地大部分）+古生物志与化石编研

（27）《江西崇义早奥陶世宁国期典型太平洋笔石动物群》

数据编号：G99-A-04a-04

数据时间：2000 年

数据地点：江西崇义

数据类型：文献资料

数据内容：该书系统地描述了崇义地区早奥陶世宁国期的笔石45 属，7 亚属，168 种和亚种，其中 3 新种。在记述崇义过埠樟木曲组标准剖面的基础上，补充、修正了崇义地区下奥陶统樟木曲组的笔石带，并与国内外同期的笔石带做了对比，讨论了下、中奥陶统的界线，分析了崇义地区下奥陶统宁国期笔石动物群的性质，对有关笔石的演化、分类、笔石的生物地理分区以及笔石动物群的分异度和笔石动物群的变化问题也做了探讨。崇义地区下奥陶统宁国期笔石群与大洋洲、北美洲同期的笔石群关系十分密切，同属太平洋笔石动物群；但崇义地区早奥陶世宁国期笔石属种之丰富，为环太平洋地区之冠。可作为太平洋笔石动物群的典型代表。本区早奥陶世宁国期完整的笔石序列，不但可以作为我国早奥陶世宁国期笔石序列对比的标准，而且为世界各大洲间早奥陶世地层的对比，提供了重要依据。全书附图版 30 幅，并有详细英文摘要。

　　学科类别：地质学

　　数据格式：.pdf

　　数据负责人：王训练

　　来源项目：中国古生物志与中国各门类化石编研（地大部分）+古生物志与化石编研

（28）《塔里木盆地库车凹陷三叠纪和侏罗纪孢粉组合》

　　数据编号：G99-A-04a-05

　　数据时间：2003 年

　　数据地点：塔里木盆地

　　数据类型：文献资料

　　数据内容：该书是对新疆塔里木盆地库车凹陷三叠纪和侏罗纪孢粉研究的总结。书中共描述孢粉 89 属、194 种。在此基础上，建立了三叠纪和侏罗纪的孢粉组合序列，并详细地讨论了地质年代；根据现有孢粉资料，支持将我国三叠纪和侏罗纪孢粉植物群划分为南北两个不同的孢粉植物地理亚区的论点；进一步肯定了库车凹陷三叠系和侏罗系的界线在塔里奇克组和阿合组之间，并对二叠系和三叠系的界线进行了探讨；根据孢粉组合反映的植物群面貌，探讨了三叠纪和侏罗纪期间的古植被和古气候；根据下三叠统俄霍布拉克组出现的海相疑源类化石，说明早三叠世塔里木盆地曾受过海水的影响。书末附图版 40 幅及英文摘要。

　　学科类别：地质学

　　数据格式：.pdf

　　数据负责人：王训练

　　来源项目：中国古生物志与中国各门类化石编研（地大部分）+古生物志与化石编研

（29）《中国层孔虫》

　　数据编号：G99-A-04a-06

　　数据时间：2001 年

　　数据地点：中国

　　数据类型：文献资料

　　数据内容：中国是世界上极其丰富的构造类化石的国家之一，并且在研究层状土壤化石方面已有 60 多年的历史。该书对中国发现的构造体进行了全面、系统、深入的总结，并对已描述的 1100 多种拟线虫进行了认真，系统的合并和修订。共描述了 726 种和 97 属，其中 78 属和 675 种为古生代，19 属，51 种为中生代。这是一项艰巨复杂但非常重要的基础研究工作，也是一个综合性的总结。该书是一本全面的专著，涉及目前最主要的材料和最完整的类岩体。它将成为国内外对层孔石研究不可或缺的参考书，将在教学、科研和生产中发挥重要作用。

学科类别：地质学

数据格式：.pdf

数据负责人：王训练

来源项目：中国古生物志与中国各门类化石编研（地大部分）

（30）《中国介形类化石》（第 1 卷 Cypridacea 和 Darwinulidacea）

数据编号：G99-A-04a-07

数据时间：2002 年

数据地点：中国

数据类型：文献资料

数据内容：该书的目的和内容是将 1985 年前（个别引用延至 1990 年）在我国发现并已研究发表的中、新生代非海相介形类化石中的速足目目（Podocopida）速足亚目（Podocopina）的金星介超科（Cypridacea）及达尔文介亚目目（Darwinulocopina）的达尔文介超科（Darwinulidacea）中所含属种进行分类、厘定，并进行有关问题的研究论述。

学科类别：地质学

数据格式：.pdf

数据负责人：王训练

来源项目：中国古生物志与中国各门类化石编研（地大部分）

（31）《中国遗迹化石》

数据编号：G99-A-04a-08

数据时间：2004 年

数据地点：中国

数据类型：文献资料

数据内容：该书以多年来系统采集和研究的我国各时代无脊椎动物遗迹化石为主要材料，系统总结了 2000 年年底以前我国正式公开发表的有关遗迹化石的资料，汇编而成，其目的是为了促进遗迹学在我国生根、开花和发展。

学科类别：地质学

数据格式：.pdf

数据负责人：王训练

来源项目：中国古生物志与中国各门类化石编研（地大部分）

（32）2001 年四川大学动物标本数据集

数据编号：G99-A-12-01-2018060401

数据时间：2001 年

数据地点：四川大学

数据类型：多媒体

数据内容：数据库中包括的记录有：鸟类 548 号、兽类 775 号、两栖爬行和鱼类 395 号，合计 1718 号。

学科类别：动物学

数据格式：.jpg

数据负责人：陈放

来源项目：西南若干关键地区动植物资源库体系的建立

（33）2001 年四川大学植物标本数据集

数据编号：G99-A-12-02-2018060402

数据时间：2001 年

数据地点：四川大学

数据类型：多媒体

数据内容：标本数据库包含 94 640 条记录。

学科类别：植物学

数据格式：.jpg

数据负责人：陈放

来源项目：西南若干关键地区动植物资源库体系的建立

（34）2002 年中国华南地区馆藏动物标本信息

数据编号：G99-A-13a-01-2018060301

数据时间：2002 年

数据地点：中国华南地区

数据类型：软件工具

数据内容：完成整理录入馆藏动物（不含昆虫）标本名录 1076 号（含目名、科名、拉丁种名、中名）。该数据集完全开放共享。

学科类别：动物学

数据格式：.mdb

数据负责人：李鸣光

来源项目：华南地区动植物标本馆建设

（35）2002 年中国华南地区馆藏昆虫标本信息

数据编号：G99-A-13a-02-2018060401

数据时间：2002 年

数据地点：中国华南地区

数据类型：软件工具

数据内容：完成录入昆虫模式标本名录 502 号（含目名、科名、拉丁种名、中名、模式类型、分布等）。

学科类别：动物学

数据格式：.mdb

数据负责人：李鸣光

来源项目：华南地区动植物标本馆建设

（36）2002 年中国华南地区馆藏 DNA 标本信息

数据编号：G99-A-13a-03-2018060402

数据时间：2002 年

数据地点：中国华南地区

数据类型：软件工具

数据内容：100 种种子植物 DNA 数据。

学科类别：遗传学

数据格式：.mdb

数据负责人：李鸣光

来源项目：华南地区动植物标本馆建设

（37）2002 年中国华南地区馆藏化石标本信息

数据编号：G99-A-13a-04-2018060403

数据时间：2002 年

数据地点：中国华南地区

数据类型：软件工具

数据内容：完成整理录入馆藏动物（不含昆虫）标本名录 1076 号（含目名、科名、拉丁种名、中名）。该数据集完全开放共享。

学科类别：地质学

数据格式：.mdb

数据负责人：李鸣光

来源项目：华南地区动植物标本馆建设

（38）2002 年中国华南地区馆藏植物标本信息

数据编号：G99-A-13a-05-2018060405

数据时间：2002 年

数据地点：中国华南地区

数据类型：软件工具

数据内容：录入 98 916 份馆藏植物标本资料；包括标本的采集时间、地点（国名及省名等行政区域名、地理名、海拔高度等）、采集人名、植物描述、用途、存放位置；分类名及分类鉴定的历史、鉴定人名等。

学科类别：植物学

数据格式：.mdb，.jpg

数据负责人：李鸣光

来源项目：华南地区动植物标本馆建设

（39）2000 年中国林业科学研究院馆藏昆虫标本数据集

数据编号：G99-A-18b-01-2018060401

数据时间：2000 年

数据地点：全国

数据类型：文献资料

数据内容：中国林业科学研究院森林生态研究所数字化昆虫标本。

学科类别：生态学

数据格式：.xls，.jpg

数据负责人：纪力强

来源项目：生物科学数据库系统的构建（动物所部分）

2. 2000 年立项项目数据资料编目

（40）《古籍善本——第一卷（01）唐类函（上、下）》

数据编号：2000-JC-08-3

数据时间：无年

数据地点：全国

数据类型：文献资料

数据内容：全书共分 200 卷，分别说明了唐代农业政策情况及说明。

学科类别：农学

数据格式：.pdf

数据负责人：张芳*、王思明*、龚龙英*

来源项目：中国农业典籍的搜集、整理与保存

（41）《古籍善本——第一卷（05）》

数据编号：2000-JC-08-6

数据时间：无年

数据地点：全国

数据类型：文献资料

数据内容：收录历史上关于农业的古事苑、事类赋、修辞指南、艺文类聚和月令广义。其中艺文类聚 100 卷，2575 页。事类赋 30 卷，725 页。古事苑 12 卷，966 页。月令广义 24 卷，1834 页。修辞 20 卷，1067 页。

学科类别：农学

数据格式：.pdf

数据负责人：张芳*、王思明*、龚龙英*

来源项目：中国农业典籍的搜集、整理与保存

（42）《古籍善本——第一卷（06）》

数据编号：2000-JC-08-7

数据时间：无年

数据地点：全国

数据类型：文献资料

数据内容：包括《新镌陈眉公先生十种藏书》、《初学记》和《唐宋百孔六帖》等古籍。《新镌陈眉公先生十种藏书》共 3784 页。《初学记》30 卷，1721 页。《唐宋百孔六帖》100 卷 5780 页。

学科类别：农学

数据格式：.pdf

数据负责人：张芳*、王思明*、龚龙英*

来源项目：中国农业典籍的搜集、整理与保存

（43）2007～2009 年广东、海南、福建、浙江、重庆外来入侵物种调查地点数据 Ⅰ

数据编号：2006FY111000-01-2014092801

数据时间：2007～2009 年

数据地点：海南、广东、福建、浙江、重庆

数据类型：文献资料

数据内容：2007～2009 年海南、广东、福建、浙江和重庆外来入侵物种调查点数据，记录了外来入侵物种及其安全性调查地点的地理信息。数据包括：调查点编号，省（市）名简称，网格，调查点，样地，调查地区所在省（市），调查地区所在市，调查地区所在县，调查点所在乡，调查点所在村，离主干道距离_铁路，离主干道距离_高速公路，离主干道距离_国道，离主干道距离_省道，离主干道距离_大河，离主干道距离_中型河，离主干道距离_小河，离主干道距离_小

溪，离最近的省，离最近的市，离最近的县城，离最近的乡镇，离最近城镇距离，高程，经度，纬度。数据集共 8322 条记录。

　　学科类别：农学

　　数据格式：.xls，.doc

　　数据负责人：万方浩*

　　来源项目：中国外来入侵物种及其安全性考察

（44）中国 1981～2010 年主要农作物生育期矢量数据集

　　数据编号：2007FY120100-07-2015011907

　　数据时间：1981～2010 年

　　数据地点：全国

　　数据类型：文献资料

　　数据内容：二十一世纪前十年的农作物生育期，来源于我们对全国 2000 多个县（市）的小麦（冬小麦、春小麦）、水稻（一季稻、双季早稻、双季晚稻）、玉米（春玉米、夏玉米）、棉花和大豆（春大豆、夏大豆）等主要农作物生育期调研资料。按照时段相对一致、测定方法一致、数据表示方法一致的原则，根据每个调研点作物各个生育期的起始日期和终止日期，计算起始和终止日期的中值，并以此作为该生育期发生的日期。为了保证数据的准确，对重点地区及主要农作物生育期进行再核查，并邀请相关专家对整编资料进行审查，最后进行整编形成小麦（冬小麦、春小麦）、水稻（一季稻、双季早稻、双季晚稻）、玉米（春玉米、夏玉米）、棉花和大豆（春大豆、夏大豆）生育期基础数据库。应用了全国作物物候观测资料，是确定生育期日期的分布和地理位置的主要依据。

　　学科类别：气象学

　　数据格式：.shp

　　数据负责人：梅旭荣*

　　来源项目：中国农业气候资源数字化图集编制

（45）2000～2003 年深部地球物理数据库系统

　　数据编号：2000-112-08-2018051922

　　数据时间：2000～2003 年

　　数据地点：新疆阿勒泰—台湾、青海格尔木—内蒙古额济纳旗、安徽灵璧—上海奉贤内蒙古满洲里—黑龙江绥芬河、新疆独山子—泉水沟、西藏亚东—青海格尔木

　　数据类型：软件工具

　　数据内容：包括 6 个数据库子库系统，分别是：深地震反射数据子库系统及其相关文件、深地震测深数据子库系统及其相关文件、深地震测深数据子库系统

及其相关文件、深部重力测量数据子库系统及其相关文件、深部磁力测量数据子库系统及其相关文件、深部磁力测量数据子库系统及其相关文件。

学科类别：固体地球物理学

数据格式：.exe

数据负责人：高锐

来源项目：中国地学大断面与深部地球物理资料整理（国土部部分）

（46）2001～2003 年全国地壳应力数据库查询分析系统

数据编号：2000-112-01-2018051922

数据时间：2001～2003 年

数据地点：全国

数据类型：软件工具

数据内容：该软件的主要功能为，①实现《全国地壳应力环境基础数据库》（以下简称地应力数据库）数据信息的图形化；②在地图上以多种方式查询地应力数据库的内容并显示；③将地应力数据库的内容在地图上直观显示；④对地应力数据库的数据作统计分析；⑤对地应力数据库中的参考文献和研究成果作查询显示；⑥打印地应力数据库的内容和地图内容；⑦将地应力数据库的内容转出。

学科类别：固体地球物理学

数据格式：.exe

数据负责人：谢富仁

来源项目：全国地壳应力环境基础数据库

（47）2002～2003 年全国地壳应力图集

数据编号：2000-112-02-2018051922

数据时间：2002～2003 年

数据地点：东北、华北、华南、新疆、西藏

数据类型：多媒体

数据内容：包括东北、华北、华南、新疆、西藏等构造应力图。

学科类别：固体地球物理学

数据格式：.bmp

数据负责人：谢富仁

来源项目：全国地壳应力环境基础数据库

（48）2003 年全国地壳应力环境模拟图集

数据编号：2000-112-03-2018051922

数据时间：2003 年

数据地点：全国、华北块体

数据类型：多媒体

数据内容：包括全国、华北块体模拟的应力场变化图。

学科类别：固体地球物理学

数据格式：.bmp

数据负责人：谢富仁

来源项目：全国地壳应力环境基础数据库

（49）2003 年全国地壳应力环境基础数据库—报告集

数据编号：2000-112-04-2018051922

数据时间：2003 年

数据地点：中国

数据类型：文献资料

数据内容：包括项目执行情况、数据库管理系统、全国地壳应力环境综合研究等、全国地壳应力环境的数值模拟研究等内容。

学科类别：固体地球物理学

数据格式：.doc

数据负责人：谢富仁

来源项目：全国地壳应力环境基础数据库

（50）2006 年全国地壳应力环境基础数据库—论文集

数据编号：2000-112-05-2018051922

数据时间：2006 年

数据地点：中国

数据类型：文献资料

数据内容：包括"项目成果介绍"等论文。

学科类别：固体地球物理学

数据格式：.pdf

数据负责人：谢富仁

来源项目：全国地壳应力环境基础数据库

（51）2003 年全国地壳应力数据集

数据编号：2000-112-06-2018051922

数据时间：2003 年

数据地点：覆盖了除内蒙古、吉林、江西三省（自治区）外的全国境内的所有其他省区。

数据类型：文献资料

数据内容：主要是水压致裂应力测量数据，主数据录入 192 条数据，分测段数据表已录入 1014 条数据。其中，常规平面应力测量方法（HF）为 166 条数据，约占总数的 86%；多个交汇钻孔三维地应力测量方法为 15（HFM）条，约占总数的 8.3%；只给出应力梯度信息而无具体测段数值的数据（HFG）为 11 条，约占总数的 5.7%。

学科类别：固体地球物理学

数据格式：.mdb

数据负责人：谢富仁

来源项目：全国地壳应力环境基础数据库

（52）2002～2003 年全国地壳应力环境连续应力应变观测数据集

数据编号：2000-112-07-2018051922

数据时间：2002～2003 年

数据地点：包括怀来台、峰峰台、乌鲁木齐台、乌什台等

数据类型：文献资料

数据内容：完成了 23 个台站的资料整理和分析工作，其中体积式钻孔应变测量台站 15 个，压容式应变测量台站 8 个。

学科类别：固体地球物理学

数据格式：.dat

数据负责人：谢富仁

来源项目：全国地壳应力环境基础数据库

（53）老龄科学研究基础数据库管理信息系统方案

数据编号：2000-127-01

数据时间：2001～2002 年

数据地点：中国

数据类型：文献资料

数据内容：老龄科学研究基础数据库已初步形成较系统、完整的老龄科学研究指标体系；标准、规范、全面的涉及老龄问题研究的国内调查数据库；老龄科学专业文献库及其管理信息系统等成果。

学科类别：工程与技术科学基础学科

数据格式：.doc

数据负责人：台恩普、张恺悌、郭平

来源项目：老龄科学研究基础数据库

（54）老龄科学研究基础数据库元数据集

数据编号：2000-127-02

数据时间：2001～2003 年

数据地点：中国

数据类型：科学数据

数据内容：老龄科学研究基础数据库元数据集入库的原始调查数据 61 项，数据库入库文献共计 52 000 余条，其中"国内外老龄组织和科研机构"网站链接 500 家，入库一次文献 17 000 余条、二次文献 35 200 余条。数据库的建设，大大方便了政府有关部门和老龄科研单位对政策信息、科研信息和基础科学研究的需求。

学科类别：工程与技术科学基础学科

数据格式：.sav

数据负责人：台恩普、张恺悌、郭平

来源项目：老龄科学研究基础数据库

（55）老龄科学研究基础数据库软件系统简明操作手册

数据编号：2000-127-03

数据时间：2001～2004 年

数据地点：中国

数据类型：文献资料

数据内容：老龄科学研究基础数据库软件系统使基础数据管理业务标准化、规范化和程序化，提高管理工作水平，减少业务人员繁重的事务性和重复性劳动，以满足科学研究的需要；针对中国老龄工作和科学研究单位众多，地域范围覆盖全国，采用集中信息管理，实现信息共享，以便及时准确地掌握基础数据的实时情况。

学科类别：工程与技术科学基础学科

数据格式：.doc

数据负责人：台恩普、张恺悌、郭平

来源项目：老龄科学研究基础数据库

（56）《科学技术名词审定的原则及方法》

数据编号：2000-56-01

数据时间：2001～2003 年

数据地点：中国中医研究院

数据类型：文献资料

数据内容：研究制定《科学技术名词审定的原则及方法》，通过审定科技名词（术语）的任务是给科学概念确定规范的中文名称，以统一我国的科学技术名词。

学科类别：中医学与中药学

数据格式：.doc

数据负责人：王永炎、梁菊生、朱建平

来源项目：中医药基本名词术语规范化研究

（57）《中医药学名词审定原则与方法》

数据编号：2000-56-02

数据时间：2001～2003 年

数据地点：中国中医研究院

数据类型：文献资料

数据内容：根据全国名词委制订的《科学技术名词审定的原则及方法》等有关文件,参考全国名词委已经成立的 52 个分委员会及其所开展工作的可资借鉴的宝贵经验,结合中医药学名词术语的实际,拟定中医药学名词审定原则及方法。

学科类别：中医学与中药学

数据格式：.doc

数据负责人：王永炎、梁菊生、朱建平

来源项目：中医药基本名词术语规范化研究

（58）《中医药学名词·基本名词选词原则》

数据编号：2000-56-03

数据时间：2001～2003 年

数据地点：中国中医研究院

数据类型：文献资料

数据内容：根据中医药名词审定计划,审定的名词为基本名词（包括名词与术语）的原则。

学科类别：中医学与中药学

数据格式：.doc

数据负责人：王永炎、梁菊生、朱建平

来源项目：中医药基本名词术语规范化研究

（59）《中医药基本名词》（中文名词表、英文对译表、注释）

数据编号：2000-56-04

数据时间：2001～2003 年

数据地点：中国中医研究院

数据类型：文献资料

数据内容：将中医药基本名词 4000 条译成英文,使之尽可能符合更多读者,尤其是西方专门学习中医者的需求,也照顾到一般读者和西医生。同时,适用于中医各类文献的翻译,方便于翻译者与使用者的使用。

学科类别：中医学与中药学

数据格式：.doc

数据负责人：王永炎、梁菊生、朱建平

来源项目：中医药基本名词术语规范化研究

（60）《中医药名词规范研究简报》8 期目录

数据编号：2000-56-05

数据时间：2001～2003 年

数据地点：中国中医研究院

数据类型：文献资料

数据内容：《中医药名词规范研究简报》8 期目录。

学科类别：中医学与中药学

数据格式：.doc

数据负责人：王永炎、梁菊生、朱建平

来源项目：中医药基本名词术语规范化研究

（61）海外主要图书馆收藏中医古籍调查报告

数据编号：2000-58-01

数据时间：2001～2003 年

数据地点：日本、韩国、美国、加拿大、法国、英国、荷兰、越南、德国、意大利、梵蒂冈等

数据类型：文献资料

数据内容：该项目在广泛收集海外主要藏书机构的书目及实地调查的基础上，完成了"海外主要图书馆收藏中医古籍调查报告"，并打印成册（数据已制成光盘）。该调查报告收集了日本、韩国、美国、加拿大、法国、英国、荷兰、越南、德国、意大利、梵蒂冈等地的 137 个图书馆 240 余种书目，从中查得以上国家和地区收藏中医古籍 27 250 部。

学科类别：中医学与中药学

数据格式：.doc

数据负责人：马继兴、郑金生

来源项目：国内失传中医善本古籍的抢救回归与发掘研究

（62）海外回归中医善本古籍丛书

数据编号：2000-58-02

数据时间：2001～2003 年

数据地点：海外

数据类型：文献资料

数据内容：该项目在完成海外主要藏书机构所藏中医古籍调查、并对国内收藏中医善本书籍进行普查核实的基础上，复制回归医籍 265 种，复制古籍 174 202 页。

学科类别：中医学与中药学

数据格式：.doc

数据负责人：马继兴、郑金生

来源项目：国内失传中医善本古籍的抢救回归与发掘研究

（63）中国失传中医古籍种类调查报告

数据编号：2000-58-03

数据时间：2001～2003 年

数据地点：中国

数据类型：文献资料

数据内容：列举 220 种全国失传中医古籍的种类、名称、版本、收藏国家与馆名。宋代及宋代以前 14 种，金代元代 14，明代 146，清代 46，确定需要回归的国内失传古医书种类及精善版本 238 种。

学科类别：中医学与中药学

数据格式：.doc

数据负责人：马继兴、郑金生

来源项目：国内失传中医善本古籍的抢救回归与发掘研究

（64）德国藏中医抄本

数据编号：2000-58-04

数据时间：2001～2003 年

数据地点：德国

数据类型：文献资料

数据内容：在调查德国藏 346 种中医抄本的基础上，完成"德国藏中医抄本目录"专著（稿）一部。

学科类别：中医学与中药学

数据格式：.doc

数据负责人：马继兴、郑金生

来源项目：国内失传中医善本古籍的抢救回归与发掘研究

（65）中医孤本大全

数据编号：2000-58-05

数据时间：2001～2003 年

数据地点：中国

数据类型：文献资料

数据内容：中医古籍出版社影印古医籍 8 种（《中医孤本大全·海外回归部分》）。

学科类别：中医学与中药学

数据格式：.doc

数据负责人：马继兴、郑金生

来源项目：国内失传中医善本古籍的抢救回归与发掘研究

（66）《方志物产——江苏卷 1（285-310）》

数据编号：2000-JC-08-1

数据时间：无年

数据地点：江苏

数据类型：文献资料

数据内容：图书，质量清晰，收录了江苏省的历史农业典籍和地方志及相关说明，共 310 种。

学科类别：农学

数据格式：.pdf

数据负责人：张芳*、王思明*、龚龙英*

来源项目：中国农业典籍的搜集、整理与保存

（67）《方志综合资料——江苏卷（90-96）》

数据编号：2000-JC-08-2

数据时间：无年

数据地点：江苏省

数据类型：文献资料

数据内容：收录了江苏省部分地区特产情况。

学科类别：农学

数据格式：.pdf

数据负责人：张芳*、王思明*、龚龙英*

来源项目：中国农业典籍的搜集、整理与保存

（68）《古籍善本——第一卷（03）》

数据编号：2000-JC-08-4

数据时间：无年

数据地点：全国

数据类型：文献资料

数据内容：收录明代及北宋等关于农业政策及品种的说明典籍。

学科类别：农学

数据格式：.pdf

数据负责人：张芳*、王思明*、龚龙英*

来源项目：中国农业典籍的搜集、整理与保存

（69）《古籍善本——第一卷（04）》新刊唐荆川先生稗编

数据编号：2000-JC-08-5

数据时间：无年

数据地点：全国

数据类型：文献资料

数据内容：整编了唐荆川先生编写的农业编目。共计 7928 页。

学科类别：农学

数据格式：.pdf

数据负责人：张芳*、王思明*、龚龙英*

来源项目：中国农业典籍的搜集、整理与保存

（70）2000 年中国林业科学研究院馆藏森林动植物标本图集

数据编号：2000-JC-25-01-2018060401

数据时间：2000 年

数据地点：全国

数据类型：多媒体

数据内容：中国林业科学研究院森林生态研究所森林动植物标本数字化扫描图。

学科类别：生态学

数据格式：.jpg

数据负责人：蒋有绪

来源项目：森林动植物标本馆数字化

（71）1981～2000 年农业结构数据

数据编号：2000-JC-43-1

数据时间：1981～2000 年

数据地点：全国

数据类型：文献资料

数据内容：针对 1981～2000 年的各种作物的播种面积及产量。

学科类别：农学

数据格式：.mdb

数据负责人：戴奋奋*

来源项目：机械施药技术示范

（72）1962～2000 年全国种作物发育期数据

数据编号：2000-JC-43-2

数据时间：1962～2000 年

数据地点：全国

数据类型：文献资料

数据内容：针对 1962～2000 年的 23 种作物的生育期时间。

学科类别：农学

数据格式：.mdb

数据负责人：戴奋奋[*]

来源项目：机械施药技术示范

（73）1981～2000 年全国气象灾害数据

数据编号：2000-JC-43-3

数据时间：1981～2000 年

数据地点：全国

数据类型：文献资料

数据内容：1981～2000 年全国发生的重大气象灾害，包括暴雨洪涝、低温霜冻、大风冰雹、干旱、干热风、病虫害、雪灾、阴雨等。

学科类别：农学

数据格式：.doc

数据负责人：戴奋奋[*]

来源项目：机械施药技术示范

（74）1981～2000 年全国基本气象数据

数据编号：2000-JC-43-4

数据时间：1981～2000 年

数据地点：全国

数据类型：文献资料

数据内容：1981～2000 年全国发生的重大气象灾害，包括暴雨洪涝、低温霜冻、大风冰雹、干旱、干热风、病虫害、雪灾、阴雨等。

学科类别：农学

数据格式：.mdb

数据负责人：戴奋奋[*]

来源项目：机械施药技术示范

（75）1961～2000 年全国土壤水分数据

数据编号：2000-JC-43-5

数据时间：1961～2000 年

数据地点：全国

数据类型：文献资料

数据内容：1961～2000 年部分地区观测点的，土壤类型及相关数据。包括固定地段分层的土壤水分、地段、土壤水分及土壤水分常数。

学科类别：农学

数据格式：.mdb

数据负责人：戴奋奋[*]

来源项目：机械施药技术示范

（76）1961～2000 年全国农业气候资源（1）

数据编号：2000-JC-43-6

数据时间：1961～2000 年

数据地点：全国

数据类型：文献资料

数据内容：1961～2000 年包括年可能蒸散发量、年水分盈亏、积温、无霜期、旬可能蒸散发量、旬水分盈亏、月可能蒸散发量、月水分盈亏、与作物相关的气候资源。

学科类别：农学

数据格式：.mdb

数据负责人：戴奋奋[*]

来源项目：机械施药技术示范

（77）1961～2000 年全国农业气候资源（2）

数据编号：2000-JC-43-7

数据时间：1961～2000 年

数据地点：全国

数据类型：多媒体

数据内容：1981～2000 年全国发生的重大气象灾害，包括暴雨洪涝、低温霜冻、大风冰雹、干旱、干热风、病虫害、雪灾、阴雨等。

学科类别：农学

数据格式：.jpg

数据负责人：戴奋奋[*]

来源项目：机械施药技术示范

（78）1949～2003 年全国农区生物多样性编目

数据编号：2000-JC-84-1

数据时间：1949～2003 年

数据地点：全国 26 个省（自治区、直辖市）

数据类型：文献资料

数据内容：该编目主要对象是中国农区重要生态系统与生境分布区点，并在有关的概述中简介了农区重要物种和遗传资源概况。根据当时国际上对农区（农业）生态系统应包含的内容的理解，该编目选定了 9 个专题（领域）在全国 26 省（自治区、直辖市）范围内开展了实地调查研究和文献查询，筛选了 693 处能代表我国农区重要生态系统与生境的地点，以"条目"形式对这些地点的地理气候状况，生物多样性状况和对农业的重要性，生物多样性受威胁程度、原因和对策进行了描述。所有条目按 9 个领域进行分类归纳为 9 章，并分别进行了领域概况的研究，归纳为各领域（章）概述、各省（自治区、直辖市）农区生态系统与生境概述和全国农区生态系统与生境概述。各领域概述简述了该领域重要性、研究历史和重要概念由来；并综述了我国该领域现状、问题与对策。各省概述介绍了各省（自治区、直辖市）农区概况、农区生物多样性概况、农区重要生态系统与生境概况，以及农区生物多样性保护和合理利用对策。共包括 9 个专题，2687 页。

学科类别：农学

数据格式：.doc

数据负责人：李玉浸、陶战*

来源项目：农区生物多样性编目

（79）中国西北地区典型大震遗迹保护系列片（2001 年以前）

数据编号：2000-JC-ZB-005-01

数据时间：2001～2003 年

数据地点：中国西北地区

数据类型：多媒体

数据内容：包含内容：①1654 年天水罗家堡 8.0 级地震形变带；②1879 年武都南 8.0 级地震形变带；③1920 年海原 8.5 级地震形变带；④1927 年古浪 8.0 级地震形变带；⑤1932 年昌马 7.6 级地震形变带；⑥1937 年托索湖 7.5 级地震形变带；⑦1954 年山丹 7.25 级地震形变带；⑧2001 年 11 月 14 日昆仑山口西 8.1 级地震形变带。

学科类别：固体地球物理学

数据格式：.m2p，.vcd

数据负责人：戴华光

来源项目：中国西北地区典型大震遗迹保护

（80）2006 年中国西北地区典型大震遗迹保护—论文集

数据编号：2000-JC-ZB-005-02

数据时间：2006 年

数据地点：中国西北地区

数据类型：文献资料

数据内容：包含"项目成果介绍"等论文。

学科类别：固体地球物理学

数据格式：.pdf

数据负责人：戴华光

来源项目：中国西北地区典型大震遗迹保护

（81）2003 年中国西北地区典型大震遗迹保护数据库

数据编号：2000-JC-ZB-005-03

数据时间：2003 年

数据地点：中国西北地区

数据类型：软件工具

数据内容：该数据库内的信息不仅包含中国西北地区八大地震遗迹，并且对各种遗迹进行了分类，同时还包含每个大震的调查研究历史、发表过的论文、专著和文献等。在对近 1000 份文献资料和 3000 多张图形图像数据筛选、整理后，最终将 16 000 多个文献和遗迹数据项、近 600 张图形图像数据录入数据库中。

学科类别：固体地球物理学

数据格式：.exe

数据负责人：戴华光

来源项目：中国西北地区典型大震遗迹保护

（82）全国地震灾害基础数据库规范集（2002 年以前）

数据编号：2000-JC-ZB-006-01

数据时间：2002 年以前

数据地点：全国

数据类型：文献资料

数据内容：该数据集里收录了地震灾害与救灾相关类基础数据库格式草案。该草案里包括了地图部分（基础地理图，行政规划图，重点地区地理信息 DEM 高程数据和 DRG 数据数字栅格图），地理因子数据，全国 30m 分辨率遥感影像数据，城市全图库，城市城区图主要属性），城市城区图主要属性部分，人口统计，房屋统计，国民经济统计，企业经济统计，地质图，活动构造分布图，地震区划图，地震活动，重点监视防御区，地震台网，震害与救灾案例，地震小区划，灾害影响背景等 35 个规范。

学科类别：固体地球物理学

数据格式：.doc

数据负责人：聂高众

来源项目：地震灾害基础数据的体系化建设

（83）全国人口经济财政数据集（2000 年以前）

数据编号：2000-JC-ZB-006-02

数据时间：1990 以前～2000 年

数据地点：中国

数据类型：文献资料

数据内容：该数据集整理了防震减灾基础数据库里的人口经济数据。数据内容包括：1990 年以前各市、县人口数以 excel 格式的记录 2579 条；1990 年人口普查数据以 MapInfo 格式、Excel 格式、DBF 格式的记录 4398 条；1995 年人口经济数据以 Excel 格式、DBF 格式的记录 2276 条；1998 年人口经济数据以 Excel、DBF 格式的数据记录 2240 条；1999 年人口经济数据以 ArcInfo 格式、Excel 格式的数据记录 3448 条；2000 年人口经济数据以 Excel 格式的数据记录 2379 条。

学科类别：固体地球物理学

数据格式：.xls，.dbf，.shp，.shx，.doc

数据负责人：聂高众

来源项目：地震灾害基础数据的体系化建设

（84）全国医疗数据集（1998～2000 年）

数据编号：2000-JC-ZB-006-03

数据时间：1998～2000 年

数据地点：中国

数据类型：文献资料

数据内容：该数据集整理了 1998～2000 年防震减灾基础数据库里的医疗救灾数据。数据内容包括：1998 年全国市县医疗力量 ArcInfo 格式数据记录 2398 条；1999 年全国市县病床数 Excel 格式数据记录 2082 条；2000 年医疗能力数量 Excel 格式数据记录 2395（2366）条。

学科类别：固体地球物理学

数据格式：.dbf，.shp，.shx，.xls

数据负责人：聂高众

来源项目：地震灾害基础数据的体系化建设

（85）中国地震灾害数据库群（公元前 23 世纪～2002 年）

数据编号：2000-JC-ZB-006-04

数据时间：公元前 23 世纪～2002 年

数据地点：中国

数据类型：文献资料

数据内容：该数据集收录了公元前 23 世纪～2000 年中国地区地震空间数据、灾害事件损失案例、影像等数据库。其中地震空间数据以 DAT、MAP、WOR、TAB 格式为主，地震灾害类的数据库为 MDB 格式。数据内容包括：一张地理地图；1990～1998 年每年的大震分布图；1950～2000 年每 10 年的大震分布图；1990～2000 年每年的年度小震分布图；公元前～1999 年历史强震分年度图；分省地震灾害年度损失统计数据库（1949～2002 年）；分省灾害地震数据库（有记载～2000 年）；全国地震灾害损失年度统计数据库（1949～2002 年）；世界地震大灾库（1900～2001 年）；中国地震大灾案例库（1949～2001 年）；中国地震灾害事件损失记录库（1949～2002 年）；中国地震灾害事件损失记录库（公元前 23 世纪～1949 年）；中国地震灾害影像库；中国地震灾情描述属性库—救灾数据库（1949～2001 年）；中国地震灾情描述属性库—灾情描述库（公元前 23 世纪～2001 年）；中国历史地震数据库（公元前 12 世纪～2002 年）。

学科类别：固体地球物理学

数据格式：.mdb，.dat，.wor 等

数据负责人：聂高众

来源项目：地震灾害基础数据的体系化建设

（86）2001～2002 年中国地震灾害基础数据库的体系化建设—报告集

数据编号：2000-JC-ZB-006-05

数据时间：2001～2002 年

数据地点：中国

数据类型：文献资料

数据内容：该地震灾害基础数据库的体系化建设-报告集包含了该项目的总结报告和验收报告这两种，一共 4 篇。项目的总结报告又包括地震灾害基础数据—数据库建设报告（成）、元数据库内容描述。验收报告又分为国家科技基础性工作专项验收报告，人口经济数据整理文档。

学科类别：固体地球物理学

数据格式：.doc

数据负责人：聂高众

来源项目：地震灾害基础数据的体系化建设

（87）2002 年中国地震灾害基础数据库的体系化建设—论文集

数据编号：2000-JC-ZB-006-06

数据时间：2002 年

数据地点：中国

数据类型：文献资料

数据内容：该论文集共收录了名为《地震应急基础数据库建设》等。该论文概述了地震应急数据库建设是地震应急工作的核心环节和主要工作内容，中国的地震应急数据库无论从数据内容上，还是数据库建设涉及面都超过以往任何时候地震系统的数据库建设工作，是近期地震系统面临的主要任务之一。从地震应急基础数据库建设的意义、数据库定义、基本数据内容、数据库的作用、建库方法与原则等多方面对目前正在开展的地震应急基础数据库建设进行了阐述，是对前一阶段地震应急数据库建设工作的一个阶段性总结。

　　学科类别：固体地球物理学

　　数据格式：.pdf

　　数据负责人：聂高众

　　来源项目：地震灾害基础数据的体系化建设

（88）1990～2000 年中国地震及防震减灾相关数据的静态网页集

　　数据编号：2000-JC-ZB-006-07

　　数据时间：1990～2000 年

　　数据地点：中国

　　数据类型：多媒体

　　数据内容：该地震及防震减灾相关数据的静态网页集包含了人员安置与经济补偿惯例——救灾案例库（主页）网页、地震及防震减灾法规库（主页）网页、地震救灾技术与装备基础参数库网页、4-地震应急预案数据库（主页）网页、行政区划数据网页、中国重大地震及地质灾害分析图形图件网页、中国重大地震灾害浏览（主页）网页一共 7 个主要对象。

　　学科类别：固体地球物理学

　　数据格式：.html

　　数据负责人：聂高众

　　来源项目：地震灾害基础数据的体系化建设

（89）2002～2003 年中国强震数据集

　　数据编号：2000-JC-ZB-006-08

　　数据时间：2002～2003 年

　　数据地点：中国

　　数据类型：文献资料

　　数据内容：强震数据集里一共包含一个数据库和强震动的 22 个文件夹。数据库的格式为.mdf，强震动的数据格式为.dat。强震数据库提供了经统一处理的 3944 条强震记录和背景资料，21 914 条的数据和图片文件，在线容量 2Gb 以及未处理的国外强震记录 13 373 条，脱机容量总计 12Gb 工程震害数据库提供了地震中工程震害的图片和说明，包括的地震主要是我国 20 世纪 50 年代以来发生的有影响的破坏性大地震，以及部分国外地震，共计 16 个地震，约 2912 条工程震害资料。

　　学科类别：固体地球物理学

　　数据格式：.mdf，.dat

　　数据负责人：崔杰

　　来源项目：强震及工程震害资料基础数据库

（90）2002～2003 年中国地震灾害图集

　　数据编号：2000-JC-ZB-006-09

　　数据时间：2002～2003 年

　　数据地点：中国

　　数据类型：多媒体

　　数据内容：地震灾害图集以地区为编组单位一共分了 17 个文件夹，每个文件夹里包含各地区的地震灾害情况，例如破裂，错动，建筑物的损害等情况。一共有.jpg 格式的图片 2910 张。

　　学科类别：固体地球物理学

　　数据格式：.jpg

　　数据负责人：崔杰

　　来源项目：强震及工程震害资料基础数据库

（91）2002～2003 年中国强震动图集

　　数据编号：2000-JC-ZB-006-10

　　数据时间：2002～2003 年

　　数据地点：中国

　　数据类型：多媒体

　　数据内容：强震动的图集一共有 22 个编组，共含有 9564 张.jpg 格式的图片。

　　学科类别：固体地球物理学

　　数据格式：.jpg

　　数据负责人：崔杰

　　来源项目：强震及工程震害资料基础数据库

（92）2002～2003 年中国强震及工程震害资料基础数据库—报告集

　　数据编号：2000-JC-ZB-006-11

　　数据时间：2002～2003 年

　　数据地点：中国

　　数据类型：文献资料

数据内容：该报告集一共包含 8 篇报告，报告含有工程震害资料基础数据库建设，项目总结报告，基于 WEB 的强震及工程震害数据库系统研究与实现总结报告，强震观测基础资料数据库的建设报告，强震及工程震害数据库地理信息系统研究报告，强震数据库 WEB 页面设计说明报告。

学科类别：固体地球物理学

数据格式：.doc

数据负责人：崔杰

来源项目：强震及工程震害资料基础数据库

（93）2006 年中国强震及工程震害资料基础数据库—论文集

数据编号：2000-JC-ZB-006-12

数据时间：2006 年

数据地点：中国

数据类型：文献资料

数据内容：该论文集一共含有两篇文章，分别是"强震及地震工程震害资料基础数据库"项目成果介绍和"强震及工程震害资料基础数据库"建成。主要介绍了"强震及地震工程震害资料基础数据库"项目的立项背景、目标、所开展的主要工作、取得的成果、研究成果的社会效益和对该领域研究未来工作的展望。

学科类别：固体地球物理学

数据格式：.pdf

数据负责人：崔杰

来源项目：强震及工程震害资料基础数据库

（94）2006 年全国高精度全球定位系统 GPS 数据库和共享系统—论文集

数据编号：2000-JC-ZB-008-01

数据时间：2006 年

数据地点：全国

数据类型：文献资料

数据内容：包含"高精度全球定位系统 GPS 数据库和共享系统项目成果介绍"等方面的论文。

学科类别：固体地球物理学

数据格式：.pdf

数据负责人：孙汉荣

来源项目：高精度全球定位系统 GPS 数据库和共享系统

（95）海洋药源生物标本库

数据编号：2000-JC-ZB-029-01

数据时间：2000 年

数据地点：青岛

数据类型：文献资料

数据内容：该数据集包含海大药源生物标本库和海洋药源动物标本库的库藏内容、目录以及标本档案。

学科类别：海洋科学

数据格式：.doc

数据负责人：徐洵、于文功*

来源项目：海洋药用生物资源及基因库构建

（96）药源生物种质资源库

数据编号：2000-JC-ZB-029-02

数据时间：2000 年

数据地点：青岛

数据类型：文献资料

数据内容：该数据集包含抗菌活性微生物、具细胞毒性微生物、抗 BIV 病毒的微生物、微藻、海藻、原生动物、鱼类细胞等生物种质资源的库藏内容、目录、档案、筛选方法与模式、库藏量、建库方法。

学科类别：海洋科学

数据格式：.doc

数据负责人：徐洵、于文功*

来源项目：海洋药用生物资源及基因库构建

（97）海洋极端微生物种质库和基因库

数据编号：2000-JC-ZB-029-03

数据时间：2000 年

数据地点：青岛

数据类型：文献资料

数据内容：该数据集包含极端微生物种质库和基因库的库藏目录、构建方法，基因库包含目录、构建方法以及 DNA 提取与保存方法。

学科类别：海洋科学

数据格式：.doc

数据负责人：徐洵、于文功*

来源项目：海洋药用生物资源及基因库构建

（98）海洋药源生物基因库

数据编号：2000-JC-ZB-029-04

数据时间：2000 年

数据地点：青岛

数据类型：文献资料

数据内容：该数据集包含生物基因库、动物基因库、近海微生物基因库的库藏目录、档案、构建方法。

学科类别：海洋科学

数据格式：.doc

数据负责人：徐洵、于文功[*]

来源项目：海洋药用生物资源及基因库构建

（99）海洋药源生物信息些库

数据编号：2000-JC-ZB-029-05

数据时间：2000 年

数据地点：青岛

数据类型：文献资料

数据内容：该数据集具体描述信息库系统的设计方法、集成的数据情况以及系统的功能。

学科类别：海洋科学

数据格式：.doc

数据负责人：徐洵、于文功[*]

来源项目：海洋药用生物资源及基因库构建

（100）北极沉积物标准物质研制

数据编号：2000-JC-ZB-030-01

数据时间：2000 年

数据地点：北极

数据类型：文献资料

数据内容：该数据集包含北极沉积物标准物质研究报告、AMS-24 原始数据表。

学科类别：海洋科学

数据格式：.doc

数据负责人：吕海燕[*]

来源项目：建立中国海洋标准物质体系

（101）黄鱼海带和南海沉积物定值方法

数据编号：2000-JC-ZB-030-02

数据时间：2000 年

数据地点：北极

数据类型：文献资料

数据内容：该数据集是各类沉积物定值方法汇编。

学科类别：海洋科学

数据格式：.doc

数据负责人：吕海燕*

来源项目：建立中国海洋标准物质体系

（102）海带标准物质研制

数据编号：2000-JC-ZB-030-03

数据时间：2000 年

数据地点：中国

数据类型：文献资料

数据内容：该数据集包含海带标准物质研究报告、海带原始数据表。

学科类别：海洋科学

数据格式：.doc

数据负责人：吕海燕*

来源项目：建立中国海洋标准物质体系

（103）海洋标准物质信息库

数据编号：2000-JC-ZB-030-04

数据时间：2000 年

数据地点：中国

数据类型：文献资料

数据内容：包含项目所有数据的数据库系统。

学科类别：海洋科学

数据格式：.doc

数据负责人：吕海燕*

来源项目：建立中国海洋标准物质体系

（104）黄鱼标准物质研制

数据编号：2000-JC-ZB-030-05

数据时间：2000 年

数据地点：中国

数据类型：文献资料

数据内容：该数据集包含黄鱼标准物质研究报告、黄鱼原始数据表。

学科类别：海洋科学

数据格式：.doc

数据负责人：吕海燕*

来源项目：建立中国海洋标准物质体系

（105）难降解标准物质研制

数据编号：2000-JC-ZB-030-06

数据时间：2000 年

数据地点：中国

数据类型：文献资料

数据内容：该数据集是有机氯农药（OCPs）、多氯联苯（PCBs）、多环芳烃（PAHs）标准物质的研制实验报告。

学科类别：海洋科学

数据格式：.doc

数据负责人：吕海燕*

来源项目：建立中国海洋标准物质体系

（106）中国民族民间文艺基础资源

数据编号：2000-JC-ZB-031-01

数据时间：2000 年

数据地点：中国

数据类型：文献资料

数据内容：该数据集具体包括民歌、民间故事、器乐、舞蹈、戏曲音乐、谚语等文艺记录数据的汇编。

学科类别：文艺学

数据格式：.xls

数据负责人：李松*

来源项目：中国民族民间文艺基础资源数据库工程

（107）中国刑事犯罪数据库

数据编号：2000-JC-ZB-032-01

数据时间：2000 年

数据地点：中国

数据类型：多媒体

数据内容：该数据库系统包括一个基础数据库和三个辅助数据库，基础数据库是从中华人民共和国成立后至 2000 年以前的刑事犯罪案例中，拟选择出的典型案例；三个辅助数据库包括刑法法规和司法解释库、国内主要学术研究成果库和国外案例、学术研究成果库。

学科类别：犯罪学

数据格式：.html

数据负责人：刘雅清*

来源项目：中国刑事犯罪数据库

3. 2001 年立项项目数据资料编目

（108）地震台站观测环境技术要求（GB/T 19531.1—2004）

数据编号：2001DEA20024-01-2018061517

数据时间：2004 年

数据地点：全国

数据类型：文献资料

数据内容：共 4 个部分，主要包括：第 1 部分测震；第 2 部分电磁观测；第 3 部分地壳形变观测；第 4 部分地下流体观测。

学科类别：固体地球物理学

数据格式：.pdf，.doc

数据负责人：赵家骝

来源项目：数字化地震前兆观测标准

（109）2009 年全国地震地电观测方法行业标准

数据编号：2001DEA20024-02-2018061517

数据时间：2009 年

数据地点：全国

数据类型：文献资料

数据内容：主要包括地震地电观测方法的"电磁扰动观测""地电场观测""地电阻率观测"等行业标准。

学科类别：固体地球物理学

数据格式：.pdf

数据负责人：赵家骝

来源项目：数字化地震前兆观测标准

（110）2006 年全国台站建设和台站环境行业标准

数据编号：2001DEA20024-03-2018061518

数据时间：2006 年

数据地点：全国

数据类型：文献资料

数据内容：主要包括测震台站、强震动台站、地点阻率台站、地电场台站、GPS 台站、地下水物理台站和地下水化学台站的建设规范，地震台站的观测环境技术要求。

学科类别：固体地球物理学

数据格式：.pdf

数据负责人：赵家骝

来源项目：数字化地震前兆观测标准

（111）2010 年全国台网设计行业标准

数据编号：2001DEA20024-04-2018061519

数据时间：2010 年

数据地点：全国

数据类型：文献资料

数据内容：主要包括地下流体、地壳形变、地电、地磁和重力观测网的设计技术要求。

学科类别：固体地球物理学

数据格式：.pdf

数据负责人：赵家骝

来源项目：数字化地震前兆观测标准

（112）2007～2008 年全国地震仪器进网行业标准

数据编号：2001DEA20024-05-2018061520

数据时间：2007～2008 年

数据地点：全国

数据类型：文献资料

数据内容：主要包括地震仪、重力仪、直流地电阻仪、地电场仪、磁通门磁力仪、质子矢量磁力仪、倾斜仪、应变仪、压力式水位仪、测温仪、闪烁测氡仪的进网技术要求。

学科类别：固体地球物理学

数据格式：.pdf

数据负责人：赵家骝

来源项目：数字化地震前兆观测标准

（113）2007～2009 年全国地震观测综合行业标准

数据编号：2001DEA20024-06-2018061521

数据时间：2007～2009 年

数据地点：全国

数据类型：文献资料

数据内容：主要包括地震数据分类与代码、地震观测仪器分类与代码、地震仪器质量检验规则、弱磁感应强度测量仪器检定规程、地震公共信息图形符号标志、活动断层探测等行业标准。

学科类别：固体地球物理学

数据格式：.pdf

数据负责人：赵家骝

来源项目：数字化地震前兆观测标准

（114）2002～2011 年全国数字化地震前兆观测标准—报告集

数据编号：2001DEA20024-07-2018061517

数据时间：2002～2011 年

数据地点：全国

数据类型：文献资料

数据内容：主要包括任务书、项目资料汇编、成果介绍、弱磁感应强度检定规程实验报告、形变仪器入网调研实验报告、形变观测环境技术要求实验报告、电磁环境试验报告和重力台站建设调研报告、地下水水位、水温观测台站调研报告、地下流体观测调研报告等内容。

学科类别：固体地球物理学

数据格式：.doc，.pdf，.jpg，.ppt

数据负责人：赵家骝

来源项目：数字化地震前兆观测标准

（115）《地震观测技术标准汇编》

数据编号：2001DEA20024-08-2018061521

数据时间：2003～2010 年

数据地点：全国

数据类型：文献资料

数据内容：项目产出的经国家质量监督检疫检验总局批准发布的 4 项国家标准和中国地震局批准发布的 40 项地震行业标准汇编成册——《地震观测技术标准汇编》，共三册。

学科类别：固体地球物理学

数据格式：纸质资料

数据负责人：赵家骝

来源项目：数字化地震前兆观测标准

（116）GB/T 19531.1—2004～GB/T 19531.4—2004《地震台站观测环境技术要求》宣贯教材

数据编号：2001DEA20024-09-2018061521

数据时间：2004 年

数据地点：全国

数据类型：文献资料

数据内容：《地震台站观测环境技术要求》主要包括 4 篇，第 1 部分：测震；第 2 部分：电磁观测；第 3 部分：地壳形变观测；第 4 部分：地下流体观测。该数据详细介绍了各标准编制背景、标准的形成与特色。

学科类别：固体地球物理学

数据格式：纸质资料

数据负责人：赵家骝

来源项目：数字化地震前兆观测标准

（117）生理原始数据

数据编号：2001DEA30031-01

数据时间：2006 年

数据地点：中国

数据类型：科学数据

数据内容：生理常数是正常人各种生理机能变化的正常变异值，既包括反映体质和生长发育的一般指标，也包括反映人体主要器官系统功能状态的正常数据。

学科类别：基础医学

数据格式：.sav

数据负责人：朱广瑾

来源项目：人体生理常数数据库

（118）广西心理原始数据

数据编号：2001DEA30031-02

数据时间：2006 年

数据地点：广西

数据类型：科学数据

数据内容：该项目项目在广西壮族自治区设立 13 个调查点，年龄范围 7～91 岁，计 6136 人的心理原始数据。

学科类别：基础医学

数据格式：.sav

数据负责人：朱广瑾

来源项目：人体生理常数数据库

（119）河北心理原始数据

数据编号：2001DEA30031-03

数据时间：2006 年

数据地点：河北

数据类型：科学数据

数据内容：该项目在河北进行心理调查原始数据。

学科类别：基础医学

数据格式：.sav

数据负责人：朱广瑾

来源项目：人体生理常数数据库

（120）浙江心理原始数据

数据编号：2001DEA30031-04

数据时间：2006 年

数据地点：浙江

数据类型：科学数据

数据内容：该项目在浙江进行心理调查原始数据。

学科类别：基础医学

数据格式：.sav

数据负责人：朱广瑾

来源项目：人体生理常数数据库

（121）心理问卷

数据编号：2001DEA30031-05

数据时间：2006 年

数据地点：中国

数据类型：科学数据

数据内容：该项目进行心理常数调查的问卷。

学科类别：基础医学

数据格式：.doc

数据负责人：朱广瑾

来源项目：人体生理常数数据库

（122）《中国人群生理常数与心理状况——21 世纪初中国部分省（区）市人群调查报告》

数据编号：2001DEA30031-06

数据时间：2006 年

数据地点：北京

数据类型：文献资料

数据内容：中国人群生理常数与心理状况——21 世纪初中国部分省（区）市人群调查报告。

学科类别：基础医学

数据格式：.doc

数据负责人：朱广瑾

来源项目：人体生理常数数据库

（123）源于中国人的部分基因及 EST 数据

数据编号：2001DEA30031-07

数据时间：2001 年

数据地点：中国

数据类型：科学数据

数据内容：收集了源于中国人的部分基因及 EST 数据，数据量达 2034 条。

学科类别：基础医学

数据格式：.sav

数据负责人：沈岩

来源项目：中国生物医学数据库（基因、染色体、蛋白质、细胞）

（124）神经系统模型数据库

数据编号：2001DEA30032-01

数据时间：2001 年

数据地点：中国

数据类型：科学数据

数据内容：整理了其中与神经系统相关的数据，并且以神经系统为模型构建了数据库。

学科类别：基础医学

数据格式：.sav

数据负责人：沈岩

来源项目：中国生物医学数据库（基因、染色体、蛋白质、细胞）

（125）汉、藏和彝族等人群的人类白细胞抗原 DRB、DQA、DQB1 和 DPB1 等位点的等位基因及其单倍型数据

数据编号：2001DEA30032-02

数据时间：2001 年

数据地点：中国

数据类型：科学数据

数据内容：收集和整理了汉、藏和彝族等人群的人类白细胞抗原 DRB、DQA、DQB1 和 DPB1 等位点的等位基因及其单倍型数据。

学科类别：基础医学

数据格式：.sav

数据负责人：沈岩

来源项目：中国生物医学数据库（基因、染色体、蛋白质、细胞）

（126）苯丙酮尿症、杜氏肌营养不良症、脊肌萎缩和肝豆状核变性等遗传病的数据资料

数据编号：2001DEA30032-03

数据时间：2001 年

数据地点：中国

数据类型：科学数据

数据内容：收集了苯丙酮尿症、杜氏肌营养不良症、脊肌萎缩和肝豆状核变性等遗传病的数据资料。

学科类别：基础医学

数据格式：.sav

数据负责人：沈岩

来源项目：中国生物医学数据库（基因、染色体、蛋白质、细胞）

（127）20 种染色体病数据资料

数据编号：2001DEA30032-04

数据时间：2001 年

数据地点：中国

数据类型：科学数据

数据内容：收集和整理了 20 种染色体病数据资料。

学科类别：基础医学

数据格式：.sav

数据负责人：沈岩

来源项目：中国生物医学数据库（基因、染色体、蛋白质、细胞）

（128）中国人蛋白质组相关数据以及与生殖和神经系统相关子数据库

数据编号：2001DEA30032-05

数据时间：2001 年

数据地点：中国

数据类型：科学数据

数据内容：收集和整理了中国人蛋白质组相关数据以及与生殖和神经系统相关的数据，构建了子数据库。

学科类别：基础医学

数据格式：.sav

数据负责人：沈岩

来源项目：中国生物医学数据库（基因、染色体、蛋白质、细胞）

（129）红细胞酯酶 D 示范子数据库

数据编号：2001DEA30032-06

数据时间：2001 年

数据地点：中国

数据类型：科学数据

数据内容：以红细胞酯酶 D 为例建立了示范子数据库。该库中有我国各民族在这个标记（Marker）上的 100 多条记录。

学科类别：基础医学

数据格式：.sav

数据负责人：沈岩

来源项目：中国生物医学数据库（基因、染色体、蛋白质、细胞）

（130）1991 年全国第 3 次高血压（包括肥胖）抽样调查

数据编号：2001DEA30032-07

数据时间：2001 年

数据地点：中国

数据类型：科学数据

数据内容：完成了"1991 年全国第 3 次高血压（包括肥胖）抽样调查"，覆盖 31 个省（自治区、直辖市）共 95 万人的血压、体重、高血压患病率以及防治资料的核实工作，并且编制了数据库。

学科类别：基础医学

数据格式：.sav

数据负责人：沈岩

来源项目：中国生物医学数据库（基因、染色体、蛋白质、细胞）

（131）高血压和冠心病相关基因的定位、多态性及其关联研究分析数据库

数据编号：2001DEA30032-08

数据时间：2001 年

数据地点：中国

数据类型：科学数据

数据内容：高血压和冠心病相关基因的定位、多态性及其关联研究分析数据库。

学科类别：基础医学

数据格式：.sav

数据负责人：沈岩

来源项目：中国生物医学数据库（基因、染色体、蛋白质、细胞）

（132）病毒基本信息数据库

数据编号：2001DEA30032-09

数据时间：2001 年

数据地点：中国

数据类型：科学数据

数据内容：包括一个具有 6 万多人的全国病毒性肝炎血清流行病学调查数据库和我国各地 280 例乙型肝炎病毒的基因序列、基因型和血清型分布数据库。

学科类别：基础医学

数据格式：.sav

数据负责人：沈岩

来源项目：中国生物医学数据库（基因、染色体、蛋白质、细胞）

（133）突变肾-后肢畸形及阿茨海默症（老年痴呆病）DNA 重组近交系动物模型的遗传型、表现型以及临床表现、病理学、行为学和生理指标资料等特征数据

数据编号：2001DEA30032-10

数据时间：2001 年

数据地点：中国

数据类型：科学数据

数据内容：突变肾-后肢畸形及阿茨海默症（老年痴呆病）DNA 重组近交系动物模型的遗传型、表现型以及临床表现、病理学、行为学和生理指标资料等特征数据。

学科类别：基础医学

数据格式：.sav

数据负责人：沈岩

来源项目：中国生物医学数据库（基因、染色体、蛋白质、细胞）

（134）人类疾病动物模型数据库

数据编号：2001DEA30032-11

数据时间：2002 年

数据地点：中国

数据类型：科学数据

数据内容：基本汇集了国外动物模型的数据项目，充分体现了我们的特色项目，如血液学、病理学、群体遗传学、生物学状况等。

学科类别：临床医学

数据格式：.sav

数据负责人：王恒

来源项目：中国生物医学数据库（基因、染色体、蛋白质、细胞）

（135）《中国孢粉化石》（第一卷　晚白垩世和第三纪孢粉）

数据编号：2001DEB20056-01

数据时间：1999 年

数据地点：中国

数据类型：文献资料

数据内容：该书为我国晚白垩世和第三纪孢粉分析资料的首次系统总结，书中收集了有关我国晚白垩世和第三纪的孢粉学论著和 1991 年以前发表的中外有关资料，对我国该地质时期的孢粉属种进行厘定、对比和归纳。该书为化石孢粉的形态分类及其属种描述，共描述化石孢粉 412 属 2200 余种，其中 5 新属，100 余新种，大体按 Potonie 的方法进行分类，并根据我国的材料有所修改和发展，首次提出菌类孢子的分类系统；该书内容丰富，资料翔实，附图版 207 幅，是孢粉学工作者进行研究不可缺少的工具书，也是国际同行研究全球孢粉学不可少的基础资料。可供地层、古生物学工作者及有关大专院校师生参阅。

学科类别：地质学

数据格式：.pdf

数据负责人：钱迈平、徐均涛

来源项目：古生物志与化石编研

（136）《中国小壳化石分类学与生物地层学》

数据编号：2001DEB20056-02

数据时间：1999 年

数据地点：中国

数据类型：文献资料

数据内容：该书介绍 20 年来我国小壳化石研究取得的进展，指出自国内外化石研究中普遍存在的疑难问题，并提出可行的解决办法。通过小壳化石形貌特征、功能形态、壳壁成分、结构构造、保存方式、矿化作用及沉积环境等方面的综合研究，论证这些疑难化石的生物亲缘、系统分类与分类位置，提出带壳动物突发的机理和早期演化规律，提供小壳化石在寒武纪早期生物地层划分对比中的新证据，讨论了小壳化石埋葬学特征，勾画了小壳化石生物地理分区和古生态，剖析了前寒武纪与寒武纪过渡时期发生的各种地质事件对寒武纪生物大爆发的影响。

学科类别：地质学

数据格式：.pdf

数据负责人：钱迈平、徐均涛

来源项目：古生物志与化石编研

（137）《中国孢粉化石》（第二卷 中生代孢粉）

数据编号：2001DEB20056-03

数据时间：2000 年

数据地点：中国

数据类型：文献资料

数据内容：该书是我国中生代孢粉学研究成果的总结，也是该研究领域的一本权威性大型工具书。书中收集了 1992 年年底前公开发表的有关资料，按《中国各门类化石》的编写原则进行整理总结。该书为我国中生代各时期的孢粉组合，分早中三叠世、晚三叠世、侏罗纪和早白垩世各章叙述孢粉植物群的分区及其特征，再依次介绍各分区的孢粉组合序列，探讨各区孢粉组合的对比，以便全面反映我国中生代各时期孢粉植物群的面貌及其发展趋势书末附化石图版167 幅。

学科类别：地质学

数据格式：.pdf

数据负责人：钱迈平、徐均涛

来源项目：古生物志与化石编研

（138）《中国笔石》

数据编号：2001DEB20056-04

数据时间：2002 年

数据地点：中国

数据类型：文献资料

数据内容：该书是中国笔石的系统总结，共描述笔石 31 科 32 亚科 202 属 2286种和亚种，其中树形笔石目 6 科 6 亚科 32 属 371 种和亚种（包括 2 新名）；管笔石目 2 科 3 属 8 种，分类位置未定 4 属 10 种；正笔石目 23 科 26 亚科 160 属 1891种和亚种（包括 2 新科 4 新亚科 5 新属 7 新种 2 新亚种 13 新名），分类位置未定3 属 6 种。这是全世界笔石材料最丰富、笔石类型最齐全、笔石序列最完整的一部巨著。我们期望通过这次系统总结，能基本上解决我国笔石界在笔石分类工作中的一些混乱现象，以利于我国笔石学研究的进一步开展，同时也为全世界笔石学的研究做出我们应有的贡献。

学科类别：地质学

数据格式：.pdf

数据负责人：钱迈平、徐均涛

来源项目：古生物志与化石编研

（139）《湘西北寒武系聚合三叶虫的研究》（第 1 卷）（英文专著）

数据编号：2001DEB20056-05

数据时间：2004 年

数据地点：湖南

数据类型：文献资料

数据内容：The polymerid trilobite faunas of northwestern Hunan are remarkable for their diversity and excellence of preservation. Many of them belong to genera confined to China or to its palaeogeographic neighbours. However，some of these important taxa have remained imperfect known or undescribed. This monograph makes good this omission. Thus in several cases pygidia or free cheeks are assigned where they had not been known previously，thus providing a much fuller picture of morphology in assessing relationships. This is particularly welcome where the species concerned is the type of its genus. In addition a number of new genera are added to the fauna. The paper also documents the endemic radiation of the specialised and interesting Dameselloidea，a family showing some of the most specialised pygidia in the Trilobita. The systematics of these trilobites is fully discussed，and the whole work is illustrated by photographs of the highest quality. This work should remain the standard account for the foreseeable future.

学科类别：地质学

数据格式：.pdf

数据负责人：钱迈平、徐均涛

来源项目：古生物志与化石编研

（140）《湘西北寒武系聚合三叶虫的研究》（第 2 卷）（英文专著）

数据编号：2001DEB20056-06

数据时间：2004 年

数据地点：湖南

数据类型：文献资料

数据内容：The polymerid trilobite faunas of northwestern Hunan are remarkable for their diversity andexcellence of preservation. Many of them belog to genera confined to China or to its palaeogeographic neighbours. However，some of these important taxa have remained imperfect known or undescribed. This monograph makes good this omission. Thus in several cases pygidia or free cheeks are assigned where they had not been known previously，thus providing a much fuller picture of morphology in assessing relationships. This is particularly welcome where the species concerned is the type of its genus. In addition a number of new genera are added to the fauna. The paper also documents the endemic radiation of the specialised and interesting Dameselloidea，a family showing some of the most specialised pygidia in the Trilobita. The systematics of these trilobites is fully discussed，and the whole work is illustrated by photographs of the highest quality. This work should remain the standard account for the foreseeable future.

学科类别：地质学

数据负责人：钱迈平、徐均涛

来源项目：古生物志与化石编研

（141）《中国介形类化石》（第 2 卷 Cytheracea 和 Cytherellidae）

数据编号：2001DEB20056-07

数据时间：2007 年

数据地点：中国

数据类型：文献资料

数据内容：该书系《中国介形类化石》（第二卷），系统总结了我国发现的介形亚纲速足亚目浪花介超科和平足亚目小花介科化石属种。该书共分类整理、描述介形类 219 属 1334 种，并讨论了它们在中新生代的时空分布、演变、生活环境和古生物地理分区等。

学科类别：地质学

数据格式：.pdf

数据负责人：钱迈平、徐均涛

来源项目：古生物志与化石编研

（142）《中国古植物学（大化石）文献目录》CHINESE BIBLIOGRAPHY OF PALAEOBOTANY（MEGAFOSSILS）（1865—2000）

数据编号：2001DEB20056-08

数据时间：1865-2000

数据地点：中国

数据类型：文献资料

数据内容：该目录由内容相同的汉、西文两个部分组成成，共收录了 1865～
2000 年有关我国古植物学（大化石）的文献条目近 3000 条，分别归列在:古植物
学总论、古生代植物、中生代植物、新生代植物、相关地层学和科学普及类六大
标题之下。为便于检索，在正文后还有《中国古植物学和相关学科期刊和不定期
出版品名录》、《著作者汉文姓名、西文或汉语拼音姓名索引》，以及《单位（集
体作者）汉文和西文或汉语拼音名称索引》3 个附录。该目录搜罗较广、查阅方
便，除了可供生命科学和地球科学相关科研和教学人员及科普工作者应用以外，
无疑地将在很长时期内是国内外古植物学专业人员参考查阅中国古植物学有关文
献资料的一本重要工具书。

学科类别：地质学

数据格式：.pdf

数据负责人：钱迈平、徐均涛

来源项目：古生物志与化石编研

（143）2002～2004 年全国建筑工程抗震设计图集

数据编号：2001DEB20060-01-2018052011

数据时间：2002～2003 年

数据地点：全国

数据类型：多媒体

数据内容：该图集包含了以.tif、.ps 为格式的 34 个对象，绘图时间为 2002～
2004 年，可作为建筑工程抗震设计的材料图。

学科类别：固体地球物理学

数据格式：.tif

数据负责人：谢礼立

来源项目：工程结构抗震设计样板规范

（144）2003 年全国工程结构抗震设计样板规范—报告集

数据编号：2001DEB20060-02-2018052011

数据时间：2003 年

数据地点：全国

数据类型：文献资料

数据内容：该报告集包含项目总结报告和申请表报告两个部分。采用的技术
资料包括：对国外样板规范的研究，基于性态的抗震设防和设计，场地、地基基
础和地震动，结构抗震等部分，共 20 篇调查研究报告，计 39 万多字。

学科类别：固体地球物理学

数据格式：.doc

数据负责人：谢礼立

来源项目：工程结构抗震设计样板规范

（145）2006 年防震减灾重点地区遥感数据库—论文集

数据编号：2001DEB30072-01-2018061915

数据时间：2006 年

数据地点：全国

数据类型：文献资料

数据内容：包含"防震减灾遥感数据库建库与网络发布系统""防震减灾重点地区遥感数据库项目成果介绍"等方面的论文。

学科类别：固体地球物理学

数据格式：.pdf

数据负责人：张景发

来源项目：防震减灾重点地区遥感数据库

（146）2002 年西部活断层及新构造基础数据 GIS—论文集

数据编号：2001DEB30078-01-2018061815

数据时间：2002 年

数据地点：全国

数据类型：文献资料

数据内容：包含"集成遗传算法及 BP 算法的潜在震源区划分"等方面的论文。

学科类别：固体地球物理学

数据格式：.pdf

数据负责人：叶洪

来源项目：西部活断层及新构造基础数据 GIS

4. 2002 年立项项目数据资料编目

（147）2003 年全国地震科学数据共享及其验收—报告集

数据编号：2002DEA30025-01-2018061716

数据时间：2005 年

数据地点：全国

数据类型：文献资料

数据内容：主要包括项目的总结报告以及相关附件等。

学科类别：固体地球物理学

数据格式：.doc

数据负责人：陈鑫连

来源项目：地震科学数据共享

（148）2000 年全国林业科技数据

数据编号：2002DEA30040-01-2018060401

数据时间：2000 年

数据地点：全国

数据类型：文献资料

数据内容：速丰工程和天保工程涉及省的社会经济数据以及全国 22 个省（自治区、直辖市）1500 多个县的地形、气候、水文、资源、灾害、生态环境建设影响因子等信息。

学科类别：生态经济学

数据格式：.xls，.mdb

数据负责人：张守攻*

来源项目：林业资源数据采集与信息网络系统建设

（149）1999～2003 年全国林业统计数据

数据编号：2002DEA30040-02-2018060402

数据时间：1999～2003 年

数据地点：全国

数据类型：文献资料

数据内容：1999～2001 年林业统计数据，2002～2003 年中国林业发展数据。

学科类别：森林经理

数据格式：.xls，.mdb

数据负责人：张守攻*

来源项目：林业资源数据采集与信息网络系统建设

（150）1999～2000 年全国森林资源数据

数据编号：2002DEA30040-03-2018060403

数据时间：1993～2000 年

数据地点：全国

数据类型：软件工具

数据内容：国家林业局公布的第 5 次森林资源清查（1993～1998 年）的统计数据；浙江省台州市 2000 年森林资源调查统计数据；浙江省仙居县 1999 年森林资源调查统计数据；北京、福建、甘肃、海南、湖北、湖南、吉林、江西等省（自治区、直辖市）森林资源分布图。

学科类别：森林经理学

数据格式：.mdb

数据负责人：张守攻*

来源项目：林业资源数据采集与信息网络系统建设

（151）1984～1996 年全国部分地区土地利用数据

数据编号：2002DEA30040-04-2018060404

数据时间：1984～1996 年

数据地点：北京、山西、重庆

数据类型：软件工具

数据内容：1∶25 万环北京防沙治沙工程土地利用图；1∶450 万环北京防沙治沙工程土地利用图；1990 略阳县土地利用图；三北长防土地利用图；1999 年山西省、铜梁县、重庆土地利用图。

学科类别：地理学

数据格式：.mdb

数据负责人：张守攻*

来源项目：林业资源数据采集与信息网络系统建设

（152）1999 年全国濒危植物名录

数据编号：2002DEA30040-05-2018060401

数据时间：1999 年

数据地点：全国

数据类型：软件工具

数据内容：收集 389 种 1、2、3 级国家保护植物名录，包括物种名称、分布、形态特征、保护价值、保护措施等信息。

学科类别：植物学

数据格式：.mdb

数据负责人：张守攻*

来源项目：林业资源数据采集与信息网络系统建设

（153）1999 年全国中国资源树种信息数据

数据编号：2002DEA30040-05-2018060402

数据时间：1999 年

数据地点：全国

数据类型：软件工具

数据内容：主要收集了全国主要资源树种（乔木、灌木、草本）3600 多种，主要包括植物生物学特征、生态学特征等内容。

学科类别：植物学

数据格式：.mdb、GIF

数据负责人：张守攻*

来源项目：林业资源数据采集与信息网络系统建设

（154）1999 年全国自然保护区概况

数据编号：2002DEA30040-05-2018060403

数据时间：2003 年

数据地点：全国

数据类型：软件工具

数据内容：2003 年全国自然保护区统计分析报告和 14 个保护区简介数据

学科类别：生态学

数据格式：.mdb，.jpg，.doc

数据负责人：张守攻*

来源项目：林业资源数据采集与信息网络系统建设

（155）1997～2006 年全国森林生态系统定位研究网络数据

数据编号：2002DEA30040-05-2018060404

数据时间：1997～2006 年

数据地点：全国

数据类型：软件工具

数据内容：9 个生态站基础数据、18 个生态站概况数据、27 个中国森林生态系统野外定位观测台站名录数据、生态林业工程功能观测网络观测站名录数据、1997～1998 年生态站检测数据、海南尖峰岭森林生态站基础数据。

学科类别：生态学

数据格式：.mdb，.doc

数据负责人：张守攻*

来源项目：林业资源数据采集与信息网络系统建设

（156）1987～2001 年全国森林火灾数据

数据编号：2002DEA30040-06-2018060401

数据时间：1987～2001 年

数据地点：全国

数据类型：软件工具

数据内容：1987～2001 年森林火灾统计数据；全国各省区火灾统计数据。

学科类别：森林保护学

数据格式：.mdb，.xls

数据负责人：张守攻*

来源项目：林业资源数据采集与信息网络系统建设

（157）2002 年各省市森林火灾统计数据

数据编号：2002DEA30040-06-2018060402

数据时间：2002 年

数据地点：全国

数据类型：软件工具

数据内容：2002 年全国各地区森林火灾发生的受害面积，成灾面积，火灾频次，损失数，直接经济损失估算。

学科类别：森林保护学

数据格式：.mdb

数据负责人：张守攻*

来源项目：林业资源数据采集与信息网络系统建设

（158）2002 年中国乔、灌木病害数据库

数据编号：2002DEA30040-07-2018060501

数据时间：2002 年

数据地点：全国

数据类型：软件工具

数据内容：描述了真菌病害、病毒病及类菌原体病害、高等寄生植物、其他病害、细菌病害、线虫病害的病害名称、致病树种名、分布、危害、症状、病原、发病规律、防治措施等信息。

学科类别：森林保护学

数据格式：.mdb

数据负责人：张守攻*

来源项目：林业资源数据采集与信息网络系统建设

（159）1990～2002 年全国各地区森林病虫害发生统计数据

数据编号：2002DEA30040-07-2018060502

数据时间：1990～2002 年

数据地点：全国

数据类型：文献资料

数据内容：包括 1991～2001 年全国各省（自治区、直辖市）病害、虫害、鼠害、病虫鼠害合计的发生面积和直接经济损失，1990～2002 年全国范围森林病虫害发生面积、地点、状况数据，2002 年全国到县市的病虫鼠害发生面积数据，杨树蛀干害虫等 5 种害虫发生严重程度的等级区划，2002 年全国各省市杨树蛀干害虫图。

　　学科类别：森林保护学

　　数据格式：.xls，.mdb，.gif

　　数据负责人：张守攻*

　　来源项目：林业资源数据采集与信息网络系统建设

（160）1999 年森林病虫害辅助信息空间数据库

　　数据编号：2002DEA30040-07-2018060503

　　数据时间：1999 年

　　数据地点：全国

　　数据类型：软件工具

　　数据内容：包括 5 个图层，国家森林病害测报点分布图、国家森林虫害测报点（松毛虫）、国家森林虫害测报点（其他虫害）、森林病虫害防治检疫机构、森林病虫害基层测报机构。属性数据项有：测报点所在县（市）代码，测报点所在县（市）名称，管理区划代码，管理区划名称，省级站点数，省级测报机构的人员数，地级站点数，地级测报机构的人员数，县级站点数，县级测报机构的人员数，兼职检疫人员数；基层测报站点合计。

　　学科类别：森林保护学

　　数据格式：.mdb

　　数据负责人：张守攻*

　　来源项目：林业资源数据采集与信息网络系统建设

（161）2002 年森林病虫鼠灾害调查信息空间数据库

　　数据编号：2002DEA30040-07-2018060504

　　数据时间：2002 年

　　数据地点：全国及部分区县

　　数据类型：软件工具

　　数据内容：国家级、省级、地级森林病虫鼠害灾害调查信息数据，属性数据项包括：管理区划代码；管理区划名称；病（或虫或鼠）害中文名称；成灾面积，单位为万亩（1 亩≈666.7m²）；成灾率，为百分数；死树株数，单位为株。

　　学科类别：森林保护学

　　数据格式：.mdb

　　数据负责人：张守攻*

　　来源项目：林业资源数据采集与信息网络系统建设

（162）2002 年森林病虫鼠害防治信息空间数据库

　　数据编号：2002DEA30040-07-2018060505

数据时间：2002 年

数据地点：全国及部分区县

数据类型：软件工具

数据内容：国家级、省级、地级森林病虫鼠害防治信息数据，属性数据项包括：管理区划代码；管理区划名称；病（或虫或鼠）害中文名称；防治面积总合计，单位为万亩；生防面积合计，单位为万亩；采用除真菌、蜂类、细菌、病毒、鸟类防治外的生防方法的面积，单位为万亩；采用仿生制剂防治的面积，单位为万亩；采用化学防治的面积，单位为万亩；采用人工防治的面积，单位为万亩；采用其他方法防治的面。

学科类别：森林保护学

数据格式：.mdb

数据负责人：张守攻*

来源项目：林业资源数据采集与信息网络系统建设

（163）2002 年森林病虫鼠情调查信息空间数据库

数据编号：2002DEA30040-07-2018060506

数据时间：2002 年

数据地点：全国及部分区县

数据类型：软件工具

数据内容：2002 年国家级、省级、地级森林病虫鼠情调查数据，属性数据项包括：管理区划代码；管理区划名称；病（或虫或鼠）害中文名称；发生面积总合计，统计单位为万亩；发生为轻度的面积，统计单位为万亩；发生为中度的面积，统计单位为万亩；发生为重度的面积，统计单位为万亩。

学科类别：森林保护学

数据格式：.mdb

数据负责人：张守攻*

来源项目：林业资源数据采集与信息网络系统建设

（164）2002 年森林植物检疫对象普查空间数据库（2018 年）

数据编号：2002DEA30040-07-2018060507

数据时间：2002 年

数据地点：安徽

数据类型：软件工具

数据内容：安徽省各地区森林植物检疫对象普查信息，属性数据项包括：管理区划代码；管理区划名称；检疫对象名称，已经发生检疫的地方，标出检疫对象的中文名称，没有发生检疫的地方，该数据项为空。

学科类别：森林保护学

数据格式：.mdb

数据负责人：张守攻[*]

来源项目：林业资源数据采集与信息网络系统建设

（165）1995 年安徽省潜山县森林质量变化遥感监测图

数据编号：2002DEA30040-07-2018060508

数据时间：1995 年

数据地点：安徽省潜山县

数据类型：软件工具

数据内容：属性数据项包括，森林质量变化代码，林地健康状况分为 4 个等级，0 为非林地，1 为病虫害重度，2 为病虫害中度，3 为病虫害轻度，4 为健康。

学科类别：森林保护学

数据格式：.mdb

数据负责人：张守攻[*]

来源项目：林业资源数据采集与信息网络系统建设

（166）2002 年全国木材结构数据

数据编号：2002DEA30040-08-2018060601

数据时间：2002 年

数据地点：全国

数据类型：软件工具

数据内容：收集 570 种树种的木材显微结构和实物图片，共 2292 张图片。

学科类别：林业工程

数据格式：.mdb，.jpg

数据负责人：张守攻[*]

来源项目：林业资源数据采集与信息网络系统建设

（167）2002 年内蒙古土壤数据

数据编号：2002DEA30040-09-2018060602

数据时间：2002 年

数据地点：内蒙古

数据类型：软件工具

数据内容：内蒙古各旗县土地利用、土壤类型数据。

学科类别：土壤学

数据格式：.mdb

数据负责人：张守攻[*]

来源项目：林业资源数据采集与信息网络系统建设

（168）2002 年林业重点工程及典型生态区域背景数据

数据编号：2002DEA30040-10-2018060603

数据时间：2002 年

数据地点：山西、重庆

数据类型：软件工具

数据内容：山西省社会经济数据库、重庆市社会经济数据、重庆市资源环境数据、山西省资源环境数据、中阳县统计资料、铜梁县统计资料、三北长防工程区域统计数据、中阳县土壤与植被类型。

学科类别：林业基础学科

数据格式：.mdb，.doc

数据负责人：张守攻[*]

来源项目：林业资源数据采集与信息网络系统建设

（169）2002～2003 年退耕还林工程数据

数据编号：2002DEA30040-10-2018060604

数据时间：2002～2003 年

数据地点：全国

数据类型：软件工具

数据内容：2002 年全国退耕还林工程统计数据，2003 年全国退耕还林任务，2003 年全国退耕还林任务分布图。

学科类别：林业基础学科

数据格式：.mdb

数据负责人：张守攻[*]

来源项目：林业资源数据采集与信息网络系统建设

（170）1995 年黄土高原部分区县林业重点工程及典型生态区域森林分布图

数据编号：2002DEA30040-10-2018060605

数据时间：1995 年

数据地点：黄土高原部分区县

数据类型：软件工具

数据内容：包括 1：400 万黄土高原森林分布图，1995 年 1：50 万山西省森林分布图，1：400 万三北长防区域森林分布图，1999 年 1：5 万中阳县森林分布图，2001 年 1：5 万铜梁县森林分布图，2001 年重庆市森林分布图。

学科类别：森林经理学

数据格式：.mdb

数据负责人：张守攻*

来源项目：林业资源数据采集与信息网络系统建设

（171）2000 年黄土高原部分区县林业重点工程及典型生态区域土地利用空间数据

数据编号：2002DEA30040-10-2018060606

数据时间：2002 年

数据地点：黄土高原部分区县

数据类型：软件工具

数据内容：1∶450 万黄土高原土地利用图，1990 年中阳县土地利用图和 1982 年中阳县土地资源评价图。

学科类别：林业基础学科

数据格式：.mdb

数据负责人：张守攻*

来源项目：林业资源数据采集与信息网络系统建设

（172）1979～2000 年黄土高原及长江防护林区域部分区县林业重点工程及典型生态区域植被图

数据编号：2002DEA30040-10-2018060607

数据时间：1979～2000 年

数据地点：黄土高原及长江防护林区域部分区县

数据类型：软件工具

数据内容：1979 年 1∶400 万黄土高原植被图，2000 年 1∶100 万山西省植被图，1979 年 1∶400 万三北长防区域植被图，2000 年 1∶100 万重庆市植被图。

学科类别：林业基础学科

数据格式：.mdb

数据负责人：张守攻*

来源项目：林业资源数据采集与信息网络系统建设

（173）1995 年黄土高原、青藏高原、三北长防区域林业重点工程及典型生态区域土壤空间数据

数据编号：2002DEA30040-10-2018060608

数据时间：1995 年

数据地点：黄土高原、青藏高原、三北长防区域

数据类型：软件工具

数据内容：包括 1995 年 1∶100 万的黄土高原土壤图、青藏高原土壤图、三北长防区域土壤图。

学科类别：土壤学

数据格式：.mdb

数据负责人：张守攻*

来源项目：林业资源数据采集与信息网络系统建设

（174）1990～2003 年全国林业法律法规数据

数据编号：2002DEA30040-11-2018060609

数据时间：1990～2003 年

数据地点：全国

数据类型：文献资料

数据内容：包括法律、国务院行政法规、部委行业规章、国际条约与惯例、地方法规、地方政府规章，包含字段——发布日期、法规名称、英文名称、文号、法规分类、颁布部门、颁布日期、实施日期、国家地区、关键词、目录摘要、法规正文。

学科类别：部门法学

数据格式：.tbf，.txt

数据负责人：张守攻*

来源项目：林业资源数据采集与信息网络系统建设

（175）1990～2003 年全国林业科技查新咨询数据

数据编号：2002DEA30040-12-2018060610

数据时间：1990～2003 年

数据地点：全国

数据类型：文献资料

数据内容：查询咨询报告数据，包含字段——年份、报告编号、项目名称、委托单位、委托人、委托日期、咨询机构、完成日期、查新目的、技术要点、查新要点、检索范围、检索结果、查新结论、审核意见、审核专家、文件清单。

学科类别：文献学

数据格式：.tbf，.txt

数据负责人：张守攻*

来源项目：林业资源数据采集与信息网络系统建设

（176）1990～2003 年全国林业图书馆藏目录数据

数据编号：2002DEA30040-12-2018060611

数据时间：1990～2003 年

数据地点：全国

数据类型：文献资料

数据内容：包含字段——图书名称、副书名、并列书名、中文译名、分卷名、卷期、责任者、ISBN、出版地、出版者、出版日期、出版年、价格、页码、开本、版本、丛书名、关键词、分类号、著者、馆藏地点、索书号、复本量、登录号、文摘、备注。

学科类别：文献学

数据格式：.tbf，.txt

数据负责人：张守攻*

来源项目：林业资源数据采集与信息网络系统建设

（177）1998～2002 年全国林业实用技术数据

数据编号：2002DEA30040-12-2018060612

数据时间：1998～2002 年

数据地点：全国

数据类型：文献资料

数据内容：林业科研项目的技术成果的内容介绍，包括字段——发布日期、项目编号、关联词、项目名称、完成人、完成单位、通信地址、成果编号、技术类别、完成年份、技术性质、技术水平、技术载体、适宜地域、获奖信息、分类号、主题词、推广情况、技术内容。

学科类别：图书馆、情报与文献学其他学科

数据格式：.tbf，.txt

数据负责人：张守攻*

来源项目：林业资源数据采集与信息网络系统建设

（178）1990～2003 年全国林业科技文献数据

数据编号：2002DEA30040-12-2018060613

数据时间：1990～2003 年

数据地点：全国

数据类型：文献资料

数据内容：包括专利文献、学位论文、期刊论文、科技图书、科技报告、技术标准、汇编论文、会议文献，包含字段：文摘号、文献类型、文献题名、责任者、著者单位、母体文献、年卷期、页码、年份、馆藏信息、出版信息、分类号、主题词、文摘内容。

学科类别：文献学

数据格式：.tbf，.txt

数据负责人：张守攻*

来源项目：林业资源数据采集与信息网络系统建设

（179）大气腐蚀数据集

数据编号：2002DEA30045-01

数据时间：2002 年

数据地点：全国

数据类型：文献资料

数据内容：该数据集包含大气腐蚀数据说明、大气环境试验材料表、气象数据表、污染数据表、低合金钢、不锈钢及制品大气腐蚀数据、有色金属材料大气腐蚀数据、涂镀层材料大气腐蚀数据。

学科类别：材料科学

数据格式：.doc

数据负责人：杨德泽、李晓刚*

来源项目：国家材料（制品）腐蚀试验站网与数据库

（180）水环境腐蚀数据集

数据编号：2002DEA30045-02

数据时间：2002 年

数据地点：全国

数据类型：文献资料

数据内容：该数据集包含水环境腐蚀数据说明、水环境试验材料表、水环境数据、黑色金属水环境腐蚀数据、有色金属水环境腐蚀数据、保护层材料水环境腐蚀数据、螺栓螺母和垫圈材料水环境腐蚀数据。

学科类别：材料科学

数据格式：.doc

数据负责人：杨德泽、李晓刚*

来源项目：国家材料（制品）腐蚀试验站网与数据库

（181）土壤腐蚀数据集

数据编号：2002DEA30045-03

数据时间：2002 年

数据地点：全国

数据类型：文献资料

数据内容：该数据集包含土壤环境腐蚀数据说明、土壤环境数据材料表、土壤环境数据、金属材料土壤腐蚀数据、混凝土材料土壤腐蚀数据、保护层及护套材料土壤腐蚀数据。

学科类别：材料科学

数据格式：.doc

数据负责人：杨德泽、李晓刚*

来源项目：国家材料（制品）腐蚀试验站网与数据库

（182）2003～2006 年全国地震模拟和预报的数据库应用平台—报告集

数据编号：2002DEB30092-01-2018061518

数据时间：2003～2006 年

数据地点：全国

数据类型：文献资料

数据内容：主要包括项目的任务书、研制报告、总结报告、验收意见书、平台的使用手册以及主页的缩略图。

学科类别：固体地球物理学

数据格式：.doc，.jpg

数据负责人：黄忠贤

来源项目：地震模拟和预报的数据库应用平台

（183）2004～2006 年全国地震模拟和预报的数据库应用平台—论文集

数据编号：2002DEB30092-02-2018061518

数据时间：2004～2006 年

数据地点：全国

数据类型：文献资料

数据内容：主要包括《地震数值模拟的数据库应用平台项目成果介绍》《全国及邻区 SKS 波分裂研究》《用于地震数值模拟研究的数据库及应用平台》"*Azimuthal anisotropy of Rayleigh waves in East Asia*"等论文。

学科类别：固体地球物理学

数据格式：.pdf

数据负责人：黄忠贤

来源项目：地震模拟和预报的数据库应用平台

（184）2006 年中国固体潮观测数据库程序

数据编号：2002DEB30093-01-2018051920

数据时间：2006 年

数据地点：全国

数据类型：软件工具

数据内容：该程序汇集了不同潮汐分量处理的多个程序，提供的潮汐分析软件集重力、倾斜、体应变、水位、洞体应变、钻孔分量应变和钻孔差应变等多种潮汐分量的计算功能为一体，使用时，只需要设置简单的通道号，就可以计算不同的测项。

学科类别：固体地球物理学

数据格式：.dat，.exe

数据负责人：唐九安

来源项目：全国固体潮观测数据库建设及共享服务

（185）2005～2006 年中国固体潮观测数据库科技报告集

数据编号：2002DEB30093-02-2018051920

数据时间：2005～2006 年

数据地点：全国［除西藏、台湾、贵州三省（自治区）及香港和澳门两个特别行政区外］的 29 个省、直辖市、自治区

数据类型：文献资料

数据内容：主要包括全国地震监测台站及代码表、测项基本参数、数据库台站参数表、五类测项台站参数表、潮汐参数结果总表、固体潮主测项数据资源调查表等文件。

学科类别：固体地球物理学

数据格式：.xls

数据负责人：唐九安

来源项目：全国固体潮观测数据库建设及共享服务

（186）2006 年中国固体潮观测相关台站基本信息集

数据编号：2002DEB30093-03-2018051920

数据时间：2006 年

数据地点：全国［除西藏、台湾、贵州三省（自治区）及香港和澳门两个特别行政区外］的 29 个省、直辖市、自治区

数据类型：文献资料

数据内容：包含全国［除西藏、台湾和贵州三省（自治区）外］的 29 个省、自辖市、自治区的台站基本信息，所涵盖的台站（点、井）328 个，所涵盖的观测仪器有 601 台（套）。

学科类别：固体地球物理学

数据格式：.doc

数据负责人：唐九安

来源项目：全国固体潮观测数据库建设及共享服务

（187）2005～2006 年中国固体潮观测数据集

数据编号：2002DEB30093-04-2018051920

数据时间：2005～2006 年

数据地点：全国［除西藏、台湾、贵州三省（自治区）及香港和澳门两个特

别行政区外〕的 29 个省、直辖市、自治区

数据类型：文献资料

数据内容：数据库涉及重力、倾斜、洞体水平线应变、钻孔分量应变、钻孔差应变和体积应变、深井承压水位和水温、气汞和大地电场等测项观测资料。收集、整理和录入的小时整点值数据约 3.7×10^3 万个。其中：重力观测数据约 0.125×10^3 万个，倾斜观测数据 1.741×10^3 万个；应变观测数据约 0.467×10^3 万个；水位观测数据约 0.989×10^3 万个；其他观测数据（含深井水温、大地电场和气汞）约 0.029×10^3 万个；辅助观测数据（主要是气压观测数据，其次有少量仪器内温、记录室温观测数据）约 0.344×10^3 万个。这些数据资料分布在全国（除西藏、台湾、贵州三省/区及香港和澳门两个特别行政区外）的 29 个省、直辖市、自治区，所涵盖的台站（点、井）300 余个。

学科类别：固体地球物理学

数据格式：.txt

数据负责人：唐九安

来源项目：全国固体潮观测数据库建设及共享服务

（188）2007 年中国地球固体潮汐观测数据库建设及共享服务—论文集

数据编号：2002DEB30093-05-2018051920

数据时间：2007 年

数据地点：全国〔除西藏、台湾、贵州三省（自治区）及香港和澳门两个特别行政区外〕的 29 个省、直辖市、自治区

数据类型：文献资料

数据内容：包括《全国固体潮观测数据库建设及共享服务》等论文。

学科类别：固体地球物理学

数据格式：.pdf

数据负责人：唐九安

来源项目：全国固体潮观测数据库建设及共享服务

（189）1949～1993 年青藏高原科考文献库资源库

数据编号：2002DEB30100-01-2018060401

数据时间：1949～1993 年

数据地点：青海、西藏

数据类型：多媒体

数据内容：挖掘和整理历次青藏高原科学考察活动中有关林业、生态、荒漠化和生物多样性方面的各类数据、资料，建立青藏高原科学考察相关的数据库、资料保存特藏室和青藏高原科学考察林业数据中心。

学科类别：林业信息管理

数据格式：光盘

数据负责人：黎祐琛*

来源项目：青藏高原科学考察林业文献收集整理与数字化

（190）2001～2002 年磁暴基础数据库

数据编号：2002DIB10043-01-2018052012

数据时间：2001～2002 年

数据地点：全国

数据类型：文献资料

数据内容：磁暴数据库项目组将 1979 年 1 月至 1999 年 12 月的中国地震局所属 37 个基准地磁台的 Dst（扰动暴实时指数）小于 50f（以北京地磁台数据为准）的 448 个磁暴事件的基本参数，包括起止时间、类型、急始幅度、活动程度、最大幅度和最大幅度时间等数据从纸介质数据录入为电子数据。共计 3520 条记录。将 1979 年 1 月 1 日至 1999 年 12 月 31 日的北京地磁台、武汉地磁台，1982 年 1 月 1 日至 1995 年 12 月 31 日的琼中地磁台和 1984 年 1 月 1 日至 1995 年 12 月 31 日的满洲里地磁台的全部地磁时均值、月均值和季均值数据从纸介质数据录入为电子数据。其中包括地磁三分量时均值、日均值、月均值、季均值和年均值，且包括了每月磁静日、扰日和通日相应的数据，共计 113 217 条记录。

学科类别：固体地球物理学

数据格式：ascii 码

数据负责人：顾左文

来源项目：磁暴基础数据库

（191）2000～2002 年磁暴基础数据库—报告集

数据编号：2002DIB10043-02-2018052012

数据时间：2000～2002 年

数据地点：全国

数据类型：文献资料

数据内容：该报告集包括《磁暴数据库》项目可行性研究报告和项目申请书。

学科类别：固体地球物理学

数据格式：.doc

数据负责人：顾左文

来源项目：磁暴基础数据库

（192）2000～2002 年磁暴基础数据库—论文集

数据编号：2002DIB10043-03-2018052012

数据时间：2006 年

数据地点：全国

数据类型：文献资料

数据内容：该论文集包含《"磁暴基础数据库"项目成果介绍》等，主要内容有"磁暴基础数据库"项目的立项背景、目标、所开展的主要工作、取得的成果、研究成果的社会效益和对该领域研究未来工作的展望。

学科类别：固体地球物理学

数据格式：.pdf

数据负责人：顾左文

来源项目：磁暴基础数据库

（193）脑缺血模型

数据编号：2002DIB40097-01

数据时间：2002 年

数据地点：中国

数据类型：软件工具

数据内容：收集和整理脑血缺血结构数据，研究制定脑缺血模型。

学科类别：临床医学

数据格式：.sav

数据负责人：高志强

来源项目：VEGF、自体神经干细胞治疗脑缺血的实验研究

（194）一套完善的脑缺血治疗的评估方法

数据编号：2002DIB40097-02

数据时间：2003～2005 年

数据地点：中国

数据类型：文献资料

数据内容：通过研究制定脑缺血治疗的评估方法。

学科类别：临床医学

数据格式：.pdf

数据负责人：高志强

来源项目：VEGF、自体神经干细胞治疗脑缺血的实验研究

5. 2006 年立项项目数据资料编目

（195）2006 年 10 月至 2009 年 7 月华北地区地震台站经纬度及仪器信息

数据编号：2006FY110100-01-2018052413

数据时间：2006～2009 年

数据地点：华北地区

数据类型：文献资料

数据内容：2006 年 10 月至 2009 年 7 月在华北地区布设的地震台站的经纬度坐标及仪器类型，包括经纬度、高程信息。

学科类别：固体地球物理学

数据格式：.txt

数据负责人：丁志峰

来源项目：华北地下精细结构探查项目

（196）2006～2009 年华北地区三维 P 波速度模型图

数据编号：2006FY110100-02-2018052413

数据时间：2006～2009 年

数据地点：华北地区

数据类型：多媒体

数据内容：对观测区域的地震层析成像结果，近地表、10km、30km、40km、60km、90km、120km、150km、200km、300km、400km 和 500km 深度上的速度扰动和速度纵剖面。

学科类别：固体地球物理学

数据格式：.pdf

数据负责人：丁志峰

来源项目：华北地下精细结构探查项目

（197）2006～2009 年华北地区三维 S 波速度模型图

数据编号：2006FY110100-03-2018052413

数据时间：2006～2009 年

数据地点：华北地区

数据类型：多媒体

数据内容：利用面波层析成像反演得到了 7-23S 群速度和分辨率为 30～50km 的 10s、16s、26s、62s 相速度分布图像，群速度和相速度分布图像可以直接反映出在某一深度范围内 S 波速度结构的横向变化特征。

学科类别：固体地球物理学

数据格式：.pdf

数据负责人：丁志峰

来源项目：华北地下精细结构探查项目

（198）2006～2009 年华北地区壳幔介质各向异性分布图

数据编号：2006FY110100-04-2018052414

数据时间：2006～2009 年

数据地点：华北地区

数据类型：多媒体

数据内容：用 SKS 波分裂分析方法获得了华北地震台阵下方的 S 波分裂结果，黑色线段代表流动台的结果，红色线段代表固定台的结果，线段方向和长短表示各向异性的快波方向和大小。

学科类别：固体地球物理学

数据格式：.pdf

数据负责人：丁志峰

来源项目：华北地下精细结构探查项目

（199）2006～2009 年华北地区下方壳幔主要间断面的深度分布

数据编号：2006FY110100-05-2018052414

数据时间：2006～2009 年

数据地点：华北地区

数据类型：多媒体

数据内容：用接收函数方法获得的 410km 和 670km 深处重要间断面的起伏情况及莫霍（moho）界面分布。

学科类别：固体地球物理学

数据格式：.pdf

数据负责人：丁志峰

来源项目：华北地下精细结构探查项目

（200）2006 年 10 月至 2009 年 7 月华北地区原始地震观测数据

数据编号：2006FY110100-06-2018052415

数据时间：2006～2009 年

数据地点：华北地区

数据类型：文献资料

数据内容：2006 年 10 月至 2009 年 7 月在华北地区观测的地震观测数据原始数据，地震仪器主要为 CMG-3ESPC、CMG-3T、CMG-40T 地震计和 rektek130 数据采集器，数据采样率为每秒 50 个点，采用 GPS 授时，为国际时间。

学科类别：固体地球物理学

数据格式：.seed

数据负责人：丁志峰

来源项目：华北地下精细结构探查项目

（201）2009 年中国儿童青少年认知能力发展数据库

数据编号：2006FY110400-01-2015042201

数据时间：2009 年

数据地点：全国 100 个区县

数据类型：科学数据

数据内容：2009 年中国儿童青少年认知能力数据库存储了来自全国 31 个省、直辖市、自治区的参与此项目的学生及其抚养人在认知能力发展各题本上的全部作答反应数据。调查数据采用分层三阶段不等概率随机取样设计，确保样本的全国代表性。该数据库现有有效学生及其抚养人样本 35 941 人。

学科类别：心理学

数据格式：.sav

数据负责人：董奇

来源项目：中国儿童青少年心理发育特征调查

（202）2009 年中国儿童青少年学业成就数据库

数据编号：2006FY110400-02-2015042202

数据时间：2009 年

数据地点：全国 100 个区县

数据类型：科学数据

数据内容：2009 年中国儿童青少年学业成就数据库存储了来自全国 31 个省、直辖市、自治区的参与此项目的学生及其抚养人在学业成就各题本上的全部作答反应数据。调查数据采用分层三阶段不等概率随机取样设计，确保样本的全国代表性。该数据库现有有效学生及其抚养人样本 28817 人。

学科类别：心理学

数据格式：.sav

数据负责人：董奇

来源项目：中国儿童青少年心理发育特征调查

（203）2009 年中国儿童青少年社会适应数据库

数据编号：2006FY110400-03-2015042203

数据时间：2009 年

数据地点：全国 100 个区县

数据类型：科学数据

数据内容：2009 年中国儿童青少年社会适应数据库存储了来自全国 31 个省、直辖市、自治区的参与此项目的学生及其抚养人在社会适应各题本上的全部作答反应数据。调查数据采用分层三阶段不等概率随机取样设计，确保样本的全国代表性。该数据库现有有效学生及其抚养人样本 24013 人。

学科类别：心理学

数据格式：.sav

数据负责人：董奇

来源项目：中国儿童青少年心理发育特征调查

（204）2009 年中国儿童青少年临床—认知能力数据库

数据编号：2006FY110400-04-2015042204

数据时间：2009 年

数据地点：北京、长沙、成都、常州

数据类型：科学数据

数据内容：2009 年中国儿童青少年临床—认知能力数据库存储了来自北京、长沙、成都、常州四个地区参与此项目的个体临床样本数据，该数据库现有有效样本 437 组。

学科类别：心理学

数据格式：.sav

数据负责人：董奇

来源项目：中国儿童青少年心理发育特征调查

（205）2009 年中国儿童青少年临床—社会适应数据库

数据编号：2006FY110400-05-2015042205

数据时间：2009 年

数据地点：北京、长沙、成都、常州

数据类型：科学数据

数据内容：2009 年中国儿童青少年临床—社会适应数据库存储了来自北京、长沙、成都、常州四个地区参与此项目的个体临床样本数据，该数据库现有有效样本 30 组。

学科类别：心理学

数据格式：.sav

数据负责人：董奇

来源项目：中国儿童青少年心理发育特征调查

（206）2007～2009 年库姆塔格沙漠植物名录数据集

数据编号：2006FY110800-03-2017122803

数据时间：2007～2009 年

数据地点：库姆塔格沙漠

数据类型：文献资料

数据内容：该数据集通过野外调查和室内鉴定分析，收录统计库姆塔格沙漠及边缘区天然荒漠植物 120 种，分属 26 科 79 属。物种名以《中国植物志》为准，部分参考《中国沙漠植物志》，植物种名按拉丁字母顺序排列。并对每个物种的生活型、分布区及其生境特征等进行了描述。数据集根据历史数据收集情况进行持续的补充和完善，并采用完全开放共享。

学科类别：植物学

数据格式：.doc

数据负责人：李景文

来源项目：库姆塔格沙漠综合科学考察

（207）2009 年库姆塔格沙漠国家重点保护动物分布图

数据编号：2006FY110800-08-2017122808

数据时间：2009 年

数据地点：库姆塔格沙漠

数据类型：科学数据

数据内容：该数据集通过野外调查记录野生动物足迹、尸体、粪便以及活个体出现的位置、数量等信息，得到库姆塔格地区 20 种国家重点保护动物的空间分布数据。数据集采用 Arcgis 矢量格式存储，完全开放共享。

学科类别：动物学

数据格式：.shp，.bmp

数据负责人：吴波

来源项目：库姆塔格沙漠综合科学考察

（208）2007～2009 年广东、海南、福建、浙江、重庆外来入侵物种调查地点数据Ⅱ

数据编号：2006FY111000-01-2014092801

数据时间：2007～2009 年

数据地点：海南、广东、福建、浙江、重庆

数据类型：文献资料

数据内容：2007～2009 年海南、广东、福建、浙江和重庆外来入侵物种调查点数据，记录了外来入侵物种及其安全性调查地点的地理信息。数据包括：调查点编号，省名简称，网格，调查点，样地，调查地区所在省，调查地区所在市，调查地区所在县，调查点所在乡，调查点所在村，离主干道距离_铁路，离主干道距离_高速公路，离主干道距离_国道，离主干道距离_省道，离主干道距离_大河，离主干道距离_中型河，离主干道距离_小河，离主干道距离_小溪，离最近的省，离最近的市，离最近的县城，离最近的乡镇，离最近城镇距离，高程，经度，纬度。

数据负责人：王瑞

学科类别：植物保护学

数据格式：.xls

数据负责人：王瑞

来源项目：中国外来入侵物种及其安全性考察

（209）2007～2009 年广东、海南、福建、浙江、重庆外来入侵物种排查数据

数据编号：2006FY111000-02-2014092802

数据时间：2007～2009 年

数据地点：海南、广东、福建、浙江、重庆

数据类型：文献资料

数据内容：根据海南、广东、福建、浙江和重庆可能存在的外来入侵物种名单，确定各调查地区的外来入侵物种排查名单，对确定的地理网格进行调查，记录这些物种的实际发生和分布情况。2007～2009 年海南、广东、福建、浙江和重庆外来入侵物种排查数据包括：排查编号，调查点编号，物种编码，排查对象，物种类型，是否发生，寄主名称，种群数量，危害程度，控制现状，调查人/记录人，调查日期。数据集共 23 960 条记录。

学科类别：植物保护学

数据格式：.xls

数据负责人：王瑞

来源项目：中国外来入侵物种及其安全性考察

（210）2007～2009 年广东、海南、福建、浙江、重庆外来入侵物种问卷调查数据

数据编号：2006FY111000-03-2014092803

数据时间：2007～2009 年

数据地点：海南、广东、福建、浙江、重庆

数据类型：文献资料

数据内容：针对已入侵的外来物种，有目的地向当地群众、当地相关部门（植物保护、植物检疫、环境保护）相关技术管理人员、有关专家、农场、林场/农产品加工厂的生产技术人员、采集者和集贸市场及收购部门等发放问卷，了解当地各种生态系统中外来入侵物种发生、危害、防治和管理等情况，分析、获取可能的入侵物种的分布、传播扩散情况及其来源。2007～2009 年海南、广东、福建、浙江和重庆外来入侵物种问卷调查数据包括：问卷调查编号；调查点编号；物种编码；物种类型；被调查人姓名；被调查人性别；被调查人单位；被调查人年龄；

被调查人职业等。

学科类别：植物保护学

数据格式：.xls

数据负责人：王瑞

来源项目：中国外来入侵物种及其安全性考察

（211）2007～2009 年广东、海南、福建、浙江、重庆外来入侵植物病害普查数据

数据编号：2006FY111000-04-2014092804

数据时间：2007～2009 年

数据地点：海南、广东、福建、浙江、重庆

数据类型：文献资料

数据内容：根据海南、广东、福建、浙江和重庆外来入侵植物病害普查对象名单，采用踏查与排查相结合的方式，对当地入侵植物病害发生情况进行普查，明确其病原物的类型、采集标本、调查可能是外来入侵植物病害的发生分布情况和受害程度，按照外来入侵植物病害普查的要求进行调查和记录。同时，对采集的病害标本带回实验室进行病原物种鉴定。2007～2009 年海南、广东、福建、浙江和重庆外来植物病害普查数据包括：物种普查流水号，调查点编号，物种编码，生境类型，作物种类，品种名称，来源，种植面积，调查面积，估计发病面积，入侵病害中文名称等。

学科类别：植物保护学

数据格式：.xls

数据负责人：冼晓青

来源项目：中国外来入侵物种及其安全性考察

（212）2007～2009 年广东、海南、福建、浙江、重庆外来入侵植物病害标准地调查数据

数据编号：2006FY111000-05-2014092805

数据时间：2007～2009 年

数据地点：海南、广东、福建、浙江、重庆

数据类型：文献资料

数据内容：根据入侵植物病害普查结果，在已发生入侵病害的发生区内，选择具有代表性（从品种、地形、地势、肥力、生育好坏等方面来考虑具有代表性）的生态系统（农田、菜地、花卉苗圃、果园、森林等）设立标准地，进行详细调查。2007～2009 年海南、广东、福建、浙江和重庆入侵植物病害标准地调查数据包括：物种标准地调查流水号，物种普查流水号，物种编码，标准地面积，代表

面积，病害中文名称，病害学名，作物，品种，生育期，危害部位，调查株数，1
级发病植株数，2 级发病植株数，3 级发病植株数，4 级发病植株数，5 级发病植
株数，发病率等。

　　学科类别：植物保护学

　　数据格式：.xls

　　数据负责人：冼晓青

　　来源项目：中国外来入侵物种及其安全性考察

**（213）2007～2009 年广东、海南、福建、浙江、重庆外来入侵节肢动物普查
数据**

　　数据编号：2006FY111000-06-2014092806

　　数据时间：2007～2009 年

　　数据地点：海南、广东、福建、浙江、重庆

　　数据类型：文献资料

　　数据内容：根据海南、广东、福建、浙江和重庆外来入侵节肢动物普查对象
名单进行调查，记录调查地点的周围环境、植物种类/品种、长势、栽培管理情况
等，抽取样本、记录害虫发生情况包括害虫种类、虫口密度、植物被害部位、程
度和分布状况等，同时拍摄、采集害虫及其危害状标本。2007～2009 年海南、广
东、福建、浙江和重庆入侵节肢动物普查数据包括：物种普查流水号，调查点编
号，物种编码，调查面积，入侵动物中文名称，入侵动物俗名，入侵动物拉丁学
名，入侵动物英文名称，分布，分布其他描述，生活习性，生活习性其他描述，
种群数量，种群数量其他描述等。

　　学科类别：植物保护学

　　数据格式：.xls

　　数据负责人：谢明

　　来源项目：中国外来入侵物种及其安全性考察

**（214）2007～2009 年广东、海南、福建、浙江、重庆外来入侵节肢动物标准
地调查数据**

　　数据编号：2006FY111000-07-2014092807

　　数据时间：2007～2009 年

　　数据地点：海南、广东、福建、浙江、重庆

　　数据类型：文献资料

　　数据内容：在外来入侵节肢动物普查的基础上，在有害生物发生区内，选择
具有代表性的地区设立标准地，进行详细调查。按照有害生物发生和危害特征，
确定取样单位、取样方法、取样数量，调查发生数量和危害程度，并收集相关标

本。2007～2009 年海南、广东、福建、浙江和重庆入侵节肢动物标准地调查数据包括：物种标准地调查流水号，物种普查流水号，物种编码，标准地面积，代表面积，物种中文名称，物种拉丁学名，虫态，寄主植物名称，入侵时间，入侵途径，入侵原因，调查面积，调查株数，被害面积，被害株数，危害部位，被害率，危害程度，种群数量，温度。

　　学科类别：植物保护学

　　数据格式：.xls

　　数据负责人：谢明

　　来源项目：中国外来入侵物种及其安全性考察

（215）2007～2009 年广东、海南、福建、浙江、重庆外来入侵植物普查数据

　　数据编号：2006FY111000-08-2014092808

　　数据时间：2007～2009 年

　　数据地点：海南、广东、福建、浙江、重庆

　　数据类型：文献资料

　　数据内容：根据海南、广东、福建、浙江和重庆外来入侵植物普查名单，选择具有代表性的线路，针对不同的生态环境类型选取具代表性的多个点进行调查。观察外来入侵植物的种类、生境，采集标本，目测多度等，填写外来入侵植物普查记录表。拍摄相关的植被生境景观特点和外来植物的照片。2007～2009 年海南、广东、福建、浙江和重庆入侵植物普查数据包括：物种普查流水号，调查点编号，物种编码，地形部位，坡向，坡度，小地形特征，是否有生境照片，枯枝落叶层厚度，覆盖率，成分，分解程度，土壤厚度，土壤特点，群落名称，干扰情况，植物中文名称等。

　　学科类别：植物保护学

　　数据格式：.xls

　　数据负责人：王瑞

　　来源项目：中国外来入侵物种及其安全性考察

（216）2007～2009 年广东、海南、福建、浙江、重庆外来入侵植物样方调查数据

　　数据编号：2006FY111000-09-2014092809

　　数据时间：2007～2009 年

　　数据地点：海南、广东、福建、浙江、重庆

　　数据类型：文献资料

　　数据内容：在外来入侵植物普查的基础上，在重点调查范围内选择不同地段，按不同的植物群落设置样地，在标准地内做细致的样方调查研究。调查记录样方内的自然环境信息、植物数量特征、寄生物及病虫害、植物生活力和繁殖力等，填写入侵植物样方调查表。2007～2009 年海南、广东、福建、浙江和重庆入侵植物样方调查数据包括：物种标准地调查流水号，物种普查流水号，物种编码，样方编号，填表人，调查日期，地形部位，坡向，坡度，小地形特征，枯枝落叶层厚度，覆盖率，成分，分解程度，土壤厚度，土壤特点，群落名称，样地面积，植物名称，是否有照片等。

　　学科类别：植物保护学

　　数据格式：.xls

　　数据负责人：王瑞

　　来源项目：中国外来入侵物种及其安全性考察

（217）2007～2009 年广东、海南、福建、浙江、重庆外来入侵物种标本采集记录

　　数据编号：2006FY111000-10-2014092810

　　数据时间：2007～2009 年

　　数据地点：海南、广东、福建、浙江、重庆

　　数据类型：文献资料

　　数据内容：在普查、排查和标准地调查过程中采集外来入侵物种标本，将采集的标本进行编号，按分类类别分开存放，进行初步鉴定，同时做好标本采集记录。外来入侵物种野外调查标本信息包括：标签编号，调查点编号，物种编码，物种普查流水号，记录类型，标准地调查流水号，与物种关系，采集日期，采集地点，物种中文名称，物种英文名称，物种学名，物种俗名，物种分类，物种特征，寄主名称，寄主种类，生活环境，直径，体高，胸高，性状，树皮，叶，花，果实，鉴定人，鉴定日期，采集人，记录人，存放情况，备注。数据集共21 条记录。

　　学科类别：植物保护学

　　数据格式：.xls

　　数据负责人：冼晓青

　　来源项目：中国外来入侵物种及其安全性考察

（218）2003～2009 年海南、广东、福建、浙江、重庆外来入侵物种图片

　　数据编号：2006FY111000-11-2014092811

　　数据时间：2003～2009 年

　　数据地点：海南、广东、福建、浙江、重庆

　　数据类型：多媒体

　　数据内容：在普查、排查和标准地调查过程中采集外来入侵物种和相关物种的生态影像资料，将拍摄的资料进行分类存放，同时做好图片拍摄信息的记录。外来入侵物种影像数据包括：影像流水号，物种编码，物种名称，调查点编号，物种普查编号，影像类型，拍摄日期，视频文件名，图片文件名。数据集共 2772条记录。

  学科类别：植物保护学

  数据格式：.xls，.jpg

  数据负责人：冼晓青

  来源项目：中国外来入侵物种及其安全性考察

（219）2003～2012 年全国外来入侵物种基本信息

  数据编号：2006FY111000-12-2014092812

  数据时间：2003～2012 年

  数据地点：全国

  数据类型：文献资料

  数据内容：通过文献调研和野外调查相结合的方式，收集外来和检疫性有害生物的基本生物学和生态学资料，进行分类整理。外来入侵物种基本信息包括物种编码、物种类型、分类地位（门/纲/目/科/属）、物种名称、物种学名、物种中文别名、入侵时间、来源、分布、危害与生境、用途、参考文献。数据集共 753条记录。

  学科类别：植物保护学

  数据格式：.xls

  数据负责人：冼晓青

  来源项目：中国外来入侵物种及其安全性考察

（220）2007～2009 年海南、广东、福建、浙江、重庆外来有害生物入侵调查报告

  数据编号：2006FY111000-13-2014092813

  数据时间：2007～2009 年

  数据地点：海南、广东、福建、浙江、重庆

  数据类型：文献资料

  数据内容：2007～2009 年项目组在海南、广东、福建、浙江和重庆开展外来入侵物种及其安全性综合考察，形成外来有害生物调查报告 1 分。报告的内容包括 8 大部分，即《外来入侵物种普查及安全性考察技术方案》的制定、课题考察方案制定与实施、野外考察的地点与网格、数码照片 GPS 坐标化、外来入侵物种种类和分布调查、重要外来入侵物种的生态与经济影响评估、重要农林外来入侵物种的安全性评估、中国外来入侵物种数据库的开发与应用。

学科类别：植物保护学

数据格式：.doc

数据负责人：谢明

来源项目：中国外来入侵物种及其安全性考察

（221）2003～2010 年中国外来入侵物种名录

数据编号：2006FY111000-14-2014092814

数据时间：2003～2010 年

数据地点：全国

数据类型：文献资料

数据内容：中国外来入侵物种名录共包括 527 种外来有害生物，其中植物 268 种、动物 198 种、微生物 61 种。名录数据项分别为：物种类别、中文名称和学名。

学科类别：植物保护学

数据格式：.pdf

数据负责人：郭建英

来源项目：中国外来入侵物种及其安全性考察

（222）《生物入侵：中国外来入侵植物图鉴》

数据编号：2006FY111000-15-2014092815

数据时间：2003～2013 年

数据地点：全国

数据类型：文献资料

数据内容：在外来入侵物种野外考察的基础上，项目组结合以往多年对全国其他地区的考察结果，整理了 142 种重要入侵植物的种子、幼苗、花、植株及群落的 700 余幅珍贵的彩色图片，并对这些入侵物种的分类地位、识别特征、危害症状等基本信息进行介绍，根据入侵植物的危害程度，将其分为三级，用不同颜色标示，同时还比较介绍了其他 45 种入侵植物以及 6 种容易与入侵植物混淆的野生植物，便于物种之间的鉴别。图册中植物的排列科依据本图册各科收载植物的数量由多到少，种数相同的科则大致依据相对危害程度，危害程度较大的科排在前面。

学科类别：植物保护学

数据格式：.pdf

数据负责人：刘全儒

来源项目：中国外来入侵物种及其安全性考察

（223）外来入侵物种普查及其安全性考察技术方案

数据编号：2006FY111000-16-2014092816

数据时间：2007 年

数据地点：全国

数据类型：文献资料

数据内容：该方案制订了外来入侵植物病原微生物、节肢动物、植物的野外调查技术与方法，具体内容包括考察前准备工作（背景资料查询、考察技术培训、考察工具），不同类别的考察方法，标本采集与保存，物种鉴定等方面的技术。在考察方法中，制定了物种排查、问卷调查、普查、标准地调查、采集记录标签、影像信息、安全性评估调查的详细规范。根据入侵物种的特点，对所有调查项目进行全面设计和表格化，方便野外调查、数据处理及构建调查信息数据库。此外，还规范了调查样本代码和编码方案、考察照片地理信息数码化的技术，为提高野外生物考察质量提供了很好的参考。

学科类别：植物保护学

数据格式：.pdf

数据负责人：王瑞

来源项目：中国外来入侵物种及其安全性考察

（224）全国监测和重点防控外来入侵生物名录

数据编号：2006FY111000-17-2014092817

数据时间：2010 年

数据地点：全国

数据类型：文献资料

数据内容：为加强外来入侵物种管理，根据外来入侵物种预防、控制与管理的工作需要，制定了《全国监测外来入侵生物名录》（103 种）和《全国重点防控外来入侵生物名录》（41 种）。名录内容包括序号、物种名称和学名。

学科类别：植物保护学

数据格式：.pdf

数据负责人：郭建英

来源项目：中国外来入侵物种及其安全性考察

（225）《中国三叶虫实录》

数据编号：2006FY120400-01-2014081801

数据时间：2008 年

数据地点：中国

数据类型：文献资料

数据内容：专著对前人记述的中国古生代 1677 个三叶虫属逐一作了厘定，最后将这些属确定为 1317 有效属。通过大量野外和室内工作的核对，对各有效属的地理分布和地质历程作了精确纪录；又根据三叶虫时空分布实际资料，修订了中国寒武纪和奥陶纪的生物古地理。揭示了三叶虫分异和宏演化的趋向，可靠地展示了我国三叶虫科、属在古生代 46 个阶及寒武纪-奥陶纪 71 个时段的多样性变化曲线，揭示了发生在古生代的规模不等的 9 次辐射和 12 次灭绝事件。这一专著为三叶虫的进一步深入研究以及为该门类古生物在地质学和生物学方面的参考应用提供了丰富而可靠的基础信息。

　　学科类别：地质学

　　数据格式：.pdf

　　数据负责人：沙金庚

　　来源项目：中国各门类化石系统总结与志书编研

（226）《新疆三塘湖盆地三叠纪孢粉组合》

　　数据编号：2006FY120400-02-2014082202

　　数据时间：2008 年

　　数据地点：新疆三塘湖盆地

　　数据类型：文献资料

　　数据内容：共记载新疆三塘湖盆地三叠纪孢子花粉 109 属 346 种（包括 1 新属，42 新种，5 新组合），其中苔藓植物孢子 1 属 1 种，蕨类植物孢子 42 属 145 种，裸子植物花粉 60 属 196 种，疑源类 4 属 4 种。描述孢粉 94 属 285 种，图示 106 属 312 种。以孢粉进一步划分、确定了地层的时代，建立了化石产地中-晚三叠世地层的 6 个孢粉组合带。

该成果不仅丰富了我国晚三叠世的孢粉资料，同时对三塘湖盆地油气勘探中的地层划分具有较大的意义。

　　学科类别：地质学

　　数据格式：.pdf

　　数据负责人：沙金庚

　　来源项目：中国各门类化石系统总结与志书编研

（227）《中国介形类化石（第三卷）——古生代介形类丽足介目恩托莫介超科（Entomozoacea）和豆石介目（Leperditicopida）》

　　数据编号：2006FY120400-03-2014082203

　　数据时间：2009 年

　　数据地点：中国

　　数据类型：文献资料

　　数据内容：志书记述古生代介形类 4 科，4 亚科，20 属 9 亚属，252 种，其中包括 1 新亚科，1 新属 13 新种。第一部分为古生代介形类丽足介目恩托莫介超科的系统分类及分类描述，地理分布，沉积环境，功能形态和生物地层序列，记述恩托莫介超科 3 科，3 亚科，18 属 3 亚属和 122 种；自早泥盆世到早石炭世，共识别和划分出 20 带和 4 亚带，并探讨其与牙形刺带间的对比关系。第二部分为古生代介豆石介目，主要总结中华豆石介亚科，包括系统分类描述，沉积环境，功能形态，系统演化（起源、演化趋势和灭绝），地理分布和华南泥盆纪介形类生物地理区系特征；记述豆石介目 1 科，1 亚科，2 属 6 亚属和 130 种。根据中华豆石介亚科分子的地层分布，特别是 th/ah 值的变化，从早泥盆纪最早期到几近最晚期，共划分出 11 个组合。这些组合分别产自泥盆系 7 阶两亚阶。建立的泥盆纪早期到早石炭世早期浮游介形类生物地层序列，是目前世界上最完整的浮游介形类生物地层序列。中华豆石介亚科的起源和灭绝时间、演化特征研究，以及泥盆纪介形类组合序列的建立，在我国还是首次。

学科类别：地质学

数据格式：.pdf

数据负责人：沙金庚

来源项目：中国各门类化石系统总结与志书编研

（228）《首次在中国命名、描述和发表的种级以上的双壳类分类单元（1927～2007 年)》（英文版）

数据编号：2006FY120400-04-2014082804

数据时间：2009 年

数据地点：中国

数据类型：文献资料

数据内容：该专著首次将 1927～2007 年在中国首次命名、描述和发表的种级以上的双壳类分类单元（包括 209 属和亚属，19 科和亚科）公布于全球。该专著将这些双壳类分类单元的原定特征、所有模式种的描述和图进行了逐一评注。因为对于非中文语言的研究者来说，他们很难理解中国作者在中国发表的双壳类分类单元，所以这一专著非常有助于非中文语言的研究者对中国工作的了解和引用，也为无脊椎古生物学论丛，双壳类的修订工作提供了评注的基础资料。

学科类别：地质学

数据格式：.pdf

数据负责人：沙金庚

来源项目：中国各门类化石系统总结与志书编研

（229）《中国沟鞭藻类化石》

数据编号：2006FY120400-05-2014082805

数据时间：2009 年

数据地点：中国

数据类型：文献资料

数据内容：该书为我国沟鞭藻类化石的首次系统总结，对 2006 年以前发表的我国中、新生代沟鞭藻类属种按最新的分类进行系统厘定、对比和归并，共厘定描述沟鞭藻类化石 213 属（含 2 新属）7 亚属（含 3 新级次、新联合亚属）990 个类型包含 926 种（含 5 新种、72 新联合种）62 亚种（含 6 新联合亚种）2 变种，隶属于 1 亚门 1 纲 3 亚纲 4 目 5 亚目 11 科 15 亚科及一些未定科或亚科，其中科以上的分类单位的系统描述在我国还是首次。通过系统总结，基本解决了我国化石沟鞭藻类分类工作中的一些混乱现象，同时对我国及全球化石沟鞭藻类的深入研究，沟鞭藻组合的精确划分与对比等将起积极推动作用，而且对油气勘探，以及古生物学和生物地层学的学科发展都有重要意义。

学科类别：地质学

数据格式：.pdf，.doc，.xls

数据负责人：沙金庚

来源项目：中国各门类化石系统总结与志书编研

（230）《石炭纪和二叠纪菊石（棱角菊石目和前碟菊石目）》（英文版）

数据编号：2006FY120400-06-2014082806

数据时间：2009 年

数据地点：世界

数据类型：文献资料

数据内容：该专著研究和厘定了 2006 年为止所有发表的石炭纪和二叠纪棱角菊石目和前碟菊石目的菊石属近 700 属或亚属的分类和地层分布。此书代表古生代菊石系统分类学中国际最具权威的学术成果。

学科类别：地质学

数据格式：.pdf

数据负责人：沙金庚

来源项目：中国各门类化石系统总结与志书编研

（231）《贵州西部晚石炭世和早二叠世的䗴类》

数据编号：2006FY120400-07-2014082807

数据时间：2010 年

数据地点：贵州西部

数据类型：文献资料

数据内容：志书记述贵州西部（盘县、咸宁及水城）4 条层位为上石炭统罗苏阶、滑石板阶、达拉阶及逍遥阶和下二叠统紫松阶及隆林阶的地层剖面，描述䗴类化石 357 种及亚种（含未定种 7 个，比较种 2 个及新种 21 个），分别归入 35 属、8 亚科、5 科。根据蜓类化石在地层上的分布规律，将该区海相上石炭统至下二叠统自下而上建立 16 个蜓化石带，其中：罗苏阶 1 带、滑石板阶 2 带、达拉阶 6 带、逍遥阶 3 带、紫松阶 2 带及隆林阶 2 带，并据此与世界及国内各地区同期地层及蜓类动物群进行了对比。

学科类别：地质学

数据格式：.pdf

数据负责人：沙金庚

来源项目：中国各门类化石系统总结与志书编研

（232）《云贵晚三叠世孢粉植物群》

数据编号：2006FY120400-08-2014082808

数据时间：2011 年

数据地点：云南、贵州

数据类型：文献资料

数据内容：志书记述云贵三叠纪孢粉化石 106 属 281 种（含 1 个新订正属，50 新种，1 新联合种），作者采用光学与扫描电镜相结合的技术方法，对孢粉类型进行多方位、多层次的观察，揭示和澄清了多个重要孢粉类群的形态结构与分类问题。根据与西欧共有的特殊孢粉类型时空分布规律的研究，首次探讨了与特提斯海北岸古地理演变的关系。

学科类别：地质学

数据格式：.pdf

数据负责人：沙金庚

来源项目：中国各门类化石系统总结与志书编研

（233）《广西东南部钦防地区晚古生代放射虫化石》

数据编号：2006FY120400-09-2014082809

数据时间：2012 年

数据地点：广西东南部钦防地区

数据类型：文献资料

数据内容：全书记述放射虫化石 139 种，其中包括 17 个新种，归属 39 属，22 科，5 目。建立 3 个岩石地层单位和新建立 22 个放射虫化石带，为国内外相关地层的确定和对比，为蛇绿岩带的时代确定，提供了有用的古生物资料。通过 *Pseudoalbaillella* 和 *Follicucullus* 属在地层上纵向分布规律的研究提出了两属的系统演化谱系。根据晚石炭世—晚三叠世日本西南部和中国华南放射虫化石带相似的特征，对泛大洋（Panthalassa）的存在提出了质疑，认为当时只存在古特提斯洋。

　　学科类别：地质学

　　数据格式：.pdf

　　数据负责人：沙金庚

　　来源项目：中国各门类化石系统总结与志书编研

（234）《中国寒武纪和奥陶纪牙形刺》

　　数据编号：2006FY120400-10-2014082810

　　数据时间：2011 年

　　数据地点：中国

　　数据类型：文献资料

　　数据内容：该专著是我国牙形刺化石之寒武纪和奥陶纪部分的首次系统总结，书中全面收集和整理了我国 2010 年前发表的寒武纪和奥陶纪牙形刺属种，并尽量根据现在最新的器官属种分类法理念，进行了系统厘定、比较和归并；特别是奥陶纪部分，笔者根据牙形刺自然集群的模式，把大量形态不同的牙形刺标本，即不同的形态属种，按其形态构造特征和产出情况，并结合当前国外最新成果，组合成器官属种。全书研究厘定、记述中国寒武纪和奥陶纪牙形刺属种 137 属和 516 种。志书还分别介绍了我国寒武纪和奥陶纪牙形刺化石的研究简史、形态和构造、分类位置、自然集群和器官属种的简介、分类、生物地理区、生物地层（包括牙形刺的分带及对比）和牙形刺的生物多样性。

　　学科类别：地质学

　　数据格式：.pdf

　　数据负责人：沙金庚

　　来源项目：中国各门类化石系统总结与志书编研

（235）《中国志留纪牙形刺》

　　数据编号：2006FY120400-11-2014082811

　　数据时间：2013 年

　　数据地点：中国

　　数据类型：文献资料

　　数据内容：该书该断代牙形刺化石的首次总结，采用最新的牙形刺研究成果，特别是 Männik（1998，2007）对 *P. eopennatus* 带，*P. celloni* 带和 *P. amorphognathoides* 带的修订以及对华南志留纪地层对比的新的看法（王成源等，2009，2010）。书中共介绍了中国志留纪牙形刺 17 生物带（表 4），描述了 32 属 175 种（包括亚种，未定种），2 属的分类地位不定；主要是器官分类；仅个别种为形式种，但都加以注明。

学科类别：地质学

数据格式：.pdf

数据负责人：沙金庚

来源项目：中国各门类化石系统总结与志书编研

（236）《山东及邻区张夏组（寒武系第三统）三叶虫动物群—中国古生物志—（上下册）》

数据编号：2006FY120400-12-2014082812

数据时间：2012 年

数据地点：山东及邻区

数据类型：文献资料

数据内容：该书详细记载山东寒武系张夏组长清县张夏虎头山至黄草顶等 6 条地层剖面，系统描述三叶虫 5 目、41 科、150 属（亚属）、371 种、60 未定种，其中有 16 新属、7 新亚属、120 新种。长期以来，张夏组（岩石地层单位）与张夏阶（年代地层单位）等同使用，造成很大的混乱。作者经多年的野外考察，证实张夏组的顶底界线在不同的剖面都不一致，张夏组是一个穿时的岩石地层单位，可分为 11 个三叶虫化石带。按国际地层指南原则，作者新建了寒武系第三统长清阶和济南阶，废弃以往的张夏阶和崮山阶。根据张夏组三叶虫属种地质时限和地理分布，将张夏组与国内外同期地层进行了精确的对比，讨论了寒武纪三叶虫的第三次灭绝与复苏，对寒武纪三叶虫头、尾、活动颊和唇瓣的正确搭配进行了探索性研究。此外，作者还对长眉虫科、沟肋虫科、壮头虫科三叶虫属于属之间的演化关系进行了探讨。山东张夏组三叶虫动物群的研究，对于正确认识地台区寒武纪地层、三叶虫动物群的性质和古生物地理分区具有重要意义。

学科类别：地质学

数据格式：.pdf

数据负责人：沙金庚

来源项目：中国各门类化石系统总结与志书编研

（237）《中国晚古生代晚期和中生代非海相腹足类》

数据编号：2006FY120400-13-2014082813

数据时间：2012 年

数据地点：中国

数据类型：文献资料

数据内容：作者按目前腹足类的系统分类对 2008 年以前发表的晚古生代晚期和中生代非海相腹足类属种进行了总结、厘定，共描述 79 属 280 种和 4 口盖，其中 1 新属，3 个新种。其内容包括腹足类的一般介绍，非海相腹足类的研究历史，腹足类的分布，组合特征，时代讨论和腹足类的古生态，古气候和古地理的探讨。根据我国非海相腹足类的特征，在地层中的分布规律和沉积特征，将非海相腹足类划分为 9 个组合。

学科类别：地质学

数据格式：.pdf

数据负责人：沙金庚

来源项目：中国各门类化石系统总结与志书编研

（238）《中国中生代石珊瑚化石》

数据编号：2006FY120400-14-2014082814

数据时间：2013 年

数据地点：中国

数据类型：文献资料

数据内容：该书记载了截至 2010 年发现于我国境内中生代地层中、并经正式描述发表过的石珊瑚（或称六射珊瑚）化石 123 属、368 种。1963 年出版的《中国的珊瑚化石》只编撰了我国古生代的四射珊瑚、床板珊瑚、日射珊瑚及刺毛类化石 681 种，但没有包括中生代石珊瑚化石的内容。所以该书是中生代珊瑚的首次系统总结，也是前者的续集和姐妹篇。

该书对石珊瑚的研究历史、形态构造、起源演化、生态环境、生物地理等作了简略的介绍。该书的分类采用了最新的国际通用系统分类方法。根据石珊瑚在地层中的实际分布规律，建立了中国中生代 11 个石珊瑚组合（带）。书末附有属种名索引、术语英汉对照，以及众多的国内外参考文献和大量的图版及图版说明，便于读者查阅。

学科类别：地质学

数据格式：.pdf

数据负责人：沙金庚

来源项目：中国各门类化石系统总结与志书编研

（239）《中国变口目苔虫》

数据编号：2006FY120400-15-2015062415

数据时间：2014 年

数据地点：中国

数据类型：文献资料

数据内容：该志书为我国化石苔虫——变口目的首次系统总结，书中对我国 2010 年以前出版的古生代（除寒武纪之外）各纪和中生代三叠纪的变口目属种按最新的系统分类进行了厘定、比较和讨论，并按最新的国际地层表附有精确的地层信息。共修订、厘定和描述了 416 种、亚种和或变种和未定种（含 3 新种），分属于 57 属、13 亚科、7 科、3 亚种。

学科类别：地质学

数据格式：.pdf

数据负责人：沙金庚

来源项目：中国各门类化石系统总结与志书编研

（240）《中国塔里木西北部奥陶纪（达尔威尔期-早凯迪期）三叶虫动物群》（英文版）

数据编号：2006FY120400-16-2015062416

数据时间：2014 年

数据地点：新疆塔里木西北部

数据类型：文献资料

数据内容：该志书共描述新疆塔里木西北部中奥陶世晚期和晚奥陶世三叶虫化石 7 目，24 科，50 属，71 种。

学科类别：地质学

数据格式：.pdf

数据负责人：沙金庚

来源项目：中国各门类化石系统总结与志书编研

（241）《中国奥陶纪和志留纪介形类化石志书》

数据编号：2006FY120400-17-2015062417

数据时间：2015 年

数据地点：中国

数据类型：文献资料

数据内容：该志书共描述和图解介形类化石 5 目，4 亚目，17 超科，31 科，142 属，2 亚属和 394 种，其中包括 13 新属，65 新种，1 未定超科，2 未定属和 110 未定种，时间跨度从早奥陶世特马豆克期到志留纪普里多利世。

学科类别：地质学

数据格式：.pdf

数据负责人：沙金庚

来源项目：中国各门类化石系统总结与志书编研

（242）《羌塘盆地双壳类化石》

数据编号：2006FY120400-18-2015062418

数据时间：2015 年

数据地点：羌塘盆地

数据类型：文献资料

数据内容：该专著第一次系统地描述和厘定了羌塘盆地三叠纪-侏罗纪双壳类100属175种，用定量和传统的方法建立了10个化石带（组合），并运用双壳类化石探讨了研究区的构造、古地理和古气候演变。该项研究无疑极大地丰富了青藏高原中生代的古生物内容，为青藏高原的地层划分和对比、东特提斯的演化、青藏高原的形成过程构建了时代格架，提供了证据，也为我国西部自然资源的合理勘探与开发提供了翔实的基础资料。该专著的主要进展或创新点为第一次系统地研究了我国青藏高原羌塘盆地中生代双壳类化石，并运用双壳类化石构建了羌塘盆地的地层格架和探讨了青藏高原中生代的构造、古地理和古气候演化。在方法上，进行了双壳类组合序列的定量划分法的尝试。

学科类别：地质学

数据格式：.pdf

数据负责人：沙金庚

来源项目：中国各门类化石系统总结与志书编研

（243）《中国晚古生代孢粉化石》

数据编号：2006FY120400-19-2015062419

数据时间：2015 年

数据地点：中国

数据类型：文献资料

数据内容：该志书系统总结了1960年以来我国晚古生代孢粉研究的成果：按国际流行的人为分类系统罗列出书中描述的所有属，第一章和第二章是孢子-花粉属征介绍、种的描述的归纳整理、比较讨论和时代分布，第三章至第五章是泥盆纪、石炭纪、二叠纪的孢粉组合序列及特征及各纪之间孢粉分界线，并涉及一些理论问题如早志留世维管束植物的起源、裸子植物兴起、华夏区与冈瓦纳区及安加拉区的关系、二叠纪植物分区问题讨论、各纪主要陆相地层对比及古气候等的讨论。

晚古生代孢粉过去发表的文章很多，存在的分类命名问题也很多，但从未整理归纳过。这次进行的编研工作在我国是首次，全书记述晚古生代孢粉350属2000余种，系统分类中属以上新分类单元4个，新种约40个。专著的出版对推动晚古生代孢粉学的研究具有重要意义。

学科类别：地质学

数据格式：.pdf

数据负责人：沙金庚

来源项目：中国各门类化石系统总结与志书编研

（244）《中国固着蛤化石》

数据编号：2006FY120400-20-2015062420

数据时间：2015 年

数据地点：西藏、新疆

数据类型：文献资料

数据内容：专著系统归纳和整理了固着蛤的形态和构造的分类术语，首次详细系统描述厘定了中国的固着蛤化石 8 科，26 属，30 种，总结了固着蛤的科级演化历程，构建了我国西部固着蛤的生物地层框架并进行了区域地层对比，研究了固着蛤的功能形态学和藏南的固着蛤礁（堆积）的特征，揭示了固着蛤在我国西部由南向北的 6 个沉积带（特提斯喜马拉雅南部带、特提斯喜马拉雅北部带、冈底斯弧前盆地、狮泉河—申扎—拉萨带、喀喇昆仑和塔里木盆地西南边缘）的分布模式，印度板块漂移的过程。

学科类别：地质学

数据格式：.pdf，.doc

数据负责人：沙金庚

来源项目：中国各门类化石系统总结与志书编研

（245）《中国古生物志 总号第 193 册：新丙种第 29 号：中国的巨犀化石》

数据编号：2006FY120400-21-2015062421

数据时间：2007 年

数据地点：中国

数据类型：文献资料

数据内容：该书是对我国发现的巨犀亚科化石的系统总结。书中对巨犀化石发现和研究历史作了回顾，探讨了巨犀的分类地位、命名、演化趋势及其与环境变化之间的关系等问题。作者将巨犀提升为犀超科中的一个科（Paraceratheriidea）。该科包括两个亚科：柯氏犀亚科（Forstercooperiinae）和巨犀亚科（Paraceratheriinae）。根据现有的材料，特别是保存较好的吻部特征，中国的巨犀亚科化石可分为 6 属，其中包括一个新属（*Juxia*, *Urtinotherium*，*Paraceratherium*，*Dzungariotherium*，*Aralotherium* 和 *Turpanotherium gen. nov.*）。除未定种外，书中共记述了这 6 个属中的 12 种，着重描述了其中的沙拉木伦始巨犀（*Jaxia sharamurenensis*）骨架和美丽巨犀（*Paraceratherium lepidum*）及吐鲁番准噶尔巨犀（*Dzungariotherium turfanense*）的部分骨架，尝试对前两种做了肌肉复原和功能分析，并对它们的外形、体重及年龄做了估算。始巨犀的体重可能为 750～890kg，而美丽巨犀则约为 15t 重。巨犀在亚洲大陆东部发展和当时干热气候带的出现有关，而晚始新世晚期则是巨犀身体急剧变大的关键时期。

学科类别：地质学

数据格式：.pdf

数据负责人：沙金庚

来源项目：中国各门类化石系统总结与志书编研

（246）《中国化石爬行类及其近亲・第二版》（英文版）

数据编号：2006FY120400-22-2015062422

数据时间：2008 年

数据地点：中国

数据类型：文献资料

数据内容：该书是为古生物专业人员及非专业的古生物爱好者编写的一本详细全面介绍中国低等四足类和原始鸟类化石的手册。该书用英文编写，补充和修订了自第一版出版后（1993～2008 年）的新的资料，其中包括 172 个新属和 219 个新种。它们中的大部分来自中国西北地区的中国-加拿大恐龙项目、中国北方的热河生物群、甘肃大山口动物群和贵州的三叠纪海生爬行动物群。该书采用林奈的分类系统，但增加了一些支序图，代表我们对两栖类、无孔类、双孔类、有鳞类、基干鳞龙型类、主龙型类、鳄型类、翼龙类、鸟臀类、蜥臀类、鸟类和下孔类自身及它们间亲缘关系的最新的见解。

学科类别：地质学

数据格式：.pdf

数据负责人：沙金庚

来源项目：中国各门类化石系统总结与志书编研

（247）《内蒙古中部新近纪啮齿类动物》

数据编号：2006FY120400-23-2015062423

数据时间：2015 年

数据地点：内蒙古中部

数据类型：文献资料

数据内容：内蒙古中部新近纪地层发育，哺乳动物化石丰富，是近代脊椎动物演化和新生代生物地层学研究的理想地区。该书对 1995 年以来在该区发现的啮齿动物化石进行了详细研究，共记述了 15 个科、82 个属、142 个种，其中包括 10 个新属，53 个新种。这一地区发现的新近纪啮齿动物，属和种都占有中国北方已知同期和相同类群的 2/3 以上。这些化石分布于从早中新世至早上新世大部分时段的堆积物之中，组合成时代不同的 18 个动物群，其中包括几个中国、甚至是亚洲新近纪不同时代含化石最丰富、种类最多的动物群。该书对这些动物群的组成及其反映的生态环境作了分析；根据动物的系统演化关系，按先后进行了排序，并与欧亚时代接近的动物群做了对比。书中还探讨了啮齿动物各科在内蒙古中部地区的演化历史，阐述了各属的地理分布；同时，在进行啮齿动物年代地层学研究的基础上，诠释了这一地区啮齿动物的多样性及其在中国新近纪陆生哺乳动物年代地层系统（LMS/A）框架内各个时期的组成特征。

　　学科类别：地质学

　　数据格式：.pdf

　　数据负责人：沙金庚

　　来源项目：中国各门类化石系统总结与志书编研

（248）《中国古脊椎动物志——无颌类》

　　数据编号：2006FY120400-24-2015062424

　　数据时间：2015 年

　　数据地点：中国

　　数据类型：文献资料

　　数据内容：该志书包括了脊椎动物总论和无颌类两部分。在脊椎动物总论中简述了脊椎动物在生命之树中的位置，概述了脊椎动物的骨骼构造与其他主要特征，讨论了现代动物分类学与脊椎动物的分类，并介绍了中国古脊椎动物学发展简史。无颌类部分分为导言和对无颌类在我国所发现属、种的系统记述。导言中简述了无颌脊椎动物的分类及各主要类群的形态特征与地史、地理分布，讨论了牙形动物之谜，重点介绍了盔甲鱼亚纲的解剖学特征，并总结了中国无颌类化石研究历史。系统记述部分记述了截至 2012 年年底在中国国内发现并已发表的无颌类化石，包括海口鱼目、圆口纲、花鳞鱼亚纲和盔甲鱼亚纲，共 18 科 61 属 82种，并附有 92 张化石照片及插图。每个属、种均有鉴别特征、产地与层位。在科级以上的阶元中并有概述，对该阶元当前的研究现状、存在问题等做了综述。在大多数阶元的记述之后有一评注，为编者在编写过程中对发现的问题或编者对该阶元新认识的阐述。该书是我国凡涉及地学、生物学、考古学的大专院校、科研机构、博物馆的专业人员及业余古生物爱好者的基础参考书，也可为科普创作提供必要的基础参考资料。

　　学科类别：地质学

　　数据格式：.pdf

　　数据负责人：沙金庚

　　来源项目：中国各门类化石系统总结与志书编研

（249）《中国古脊椎动物志——鸟臀类恐龙》

　　数据编号：2006FY120400-25-2015062425

　　数据时间：2015 年

数据地点：中国

数据类型：文献资料

数据内容：该志书内容包括了截至 2010 年年底发现在中国国内（台湾暂缺）并已发表的鸟臀类恐龙化石共 63 个属 77 个种，并附有 86 张化石照片及插图。每个属、种均有鉴别特征、产地与层位。在科以上的阶元中并有概述，对该阶元当前的研究现状、存在问题等做了综述。在所有阶元的记述之后有一评注，为编者在编写过程中对发现的问题或编者对该阶元新认识的阐述。该书是我国凡涉及地学、生物学、考古学的大专院校、科研机构、博物馆及业余古生物爱好者的基础参考书，也可为科普创作提供必要的基础参考资料。

学科类别：地质学

数据格式：.pdf

数据负责人：沙金庚

来源项目：中国各门类化石系统总结与志书编研

（250）《中国古脊椎动物志 —— 中生代爬行类和鸟类足迹》

数据编号：2006FY120400-26-2015062426

数据时间：2015 年

数据地点：中国

数据类型：文献资料

数据内容：中国中生代地层中脊椎动物足迹化石十分丰富，记载着古脊椎动物的类型及其行为方式和生态环境。其种类主要包括恐龙类、鸟类，鳄类及假鳄类等。目前，中国境内 20 个省市自治区的 53 个县级地区共识别出中生代脊椎动物足迹化石 50 个化石足迹属，67 个化石足迹种，其地质时代从三叠纪晚期一直到白垩纪晚期。该分册按照古脊椎动物的自然分类体系的顺序，系统记述了中国中生代脊椎动物足迹化石。

学科类别：地质学

数据格式：.pdf

数据负责人：沙金庚

来源项目：中国各门类化石系统总结与志书编研

（251）《中国古脊椎动物志 —— 恐龙蛋类》

数据编号：2006FY120400-27-2015062427

数据时间：2015 年

数据地点：中国

数据类型：文献资料

数据内容：该志书是对 2013 年以前在中国发现并已发表的恐龙蛋类化石材料

的系统厘定总结。书中包括 13 蛋科 29 蛋属 65 蛋种。每个蛋属、蛋种均有鉴别特征、产地与层位。在蛋科这一分类阶元中并有概述，对该阶元的研究现状、存在问题等做了综述。在所有阶元的记述之后附有评注，为编者在编写过程中对发现的问题或编者对该阶元新认识的阐述。书中附有 104 张化石照片及插图。该书是我国凡涉及地学和生物学的大专院校、科研机构、博物馆有关科研人员及业余古生物爱好者的基础参考书，也可为科普创作提供必要的基础参考资料。

学科类别：地质学

数据格式：.pdf

数据负责人：沙金庚

来源项目：中国各门类化石系统总结与志书编研

（252）《中国古脊椎动物志 —— 基干下孔类》

数据编号：2006FY120400-28-2015062428

数据时间：2015 年

数据地点：中国

数据类型：文献资料

数据内容：该志书是对我国除哺乳类之外的兽孔类化石形态学、分类学、系统发育学和生物地层学的系统总结。内容包括恐头兽亚目、异齿兽亚目、兽头亚目和犬齿兽亚目等 4 亚目 11 科 30 属 45 种及 8 个未定属种的已发表的化石相关资料（截至 2011 年年底发现）。每个属、种下均有鉴别特征、产地与层位等详尽介绍。在科级以上的阶元中并有概述，对该阶元当前的研究现状、存在问题等做了综述。在阶元的记述之后有评注，为编者在编写过程中对发现的问题或编者对该阶元新认识的阐述。全书附有 65 张化石照片及插图。该书是我国凡涉及地学、生物学、考古学的大专院校、科研机构、博物馆及业余古生物爱好者的基础参考书，也可为科普创作提供必要的基础参考资料。

学科类别：地质学

数据格式：.pdf

数据负责人：沙金庚

来源项目：中国各门类化石系统总结与志书编研

（253）《中国古脊椎动物志 —— 原始哺乳类》

数据编号：2006FY120400-29-2015062429

数据时间：2015 年

数据地点：中国

数据类型：文献资料

数据内容：该书内容包括了哺乳动物概论和原始哺乳动物记述两个部分。概论部分简述了和哺乳动物及其化石研究的相关内容，包括哺乳动物的定义、一般形态学特征、系统发育和分类的基本框架、地理地史分布与环境、哺乳动物年代学等。除了一些传统的内容，形态学特征中特别加入了对岩骨以及中耳形态的介绍，以及使用 CT 扫描技术研究颅内、鼻腔、内耳结构等内容，以体现现代古哺乳动物研究的一些新发展。除了基本的哺乳动物分类体系（分类表），对哺乳动物一些新的高分类阶元及其有关的争议内容也做了简要说明。对中国的古哺乳动物研究历史，记录了一些主要的事件、研究成果和相关的研究人员。记述部分包括了至 2014 年 2 月中国境内已发表的 50 属 58 种，分属于后兽亚纲（3 个属种）、真兽亚纲（5 个属种），和 9 个已绝灭的哺乳动物目（摩根齿兽目、翔兽目、蜀兽目、柱齿兽目、真三尖齿兽目、贼兽目、多瘤齿兽目、对齿兽目、真古兽目）。这些属种以中生代哺乳动物为主。每个属种均按国际动物命名法规的相关要求，提供了各分类阶元的鉴别特征等内容。每个模式种均附有照片。对一些存有争议和疑问的高分类阶元进行了概要的评述，同时提供了尽量完整、最新的参考文献。

　　学科类别：地质学

　　数据格式：.pdf

　　数据负责人：沙金庚

　　来源项目：中国各门类化石系统总结与志书编研

（254）《中国古脊椎动物志 —— 劳亚食虫类 原真兽类 翼手类 真魁兽类狸兽类》

　　数据编号：2006FY120400-30-2015062430

　　数据时间：2015 年

　　数据地点：中国

　　数据类型：文献资料

　　数据内容：该志书内容包括了劳亚食虫目、原真兽目、翼手目、魁兽大目的攀鼩目、近兔猴形目和灵长目及狸兽目等 7 目 40 科 170 属 275 种，截至 2011 年年底发现在中国国内（台湾资料暂缺）并已发表的化石相关资料，并附有 281 张化石照片及插图。每个属、种均有鉴别特征、产地与层位。在科级以上的阶元中并有概述，对该阶元当前的研究现状、存在问题等做了综述。在所有阶元的记述之后有一评注，为编者在编写过程中对发现的问题或编者对该阶元新认识的阐述。该书是我国凡涉及地学、生物学、考古学的大专院校、科研机构、博物馆及业余古生物爱好者的基础参考书，也可为科普创作提供必要的基础参考资料。

　　学科类别：地质学

　　数据格式：.pdf

数据负责人：沙金庚

来源项目：中国各门类化石系统总结与志书编研

（255）1985～2012 年西北干旱地区农业经济数据集

数据编号：2006FY210300-01-2014091001

数据时间：1985～2012 年

数据地点：西北干旱地区，包括新疆（自治区和建设兵团）、青海和甘肃全境，以及陕西和内蒙古的部分地区

数据类型：文献资料

数据内容：①在《中国外来入侵物种名录》（527 种）基础上，组织来自农业、林业、水环境等领域从事入侵生物学研究的 20 余名专家，建立外来入侵物种风险评估指标体系，采用多指标综合评价和专家打分法，对外来入侵物种的传入、定殖、扩散风险和生态经济影响进行综合评估。②风险评估指标分定性指标和定量指标两大类。定量指标根据物种的特性进行赋分。定性指标则由相关领域专家通过讨论会确定。定性评估前，首先由组织者对各物种相关基础资料及其可能的风险进行尽可能全面的介绍，然后由各专家反复会商研讨，取得一致意见后，现场对各指标给予一次性综合赋分。获得相应分值后，根据规定方法，计算综合风险值和划定风险等级。③根据外来入侵物种的风险评估结果，筛选出需要开展全国范围内监控和重点防控的物种名单。

学科类别：农学

数据格式：.mdb

数据负责人：吴普特*

来源项目：西北干旱地区农业经济用水量调查

（256）1988～2012 年西北干旱地区社会经济数据集

数据编号：2006FY210300-02-2014091002

数据时间：1988～2012 年

数据地点：西北干旱地区，包括新疆（自治区和建设兵团）、青海和甘肃全境，以及陕西和内蒙古的部分地区

数据类型：文献资料

数据内容：该数据集主要为收集、调查数据，收集数据主要来源为统计年鉴与统计资料（《中国统计年鉴》《中国农村统计年鉴》《新疆统计年鉴》《新疆建设兵团统计年鉴》《甘肃年鉴》《宁夏统计年鉴》《青海统计年鉴》《内蒙古统计年鉴》《陕西统计年鉴》）；在数据收集中，进行了调查和科学分类，数据录入中进行了规范化处理和综合，实行了入库数据代码化、规范化和标准化，并严格复核。

学科类别：农学

数据格式：.mdb

数据负责人：吴普特*

来源项目：西北干旱地区农业经济用水量调查

（257）1988～2012 年西北干旱地区资源环境数据集

数据编号：2006FY210300-03-2014091003

数据时间：1988～2012 年

数据地点：西北干旱地区，包括新疆（自治区和建设兵团）、青海和甘肃全境，以及陕西和内蒙古的部分地区

数据类型：文献资料

数据内容：该数据集针对西北干旱地区，包括新疆（自治区和建设兵团）、青海和甘肃全境，以及陕西和内蒙古的部分地区，收集了 1988～2012 年地理环境与概况、气候资源、水资源、土地资源、农业用地资源、植被资源、河流资源、湖泊资源等数据，数据以县级以上行政区为单元，以地市级行政单元为主。数据集包含 8 个数据表，29 202 条记录，主要通过对收集、调查的历史资料规范化整理、分析综合而成。数据集根据历史数据收集情况进行持续的补充和完善，并采用完全开放共享。

学科类别：农学

数据格式：.mdb

数据负责人：吴普特*

来源项目：西北干旱地区农业经济用水量调查

（258）1987～2012 年西北干旱地区农业用水数据集

数据编号：2006FY210300-04-2014091004

数据时间：1987～2012 年

数据地点：西北干旱地区，包括新疆（自治区和建设兵团）、青海和甘肃全境，以及陕西和内蒙古的部分地区

数据类型：文献资料

数据内容：该数据集针对西北干旱地区，包括新疆（自治区和建设兵团）、青海和甘肃全境，以及陕西和内蒙古的部分地区，收集了 1987～2012 年农田水利及设施状况、灌区基本状况、农业用水及供需状况、灌溉面积数据、主要农作物灌溉数据、牲畜饲养用水定额等数据，数据以县级以上行政区为单元，以地市级行政单元为主。数据集包含 7 个数据表，10 813 条记录，主要通过对收集、调查的历史资料规范化整理、分析综合而成。数据集根据历史数据收集情况进行持续的补充和完善，并采用完全开放共享。

学科类别：农学

数据格式：.mdb

数据负责人：吴普特[*]

来源项目：西北干旱地区农业经济用水量调查

（259）1999～2012 年西北干旱地区生态环境数据集

数据编号：2006FY210300-05-2014091005

数据时间：1999～2012 年

数据地点：西北干旱地区，包括新疆（自治区和建设兵团）、青海和甘肃全境，以及陕西和内蒙古的部分地区

数据类型：文献资料

数据内容：该数据集针对西北干旱地区，包括新疆（自治区和建设兵团）、青海和甘肃全境，以及陕西和内蒙古的部分地区，收集了 1999～2012 年用水及供需、水土环境、流域用水状况与农业生态环境数据、生物与景观数据等数据，数据以县级以上行政区为单元，以地市级行政单元为主。数据集包含 5 个数据表，1488 条记录，主要通过对收集、调查的历史资料规范化整理、分析综合而成。数据集根据历史数据收集情况进行持续的补充和完善，并采用完全开放共享。

学科类别：农学

数据格式：.mdb

数据负责人：吴普特[*]

来源项目：西北干旱地区农业经济用水量调查

（260）1960～2010 年河套灌区虚拟资源数据集

数据编号：2006FY210300-06-2014091006

数据时间：1960～2010 年

数据地点：内蒙古河套灌区

数据类型：文献资料

数据内容：该数据集针对内蒙古河套灌区，收集了 1960～2010 年灌区农产品水足迹、作物绿水消耗、作物蓝水消耗、种植业绿水消耗、种植业蓝水消耗、田间水资源消耗等数据，数据以县级以上行政区为单元，以地市级行政单元为主。数据集包含 6 个数据表，1215 条记录，主要通过对收集、调查的历史资料规范化整理、分析综合而成。数据集根据历史数据收集情况进行持续的补充和完善，并采用完全开放共享。

学科类别：农学

数据格式：.mdb

数据负责人：吴普特[*]

来源项目：西北干旱地区农业经济用水量调查

（261）2014 年西北干旱地区农业经济用水数据库代码字典基础数据集

数据编号：2006FY210300-07-2014091007

数据时间：2014 年

数据地点：西北干旱地区，包括新疆（自治区和建设兵团）、青海和甘肃全境，以及陕西和内蒙古的部分地区

数据类型：文献资料

数据内容：该数据集针对西北干旱地区，包括新疆（自治区和建设兵团）、青海和甘肃全境，以及陕西和内蒙古的部分地区，收集了有关的元数据、字典数据、编码数据以及行政区划、灌区、河流、湖泊、流域、水文气象站点的关键代码与基本特征等数据，数据以县级以上行政区为单元，以地市级行政单元为主。数据集包含 13 个数据表，6144 条记录，主要通过对收集、调查的历史资料规范化整理、分析综合而成。数据集根据历史数据收集情况进行持续的补充和完善，并采用完全开放共享。

学科类别：农学

数据格式：.mdb

数据负责人：吴普特[*]

来源项目：西北干旱地区农业经济用水量调查

（262）西北干旱地区农业经济用水量标准研究报告

数据编号：2006FY210300-08-2014091008

数据时间：1999～2006 年

数据地点：黑河流域

数据类型：文献资料

数据内容：针对综合考虑节水、经济效益、社会效益和生态效益等指标的农业用水的健康评价问题，提出了融入加速遗传算法的农业用水健康性投影寻踪评价模型。该模型通过高维数据向低维空间的转换，将样本的多个评价指标转化成一个综合指标，实现了对农业用水健康性的评价。应用该模型于西北干旱地区第二大内陆河——黑河流域的县域农业用水健康性评价，以资源利用效率、用水结构、用水效率及用水效益为准则，选取了 18 项指标，对过去年（1999）、现状年（2006）和未来年（2020）3 个水平年不同来水频率下是否健康用水的 10 方案进行评价。结果表明，采用农业经济用水量优化配置水资源，符合干旱地区水资源匮缺及生态环境脆弱的实际，评价结果与区域近年来的农业用水发展情况相符，并能客观、真实地反映各评价指标的贡献率和方向性。黑河流域管理局及下辖单位，流域各县区水利部门的资料数据；实地调查的农业用水相关资料数据。制定

了完善的数据调查方案，包括调查范围、调查对象、调查指标、调查方法以及调查中应注意的事项都进行了详细的讨论和周密的安排。

学科类别：农学

数据格式：.doc

数据负责人：吴普特[*]

来源项目：西北干旱地区农业经济用水量调查

（263）1999～2016 年西北干旱地区农业经济用水量调查

数据编号：2006FY210300-09-2014091009

数据时间：1999～2016 年

数据地点：黑河流域

数据类型：文献资料

数据内容：农业需水量的确定是黑河流域可利用水资源在农业与其他需水行业之间合理分配的基础。对于农业需水量的研究多是应用水量平衡原理，分析计算典型区的农业实际需水量；实际需水过程往往是按照生活＞工业＞农业＞生态的优先序进行水资源配置，使得经济用水尤其是农业用水，大量挤占生态用水。以黑河流域为例，探讨并优化各业用水层次，在社会经济发展的不同阶段寻求农业用水和其他用水之间的平衡点，即寻求适合研究区域特定时空背景的"农业需水量"，力求实现各行业和总用水的综合效益最大，从而实现流域的持续健康发展。黑河流域管理局及下辖单位，流域各县区水利部门的资料数据；实地调查的农业用水相关资料数据。制定了完善的数据调查方案，包括调查范围、调查对象、调查指标、调查方法以及调查中应注意的事项都进行了详细的讨论和周密的安排。

学科类别：农学

数据格式：.doc

数据负责人：吴普特[*]

来源项目：西北干旱地区农业需水量预测指标体系与预测方法研究报告

（264）2007～2009 年西北干旱地区农业经济用水量调查报告

数据编号：2006FY210300-10-2014091010

数据时间：2007～2009 年

数据地点：西北干旱地区，包括新疆（自治区和建设兵团）、青海和甘肃全境，以及陕西和内蒙古的部分地区

数据类型：文献资料

数据内容：针对目前节水农业研究基础数据资料缺乏的实际，项目实施过程中，先后完成了包括新疆（自治区和兵团）、甘肃、青海、内蒙古等省区，涵盖社会经济、生态环境、农业用水、水文气象等方面基础数据资料的收集汇总工作，

尤其在与节水农业技术相关的数据收集方面取得重要进展，收集资料包括农田水利统计资料、水利建设基本统计资料、水利工程管理统计资料等，为分析西北干旱地区农业经济用水规模和效率提供社会经济基础数据。调查以县级以上行政区为单元，通过实地野外调研、参与式调查、半结构访谈及问卷调查等方法，获得资料数据并进行规范化整理、分析、综合归纳。主要来源为新疆、甘肃、青海、内蒙古各省或自治区及新疆生产建设兵团的典型流域或典型灌区资料；制定了完善的数据调查方案。包括调查范围、调查对象、调查指标、调查方法以及调查中应注意的事项都进行了详细的讨论和周密的安排。

学科类别：农学

数据格式：.doc

数据负责人：吴普特*

来源项目：西北干旱地区农业经济用水量调查

（265）古代针灸理论文献资料汇辑

数据编号：2006FY220100—01—2014090901

数据时间：2007～2014 年

数据地点：中国

数据类型：文献资料

数据内容：以针灸理论中 589 个基本概念术语为中心，按照年代先后，汇集整理古代（民国以前）中医医籍中有关针灸理论的文献资料。

学科类别：中医学与中药学

数据格式：.pdf

数据负责人：赵京生

来源项目：针灸理论文献资料通考——概念术语规范与理论的科学表达

（266）先秦两汉非医文献资料针灸理论资料汇辑

数据编号：2006FY220100—02—2015061102

数据时间：2007～2014 年

数据地点：中国

数据类型：文献资料

数据内容：以针灸理论中 589 个基本概念术语为中心，按照年代先后，汇集整理先秦两汉非医文献资料中有关针灸理论的资料。

学科类别：中医学与中药学

数据格式：.pdf

数据负责人：赵京生

来源项目：针灸理论文献资料通考——概念术语规范与理论的科学表达

（267）《针灸学基本概念术语通典》

数据编号：2006FY220100-03-2015061103

数据时间：2007～2014 年

数据地点：中国

数据类型：文献资料

数据内容：在认识古代针灸理论的形成发展、理论内涵解读、理论体系重构中有重要意义的针灸学基本概念术语，计 589 个，涉及经络、腧穴、刺灸、治疗、阴阳、气血、身形等方面，从概念术语的出处、内涵、演变、运用、影响与其他概念的关系、古代现代释义等角度简要介绍。

学科类别：中医学与中药学

数据格式：.pdf

数据负责人：赵京生

来源项目：针灸理论文献资料通考——概念术语规范与理论的科学表达

（268）《针灸学基本概念术语文献资料通考》

数据编号：2006FY220100-04-2015061104

数据时间：2007～2014 年

数据地点：中国

数据类型：文献资料

数据内容：对在针灸理论形成、构建、发展过程中有重要、关键作用的概念术语计 213 个，涉及经络、腧穴、刺灸、治疗等方面的内容，从渊源、含义、外延、运用、影响因素、释义等角度进行深入分析与研究。

学科类别：中医学与中药学

数据格式：.pdf

数据负责人：赵京生

来源项目：针灸理论文献资料通考——概念术语规范与理论的科学表达

（269）《针灸学基本理论》初稿

数据编号：2006FY220100-05-2015061105

数据时间：2007～2014 年

数据地点：中国

数据类型：文献资料

数据内容：在发掘经典针灸理论内涵的基础上，对既有的针灸理论的内容和结构及相互间关系进行适当调整，使之内涵明确，结构层次清晰，表述规范合理，对临床有较好的指导性。

学科类别：中医学与中药学

数据格式：.pdf

数据负责人：赵京生

来源项目：针灸理论文献资料通考——概念术语规范与理论的科学表达

（270）《中国矿物志》（第二卷第二分册"硫盐类矿物"）

数据编号：2006FY220200-1-201603011

数据时间：2010 年

数据地点：中国

数据类型：文献资料

数据内容：描述硫盐矿物 228 种，以及中国产出的 105 种硫盐矿物的研究数据。数据项包括：产状、产地及共（伴）生组合，分子式，晶系，结晶形态，空间群，晶胞参数，晶体结构参数（原子坐标），X 射线粉晶衍射数据，物理性质，化学性质，化学成分，与其他矿物的关系，参考文献。

学科类别：地质学

数据格式：.pdf

数据负责人：蔡剑辉

来源项目：《中国矿物志》——硫化物和硫盐矿物卷

（271）《中国矿物志》（第二卷第一分册"硫化物类矿物"）

数据编号：2006FY220200-1-201603012

数据时间：2010 年

数据地点：中国

数据类型：文献资料

数据内容：描述硫化物及其类似化合物矿物 317 种，包括硫化物矿物 198 种、碲化物矿物 49 种和硒化物矿物 70 种，以及中国产出的 116 种硫化物及其类似化合物矿物（其中硫化物 84 种、碲化物 24 种、硒化物 8 种）的研究数据。数据项包括：产状、产地及共（伴）生组合，分子式，晶系，结晶形态，空间群，晶胞参数，晶体结构参数（原子坐标），X 射线粉晶衍射数据，物理性质，化学性质，化学成分，与其他矿物的关系，参考文献。

学科类别：地质学

数据格式：.pdf

数据负责人：蔡剑辉

来源项目：《中国矿物志》——硫化物和硫盐矿物卷

（272）2007～2008 年中国城市地区母乳喂养婴儿社会人口学信息数据库

数据编号：2006FY230200-01-2014091601

数据时间：2007～2008 年

数据地点：玉溪，合肥，荆门，太原，广州，哈尔滨，北京，济南，成都，武汉，南京，南宁

数据类型：科学数据

数据内容：2007~2008 年我国 12 个城市地区 1840 名母乳喂养婴儿社会人口学信息数据库。数据包括：省份、编号、性别、民族、出生日期、胎次、产次、孕周、分娩方式、母亲年龄、母亲身高、母亲文化程度、母亲职业、父亲年龄、父亲身高、父亲文化程度、父亲职业、家庭结构、家庭人口数、家庭居住面积、家庭月收入和填写日期。数据集共 1840 条记录。

学科类别：预防医学与公共卫生学

数据格式：.xls

数据负责人：黄小娜

来源项目：中国母乳喂养婴儿生长速率监测及标准值研究

（273）2007~2008 年中国农村地区母乳喂养婴儿社会人口学信息数据库

数据编号：2006FY230200-02-2014091602

数据时间：2007~2008 年

数据地点：江川，肥东，安陆，太谷，从化，双城

数据类型：科学数据

数据内容：2007~2008 年我国 6 个农村地区 764 名母乳喂养婴儿社会人口学信息数据库。数据包括：省份、编号、性别、民族、出生日期、胎次、产次、孕周、分娩方式、母亲年龄、母亲身高、母亲文化程度、母亲职业、父亲年龄、父亲身高、父亲文化程度、父亲职业、家庭结构、家庭人口数、家庭居住面积、家庭月收入和填写日期。数据集共 764 条记录。

学科类别：预防医学与公共卫生学

数据格式：.xls

数据负责人：黄小娜

来源项目：中国母乳喂养婴儿生长速率监测及标准值研究

（274）2007~2009 年中国城市地区母乳喂养婴儿生长发育数据库

数据编号：2006FY230200-03-2014091603

数据时间：2007~2009 年

数据地点：玉溪，合肥，荆门，太原，广州，哈尔滨，北京，济南，成都，武汉，南京，南宁

数据类型：科学数据

数据内容：2007~2009 年我国 12 个城市地区 1840 名母乳喂养婴儿生长发育指标监测数据库。随访密度为出生时，0~1 月每周 1 次，2~12 月龄每月 1 次，

共 16 次。数据包括：省份、编号、月龄、体格发育测量（体重第 1 次、体重第 2 次、体重均值、身长第 1 次、身长第 2 次、身长均值、头围第 1 次、头围第 2 次、头围均值）、大运动名称、大运动出现时间、血红蛋白、喂养方式（母乳、配方奶、鲜牛奶）、患病情况（腹泻、上感、其他疾病）、食物添加次数（母乳、奶粉、鲜奶、酸奶、谷类、肉类、内脏类、动物血、鱼虾类、蛋类、豆制品、豆浆、新鲜蔬菜、新鲜水果、果汁、坚果、其他辅食）。数据集共 25 465 条记录。

学科类别：预防医学与公共卫生学

数据格式：.xls

数据负责人：黄小娜

来源项目：中国母乳喂养婴儿生长速率监测及标准值研究

（275）2007～2009 年中国农村地区母乳喂养婴儿生长发育数据库

数据编号：2006FY230200-04-2014091604

数据时间：2007～2009 年

数据地点：江川，肥东，安陆，太谷，从化，双城

数据类型：科学数据

数据内容：2007～2009 年我国 6 个农村地区 764 名母乳喂养婴儿生长发育指标监测数据库。随访密度为出生时，0～1 月每周 1 次，2～12 月龄每月 1 次，共 16 次。数据包括：省份、编号、月龄、体格发育测量（体重第 1 次、体重第 2 次、体重均值、身长第 1 次、身长第 2 次、身长均值、头围第 1 次、头围第 2 次、头围均值）、大运动名称、大运动出现时间、血红蛋白、喂养方式（母乳、配方奶、鲜牛奶）、患病情况（腹泻、上感、其他疾病）、食物添加次数（母乳、奶粉、鲜奶、酸奶、谷类、肉类、内脏类、动物血、鱼虾类、蛋类、豆制品、豆浆、新鲜蔬菜、新鲜水果、果汁、坚果、其他辅食）。数据集共 11 505 条记录。

学科类别：预防医学与公共卫生学

数据格式：.xls

数据负责人：黄小娜

来源项目：中国母乳喂养婴儿生长速率监测及标准值研究

（276）中国城市地区母乳喂养婴儿生长发育状况研究结果

数据编号：2006FY230200-05-2014091705

数据时间：2010 年

数据地点：玉溪，合肥，荆门，太原，广州，哈尔滨，北京，济南，成都，武汉，南京，南宁

数据类型：文献资料

数据内容：2007～2009 年我国 12 个城市地区 1840 名出生至 12 月龄母乳喂

养婴儿生长发育状况纵向随访研究结果。根据研究设计结果分为两部分呈现，分别是省会城市地区母乳喂养婴儿体格发育状况纵向文献资料和比较研究组城市地区母乳喂养婴儿体格发育状况纵向文献资料。报告内容包括：研究人群基本情况（样本量、社会人口学特征）、母乳喂养婴儿体格发育现状（年龄别体重、身长、头围 3 项指标的自然增长规律、性别差异和地区差异，BMI 的自然增长规律、性别差异和地区差异，年龄别体重、身长、头围及 BMI 百分位数、标准差单位数值）、与国内代表性儿童体格发育研究结果比较（年龄别体重、身长与国内代表性横断面调查结果比较，体格指标每周\月增长值与 1987 年首次纵向研究结果比较）与世界卫生组织（WHO）2006 年新标准比较、讨论、参考文献资料、附表和附图。

学科类别：预防医学与公共卫生学

数据格式：.pdf

数据负责人：黄小娜

来源项目：中国母乳喂养婴儿生长速率监测及标准值研究

（277）中国农村地区母乳喂养婴儿生长发育状况研究结果

数据编号：2006FY230200-06-2014091706

数据时间：2010 年

数据地点：江川，肥东，安陆，太谷，从化，双城

数据类型：文献资料

数据内容：2007～2009 年我国 6 个农村地区 764 名出生至 12 月龄母乳喂养婴儿生长发育状况纵向随访研究结果报告。报告内容包括：研究人群基本情况（样本量、社会人口学特征）、母乳喂养婴儿体格发育现状（年龄别体重、身长、头围 3 项指标的自然增长规律、性别差异和地区差异，BMI 的自然增长规律、性别差异和地区差异，年龄别体重、身长、头围及 BMI 百分位数、标准差单位数值）与国内代表性儿童体格发育研究结果比较（年龄别体重、身长与国内代表性横断面调查结果比较，体格指标每周或每月增长值与 1987 年首次纵向研究结果比较）与世界卫生组织（WHO）2006 年新标准比较、讨论、参考文献资料、附表和附图。

学科类别：预防医学与公共卫生学

数据格式：.pdf

数据负责人：黄小娜

来源项目：中国母乳喂养婴儿生长速率监测及标准值研究

（278）中国母乳喂养婴儿生长发育监测网络

数据编号：2006FY230200-07-2014091907

数据时间：2006～2014 年

数据地点：玉溪，合肥，荆门，太原，广州，哈尔滨，北京，济南，成都，

武汉，南京，南宁，江川，肥东，安陆，太谷，从化，双城

数据类型：软件工具

数据内容：建立了项目地区规范化的现场监测队伍和信息收集体系，在各项目地区建立了母乳喂养婴儿生长发育监测网络，该监测网络由妇幼保健中心、市、县、社区（乡镇）四级组成。在结束婴儿期监测后，为了更好研究母乳喂养对婴儿的远期影响，该项目在监测网络的基础之上继续随访，目前已监测至 6 岁。

学科类别：预防医学与公共卫生学

数据格式：.doc

数据负责人：黄小娜

来源项目：中国母乳喂养婴儿生长速率监测及标准值研究

（279）中国母乳喂养婴儿生长速率监测及标准值研究

数据编号：2006FY230200-08-2014121208

数据时间：2010 年

数据地点：玉溪，合肥，荆门，太原，广州，哈尔滨，北京，济南，成都，武汉，南京，南宁，江川，肥东，安陆，太谷，从化，双城

数据类型：文献资料

数据内容：中国母乳喂养婴儿生长速率监测及标准值研究专著。主要内容包括：中国母乳喂养婴儿生长速率标准值的研究方法、制定过程以及主要结果。

学科类别：预防医学与公共卫生学

数据格式：.pdf

数据负责人：黄小娜

来源项目：中国母乳喂养婴儿生长速率监测及标准值研究

（280）2007～2009 年中国运动员生化代谢参数数据集

数据编号：2006FY230300-01-2016112201

数据时间：2007～2009 年

数据地点：数据来源于中国人民解放军总医院检测的 2007～2009 年全国各地运动员血液指标

数据类型：科学数据

数据内容：包含了 2007～2009 年 1070 名运动员和 80 名非运动员（健康）的 37 个生化指标代谢参数（ALT，AST，TP，ALB，TB，DB，TBA，HCY，ALP，GGT，GLU，UN，CR，UA，CH，TG，APOA1，APOB，CK，LDH，CKMB，TIBC，Ca，P，Mg，HDL，LDL，Fe，UIBC，APOA2，APOC2，AMY，APOC3，APOE，LP（A），PILP，FRUC）。发现在不同运动项目的运动员组进行配对比较时，均可找到相互之间的差异指标，以一定的生物信息学分

析技术进行聚类分析和模型分类以区分不同组。

学科类别：临床医学

数据格式：.xls

数据负责人：田亚平

来源项目：中国运动员生化代谢与分子生物学参数调查及参考范围的建立

（281）2007～2009 年中国运动员血常规参数数据集

数据编号：2006FY230300-02-2016112202

数据时间：2007～2009 年

数据地点：数据来源于中国人民解放军总医院检测的 2007～2009 年全国各地运动员血液指标

数据类型：科学数据

数据内容：包含 2007～2009 年 1094 名运动员的 17 项血常规参数（白细胞计数，红细胞计数，血红蛋白测定，红细胞比积测定，平均红细胞体积，平均红细胞血红蛋白量，平均红细胞血红蛋白浓度，红细胞体积分布宽度测定，淋巴细胞，单核细胞，中性粒细胞，嗜酸性粒细胞，嗜碱性粒细胞，平均血小板体积测定，血小板体积分布宽度，血小板计数，血小板比积测定）。

学科类别：临床医学

数据格式：.xls

数据负责人：田亚平

来源项目：中国运动员生化代谢与分子生物学参数调查及参考范围的建立

（282）2007～2009 年中国运动员免疫学参数数据集

数据编号：2006FY230300-03-2016112203

数据时间：2007～2009 年

数据地点：数据来源于中国人民解放军总医院检测的 2007～2009 年全国各地运动员血液指标

数据类型：科学数据

数据内容：包含了 2007～2009 年 1052 名运动员的 6 项免疫指标（CD3，CD3+CD4+，CD3+CD8+，CD4.CD8，CD3—CD19+，CD3—CD56+），与正常人作对比，发现运动员 T、B、NK 淋巴细胞基础免疫参数均较正常人低，不同项群运动员其免疫指标不同。

学科类别：临床医学

数据格式：.xls

数据负责人：田亚平

来源项目：中国运动员生化代谢与分子生物学参数调查及参考范围的建立

（283）2007～2009 年中国运动员激素代谢参数数据集

数据编号：2006FY230300-04-2016112204

数据时间：2007～2009 年

数据地点：数据来源于中国人民解放军总医院检测的 2007～2009 年全国各地运动员血液指标

数据类型：科学数据

数据内容：包含了 2007～2009 年 1091 名运动员的 4 项激素参数（皮质醇，胰岛素，甲状腺素（T3，T4），睾酮）。

学科类别：临床医学

数据格式：.xls

数据负责人：田亚平

来源项目：中国运动员生化代谢与分子生物学参数调查及参考范围的建立

（284）2007～2009 年中国运动员血清微量元素检测分析数据集

数据编号：2006FY230300-05-2016112205

数据时间：2007～2009 年

数据地点：数据来源于中国人民解放军总医院检测的 2007～2009 年全国各地运动员血液指标

数据类型：科学数据

数据内容：包含了 2007～2009 年 805 名运动员和 69 名非运动员（健康）22 项血清微量元素检测（Be，Al，Mn，Co，Fe，Cu，Zn，As，Se，Mo，Ag，Cd，Sb，Ba，Hg，Tl，Pb，Th，U，V，Cr，Ni）。

学科类别：临床医学

数据格式：.xls

数据负责人：田亚平

来源项目：中国运动员生化代谢与分子生物学参数调查及参考范围的建立

（285）2007～2009 年中国运动员运动相关基因表达参数数据集

数据编号：2006FY230300-06-2016112206

数据时间：2007～2009 年

数据地点：数据来源于中国人民解放军总医院检测的 2007～2009 全国各地运动员血液指标

数据类型：科学数据

数据内容：包含了 2007～2009 年 308 名运动员和 29 名非运动员（健康）39 项运动相关基因表达参数（NM_000201，NM_000442，NM_000527，NM_000552，NM_000567，NM_000584，NM_000589，NM_000594，

NM_000600，　NM_000603，　NM_000655，　NM_001119，　NM_002166，
NM_003134，　NM_005252，　NM_005957，　NM_138554，　NM_198255，
NM_000024，　NM_000594，　NM_000614，　NM_000618，　NM_000660，
NM_001530，　NM_002303，　NM_002660，　NM_002853，　NM_003355，
NM_005143）。

学科类别：临床医学

数据格式：.xls

数据负责人：田亚平

来源项目：中国运动员生化代谢与分子生物学参数调查及参考范围的建立

（286）2007～2009 年中国运动员运动相关基因 SNP 分析数据集

数据编号：2006FY230300-07-2016112207

数据时间：2007～2009 年

数据地点：数据来源于中国人民解放军总医院检测的 2007～2009 年全国各地运动员血液指标

数据类型：科学数据

数据内容：包含了 2007～2009 年 799 名运动员和 126 名非运动员（健康）运动相关基因 SNP 分析数据。

学科类别：临床医学

数据格式：.xls

数据负责人：田亚平

来源项目：中国运动员生化代谢与分子生物学参数调查及参考范围的建立

（287）2007～2009 年中国运动员血清肽谱检测分析数据集

数据编号：2006FY230300-08-2016112208

数据时间：2007～2009 年

数据地点：数据来源于中国人民解放军总医院检测的 2007～2009 年全国各地运动员血液指标

数据类型：科学数据

数据内容：包含了 1420 名运动员 1500m.z～8000m.z 血清肽谱检测数据，比较不同类型运动员血清多肽谱差异。

学科类别：临床医学

数据格式：.xls

数据负责人：田亚平

来源项目：中国运动员生化代谢与分子生物学参数调查及参考范围的建立

（288）《运动与健康——中国优秀运动员生物化学及分子生物学基础参数体系》

数据编号：2006FY230300-09-2016112209

数据时间：2007～2009 年

数据地点：数据来源于中国人民解放军总医院检测的 2007～2009 年全国各地运动员血液指标

数据类型：文献资料

数据内容：包含了 2007～2009 年中国 1046 名各类运动员生物化学和分子生物学基础参数分析和解读。主要内容包括：运动对机体健康的影响，健康相关的实验室检验指标意义，运动对人体实验室检验指标的影响及基因组学的影响。

学科类别：临床医学

数据格式：.doc

数据负责人：田亚平

来源项目：中国运动员生化代谢与分子生物学参数调查及参考范围的建立

（289）人体骨骼信息数据元数据标准

数据编号：2006FY231100-01-2015120401

数据时间：2006～2008 年

数据地点：全国

数据类型：文献资料

数据内容：该标准从颅骨数据元建库（包括下颌骨）、躯干骨数据元建库、骨盆数据元建库、四肢骨数据元建库，四个主要角度对人体骨骼信息数据元建库进行了系统而详细的描述，形成一套完整的人体骨骼信息数据元建库标准，使数据元的采集及收录有所依照。

学科类别：基础医学

数据格式：.doc

数据负责人：张继宗

来源项目：法医人类学信息资源调查

（290）《化石人类骨骼标本图像库》图像采集标准

数据编号：2006FY231100-02-2015120402

数据时间：2006～2008 年

数据地点：全国

数据类型：文献资料

数据内容：该标准从头骨图像采集、下颌骨图像采集、牙齿图像采集、四肢骨图像采集、中轴骨图像采集，五个主要的角度对化石人类骨骼标本的图像采集进行了系统而详细的描述，形成一套完整的化石人类骨骼标本图像采集标准，使标本的采集及收录有所依照。

学科类别：基础医学

数据格式：.doc

数据负责人：张继宗

来源项目：法医人类学信息资源调查

（291）《墓葬人类骨骼标本图像库》图像采集标准

数据编号：2006FY231100-03-2015120403

数据时间：2006～2008 年

数据地点：全国

数据类型：文献资料

数据内容：该标准从颅骨图像采集、四肢骨图像采集，两大角度对墓葬人类骨骼标本的图像采集进行了系统而详细的描述，形成一套完整的墓葬人类骨骼标本图像采集标准，使标本的采集及收录有所依照。

学科类别：基础医学

数据格式：.doc

数据负责人：张继宗

来源项目：法医人类学信息资源调查

（292）《墓葬人体骨骼标本数据库》数据采集标准

数据编号：2006FY231100-04-2015120404

数据时间：2006～2008 年

数据地点：全国

数据类型：文献资料

数据内容：该标准从颅骨数据采集、四肢骨数据采集，两大角度对人体骨骼标本的数据采集进行了系统而详细的描述，形成一套完整的人体骨骼标本数据采集标准，使标本的采集及收录有所依照。

学科类别：基础医学

数据格式：.doc

数据负责人：张继宗

来源项目：法医人类学信息资源调查

（293）《现代人体骨骼 X 光片图像库》图像采集标准

数据编号：2006FY231100-05-2015120405

数据时间：2006～2008 年

数据地点：全国

数据类型：文献资料

数据内容：该标准从肩、肘、腕、髋、膝、踝六大关节 X 光片图像采集，对人体骨骼 X 光片的图像采集进行了系统而详细的描述，形成一套完整的人体骨骼 X 光片图像采集标准，使 X 光片的采集及收录有所依照。

学科类别：基础医学

数据格式：.doc

数据负责人：张继宗

来源项目：法医人类学信息资源调查

（294）《现代人体骨骼标本数据库》数据采集标准

数据编号：2006FY231100-06-2015120406

数据时间：2006～2008 年

数据地点：全国

数据类型：文献资料

数据内容：该标准从颅骨数据采集（包括下颌骨）、躯干骨数据采集、骨盆数据采集、四肢骨数据采集，四个主要角度对人体骨骼标本的数据采集进行了系统而详细的描述，形成一套完整的人体骨骼标本数据采集标准，使标本的采集及收录有所依照。

学科类别：基础医学

数据格式：.doc

数据负责人：张继宗

来源项目：法医人类学信息资源调查

（295）《现代人体骨骼标本图像库》图像采集标准

数据编号：2006FY231100-07-2015120407

数据时间：2006～2008 年

数据地点：全国

数据类型：文献资料

数据内容：该标准从颅骨图像采集、躯干骨图像采集、四肢骨图像采集，三个主要角度对人体骨骼标本的图像采集进行了系统而详细的描述，形成一套完整的人体骨骼标本图像采集标准，使标本的采集及收录有所依照。

学科类别：基础医学

数据格式：.doc

数据负责人：张继宗

来源项目：法医人类学信息资源调查

（296）现代人骨骼信息数据库

数据编号：2006FY231100-08-2015120408

数据时间：2006～2008 年

数据地点：全国

数据类型：科学数据

数据内容：从现有标本库中选择保存情况完好的骨骼标本，按照现代人体骨骼标本数据库数据采集标准，及现代人体骨骼标本图像库图像采集标准进行拍照、测量后建立的现代人骨骼信息数据库。

学科类别：基础医学

数据格式：.xls，.jpg

数据负责人：张继宗

来源项目：法医人类学信息资源调查

（297）化石人类骨骼信息数据库

数据编号：2006FY231100-09-2015120409

数据时间：2006～2008 年

数据地点：全国

数据类型：科学数据

数据内容：整理国内著名的人类化石标本，进行分类描述。然后根据建库的需要，对标本进行了测量及拍照。以《人体测量手册》为基础，使用标准化的方法，整理人类化石骨骼标本，制定化石人类标本的拍摄方法及标准内容，在统一的拍摄条件下建立化石人类骨骼信息数据库。

学科类别：基础医学

数据格式：.xls，.jpg

数据负责人：张继宗

来源项目：法医人类学信息资源调查

（298）墓葬人体骨骼信息数据库

数据编号：2006FY231100-10-2015120410

数据时间：2006～2008 年

数据地点：全国

数据类型：科学数据

数据内容：对现有标本库房内保存的近百个考古遗址中的标本的体骨和颅骨进行拍照、测量，建立墓葬人体骨骼信息数据库。

学科类别：基础医学

数据格式：.xls，.jpg

数据负责人：张继宗

来源项目：法医人类学信息资源调查

6. 2007 年立项项目数据资料编目

（299）2008～2012 年青藏高原地区野生植物种质调查期间植物种子及 DNA 资源数据

数据编号：2007FY110100-01-2014072501

数据时间：2008～2012 年

数据地点：中国西南野生生物种质资源库

数据类型：文献资料

数据内容："青藏高原特殊生境下野生植物种质资源的调查与保存"项目开展期间采集的野生植物种质资源数据，包括种子、DNA 材料等。材料均交予中国西南野生生物种质资源库进行保存。该数据 2008～2012 年共收集到 15 个专题组，144 批次，21 854 号，32 893 份种质资源的野外采集数据，其中 15 386 份为种子，17 507 份为 DNA 材料。合计 176 科 1119 属 5381 种，包含 21 854 号，30 422 张实物照片（号数和份数是一对多的关系）。

学科类别：植物学

数据格式：.xls，.jpg

数据负责人：杨湘云

来源项目：青藏高原特殊生境下野生植物种质资源的调查与保存

（300）2008～2012 年青藏高原地区野生植物种质调查期间植物标本资源数据

数据编号：2007FY110100-02-2014101302

数据时间：2008～2012 年

数据地点：中国西南野生生物种质资源库

数据类型：文献资料

数据内容："青藏高原特殊生境下野生植物种质资源的调查与保存"项目开展期间采集的野生植物标本资源数据，包括种子、DNA 材料、标本等。材料均交予中国西南野生生物种质资源库进行保存。该数据从 2008～2012 年共收集到 15 个专题组，144 批次，21 854 号，采集完整标本 76 433 份。合计 176 科 1119 属 5381 种，包含 21 854 号，30 422 张实物照片（号数和份数是一对多的关系）。数据包括：ID，资源编号，种质名称，种中文名，属名，种质外文名，科名，原产地，省（自治区、直辖市），国家，资源类型，主要特性，主要用途，气候带，图像，记录地址。

学科类别：植物学

数据格式：.xls，.jpg

数据负责人：杨湘云

来源项目：青藏高原特殊生境下野生植物种质资源的调查与保存

（301）2008～2012 年青藏高原地区野生植物资源整合数据库

数据编号：2007FY110100-03-2014101303

数据时间：2008～2012 年

数据地点：中国西南野生生物种质资源库

数据类型：软件工具

数据内容："青藏高原特殊生境下野生植物种质资源的调查与保存"项目开展期间采集的野生植物标本资源数据，包括种子、DNA 材料、标本等。

学科类别：植物学

数据格式：.mdb

数据负责人：杨湘云

来源项目：青藏高原特殊生境下野生植物种质资源的调查与保存

（302）《横断山高山冰缘带种子植物》专著

数据编号：2007FY110100-04-2014101404

数据时间：2008～2014 年

数据地点：中国西南野生生物种质资源库

数据类型：文献资料

数据内容：《横断山高山冰缘带种子植物》共收载横断山高山冰缘带种子植物 48 科，168 属，942 种（包括种下单位），并附有植物分布图 167 幅（665 种），植物照片 779 张（536 种）。每个分类群涵盖中文名、拉丁学名、重要异名、生活型、花色、花果期、染色体数目、海拔范围、生境、分布地点、凭证标本、分布图及参考文献。

学科类别：植物学

数据格式：.pdf

数据负责人：杨湘云

来源项目：青藏高原特殊生境下野生植物种质资源的调查与保存

（303）《小孤山——辽宁海城史前洞穴遗址综合研究》

数据编号：2007FY110200-06-2015020206

数据时间：1981～2009 年

数据地点：辽宁省海城市小孤山

数据类型：文献资料

数据内容：该书是关于辽宁海城小孤山史前洞穴遗址的综合研究报告。小孤山遗址自 20 世纪 80 年代以来做过多次发掘，从下部堆积层出土了上万件石制品、一批制作精美的骨角制品和由 40 个种组成的含猛犸象-披毛犀的晚更新世哺乳动物群，同位素测定其年代为距今 8 万～1.7 万年，涵盖旧石器中期和晚期。从上部地层中发现新石器人类骨架和陶片、磨制石器等文化遗物，同位素年代为距今 9000～4000 年。

学科类别：人类学

数据格式：.pdf

数据负责人：刘武

来源项目：中国古人类遗址、资源调查与基础数据采集、整合

（304）《盘县大洞》

数据编号：2007FY110200-07-2015020207

数据时间：1990～2012 年

数据地点：贵州省盘县

数据类型：文献资料

数据内容：该书是关于中国南方旧石器初期遗址——贵州盘县大洞 1990 年发现以来的综合研究报告，以 1996 年开始的中美合作考察为主。全书内容涵盖了地质、地理、古生物、古人类、旧石器考古、年代学、埋藏学和古环境等方面。其中一批原创性成果对东亚南部中更新世大熊猫-剑齿象动物群所代表的气候环境、早期人类从直立人向现代智人过渡时期的体质进化和文化发展特征、中国南北及旧大陆东西方文化对比，以及遗址埋藏学研究等诸多当今学术界关注的问题均提出了有启发意义和重要参考价值的见解。

学科类别：人类学

数据格式：.pdf

数据负责人：刘武

来源项目：中国古人类遗址、资源调查与基础数据采集、整合

（305）*Le site de Longgupo*（法文版）

数据编号：2007FY110200-08-2015020208

数据时间：1975～2011 年

数据地点：重庆市巫山县庙宇镇龙骨坡

数据类型：文献资料

数据内容：该书分别从龙骨坡的研究历史、地质与地貌环境、地层序列与年代数据、石制品材料、综合研究等多个方面总结概述了龙骨坡遗址的研究历史与现状。

学科类别：人类学

数据格式：.pdf

数据负责人：刘武

来源项目：中国古人类遗址、资源调查与基础数据采集、整合

（306）《和县猿人》

数据编号：2007FY110200-09-2015020209

数据时间：1980～2012 年

数据地点：安徽省和县

数据类型：文献资料

数据内容：该书生动地讲述了和县猿人被发现的故事，为您展现和县猿人的家园——一个有山地、森林、河流、沼泽、草地的史前动物世界。掩卷遐想，留在读者脑海中的不只是百转千回的考古推理与目不暇接的入门知识，还有那个美妙的远古世界。

学科类别：人类学

数据格式：.pdf

数据负责人：刘武

来源项目：中国古人类遗址、资源调查与基础数据采集、整合

（307）《水洞沟——穿越远古与现代》

数据编号：2007FY110200-10-2015020210

数据时间：1923～2011 年

数据地点：宁夏灵武市临河镇水洞沟村

数据类型：文献资料

数据内容：水洞沟遗址是我国著名的旧石器时代晚期遗址，该遗址发现的石制品反映的曾经在该遗址生存的史前人类与西方史前人类存在着杂交和变异。是研究东亚地区史前人类生活、演化、发展的重要资料。该书是对以往对该遗址所做的考古工作的回顾和总结，在总结前人工作的基础上，汇报了近些年新的研究成果。以平实的描写和生动的图片为主，对考古学、特别是史前考古学进行了大众科普。

学科类别：人类学

数据格式：.pdf

数据负责人：刘武

来源项目：中国古人类遗址、资源调查与基础数据采集、整合

（308）《三峡远古人类的足迹》

数据编号：2007FY110200-11-2015020211

数据时间：1997～2010 年

数据地点：三峡地区

数据类型：文献资料

数据内容：该书汇总了 1997 年以来三峡工程淹没及迁建区旧石器时代考古发掘与科研成果，运用现代旧石器考古学的理论与方法，从多个方面对这一地区的旧石器考古学文化进行了深入分析与研究，勾画出该地区旧石器时代至新石器时代早期考古学文化的发展脉络框架。

学科类别：人类学

数据格式：.pdf

数据负责人：刘武

来源项目：中国古人类遗址、资源调查与基础数据采集、整合

（309）《水洞沟遗址的发掘与研究——2003～2007 年度考古报告》

数据编号：2007FY110200-12-2015020212

数据时间：1923～2013 年

数据地点：宁夏灵武市临河镇水洞沟村

数据类型：文献资料

数据内容：该书是对宁夏水洞沟一处重要的旧石器时代晚期遗址 2003～2007 年度发掘与研究的系统报告。报告分十章全面阐述了水洞沟遗址群的发现与研究历史及其学术意义；介绍了遗址的地质、地层、年代和环境背景；对第 2、3、4、5、7、8、9、12 诸地点的发掘过程，遗物遗迹埋藏与分布情况，文化遗存（石制品、骨制品、装饰品、用火遗迹和动物化石等）的类型、组合、形态、技术特征和原料利用情况做了详细观测描述；对重要地点的居址空间利用、石器功能、石料热处理、特殊用火方式、动物资源利用、骨器制作与用途、装饰品生产工艺、人类刻画符号等方面开展了科技考古专题分析；并对末次冰期后段遗址区乃至东北亚古人群的生存适应、迁徙流动、食物资源利用上的广谱革命、现代人起源与扩散等重大理论问题做了阐释和探讨。

学科类别：人类学

数据格式：.pdf

数据负责人：刘武

来源项目：中国古人类遗址、资源调查与基础数据采集、整合

（310）《破译史前人类的技术与行为——石制品分析》

数据编号：2007FY110200-13-2015020213

数据时间：2015 年

数据地点：世界

数据类型：文献资料

数据内容：《破译史前人类的技术与行为：石制品分析》（Lithic Analysis）是一部关于史前考古学研究方法的经典佳作，是全球最大的科技出版机构——施普林格（Spinger）出版集团的"考古学方法、理论和技术手册"丛书其中的一部。该书是对史前（对历史时期的同类分析同样适用）人类制作和使用的石器（含打制和磨制者）及其附属产品开展原料、类型、技术、功能等方面研究的入门指导手册。翻译该书，希望能为提升青年考古从业者的石器研究能力，提高我国史前考古的研究水平，加快与国际接轨的步伐，做一些力所能及的事情。

学科类别：人类学

数据格式：.pdf

数据负责人：刘武

来源项目：中国古人类遗址、资源调查与基础数据采集、整合

（311）2008～2012 年东北森林植物样地记录总表数据

数据编号：2007FY110400-01-2014080301

数据时间：2008～2012 年

数据地点：东北森林区域

数据类型：科学数据

数据内容：2008～2012 年东北森林植物种质资源调查中获得的森林样地基本数据，其是所有调查数据的基础，记述林相特征、林分生长现状、地形地貌、林分与林地权属、地理位置等。数据包括：样地编号，自然度，群落名称，区域，调查者，调查时间范围，文件编号，纬度，经度，海拔，坡度，坡向，坡位，土壤紧实度，林分结构照片编号，文件号，优势树种，优势灌木，优势草本，描述，样地设置简图，记录者，调查日期，调查类型，修改日期等。数据集共 3182 条记录。

学科类别：植物学

数据格式：.xls

数据负责人：韩士杰

来源项目：东北森林植种质资源专项调查

（312）2008～2012 年东北森林植物样地乔木数据

数据编号：2007FY110400-02-2014080302

数据时间：2008～2012 年

数据地点：东北森林区域

数据类型：科学数据

数据内容：2008～2012 年东北森林植物种质调查样地乔木层物种调查数据，其以小样方为单位编组，记录乔木层物种的生长与分布格局。数据包括：样地编

号，植物编号，小样方号，胸径，基径，树高，枝下高，物候期，生活力，备注，记录者，记录日期，修改日期等。数据集共 585 969 条记录。

　　学科类别：植物学

　　数据格式：.xls

　　数据负责人：韩士杰

　　来源项目：东北森林植种质资源专项调查

（313）2008～2012 年东北森林植物样地灌木数据

　　数据编号：2007FY110400-03-2014080303

　　数据时间：2008～2012 年

　　数据地点：东北森林区域

　　数据类型：科学数据

　　数据内容：2008～2012 年东北森林植物种质调查样地灌木层物种调查数据，其以小样方为单位编组，记录灌木层物种的生长与分布格局。数据包括：样地编号，植物编号，小样方号，平均高，丛径，多度，盖度，物候期，生活力，备注，记录者，记录日期，修改日期等。数据集共 63 453 条记录。

　　学科类别：植物学

　　数据格式：.xls

　　数据负责人：韩士杰

　　来源项目：东北森林植种质资源专项调查

（314）2008～2012 年东北森林植物样地草本数据

　　数据编号：2007FY110400-04-2014080304

　　数据时间：2008～2012 年

　　数据地点：东北森林区域

　　数据类型：科学数据

　　数据内容：2008～2012 年东北森林植物种质调查样地草本层物种调查数据，其以小样方为单位编组，记录草本层物种的生长与分布格局。数据包括：样地编号，植物编号，小样方号，平均高，多度，多度编号，盖度，物候期，生活力，备注，记录者，记录日期，修改日期等。数据集共 107 296 条记录。

　　学科类别：植物学

　　数据格式：.xls

　　数据负责人：韩士杰

　　来源项目：东北森林植种质资源专项调查

（315）2008～2012 年东北森林植物样方周边踏查数据

　　数据编号：2007FY110400-05-2014080305

数据时间：2008～2012 年

数据地点：东北森林区域

数据类型：科学数据

数据内容：2008～2012 年东北森林植物种质调查期间记录的样方周边区域随机行进间获得的植物物种组成，调查着重特殊生境及小规模群丛的物种。数据包括：样地编号，植物名称编号，平均高，多度，紧实度，群落类型，备注，记录者，记录日期，修改日期等。数据集共 1 775 条记录。

学科类别：植物学

数据格式：.xls

数据负责人：韩士杰

来源项目：东北森林植种质资源专项调查

（316）2008～2012 年东北森林植物样地周边早春植物踏查数据

数据编号：2007FY110400-06-2014080306

数据时间：2008～2012 年

数据地点：东北森林区域

数据类型：科学数据

数据内容：2008～2012 年东北森林植物种质调查样地周边早春植物踏查数据记录样地周边 100m 距离内踏查过程中获得的早春短命类及类短命类植物（4～6月）即时生长状态。数据包括：样地编号，早春植物编号，平均高，多度，聚生度，平均花（果）数，备注，记录者，记录日期，修改日期等。数据集共 4051条记录。

学科类别：植物学

数据格式：.xls

数据负责人：韩士杰

来源项目：东北森林植种质资源专项调查

（317）2008～2012 年东北森林植物样地早春植物数据

数据编号：2007FY110400-07-2014080307

数据时间：2008～2012 年

数据地点：东北森林区域

数据类型：科学数据

数据内容：2008～2012 年东北森林植物种质调查样地（样地内）早春短命类及类短命类植物调查数据，其以小样方为单位编组，记录 4～6 月早春物种的生长与分布格局。数据包括：样地编号，早春植物编号，小样方号，平均高，多度，盖度，平均花（果）数，根鲜重，茎鲜重，叶鲜重，花序鲜重，果实鲜重，备注，记录者，记录日期等。数据集共 107 823 条记录。

数据类别：植物学

数据格式：.xls

数据负责人：韩士杰

来源项目：东北森林植种质资源专项调查

（318）1989 年东北药用植物数据

数据编号：2007FY110400-08-2014080308

数据时间：1989 年

数据地点：东北全境

数据类型：科学数据

数据内容：东北药用植物收录记载了东北千余种药用植物的种中文名，别名，拉丁名，形态特征，生境，分布，产地，成分，应用，附方，备注等。为典籍性数据，完全开放共享。

学科类别：植物学

数据格式：.xls

数据负责人：韩士杰

来源项目：东北森林植种质资源专项调查

（319）1961 年吉林省经济植物数据

数据编号：2007FY110400-09-2014080309

数据时间：1961 年

数据地点：吉林省全境

数据类型：科学数据

数据内容：东北经济植物的主要工业用途，记录了 400 种植物的植物编码，种中文名，种拉丁名，别名，科中文名，科拉丁名，属中文名，属拉丁名，经济利用类型，形态特征，生境，产地，用途，理化性质，采收处理，加工，繁殖，产量，最新研究成果，数据来源，备注等。为典籍性数据，完全开放共享。

学科类别：植物学

数据格式：.xls

数据负责人：韩士杰

来源项目：东北森林植种质资源专项调查

（320）2008～2012 年东北维管束植物物种名录

数据编号：2007FY110400-10-2014080310

数据时间：2008～2012 年

数据地点：东北全境

数据类型：科学数据

数据内容：依据东北植物检索表和辽宁植物志整理编目的东北维管束植物名录，包括植物编号，中文名，拉丁名，属，科，内容，图版等信息。为典籍性数据集，数据共 5 040 条，完全开放共享。

学科类别：植物学

数据格式：.xls

数据负责人：韩士杰

来源项目：东北森林植种质资源专项调查

（321）2008～2012 年东北各山系森林植物种质资源名录

数据编号：2007FY110400-11-2014080411

数据时间：2008～2012 年

数据地点：东北森林区域

数据类型：科学数据

数据内容：根据历史标本、历史文献和本项目调查数据编制的主要分布于东北森林区域的种质资源物种目录，包括：序号，物种名称，种拉丁名，山系分布等。为典籍性数据集，共 2325 条记录，数据完全开放共享。

学科类别：植物学

数据格式：.xls

数据负责人：韩士杰

来源项目：东北森林植种质资源专项调查

（322）2008～2012 年东北森林植物种质数字化标本

数据编号：2007FY110400-12-2014080412

数据时间：2008～2012 年

数据地点：东北森林区域

数据类型：文献资料

数据内容："东北森林植物种质资源专项调查"项目开展期间采集制作的植物标本经图像数字化而成，标本记录了分类信息，还显示了具体的采集地点和空间坐标。

学科类别：植物学

数据格式：.xls

数据负责人：韩士杰

来源项目：东北森林植种质资源专项调查

（323）2008～2012 年东北森林植物种子采集记录

数据编号：2007FY110400-13-2014080413

数据时间：2008～2012 年

数据地点：东北森林区域

数据类型：科学数据

数据内容："东北森林植物种质资源专项调查"项目开展期间采集的野生植物种子，种子经处理提交给国家重大科学装置——中国西南野生生物种质资源库，并保存在中国科学院沈阳应用生态研究所东北生物标本馆和东北林业大学林木遗传育种国家重点实验室。数据包括：ID，中文名称，属名，种本名/种加词　种下名称，科名称，国家，省（自治区、直辖市），采集地点，经度，纬度，海拔，描述，生境，记录地址，保存单位，采集人，采集时间，采集号，标本号，鉴定人，鉴定时间，标本属性，保藏方式，实物状态，共享方式，获取途径，联系人，单位，地址，邮编等，为长期保存的活体数据，完全开放共享。

学科类别：植物学

数据格式：.xls

数据负责人：韩士杰

来源项目：东北森林植种质资源专项调查

（324）2008～2012 年东北林木良种基地分布图

数据编号：2007FY110400-14-2014080414

数据时间：1960～2012 年

数据地点：东北全境

数据类型：科学数据

数据内容：图示东北地区各级良种基地主要树种种子园、母树林、子代林等种质资源的分布。包括分布图，以及基地代码，基地类别，基地名称，基地简称，纬度，经度，基地所属级别等信息。数据集共含 7 份栅格图，数据记录 420 条。数据协议共享。

学科类别：植物学

数据格式：.xls

数据负责人：韩士杰

来源项目：东北森林植种质资源专项调查

（325）2008～2012 年东北森林植物样方周边踏查数据

数据编号：2007FY110400-15-2014080415

数据时间：2008～2012 年

数据地点：东北森林区域

数据类型：科学数据

数据内容：2008～2012 年东北森林植物种质调查期间记录的样方周边 100m

距离内踏查植物物种的组成，调查着重样方内未发现种。数据包括：样地编号，植物名称编号，平均高，多度，紧实度，群落类型，备注，记录者，记录日期，修改日期等。数据集共 13 869 条记录。

学科类别：植物学

数据格式：.xls

数据负责人：韩士杰

来源项目：东北森林植种质资源专项调查

（326）东北森林早春类短命植物种质资源专项调查报告

数据编号：2007FY110400-16-2015012916

数据时间：2008～2012 年

数据地点：东北森林区域

数据类型：文献资料

数据内容：项目根据早春植物特点，在文献和植物志书的查阅的基础上，共收集东北地区森林早春类短命植物 60 种，8 个变种，15 个变型，分属于 8 科、22 属。专项调查 1372 个样点的统计结果，共收集早春类短命植物 45 种、4 变种和 8 个变型，其中毛茛科和罂粟科物种种类占调查物种的 66.67%，为早春类短命植物的主体。报告主要包括早春植物研究现状、调查方法、种类统计及区系特征、资源储量及分布、生境关系探讨等内容。

学科类别：植物学

数据格式：.pdf

数据负责人：韩士杰

来源项目：东北森林植种质资源专项调查

（327）东北森林植物种质资源历史变化趋势报告

数据编号：2007FY110400-17-2015012917

数据时间：2008～2012 年

数据地点：东北森林区域

数据类型：文献资料

数据内容：该报告重点基于大、小兴安岭 20 世纪 80 年代的历史调查样地数据，与本次调查进行对比，探讨主要群落类型下植物种质组成的变化。分析了平贝母、东北红豆杉、人参、刺参、朝鲜崖柏、刺五加等 6 种濒危植物种质资源的分布区变化、变换原因分析及保护建议。

学科类别：植物学

数据格式：.pdf

数据负责人：韩士杰

来源项目：东北森林植种质资源专项调查

（328）东北森林植物种质资源现状评估报告

数据编号：2007FY110400-18-2015012918

数据时间：2008～2012 年

数据地点：东北森林区域

数据类型：文献资料

数据内容：该报告根据《中国植物志》《黑龙江植物志》《内蒙古植物志》《吉林植物志》《辽宁植物志》等资料，在项目编制的《东北植物种质资源编目数据集》的基础上，根据工作需要进一步编制了东北森林植物种质资源编目数据集，共收集东北森林维管束植物 142 科 683 属 2325 种（含变种、变型等）植物种质，该项目调查共收集到东北林区维管束植物种质 136 科 645 属 1940 种，占编目数据集的 83.44%，其中，裸子植物 6 科 14 属 33 种，分别占东北林区同类别的 100%、93.33%、89.19%；被子植物 112 科 592 属 1829 种。

学科类别：植物学

数据格式：.pdf

数据负责人：韩士杰

来源项目：东北森林植种质资源专项调查

（329）植物种质资源利用与流失状况报告

数据编号：2007FY110400-19-2015012919

数据时间：2008～2012 年

数据地点：东北森林区域

数据类型：文献资料

数据内容：鉴于东北区域林木种质资源的上述现状，提出了东北内蒙古地区经济植物种质资源保存今后的工作的重点，主要有 3 个方面：①持续开展主要经济植物种质资源的收集、保存与可持续利用的理论与技术；②加强经济植物种质资源信息平台建设；③提高经济植物种质创新与新品种培育工作力度。

学科类别：植物学

数据格式：.pdf

数据负责人：韩士杰

来源项目：东北森林植种质资源专项调查

（330）中国东北珍稀濒危植物保护利用评估报告

数据编号：2007FY110400-20-2015012920

数据时间：2008～2012 年

数据地点：东北森林区域

数据类型：文献资料

数据内容：评估范围包括黑龙江、吉林、辽宁三省以及内蒙古自治区东部的呼伦贝尔市、通辽市、赤峰市和兴安盟。该报告以县级行政区域为基本单位进行评估。该报告中的'市'是指县级市和地级市城市建成区，地级市城市建成区和县同样统计。评估区域内共有 219 个县级行政区域。

学科类别：植物学

数据格式：.pdf

数据负责人：韩士杰

来源项目：东北森林植种质资源专项调查

（331）东北森林植物种质资源优先保护建议报告

数据编号：2007FY110400-21-2015012921

数据时间：2008～2012 年

数据地点：东北森林区域

数据类型：文献资料

数据内容：该报告从区域、群落、物种和遗传多样性四个层次分析了东北森林植物种质资源优先保护顺序。

学科类别：植物学

数据格式：.pdf

数据负责人：韩士杰

来源项目：东北森林植种质资源专项调查

（332）东北林木良种基地种质资源收集、保存和利用现状评估报告

数据编号：2007FY110400-22-2015012922

数据时间：2008～2012 年

数据地点：东北森林区域

数据类型：文献资料

数据内容：对东北三省及内蒙古自治区东部地区 150 个林木良种基地种子园、子代测定林、收集区及母树林等种质资源进行了资料收集与实际调查，基本摸清了良种基地资源结构与动态变化，选出一批优异种质资源，对良种应用进行了初步分析，提出良种基地发展的建议。

学科类别：植物学

数据格式：.pdf

数据负责人：韩士杰

来源项目：东北森林植种质资源专项调查

（333）东北森林植物种质资源调查报告

数据编号：2007FY110400-23-2015012923

数据时间：2008～2012 年

数据地点：东北森林区域

数据类型：文献资料

数据内容：在项目专家组指导下，依据项目顶层设计的《东北森林植物种质资源调 查工作手册》，按照长白山、大兴安岭、小兴安岭、张广才岭、完达山、龙岗山、辽西山地以及林木良种基地，分别就区域森林植物种质资源本底开展系统调查、科学研究及平台建设等工作。围绕植物种质资源和生境（群落结构、土壤等）本底，进行了 2002 个均匀布点的 30m×30m 样方和典型样线（植被和群落过渡带）群落的普遍调查（乔木、灌木、草本生长状况，个体和群落生境，物种丰富度-盖度和优势度），以及以找物种为目的的调查。

学科类别：植物学

数据格式：.pdf

数据负责人：韩士杰

来源项目：东北森林植种质资源专项调查

（334）东北森林植物种质与生境数据库和网络发布平台建设

数据编号：2007FY110400-24-2015012924

数据时间：2008～2012 年

数据地点：东北森林区域

数据类型：文献资料

数据内容：数据库建设和数据共享平台，以中国东北森林维管束植物为对象，体现出专项调查、历史资料整编的时间动态和区域、县域、群落、个体的空间格局。网站在展示"中国东北种质与生境调查数据库"同时，还加载了开发的网页版东北植物检索表和东北植物图文数据库，以此为基础制作了东北植物综合鉴定与物种图像管理系统，以及控制和保障数据质量的自主开发的单机版和网络版的调查数据录入软件。

学科类别：植物学

数据格式：.pdf

数据负责人：韩士杰

来源项目：东北森林植种质资源专项调查

（335）中国东北森林植物种质图志等专著

数据编号：2007FY110400-25-2015012925

数据时间：2008～2012 年

数据地点：东北森林区域

数据类型：文献资料

数据内容：包括《中国东北森林植物种质图志》《长白山植物图谱》《小兴安岭野生经济植物原色图鉴》《长白山木本植物冬态图谱》《东北生物标本馆维管束植物模式标本考订》等。

学科类别：植物学

数据格式：.pdf

数据负责人：韩士杰

来源项目：东北森林植种质资源专项调查

（336）近 30 年来中国沿海地区农作物种质资源普查数据

数据编号：2007FY110500-01-2014092301

数据时间：1973～2010 年

数据地点：海南、广东、福建、浙江、重庆

数据类型：文献资料

数据内容：农作物种质资源普查：制定统一普查材料，下发各调查地区，由当地有关农业部门的普查人员填写汇总上报项目办公室。农作物种质资源调查：根据《农作物种质资源描述规范和数据标准》对采集的样品进行各种信息的登记，包括调查年月日、省市区（县）镇（乡）村、经度、纬度、海拔、作物名称、种质名称、属名、学名、种质类型、生长习性、繁殖习性、播种期、收获期、主要特性、其他特性、种质用途、利用部位、种质分布、种质群落、生态类型、气候带、地形、土壤类型、样品来源、采集部位、样品数量、照片编号等。抗旱耐盐碱鉴定：参照《作物耐盐品种及其栽培技术》进行种质耐盐性鉴定与评价，参照《小麦抗旱性鉴定评价技术规范》国家标准（GB/T 21127—2007）进行种质的抗旱性鉴定与评价。种质抗旱耐盐碱评价均在光照培养箱中进行，每个实验重复三次。箱中进行，每个实验重复三次。报告撰写：根据《科技报告编写规则》（GBT 7713.3—2009）国家标准进行撰写。图集整理：统一照片标准，至少有小生境、单株照片，并根据《农作物种质资源描述规范和数据标准》对作物进行描述。

学科类别：农学

数据格式：.doc

数据负责人：吴普特*

来源项目：西北干旱地区农业经济用水量调查

（337）2007～2012 年中国沿海地区农作物种质资源调查数据

数据编号：2007FY110500-02-2015020402

数据时间：2007～2012 年

数据地点：北京，辽宁，河北，天津，山东，江苏，浙江，福建，广东，广西

数据类型：文献资料

数据内容：在普查的基础上，全面调查沿海地区农作物种质资源的种类、分布、濒危状况、伴生植物、生物学特性等，采集各类资源所在地的地形、地貌、植被类型和覆盖率、海拔、经纬度、气温、积温、降水量及土壤类型和盐碱度等信息。总共对 3609 份种质资源进行了调查。

学科类别：农学

数据格式：.xls

数据负责人：张辉[*]

来源项目：沿海地区抗旱耐盐碱优异性状农作物种质资源调查

（338）2007～2012 年中国沿海地区农作物种质资源综合调查报告

数据编号：2007FY110500-03-2015020403

数据时间：2007～2012 年

数据地点：北京，辽宁，河北，天津，山东，江苏，浙江，福建，广东，广西

数据类型：文献资料

数据内容：立项背景，项目的目标、任务及考核指标，项目实施方案与组织管理，项目完成情况，项目主要进展，项目取得成果，沿海地区资源分布及其演变规律，收集资源的共享与利用，存在的问题等。根据《科技报告编写规则》（GBT 7713.3—2009）国家标准进行撰写。

学科类别：农学

数据格式：.doc

数据负责人：张辉[*]

来源项目：沿海地区抗旱耐盐碱优异性状农作物种质资源调查

（339）2007～2012 年中国沿海地区农作物种质资源有效保护和高效利用的战略报告

数据编号：2007FY110500-04-2015020404

数据时间：2007～2012 年

数据地点：北京，辽宁，河北，天津，山东，江苏，浙江，福建，广东，广西

数据类型：文献资料

数据内容：建立稳定的农作物种质资源保护机制；因地制宜调整农业（种植）结构，发展特色农业；加强野生种质资源的原生境保护；加强濒临灭绝物种保护；

分类管理，加强常规资源的保护；重视种质资源的异地保护的建设。加强优异特色种质资源的直接应用，包括性状优异的特色种质资源可加强直接应用；抗旱耐盐种质的生产栽培利用；作物种质资源改良利用研究；沿海地区盐碱地生物改良；全面开展作物种质资源创新利用研究；加强沿海优异资源的深入鉴定评价与共享利用；植物耐盐性的遗传改良；耐盐基因的克隆与利用。

学科类别：农学

数据格式：.doc

数据负责人：张辉*

来源项目：沿海地区抗旱耐盐碱优异性状农作物种质资源调查

（340）2007～2012 年中国沿海地区抗旱耐盐碱优异性状农作物种质资源图集

数据编号：2007FY110500-05-2015020405

数据时间：2007～2012 年

数据地点：北京，辽宁，河北，天津，山东，江苏，浙江，福建，广东，广西

数据类型：多媒体

数据内容：2007～2012 年，项目组经过多方走访、查询、搜集、现场采集、定位、拍摄等多种调查方式，完成沿海地区资源的普查、调查工作，经过详细记载、收集、拍摄、整理，得到了沿海地区采集农作物种质资源基础样本资源图片372 张。

学科类别：农学

数据格式：.doc

数据负责人：张辉*

来源项目：沿海地区抗旱耐盐碱优异性状农作物种质资源调查

（341）2007～2012 年中国沿海地区抗旱耐盐碱优异性状农作物种质标本资源

数据编号：2007FY110500-06-2015020406

数据时间：2007～2012 年

数据地点：北京，辽宁，河北，天津，山东，江苏，浙江，福建，广东，广西

数据类型：文献资料

数据内容：对采集到的 1558 份沿海地区农作物种质资源基础样本进行系统整理，编制目录；以种子繁殖的作物，繁殖足够量的种子，入国家库保存，多年生和无性繁殖作物，入国家种质圃保存。

学科类别：农学

数据格式：.xls

数据负责人：张辉*

来源项目：沿海地区抗旱耐盐碱优异性状农作物种质资源调查

（342）2007～2012 年中国抗旱、耐盐碱等性状突出的优异资源

数据编号：2007FY110500-07-2015020407

数据时间：2007～2012 年

数据地点：北京，辽宁，河北，天津，山东，江苏，浙江，福建，广东，广西

数据类型：文献资料

数据内容：根据《农作物种质资源描述规范和数据标准》，在田间和实验室，通过传统方法与现代技术相结合，筛选具有抗旱、耐盐碱等突出性状的优异资源233 份。

学科类别：农学

数据格式：.xls

数据负责人：张辉*

来源项目：沿海地区抗旱耐盐碱优异性状农作物种质资源调查

（343）2008～2012 年全国 73 种药用植物静态调查报告

数据编号：2007FY110600-01-2014072501

数据时间：2008～2012 年

数据地点：云南、广西、江西、湖南、湖北、广东、吉林、辽宁、新疆、内蒙古、河北、安徽、四川等省

数据类型：文献资料

数据内容：数据来自于该项目组第一手调查资料，其包含了甘草、粗毛淫羊藿、当归、平贝母、单叶蔓荆子、赤芍、罗汉果、冬虫夏草、白木香、凹叶厚朴、香附、伊贝母、人参、胡黄连、黄芩、南苍术、望春花、山茱萸、巴戟天、鸡血藤、管花肉苁蓉、桃儿七、北细辛、中麻黄、贴梗海棠、滇龙胆、八角莲、鼓槌石斛、穿心莲、蒙古黄芪、膜荚黄芪、峨眉黄连、刺五加、白芨、条叶龙胆、蔓性千斤拔、猪苓、黄精、多序岩黄芪、马蓝（板蓝）、高良姜、粗茎秦艽、广藿香、白钩藤、越南槐（山豆根）、半夏、何首乌、黄褐毛忍冬、柴胡、竹节参、金毛狗脊、穿龙薯蓣、北五味子等药用植物的调查。

学科类别：中药学

数据格式：.doc

数据负责人：陈美兰

来源项目：珍稀濒危和大宗常用药用植物资源调查

（344）2008～2012 年全国 12 种药用植物动态调查报告

数据编号：2007FY110600-02-2014072502

数据时间：2008～2012 年

数据地点：贵州、广西、内蒙古、辽宁、甘肃、吉林省、广东、四川

数据类型：文献资料

数据内容：数据来自于该项目组的第一手调查资料，包含了当归、甘草、秦艽、赤芍、中麻黄、北细辛、滇重楼、粗毛淫羊藿、平贝母、千斤拔、桃儿七、高良姜资源动态调查报告。调查报告主要包括以下内容动态调查路线、调查方法、调查结果，其中调查结果中包含有自然更新观测结果和人工更新观测结果，更新结果分析等。

学科类别：中药学

数据格式：.doc

数据负责人：陈美兰

来源项目：珍稀濒危和大宗常用药用植物资源调查

（345）2008～2012 年全国 6 种药用植物基于 3S 技术资源调查报告

数据编号：2007FY110600-03-2014072503

数据时间：2008～2012 年

数据地点：河南、广西、内蒙古

数据类型：文献资料

数据内容：根据不同种类的药用植物，在前期调查的基础上，运用 3S 技术对山药、地黄、牛膝、菊花、青蒿、赤芍药用植物资源进行调查。通过上述研究，应用"植被指数"提取野生芍药的空间分布面积，应用"分层抽样"方法获取野生广布种分布面积，应用"光谱特征值"获取栽培药材种植面积，结合地面调查，估算药材的蕴藏量的估算方法。同时基于药材分布、生长和质量等特征进行区划的方法，获得了 6 种药用植物的蕴藏量和分布区。

学科类别：中药学

数据格式：.doc

数据负责人：陈美兰

来源项目：珍稀濒危和大宗常用药用植物资源调查

（346）2007～2011 年全国 5 个重点药材市场调查报告

数据编号：2007FY110600-04-2014072504

数据时间：2007～2011 年

数据地点：江西樟树、四川荷花池、安徽亳州、河北安国、河南白泉

数据类型：文献资料

数据内容：数据来自于该项目组的第一手调查资料，包含了河北安国药材市场调查报告、江西樟树药材市场调查报告、河南百泉药材市场调查报告、四川荷

花池市场调查报告、安徽亳州市场调查报告，报告内容包括市场概况、近 5 年市场中药材品种（所有）的总体情况（种类、资源类型、伪品、正品等级）、2007～2011 年常用大宗和珍稀濒危中药材的总体销售情况（分等级介绍资源来源、销售量、销售价格等）、结果分析总结。

学科类别：中药学

数据格式：.doc

数据负责人：陈美兰

来源项目：珍稀濒危和大宗常用药用植物资源调查

（347）2007～2011 年全国 5 个重点中药材市场目录数据库

数据编号：2007FY110600-05-2014072505

数据时间：2007～2011 年

数据地点：河北安国、河南白泉、江西樟树、安徽亳州、四川荷花池

数据类型：文献资料

数据内容：数据来自于该项目组的第一手调查资料，包含了 300 多种常用和珍稀濒危中药材的基本销售信息，主要包括药材中文名、基源、拉丁名、地方习用名、功效、药用部位、主流品种来源、伪品的来源、地方代用品的资源来源、近 5 年的市场销售量、近 5 年的市场价格。

学科类别：中药学

数据格式：.doc，.xls

数据负责人：陈美兰

来源项目：珍稀濒危和大宗常用药用植物资源调查

（348）2008～2012 年全国珍稀濒危和常用药用植物资源静态调查数据库

数据编号：2007FY110600-06-2014072506

数据时间：2008～2012 年

数据地点：云南、广西、江西、湖南、湖北、广东、吉林、辽宁、新疆、内蒙古、河北、安徽、四川等省（自治区）

数据类型：文献资料

数据内容：该数据库是在线共享系统，数据来自于本项目组的第一手调查资料，其包含 73 个药用植物的静态调查数据、包括野生资源样方调查表、企业资源走访调查表、社会环境走访调查表、市场销售走访调查表、样地蕴藏量统计表、药用植物蕴藏量表、野生资源生长的主要立地因子及群落特征现地调查表、野生资源总体实地调查表、野生资源走访调查表、栽培资源总体实地调查表、栽培资源走访调查表。

学科类别：中药学

数据格式：.xls

数据负责人：陈美兰

来源项目：珍稀濒危和大宗常用药用植物资源调查

（349）2008～2012 年全国珍稀濒危和常用药用植物资源动态调查数据库

数据编号：2007FY110600-07-2014102707

数据时间：2008～2012 年

数据地点：贵州、广西、内蒙古、辽宁、甘肃、吉林省、广东、四川

数据类型：文献资料

数据内容：该数据库是在线共享系统，数据来自于该项目组的第一手调查资料，其涵盖 12 种药用植物动态调查数据、其内容包括物候期观察记录表、人工更新试验记录表、自然更新观察地季相和生境变化观察记录表、药用植物自然更新观察记录表。

学科类别：中药学

数据格式：.xls

数据负责人：陈美兰

来源项目：珍稀濒危和大宗常用药用植物资源调查

（350）《中国珍稀濒危药用植物资源调查》专著

数据编号：2007FY110600-08-2014112008

数据时间：2004～2009 年

数据地点：贵州、辽宁、广西、四川、云南、黑龙江、福建、安徽、重庆、广州等省（自治区、直辖市）

数据类型：文献资料

数据内容：该书分为总论和各论两部分。总论部分包括四章：第一章介绍了药用植物资源的概念、研究范围、分类、特点、现状及存在的问题等。第二章主要介绍药用植物资源调查的相关内容和方法等。第三章和第四章主要介绍药用植物保护现状、方法、存在的问题、受威胁及优先保护评价体系等方面的相关知识。各论部分主要介绍 55 种代表性珍稀濒危药用植物资源的现状、存在的问题以及保护对策。各具体品种按照濒危等级来进行分类的。

学科类别：中药学

数据格式：.doc

数据负责人：陈美兰

来源项目：珍稀濒危和大宗常用药用植物资源调查

（351）2008～2012 年秦巴山区苔藓植物门标本数字化信息数据

数据编号：2007FY110800-01-2014072201

数据时间：2008～2012 年

数据地点：秦巴山区

数据类型：文献资料

数据内容：项目执行期间新采集的苔藓植物门标本。2008～2013 年，数据记录 4066 条。数据量为 563kB。由于苔藓植物个体很小，数码相机照片拍摄没有意义，因此苔藓植物的数字化不提供数码照片。包含了馆名、标本类型、标本状态等 26 个数据项。

学科类别：植物学

数据格式：.xls，.jpg

数据负责人：王得祥

来源项目：秦巴山区生态群落与生物种质资源调查

（352）2008～2012 年秦巴山区蕨类植物门标本数字化信息数据

数据编号：2007FY110800-02-2014072202

数据时间：2008～2012 年

数据地点：秦巴山区

数据类型：文献资料

数据内容：该数据集包含了标本的所有采集信息、物种信息。项目执行期间新采集的标本。时间从 2008～2013 年，数据记录 1081 条，765 张数码照片；"历史标本.xlsx"文件是项目组搜集整理的秦巴山区的历史标本，主要是根据西北农林科技大学植物标本馆藏标本进行分类、鉴定、整理并数字化后得到的结果，时间从 1932 年直至 2008 年。记录总数：5184，5122 张照片。整个数据集数据量为 2.34GB。集包括了馆名、标本类型、标本状态、采集者等 26 个数据项。

学科类别：生态学

数据格式：.xls，.jpg

数据负责人：王得祥

来源项目：秦巴山区生态群落与生物种质资源调查

（353）1995～2007 年秦巴山区土壤背景数据

数据编号：2007FY110800-05-2014072205

数据时间：1995～2007 年

数据地点：秦岭、巴山

数据类型：文献资料

数据内容：该数据集整理和收集了 1∶50 万和 1∶100 万秦巴土壤图及其属性表，由 1∶50 万陕西省土壤图和中国西部环境与生态科学数据中心提供的 1∶100 万中国土壤图合并而成，陕西省境内的土壤图比例尺为 1∶50 万，周边地区比例尺为 1：100 万，带有 Arcgis 工程文件及土壤属性表数据。数据量 73MB。

　　学科类别：土壤学

　　数据格式：.xls，.doc，.shp

　　数据负责人：白红英

　　来源项目：秦巴山区生态群落与生物种质资源调查

（354）1959～2010 年秦巴山区温度降水数据

　　数据编号：2007FY110800-06-2014072206

　　数据时间：1959～2010 年

　　数据地点：秦巴山区

　　数据类型：科学数据

　　数据内容：该数据集整理和收集了 1959～2010 年秦巴山区多年各月均温、多年季平均气温以及多年季平均降水、多年平均降水量的空间分布栅格图，气温分布图单位为℃，降水量分布图单位为 mm。数据集包含秦巴山区月、季、多年平均气温和季、年降水数据分布图的 Arcgis 工程文件及相关属性表，每幅图带有相应的工程文件，可采用 Arcgis 软件打开并进行数据查询。空间分辨率 1000m，数据完整。数据量 246MB。

　　学科类别：大气科学

　　数据格式：.shp，.xls

　　数据负责人：白红英

　　来源项目：秦巴山区生态群落与生物种质资源调查

（355）1959～2009 年秦巴山区水系径流数据

　　数据编号：2007FY110800-07-2014072207

　　数据时间：1959～2009 年

　　数据地点：秦巴山区（102°54′～112°40′E，30°50′～34°59′N）

　　数据类型：科学数据

　　数据内容：该数据集中包含有秦巴水系图以及近 50 年来渭河干流和汉江的主要河流及水文站点水文资料，主要数据项为月径流数据、年平均流量（m³/s）、年径流量；秦巴水系图比例尺为 1：65 万。数据量 13.7MB。

　　学科类别：水文学

　　数据格式：.shp，.xls

　　数据负责人：白红英

　　来源项目：秦巴山区生态群落与生物种质资源调查

（356）《秦巴山区植物志书》

　　数据编号：2007FY110800-08-2014072608

数据时间：2008～2014 年

数据地点：秦岭、巴山

数据类型：文献资料

数据内容：该数据集包括《秦岭植物志第二卷（石松类和蕨类志）》《大巴山地区高等植物名录》《秦岭植物志增补：种子植物》《秦巴山区野生观赏植物》《秦岭野生植物图鉴》5 部志书。数据量 906MB。

学科类别：植物学

数据格式：.pdf，.xls，.jpg

数据负责人：郭晓思

来源项目：秦巴山区生态群落与生物种质资源调查

（357）秦巴山区森林植被对环境变化的响应研究报告

数据编号：2007FY110800-09-2014072609

数据时间：2008～2014 年

数据地点：秦巴山区

数据类型：文献资料

数据内容：该数据集根据项目组在 2008～2014 年搜集和整理的植被、土壤、气候、水文资料，在实地调查的基础上，阐述了秦巴山区生态环境因子的分布特征及近 50 年来气温、降水、径流的变化趋势；秦巴山区归一化植被指数（NDVI）对气候变化的时空响应；秦岭南北坡地区 NDVI 对气候变化响应的差异性、时滞性及敏感性；秦岭植被物候、生长季的变化趋势及应用遥感生长季表征较大尺度物候生长季变化的可能性；人为活动对秦巴山区植被变化的影响及其主要驱动力；并以太白山和神农架林区为例，探讨了气候变化对植被影响的表现及人为活动对气候变化与植被的影响。

学科类别：植物学

数据格式：.pdf

数据负责人：白红英

来源项目：秦巴山区生态群落与生物种质资源调查

（358）2008～2010 年秦巴山区裸子植物门标本数字化信息数据（1）

数据编号：2007FY110800-10-2014110210

数据时间：1932～2012 年

数据地点：秦巴山区

数据类型：文献资料

数据内容：该数据集整理和收集了秦巴山区生态群落与生物种质资源调查项目根据野外调查工作所采集、标准化整理、数字化后的标本信息。标本数据包括

2008～2013 年新采集数据和 2008 年之前的历史标本数据的整理，新采集标本数据记录 222 条，204 张数码照片；历史标本是项目组搜集整理的秦巴山区的历史标本，主要是根据西北农林科技大学植物标本馆藏标本进行分类、鉴定、整理并数字化后得到的结果。包含了标本的采集信息、物种鉴定信息。时间从 1932 年直至 2008 年。记录总数：1207，1200 张照片。

　　学科类别：植物学

　　数据格式：.xls，.jpg

　　数据负责人：郭晓思

　　来源项目：秦巴山区生态群落与生物种质资源调查

（359）2008～2010 年秦巴山区裸子植物门标本数字化信息数据（2）

　　数据编号：2007FY110800-11-2014110211

　　数据时间：1906～2013 年

　　数据地点：秦巴山区

　　数据类型：文献资料

　　数据内容：该数据集整理和收集了秦巴山区生态群落与生物种质资源调查项目根据野外调查工作所采集、标准化整理、数字化后的标本信息。标本数据包括 2006～2013 年新采集数据和 2008 年之前的历史标本数据的整理，数据记录 41 307 条，37 071 张数码照片；历史标本是项目组搜集整理的秦巴山区的历史标本，主要是根据西北农林科技大学植物标本馆藏标本进行分类、鉴定、整理并数字化后得到的结果。包含了标本的采集信息、物种鉴定信息。时间从 1906 年直至 2010 年。记录标本总数为 84 519 条，84 161 张照片。

　　学科类别：植物学

　　数据格式：.xls，.jpg

　　数据负责人：王得祥

　　来源项目：秦巴山区生态群落与生物种质资源调查

（360）2008～2010 年秦巴山区森林群落样地调查数据

　　数据编号：2007FY110800-12-2014110212

　　数据时间：2008～2010 年

　　数据地点：秦巴山区

　　数据类型：文献资料

　　数据内容：秦巴山区森林群落样地调查数据以样地编组，每组数据根据植被类型可能包括乔木层、灌木层、草本层数据，主要记录样地环境、物种组成和群落结构信息；数据包括：样地编号、物种名称及编号、样方号、植株高度、胸径、冠幅、丛径、盖度、频度、株（丛）数、物候期、生活力、备注、记录者、记录日期等。数据集覆盖时间为 2008～2011 年，数据集共 630 个样地记录。

　　学科类别：植物学

　　数据格式：.xls

　　数据负责人：王得祥

　　来源项目：秦巴山区生态群落与生物种质资源调查

（361）2008～2010 年秦巴山区灌丛群落样地调查数据

　　数据编号：2007FY110800-13-2014110213

　　数据时间：2008～2011 年

　　数据地点：秦巴山区

　　数据类型：文献资料

　　数据内容：秦巴山区灌丛群落样地调查数据以样地编组，每组数据根据植被类型可能包括灌木层、草本层数据，主要记录样地环境、物种组成和群落结构信息。数据包括：样地编号、物种名称及编号、样方号、植株高度、胸径、冠幅、丛径、盖度、频度、株（丛）数、物候期、生活力、备注、记录者、记录日期等。时间涵盖 2008～2011 年，数据集共 75 个样地记录。

　　学科类别：植物学

　　数据格式：.xls

　　数据负责人：王得祥

　　来源项目：秦巴山区生态群落与生物种质资源调查

（362）2008～2010 年秦巴山区草地群落样地调查数据

　　数据编号：2007FY110800-14-2014110214

　　数据时间：2008～2011 年

　　数据地点：秦巴山区

　　数据类型：文献资料

　　数据内容：秦巴山区草地群落样地调查数据以样地编组，每组数据主要以草本层数据为主，记录样地环境、物种组成和群落结构信息。数据包括：样地编号、样方号、样方面积、层高度、层盖度、物候期、生活力、备注、记录者、记录日期等。时间涵盖 2008～2011 年，数据集共 21 个样地记录。

　　学科类别：植物学

　　数据格式：.xls

　　数据负责人：王得祥

　　来源项目：秦巴山区生态群落与生物种质资源调查

（363）《1981～2010 年中国农业气候资源数字化图集》综合卷

　　数据编号：2007FY120100-01-2014082101

数据时间：1981～2010 年

数据地点：全国

数据类型：多媒体

数据内容：参照国家地理测绘局中国 1∶400 万地理底图标准，制作中国农业气候资源数字化图集项目数据汇交地图底版（包括省会名称、省市边界、二级河流、国界线、海洋、南海群岛、境外主要国家边界线），电子版出图规则如下：标题—字体样式：黑体，颜色：黑色，字号：36；等值线本身—粗细：13，颜色：Dark Amethyst；等值线标注—字体样式：新罗马，颜色：Dark Amethyst，字号：14；等值线标注字体位置—详细演示；南海群岛等值线标注形式与主图一致；.jpg文件导出以标题名命名，导出的分辨率为 600dpi。

学科类别：气象学

数据格式：.jpg，.doc

数据负责人：梅旭荣*

来源项目：中国农业气候资源数字化图集编制

（364）《1981～2010 年中国农业气候资源数字化图集》作物光温资源卷

数据编号：2007FY120100-02-2014082102

数据时间：1981～2010 年

数据地点：全国

数据类型：多媒体

数据内容：参照国家地理测绘局中国 1∶400 万地理底图标准，制作中国农业气候资源数字化图集项目数据汇交地图底版（包括省会名称、省市边界、二级河流、国界线、海洋、南海群岛、境外主要国家边界线），电子版出图规则如下：标题—字体样式：黑体，颜色：黑色，字号：36；等值线本身—粗细：13，颜色：Dark Amethyst；等值线标注—字体样式：新罗马，颜色：Dark Amethyst，字号：14；等值线标注字体位置—详细演示；南海群岛等值线标注形式与主图一致；.jpg文件导出以标题名命名，导出的分辨率为 600dpi。

学科类别：气象学

数据格式：.jpg，.doc

数据负责人：梅旭荣*

来源项目：中国农业气候资源数字化图集编制

（365）《1981～2010 年中国农业气候资源数字化图集》作物水分资源卷

数据编号：2007FY120100-03-2014082103

数据时间：1981～2011 年

数据地点：全国

数据类型：多媒体

数据内容：《中国农业气候资源数字化图集》作物水分资源卷反映 1981～2010 年我国主要作物水稻、玉米、棉花、大豆和小麦，以及牧草、苹果、柑橘、甜橙水分资源指标的变化，指标包括：不同生育期降水量、降水满足量、降水满足率、降水盈亏量、降水盈亏率等，生成 260 图幅。

学科类别：气象学

数据格式：.jpg，.doc

数据负责人：梅旭荣*

来源项目：中国农业气候资源数字化图集编制

（366）《1981～2010 年中国农业气候资源数字化图集》农业气象灾害卷

数据编号：2007FY120100-04-2014082104

数据时间：1981～2010 年

数据地点：全国

数据类型：多媒体

数据内容：参照国家地理测绘局中国 1∶400 万地理底图标准，制作中国农业气候资源数字化图集项目数据汇交地图底版（包括省会名称、省市边界、二级河流、国界线、海洋、南海群岛、境外主要国家边界线），电子版出图规则如下：标题—字体样式：黑体，颜色：黑色，字号：36；等值线本身—粗细：13，颜色：Dark Amethyst；等值线标注—字体样式：新罗马，颜色：Dark Amethyst，字号：14；等值线标注字体位置—详细演示；南海群岛等值线标注形式与主图一致；.jpg 文件导出以标题名命名，导出的分辨率为 600dpi。

学科类别：气象学

数据格式：.jpg，.doc

数据负责人：梅旭荣*

来源项目：中国农业气候资源数字化图集编制

（367）《1981～2010 年中国主要农作物生育期图集》

数据编号：2007FY120100-05-2014082105

数据时间：1981～2010 年

数据地点：全国

数据类型：多媒体

数据内容：从中国气象科学数据共享服务网下载的气象要素日值数据集文档说明中记录的气象站点共有 756 个，实际下载到 1981～2010 年日值数据共有 754 个站点。剔除高山站点数据，记录时长超过 20 年的站点有 682 站，记录时长为 30 年的站点有 592 个。图集用 30 年记录完整的站点为 592 个。运用实地调研、独立数据源对比、文献查阅、专家咨询等方法，确定作物生育期及种植界限；后期根据农作物区域布局与生产实际，对典型地区开展实地验证，并通过调查典型区域农业气候资源与样图的吻合程度，对存在差异的样图进行具体校正，最后请领域专家审图确认。

  学科类别：气象学

  数据格式：.jpg，.doc

  数据负责人：梅旭荣[*]

  来源项目：中国农业气候资源数字化图集编制

（368）1981～2010 年中国农业气候资源数字化图集编制规范

  数据编号：2007FY120100-06-2014082106

  数据时间：1981～2010 年

  数据地点：全国

  数据类型：文献资料

  数据内容：分析、研究、筛选了影响中国农业生产活动的主要气候条件或气候资源，确定了中国农业气候资源数字化图集四卷（综合卷、作物光温资源卷、作物水分资源卷、作物气象灾害卷）的制图指标，并制定了规范统一的指标计算方法；查阅并参考相关标准与规范，制定了农业气候资源制图规范标准，包括农业气候资源派生指标，指标含义，计算方法、数据保障，以及编制目的，资料和数据来源，数据整编和绘图及图集应用。

  学科类别：农学

  数据格式：.doc

  数据负责人：梅旭荣[*]

  来源项目：中国农业气候资源数字化图集编制

（369）1981～2010 年全国基础气象要素数据集、农业气候资源库和主要作物气候资源库

  数据编号：2007FY120100-08-2015011908

  数据时间：1981～2010 年

  数据地点：全国

  数据类型：文献资料

  数据内容：按照实施方案中各指标审定的计算方法计算获得全国 684 个站点的 30 年（1981～2010 年）气温，积温，总辐射量，光合有效辐射量，日照时数，日照百分率，降水量，降水量相对变率，干湿指数和参考作物蒸散量，以及我国主要作物不同生育期内的气温，积温，总辐射量，光合有效辐射量，日照时数，日照百分率，降水量，降水量相对变率，干湿指数和参考作物蒸散量，降水量，需水量，降水满足率，降水盈亏量和气候生产潜力等数据。

　　学科类别：农学

　　数据格式：.xls，.doc

　　数据负责人：梅旭荣*

　　来源项目：中国农业气候资源数字化图集编制

　　（370）中国 1981～2010 年农业气候资源矢量数据集

　　数据编号：2007FY120100-09-2015011909

　　数据时间：1981～2012 年

　　数据地点：全国

　　数据类型：文献资料

　　数据内容：在整理全国气象观测数据的基础上，剔除高山站点，获得 1981～2010 年 684 个站点的连续数据。按照综合卷专家审核确定的农业气候资源指标及计算方法，计算获得全国范围内的光、温、水、热指标数据，采用 1：400 万国家基础地理信息底图，按照统一的制图标准生成规范的农业气候资源指标空间分布图，进行农业气候资源数字化样图校验和专家论证成图。

　　学科类别：气象学

　　数据格式：.shp

　　数据负责人：梅旭荣*

　　来源项目：中国农业气候资源数字化图集编制

　　（371）中国 1981～2010 年主要作物光温资源矢量数据集

　　数据编号：2007FY120100-10-2015011910

　　数据时间：1981～2010 年

　　数据地点：全国

　　数据类型：文献资料

　　数据内容：在专家审核确定光温卷作物生育期、制图指标、计算方法的基础上，根据统一的标准规范，整合已有全国气象观测数据；在 GIS 支持下，采用 1：400 万国家基础地理信息底图，用合适的方法计算、模拟作物光温派生数据，进行光温数据验证，进行农业气候资源数字化样图校验和专家论证成图。

　　学科类别：气象学

　　数据格式：.shp

　　数据负责人：梅旭荣*

　　来源项目：中国农业气候资源数字化图集编制

　　（372）中国 1981～2010 年主要作物水分资源矢量数据集

　　数据编号：2007FY120100-11-2015011911

数据时间：1981～2011 年

数据地点：全国

数据类型：文献资料

数据内容：在专家审核确定作物生育期、水分卷制图指标、计算方法的基础上，根据水分卷统一的标准规范，整合已有的气象数据，进行方法计算、数据验证，在 GIS 支持下，采用 1∶400 万国家基础地理信息底图，进行水分数据验证，农业气候资源数字化样图校验和专家论证成图。

学科类别：气象学

数据格式：.pdf，.doc

数据负责人：梅旭荣*

来源项目：中国农业气候资源数字化图集编制

（373）中国 1981～2010 年农业气象灾害矢量数据集

数据编号：2007FY120100-12-2015011912

数据时间：1981～2010 年

数据地点：全国

数据类型：文献资料

数据内容：在明确作物种植范围，针对作物生长关键期发生的气象灾害，依据具体灾害指标，应用已有历史气象数据，计算不同灾害发生的频次和频率，采用 1∶400 万国家基础地理信息底图，应用 GIS 空间方法表达、制图，数字化样图校验和专家论证成图。

学科类别：气象学

数据格式：.shp

数据负责人：梅旭荣*

来源项目：中国农业气候资源数字化图集编制

（374）延胡索乙素纯度标准物质

数据编号：2007FY130100-01-2014072301

数据时间：2007～2012 年

数据地点：中国医学科学院药物研究所

数据类型：文献资料

数据内容：该标准物质为国家一级计量标准物质，特性量参数为化学纯度。该标准物质从延胡索中经过提取、纯化、精制等工艺制备，采用棕色玻璃安瓿瓶包装，规格为 50mg/支。该标准物质可用于药品、食品等相关领域的延胡索乙素物质纯度与含量检测、分析仪器校准、分析方法确认评价等。

学科类别：工程与技术科学基础学科

数据格式：.xls

数据负责人：吕扬

来源项目：道地中药材及主要成分的标准物质研制与分析方法研究

（375）丹皮酚纯度标准物质

数据编号：2007FY130100-02-2014072302

数据时间：2007～2012 年

数据地点：中国医学科学院药物研究所

数据类型：文献资料

数据内容：该标准物质为国家一级计量标准物质，特性量参数为化学纯度。本标准物质从牡丹皮中经过提取、纯化、精制等工艺制备，采用棕色玻璃安瓿瓶包装，规格为 50mg/支。该标准物质可用于药品、食品等相关领域的丹皮酚物质纯度与含量检测、分析仪器校准、分析方法确认评价等。

学科类别：工程与技术科学基础学科

数据格式：.xls

数据负责人：吕扬

来源项目：道地中药材及主要成分的标准物质研制与分析方法研究

（376）穿心莲内酯纯度标准物质

数据编号：2007FY130100-03-2014072303

数据时间：2007～2012 年

数据地点：中国医学科学院药物研究所

数据类型：文献资料

数据内容：该标准物质为国家一级计量标准物质，特性量参数为化学纯度。该标准物质从穿心莲中经过提取、纯化、精制等工艺制备，采用棕色玻璃安瓿瓶包装，规格为 50mg/支。该标准物质可用于药品、食品等相关领域的穿心莲内酯物质纯度与含量检测、分析仪器校准、分析方法确认评价等。

学科类别：工程与技术科学基础学科

数据格式：.xls

数据负责人：吕扬

来源项目：道地中药材及主要成分的标准物质研制与分析方法研究

（377）葛根素纯度标准物质

数据编号：2007FY130100-04-2014072604

数据时间：2007～2012 年

数据地点：中国医学科学院药物研究所

数据类型：文献资料

数据内容：该标准物质为国家一级计量标准物质，特性量参数为化学纯度。该标准物质从葛根中经过提取、纯化、精制等工艺制备，采用棕色玻璃安瓿瓶包装，规格为 50mg/支。该标准物质可用于药品、食品等相关领域的葛根素物质纯度与含量检测、分析仪器校准、分析方法确认评价等。

学科类别：工程与技术科学基础学科

数据格式：.xls

数据负责人：吕扬

来源项目：道地中药材及主要成分的标准物质研制与分析方法研究

（378）苦参碱纯度标准物质

数据编号：2007FY130100-05-2014072605

数据时间：2007～2012 年

数据地点：中国医学科学院药物研究所

数据类型：文献资料

数据内容：该标准物质为国家一级计量标准物质，特性量参数为化学纯度。该标准物质从苦参中经过提取、纯化、精制等工艺制备，采用棕色玻璃安瓿瓶包装，规格为 50mg/支。该标准物质可用于药品、食品等相关领域的苦参碱物质纯度与含量检测、分析仪器校准、分析方法确认评价等。

学科类别：工程与技术科学基础学科

数据格式：.xls

数据负责人：吕扬

来源项目：道地中药材及主要成分的标准物质研制与分析方法研究

（379）大黄素纯度标准物质

数据编号：2007FY130100-06-2014072606

数据时间：2007～2012 年

数据地点：中国医学科学院药物研究所

数据类型：文献资料

数据内容：该标准物质为国家一级计量标准物质，特性量参数为化学纯度。该标准物质从大黄中经过提取、纯化、精制等工艺制备，采用棕色玻璃安瓿瓶包装，规格为 50mg/支。该标准物质可用于药品、食品等相关领域的大黄素物质纯度与含量检测、分析仪器校准、分析方法确认评价等。

学科类别：工程与技术科学基础学科

数据格式：.xls

数据负责人：吕扬

来源项目：道地中药材及主要成分的标准物质研制与分析方法研究

（380）橙皮素纯度标准物质

数据编号：2007FY130100-07-2014072607

数据时间：2007～2012 年

数据地点：中国医学科学院药物研究所

数据类型：文献资料

数据内容：该标准物质为国家一级计量标准物质，特性量参数为化学纯度。该标准物质从佛手中经过提取、纯化、精制等工艺制备，采用棕色玻璃安瓿瓶包装，规格为 50mg/支。该标准物质可用于药品、食品等相关领域的橙皮素物质纯度与含量检测、分析仪器校准、分析方法确认评价等。

学科类别：工程与技术科学基础学科

数据格式：.xls

数据负责人：吕扬

来源项目：道地中药材及主要成分的标准物质研制与分析方法研究

（381）薯蓣皂苷元纯度标准物质

数据编号：2007FY130100-08-2014072608

数据时间：2007～2012 年

数据地点：中国医学科学院药物研究所

数据类型：文献资料

数据内容：该标准物质为国家一级计量标准物质，特性量参数为化学纯度。该标准物质从薯蓣中经过提取、纯化、精制等工艺制备，采用棕色玻璃安瓿瓶包装，规格为 50mg/支。该标准物质可用于药品、食品等相关领域的薯蓣皂苷元物质纯度与含量检测、分析仪器校准、分析方法确认评价等。

学科类别：工程与技术科学基础学科

数据格式：.xls，.doc，.jpg

数据负责人：吕扬

来源项目：道地中药材及主要成分的标准物质研制与分析方法研究

（382）黄芩素纯度标准物质

数据编号：2007FY130100-09-2014072809

数据时间：2007～2012 年

数据地点：中国医学科学院药物研究所

数据类型：文献资料

数据内容：该标准物质为国家一级计量标准物质，特性量参数为化学纯度。该标准物质从黄芩中经过提取、纯化、精制等工艺制备，采用棕色玻璃安瓿瓶包装，规格为 50mg/支。该标准物质可用于药品、食品等相关领域的黄芩素物质纯度与含量检测、分析仪器校准、分析方法确认评价等。

学科类别：工程与技术科学基础学科

数据格式：.xls，.doc，.jpg

数据负责人：吕扬

来源项目：道地中药材及主要成分的标准物质研制与分析方法研究

（383）徐长卿中丹皮酚成分分析标准物质

数据编号：2007FY130100-100-20140728100

数据时间：2007～2012 年

数据地点：中国医学科学院药物研究所

数据类型：文献资料

数据内容：该标准物质为国家二级计量标准物质，特性量参数为成分含量。采用棕色玻璃安瓿瓶包装，规格为 1g/支。该标准物质可在药品、食品等相关领域中应用徐长卿中药材作为物质组成，并需要采用丹皮酚成分分析的成分鉴别、含量检测、分析方法确认评价等。

学科类别：工程与技术科学基础学科

数据格式：.xls，.doc，.jpg

数据负责人：吕扬

来源项目：道地中药材及主要成分的标准物质研制与分析方法研究

（384）杜仲叶中绿原酸成分分析标准物质

数据编号：2007FY130100-101-20140728101

数据时间：2007～2012 年

数据地点：中国医学科学院药物研究所

数据类型：文献资料

数据内容：该标准物质为国家二级计量标准物质，特性量参数为成分含量。采用棕色玻璃安瓿瓶包装，规格为 1g/支。该标准物质可在药品、食品等相关领域中应用杜仲叶中药材作为物质组成，并需要采用绿原酸成分分析的成分鉴别、含量检测、分析方法确认评价等。

学科类别：工程与技术科学基础学科

数据格式：.xls，.doc，.jpg

数据负责人：吕扬

来源项目：道地中药材及主要成分的标准物质研制与分析方法研究

（385）藜芦醛纯度标准物质

数据编号：2007FY130100-10-2014072810

数据时间：2007～2012 年

数据地点：中国医学科学院药物研究所

数据类型：文献资料

数据内容：该标准物质为国家一级计量标准物质，特性量参数为化学纯度。该标准物质从虎杖中经过纯化、精制等工艺制备，采用棕色玻璃安瓿瓶包装，规格为 50mg/支。该标准物质可用于药品、食品等相关领域的藜芦醛物质纯度与含量检测、分析仪器校准、分析方法确认评价等。

学科类别：工程与技术科学基础学科

数据格式：.xls，.doc，.jpg

数据负责人：吕扬

来源项目：道地中药材及主要成分的标准物质研制与分析方法研究

（386）葛根中葛根素成分分析标准物质

数据编号：2007FY130100-102-20140728102

数据时间：2007～2012 年

数据地点：中国医学科学院药物研究所

数据类型：文献资料

数据内容：该标准物质为国家二级计量标准物质，特性量参数为成分含量。采用棕色玻璃安瓿瓶包装，规格为 1g/支。该标准物质可在药品、食品等相关领域中应用葛根中药材作为物质组成，并需要采用葛根素成分分析的成分鉴别、含量检测、分析方法确认评价等。

学科类别：工程与技术科学基础学科

数据格式：.xls，.doc，.jpg

数据负责人：吕扬

来源项目：道地中药材及主要成分的标准物质研制与分析方法研究

（387）牡丹皮中丹皮酚成分分析标准物质

数据编号：2007FY130100-103-20140728103

数据时间：2007～2012 年

数据地点：中国医学科学院药物研究所

数据类型：文献资料

数据内容：该标准物质为国家二级计量标准物质，特性量参数为成分含量。采用棕色玻璃安瓿瓶包装，规格为 1g/支。该标准物质可在药品、食品等相关领域中应用牡丹皮中药材作为物质组成，并需要采用丹皮酚成分分析的成分鉴别、含量检测、分析方法确认评价等。

学科类别：工程与技术科学基础学科

数据格式：.xls，.doc，.jpg

数据负责人：吕扬

来源项目：道地中药材及主要成分的标准物质研制与分析方法研究

（388）穿心莲中穿心莲内酯成分分析标准物质

数据编号：2007FY130100-104-20140728104

数据时间：2007～2012 年

数据地点：中国医学科学院药物研究所

数据类型：文献资料

数据内容：该标准物质为国家二级计量标准物质，特性量参数为成分含量。采用棕色玻璃安瓿瓶包装，规格为 1g/支。该标准物质可在药品、食品等相关领域中应用穿心莲中药材作为物质组成，并需要采用穿心莲内酯成分分析的成分鉴别、含量检测、分析方法确认评价等。

学科类别：工程与技术科学基础学科

数据格式：.xls，.doc，.jpg

数据负责人：吕扬

来源项目：道地中药材及主要成分的标准物质研制与分析方法研究

（389）穿山龙中薯蓣皂苷元成分分析标准物质

数据编号：2007FY130100-105-20140728105

数据时间：2007～2012 年

数据地点：中国医学科学院药物研究所

数据类型：文献资料

数据内容：该标准物质为国家二级计量标准物质，特性量参数为成分含量。采用棕色玻璃安瓿瓶包装，规格为 1g/支。该标准物质可在药品、食品等相关领域中应用穿山龙中药材作为物质组成，并需要采用薯蓣皂苷元成分分析的成分鉴别、含量检测、分析方法确认评价等。

学科类别：工程与技术科学基础学科

数据格式：.xls，.doc，.jpg

数据负责人：吕扬

来源项目：道地中药材及主要成分的标准物质研制与分析方法研究

（390）桑叶中槲皮素成分分析标准物质

数据编号：2007FY130100-106-20140728106

数据时间：2007～2012 年

数据地点：中国医学科学院药物研究所

数据类型：文献资料

数据内容：该标准物质为国家二级计量标准物质，特性量参数为成分含量。

采用棕色玻璃安瓿瓶包装，规格为 1g/支。该标准物质可在药品、食品等相关领域中应用桑叶中药材作为物质组成，并需要采用槲皮素成分分析的成分鉴别、含量检测、分析方法确认评价等。

　　学科类别：工程与技术科学基础学科

　　数据格式：.xls，.doc，.jpg

　　数据负责人：吕扬

　　来源项目：道地中药材及主要成分的标准物质研制与分析方法研究

（391）延胡索中延胡索乙素成分分析标准物质

　　数据编号：2007FY130100-107-20140728107

　　数据时间：2007～2012 年

　　数据地点：中国医学科学院药物研究所

　　数据类型：文献资料

　　数据内容：本标准物质为国家二级计量标准物质，特性量参数为成分含量。采用棕色玻璃安瓿瓶包装，规格为 1g/支。该标准物质可在药品、食品等相关领域中应用延胡索中药材作为物质组成，并需要采用延胡索乙素成分分析的成分鉴别、含量检测、分析方法确认评价等。

　　学科类别：工程与技术科学基础学科

　　数据格式：.xls，.doc，.jpg

　　数据负责人：吕扬

　　来源项目：道地中药材及主要成分的标准物质研制与分析方法研究

（392）山豆根中苦参碱成分分析标准物质

　　数据编号：2007FY130100-108-20140728108

　　数据时间：2007～2012 年

　　数据地点：中国医学科学院药物研究所

　　数据类型：文献资料

　　数据内容：该标准物质为国家二级计量标准物质，特性量参数为成分含量。采用棕色玻璃安瓿瓶包装，规格为 1g/支。该标准物质可在药品、食品等相关领域中应用山豆根中药材作为物质组成，并需要采用苦参碱成分分析的成分鉴别、含量检测、分析方法确认评价等。

　　学科类别：工程与技术科学基础学科

　　数据格式：.xls，.doc，.jpg

　　数据负责人：吕扬

　　来源项目：道地中药材及主要成分的标准物质研制与分析方法研究

（393）菊花中绿原酸成分分析标准物质

数据编号：2007FY130100-109-20140728109

数据时间：2007～2012 年

数据地点：中国医学科学院药物研究所

数据类型：文献资料

数据内容：该标准物质为国家二级计量标准物质，特性量参数为成分含量。采用棕色玻璃安瓿瓶包装，规格为 1g/支。该标准物质可在药品、食品等相关领域中应用菊花中药材作为物质组成，并需要采用绿原酸成分分析的成分鉴别、含量检测、分析方法确认评价等。

学科类别：工程与技术科学基础学科

数据格式：.xls，.doc，.jpg

数据负责人：吕扬

来源项目：道地中药材及主要成分的标准物质研制与分析方法研究

（394）菟丝子中山柰酚成分分析标准物质

数据编号：2007FY130100-110-20140728110

数据时间：2007～2012 年

数据地点：中国医学科学院药物研究所

数据类型：文献资料

数据内容：该标准物质为国家二级计量标准物质，特性量参数为成分含量。采用棕色玻璃安瓿瓶包装，规格为 1g/支。该标准物质可在药品、食品等相关领域中应用菟丝子中药材作为物质组成，并需要采用山柰酚成分分析的成分鉴别、含量检测、分析方法确认评价等。

学科类别：工程与技术科学基础学科

数据格式：.xls，.doc，.jpg

数据负责人：吕扬

来源项目：道地中药材及主要成分的标准物质研制与分析方法研究

（395）瓦松中山柰酚成分分析标准物质

数据编号：2007FY130100-111-20140728111

数据时间：2007～2012 年

数据地点：中国医学科学院药物研究所

数据类型：文献资料

数据内容：该标准物质为国家二级计量标准物质，特性量参数为成分含量。采用棕色玻璃安瓿瓶包装，规格为 1g/支。该标准物质可在药品、食品等相关领域中应用瓦松中药材作为物质组成，并需要采用山柰酚成分分析的成分鉴别、含量检测、分析方法确认评价等。

　　学科类别：工程与技术科学基础学科

　　数据格式：.xls，.doc，.jpg

　　数据负责人：吕扬

　　来源项目：道地中药材及主要成分的标准物质研制与分析方法研究

（396）阿魏酸纯度标准物质

　　数据编号：2007FY130100-11-2014072811

　　数据时间：2007～2012 年

　　数据地点：中国医学科学院药物研究所

　　数据类型：文献资料

　　数据内容：该标准物质为国家一级计量标准物质，特性量参数为化学纯度。该标准物质从阿魏中经过提取、纯化、精制等工艺制备，采用棕色玻璃安瓿瓶包装，规格为 50mg/支。该标准物质可用于药品、食品等相关领域的阿魏酸物质纯度与含量检测、分析仪器校准、分析方法确认评价等。

　　学科类别：工程与技术科学基础学科

　　数据格式：.xls，.doc，.jpg

　　数据负责人：吕扬

　　来源项目：道地中药材及主要成分的标准物质研制与分析方法研究

（397）罗布麻叶中槲皮素成分分析标准物质

　　数据编号：2007FY130100-112-20140728112

　　数据时间：2007～2012 年

　　数据地点：中国医学科学院药物研究所

　　数据类型：文献资料

　　数据内容：该标准物质为国家二级计量标准物质，特性量参数为成分含量。采用棕色玻璃安瓿瓶包装，规格为 1g/支。该标准物质可在药品、食品等相关领域中应用罗布麻叶中药材作为物质组成，并需要采用槲皮素成分分析的成分鉴别、含量检测、分析方法确认评价等。

　　学科类别：工程与技术科学基础学科

　　数据格式：.xls，.doc，.jpg

　　数据负责人：吕扬

　　来源项目：道地中药材及主要成分的标准物质研制与分析方法研究

（398）红花中山奈酚成分分析标准物质

　　数据编号：2007FY130100-113-20140728113

　　数据时间：2007～2012 年

数据地点：中国医学科学院药物研究所

数据类型：文献资料

数据内容：该标准物质为国家二级计量标准物质，特性量参数为成分含量。采用棕色玻璃安瓿瓶包装，规格为 1g/支。该标准物质可在药品、食品等相关领域中应用红花中药材作为物质组成，并需要采用山柰酚成分分析的成分鉴别、含量检测、分析方法确认评价等。

学科类别：工程与技术科学基础学科

数据格式：.xls，.doc，.jpg

数据负责人：吕扬

来源项目：道地中药材及主要成分的标准物质研制与分析方法研究

（399）忍冬藤中绿原酸成分分析标准物质

数据编号：2007FY130100-114-20140729114

数据时间：2007～2012 年

数据地点：中国医学科学院药物研究所

数据类型：文献资料

数据内容：该标准物质为国家二级计量标准物质，特性量参数为成分含量。采用棕色玻璃安瓿瓶包装，规格为 1g/支。该标准物质可在药品、食品等相关领域中应用忍冬藤中药材作为物质组成，并需要采用绿原酸成分分析的成分鉴别、含量检测、分析方法确认评价等。

学科类别：工程与技术科学基础学科

数据格式：.xls，.doc，.jpg

数据负责人：吕扬

来源项目：道地中药材及主要成分的标准物质研制与分析方法研究

（400）独活中蛇床子素成分分析标准物质

数据编号：2007FY130100-115-20140729115

数据时间：2007～2012 年

数据地点：中国医学科学院药物研究所

数据类型：文献资料

数据内容：该标准物质为国家二级计量标准物质，特性量参数为成分含量。采用棕色玻璃安瓿瓶包装，规格为 1g/支。该标准物质可在药品、食品等相关领域中应用独活中药材作为物质组成，并需要采用蛇床子素成分分析的成分鉴别、含量检测、分析方法确认评价等。

学科类别：工程与技术科学基础学科

数据格式：.xls，.doc，.jpg

数据负责人：吕扬

来源项目：道地中药材及主要成分的标准物质研制与分析方法研究

（401）栀子中栀子苷成分分析标准物质

数据编号：2007FY130100-116-20140729116

数据时间：2007～2012 年

数据地点：中国医学科学院药物研究所

数据类型：文献资料

数据内容：该标准物质为国家二级计量标准物质，特性量参数为成分含量。采用棕色玻璃安瓿瓶包装，规格为 1g/支。该标准物质可在药品、食品等相关领域中应用栀子中药材作为物质组成，并需要采用栀子苷成分分析的成分鉴别、含量检测、分析方法确认评价等。

学科类别：工程与技术科学基础学科

数据格式：.xls，.doc，.jpg

数据负责人：吕扬

来源项目：道地中药材及主要成分的标准物质研制与分析方法研究

（402）虎杖中大黄素成分分析标准物质

数据编号：2007FY130100-117-20140729117

数据时间：2007～2012 年

数据地点：中国医学科学院药物研究所

数据类型：文献资料

数据内容：该标准物质为国家二级计量标准物质，特性量参数为成分含量。采用棕色玻璃安瓿瓶包装，规格为 1g/支。该标准物质可在药品、食品等相关领域中应用虎杖中药材作为物质组成，并需要采用大黄素成分分析的成分鉴别、含量检测、分析方法确认评价等。

学科类别：工程与技术科学基础学科

数据格式：.xls，.doc，.jpg

数据负责人：吕扬

来源项目：道地中药材及主要成分的标准物质研制与分析方法研究

（403）三棵针中盐酸小檗碱成分分析标准物质

数据编号：2007FY130100-118-20140729118

数据时间：2007～2012 年

数据地点：中国医学科学院药物研究所

数据类型：文献资料

数据内容：该标准物质为国家二级计量标准物质，特性量参数为成分含量。

采用棕色玻璃安瓿瓶包装，规格为 1g/支。该标准物质可在药品、食品等相关领域中应用三棵针中药材作为物质组成，并需要采用盐酸小檗碱成分分析的成分鉴别、含量检测、分析方法确认评价等。

　　学科类别：工程与技术科学基础学科

　　数据格式：.xls，.doc，.jpg

　　数据负责人：吕扬

　　来源项目：道地中药材及主要成分的标准物质研制与分析方法研究

（404）地榆中没食子酸成分分析标准物质

　　数据编号：2007FY130100-119-20140729119

　　数据时间：2007～2012 年

　　数据地点：中国医学科学院药物研究所

　　数据类型：文献资料

　　数据内容：该标准物质为国家二级计量标准物质，特性量参数为成分含量。采用棕色玻璃安瓿瓶包装，规格为 1g/支。该标准物质可在药品、食品等相关领域中应用地榆中药材作为物质组成，并需要采用没食子酸成分分析的成分鉴别、含量检测、分析方法确认评价等。

　　学科类别：工程与技术科学基础学科

　　数据格式：.xls，.doc，.jpg

　　数据负责人：吕扬

　　来源项目：道地中药材及主要成分的标准物质研制与分析方法研究

（405）黄藤中盐酸巴马汀成分分析标准物质

　　数据编号：2007FY130100-120-20140729120

　　数据时间：2007～2012 年

　　数据地点：中国医学科学院药物研究所

　　数据类型：文献资料

　　数据内容：该标准物质为国家二级计量标准物质，特性量参数为成分含量。采用棕色玻璃安瓿瓶包装，规格为 1g/支。该标准物质可在药品、食品等相关领域中应用黄藤中药材作为物质组成，并需要采用盐酸巴马汀成分分析的成分鉴别、含量检测、分析方法确认评价等。

　　学科类别：工程与技术科学基础学科

　　数据格式：.xls，.doc，.jpg

　　数据负责人：吕扬

　　来源项目：道地中药材及主要成分的标准物质研制与分析方法研究

（406）丹参中丹参酮ⅡA成分分析标准物质

数据编号：2007FY130100-121-20140729121

数据时间：2007～2012 年

数据地点：中国医学科学院药物研究所

数据类型：文献资料

数据内容：该标准物质为国家二级计量标准物质，特性量参数为成分含量。采用棕色玻璃安瓿瓶包装，规格为 1g/支。该标准物质可在药品、食品等相关领域中应用丹参中药材作为物质组成，并需要采用丹参酮ⅡA 成分分析的成分鉴别、含量检测、分析方法确认评价等。

学科类别：工程与技术科学基础学科

数据格式：.xls，.doc，.jpg

数据负责人：吕扬

来源项目：道地中药材及主要成分的标准物质研制与分析方法研究

（407）熊果酸纯度标准物质

数据编号：2007FY130100-12-2014072812

数据时间：2007～2012 年

数据地点：中国医学科学院药物研究所

数据类型：文献资料

数据内容：该标准物质为国家一级计量标准物质，特性量参数为化学纯度。该标准物质经过从夏枯草中提取、纯化、精制等工艺制备，采用棕色玻璃安瓿瓶包装，规格为 50mg/支。该标准物质可用于药品、食品等相关领域的熊果酸物质纯度与含量检测、分析仪器校准、分析方法确认评价等。

学科类别：工程与技术科学基础学科

数据格式：.xls，.doc，.jpg

数据负责人：吕扬

来源项目：道地中药材及主要成分的标准物质研制与分析方法研究

（408）虎杖中虎杖苷成分分析标准物质

数据编号：2007FY130100-122-20140729122

数据时间：2007～2012 年

数据地点：中国医学科学院药物研究所

数据类型：文献资料

数据内容：该标准物质为国家二级计量标准物质，特性量参数为成分含量。采用棕色玻璃安瓿瓶包装，规格为 1g/支。该标准物质可在药品、食品等相关领域中应用虎杖中药材作为物质组成，并需要采用虎杖苷成分分析的成分鉴别、含量检测、分析方法确认评价等。

　　学科类别：工程与技术科学基础学科

　　数据格式：.xls，.doc，.jpg

　　数据负责人：吕扬

　　来源项目：道地中药材及主要成分的标准物质研制与分析方法研究

（409）黄芩中黄芩素成分分析标准物质

　　数据编号：2007FY130100-123-20140729123

　　数据时间：2007～2012 年

　　数据地点：中国医学科学院药物研究所

　　数据类型：文献资料

　　数据内容：该标准物质为国家二级计量标准物质，特性量参数为成分含量。采用棕色玻璃安瓿瓶包装，规格为 1g/支。该标准物质可在药品、食品等相关领域中应用黄芩中药材作为物质组成，并需要采用黄芩素成分分析的成分鉴别、含量检测、分析方法确认评价等。

　　学科类别：工程与技术科学基础学科

　　数据格式：.xls，.doc，.jpg

　　数据负责人：吕扬

　　来源项目：道地中药材及主要成分的标准物质研制与分析方法研究

（410）金钱草中山柰酚成分分析标准物质

　　数据编号：2007FY130100-124-20140729124

　　数据时间：2007～2012 年

　　数据地点：中国医学科学院药物研究所

　　数据类型：文献资料

　　数据内容：该标准物质为国家二级计量标准物质，特性量参数为成分含量。采用棕色玻璃安瓿瓶包装，规格为 1g/支。该标准物质可在药品、食品等相关领域中应用金钱草中药材作为物质组成，并需要采用山柰酚成分分析的成分鉴别、含量检测、分析方法确认评价等。

　　学科类别：工程与技术科学基础学科

　　数据格式：.xls，.doc，.jpg

　　数据负责人：吕扬

　　来源项目：道地中药材及主要成分的标准物质研制与分析方法研究

（411）木贼中山柰酚成分分析标准物质

　　数据编号：2007FY130100-125-20140729125

　　数据时间：2007～2012 年

数据地点：中国医学科学院药物研究所

数据类型：文献资料

数据内容：该标准物质为国家二级计量标准物质，特性量参数为成分含量。采用棕色玻璃安瓿瓶包装，规格为 1g/支。该标准物质可在药品、食品等相关领域中应用木贼中药材作为物质组成，并需要采用山柰酚成分分析的成分鉴别、含量检测、分析方法确认评价等。

学科类别：工程与技术科学基础学科

数据格式：.xls，.doc，.jpg

数据负责人：吕扬

来源项目：道地中药材及主要成分的标准物质研制与分析方法研究

（412）独一味中木樨草素成分分析标准物质

数据编号：2007FY130100-126-20140729126

数据时间：2007～2012 年

数据地点：中国医学科学院药物研究所

数据类型：文献资料

数据内容：该标准物质为国家二级计量标准物质，特性量参数为成分含量。采用棕色玻璃安瓿瓶包装，规格为 1g/支。该标准物质可在药品、食品等相关领域中应用独一味中药材作为物质组成，并需要采用木樨草素成分分析的成分鉴别、含量检测、分析方法确认评价等。

学科类别：工程与技术科学基础学科

数据格式：.xls，.doc，.jpg

数据负责人：吕扬

来源项目：道地中药材及主要成分的标准物质研制与分析方法研究

（413）蒲公英中咖啡酸成分分析标准物质

数据编号：2007FY130100-127-20140729127

数据时间：2007～2012 年

数据地点：中国医学科学院药物研究所

数据类型：文献资料

数据内容：该标准物质为国家二级计量标准物质，特性量参数为成分含量。采用棕色玻璃安瓿瓶包装，规格为 1g/支。该标准物质可在药品、食品等相关领域中应用蒲公英中药材作为物质组成，并需要采用咖啡酸成分分析的成分鉴别、含量检测、分析方法确认评价等。

学科类别：工程与技术科学基础学科

数据格式：.xls，.doc，.jpg

数据负责人：吕扬

来源项目：道地中药材及主要成分的标准物质研制与分析方法研究

（414）石韦中绿原酸成分分析标准物质

数据编号：2007FY130100-128-20140729128

数据时间：2007～2012 年

数据地点：中国医学科学院药物研究所

数据类型：文献资料

数据内容：该标准物质为国家二级计量标准物质，特性量参数为成分含量。采用棕色玻璃安瓿瓶包装，规格为 1g/支。该标准物质可在药品、食品等相关领域中应用石韦中药材作为物质组成，并需要采用绿原酸成分分析的成分鉴别、含量检测、分析方法确认评价等。

学科类别：工程与技术科学基础学科

数据格式：.xls，.doc，.jpg

数据负责人：吕扬

来源项目：道地中药材及主要成分的标准物质研制与分析方法研究

（415）厚朴中厚朴酚成分分析标准物质

数据编号：2007FY130100-129-20140729129

数据时间：2007～2012 年

数据地点：中国医学科学院药物研究所

数据类型：文献资料

数据内容：该标准物质为国家二级计量标准物质，特性量参数为成分含量。采用棕色玻璃安瓿瓶包装，规格为 1g/支。该标准物质可在药品、食品等相关领域中应用厚朴中药材作为物质组成，并需要采用厚朴酚成分分析的成分鉴别、含量检测、分析方法确认评价等。

学科类别：工程与技术科学基础学科

数据格式：.xls，.doc，.jpg

数据负责人：吕扬

来源项目：道地中药材及主要成分的标准物质研制与分析方法研究

（416）厚朴中和厚朴酚成分分析标准物质

数据编号：2007FY130100-130-20140729130

数据时间：2007～2012 年

数据地点：中国医学科学院药物研究所

数据类型：文献资料

数据内容：该标准物质为国家二级计量标准物质，特性量参数为成分含量。

采用棕色玻璃安瓿瓶包装，规格为 1g/支。该标准物质可在药品、食品等相关领域中应用厚朴中药材作为物质组成，并需要采用和厚朴酚成分分析的成分鉴别、含量检测、分析方法确认评价等。

学科类别：工程与技术科学基础学科

数据格式：.xls，.doc，.jpg

数据负责人：吕扬

来源项目：道地中药材及主要成分的标准物质研制与分析方法研究

（417）虎杖中白藜芦醇成分分析标准物质

数据编号：2007FY130100-131-20140729131

数据时间：2007~2012 年

数据地点：中国医学科学院药物研究所

数据类型：文献资料

数据内容：该标准物质为国家二级计量标准物质，特性量参数为成分含量。采用棕色玻璃安瓿瓶包装，规格为 1g/支。该标准物质可在药品、食品等相关领域中应用虎杖中药材作为物质组成，并需要采用白藜芦醇成分分析的成分鉴别、含量检测、分析方法确认评价等。

学科类别：工程与技术科学基础学科

数据格式：.xls，.doc，.jpg

数据负责人：吕扬

来源项目：道地中药材及主要成分的标准物质研制与分析方法研究

（418）栀子苷纯度标准物质

数据编号：2007FY130100-13-2014072813

数据时间：2007~2012 年

数据地点：中国医学科学院药物研究所

数据类型：文献资料

数据内容：该标准物质为国家一级计量标准物质，特性量参数为化学纯度。该标准物质从栀子中经过提取、纯化、精制等工艺制备，采用棕色玻璃安瓿瓶包装，规格为 50mg/支。该标准物质可用于药品、食品等相关领域的栀子苷物质纯度与含量检测、分析仪器校准、分析方法确认评价等。

学科类别：工程与技术科学基础学科

数据格式：.xls，.doc，.jpg

数据负责人：吕扬

来源项目：道地中药材及主要成分的标准物质研制与分析方法研究

（419）大黄水提取物中大黄素成分分析标准物质

数据编号：2007FY130100-132-20140729132

数据时间：2007～2012 年

数据地点：中国医学科学院药物研究所

数据类型：文献资料

数据内容：该标准物质为国家二级计量标准物质，特性量参数为成分含量。采用棕色玻璃安瓿瓶包装，规格为 100mg/支。该标准物质可在药品、食品等相关领域中应用大黄水提取物作为物质组成，并需要采用大黄素成分分析的成分鉴别、含量检测、分析方法确认评价等。

学科类别：工程与技术科学基础学科

数据格式：.xls，.doc，.jpg

数据负责人：吕扬

来源项目：道地中药材及主要成分的标准物质研制与分析方法研究

（420）牡丹皮水提取物中丹皮酚成分分析标准物质

数据编号：2007FY130100-133-20140729133

数据时间：2007～2012 年

数据地点：中国医学科学院药物研究所

数据类型：文献资料

数据内容：该标准物质为国家二级计量标准物质，特性量参数为成分含量。采用棕色玻璃安瓿瓶包装，规格为 100mg/支。该标准物质可在药品、食品等相关领域中应用牡丹皮水提取物作为物质组成，并需要采用丹皮酚成分分析的成分鉴别、含量检测、分析方法确认评价等。

学科类别：工程与技术科学基础学科

数据格式：.xls，.doc，.jpg

数据负责人：吕扬

来源项目：道地中药材及主要成分的标准物质研制与分析方法研究

（421）葛根水提取物中葛根素成分分析标准物质

数据编号：2007FY130100-134-20140729134

数据时间：2007～2012 年

数据地点：中国医学科学院药物研究所

数据类型：文献资料

数据内容：该标准物质为国家二级计量标准物质，特性量参数为成分含量。采用棕色玻璃安瓿瓶包装，规格为 100mg/支。该标准物质可在药品、食品等相关领域中应用葛根水提取物作为物质组成，并需要采用葛根素成分分析的成分鉴别、含量检测、分析方法确认评价等。

　　学科类别：工程与技术科学基础学科

　　数据格式：.xls，.doc，.jpg

　　数据负责人：吕扬

　　来源项目：道地中药材及主要成分的标准物质研制与分析方法研究

（422）何首乌水提取物中大黄素成分分析标准物质

　　数据编号：2007FY130100-135-20140729135

　　数据时间：2007～2012 年

　　数据地点：中国医学科学院药物研究所

　　数据类型：文献资料

　　数据内容：该标准物质为国家二级计量标准物质，特性量参数为成分含量。
采用棕色玻璃安瓿瓶包装，规格为 100mg/支。该标准物质可在药品、食品等相关
领域中应用何首乌水提取物作为物质组成，并需要采用大黄素成分分析的成分鉴
别、含量检测、分析方法确认评价等。

　　学科类别：工程与技术科学基础学科

　　数据格式：.xls，.doc，.jpg

　　数据负责人：吕扬

　　来源项目：道地中药材及主要成分的标准物质研制与分析方法研究

（423）忍冬藤水提取物中绿原酸成分分析标准物质

　　数据编号：2007FY130100-136-20140729136

　　数据时间：2007～2012 年

　　数据地点：中国医学科学院药物研究所

　　数据类型：文献资料

　　数据内容：该标准物质为国家二级计量标准物质，特性量参数为成分含量。
采用棕色玻璃安瓿瓶包装，规格为 100mg/支。该标准物质可在药品、食品等相关
领域中应用忍冬藤水提取物作为物质组成，并需要采用绿原酸成分分析的成分鉴
别、含量检测、分析方法确认评价等。

　　学科类别：工程与技术科学基础学科

　　数据格式：.xls，.doc，.jpg

　　数据负责人：吕扬

　　来源项目：道地中药材及主要成分的标准物质研制与分析方法研究

（424）天麻水提取物中天麻素成分分析标准物质

　　数据编号：2007FY130100-137-20140729137

　　数据时间：2007～2012 年

数据地点：中国医学科学院药物研究所

数据类型：文献资料

数据内容：该标准物质为国家二级计量标准物质，特性量参数为成分含量。采用棕色玻璃安瓿瓶包装，规格为 100mg/支。该标准物质可在药品、食品等相关领域中应用天麻水提取物作为物质组成，并需要采用天麻素成分分析的成分鉴别、含量检测、分析方法确认评价等。

学科类别：工程与技术科学基础学科

数据格式：.xls，.doc，.jpg

数据负责人：吕扬

来源项目：道地中药材及主要成分的标准物质研制与分析方法研究

（425）黄檗水提取物中盐酸小檗碱成分分析标准物质

数据编号：2007FY130100-138-20140729138

数据时间：2007～2012 年

数据地点：中国医学科学院药物研究所

数据类型：文献资料

数据内容：该标准物质为国家二级计量标准物质，特性量参数为成分含量。采用棕色玻璃安瓿瓶包装，规格为 100mg/支。该标准物质可在药品、食品等相关领域中应用黄檗水提取物作为物质组成，并需要采用盐酸小檗碱成分分析的成分鉴别、含量检测、分析方法确认评价等。

学科类别：工程与技术科学基础学科

数据格式：.xls，.doc，.jpg

数据负责人：吕扬

来源项目：道地中药材及主要成分的标准物质研制与分析方法研究

（426）杜仲叶水提取物中绿原酸成分分析标准物质

数据编号：2007FY130100-139-20140729139

数据时间：2007～2012 年

数据地点：中国医学科学院药物研究所

数据类型：文献资料

数据内容：该标准物质为国家二级计量标准物质，特性量参数为成分含量。采用棕色玻璃安瓿瓶包装，规格为 100mg/支。该标准物质可在药品、食品等相关领域中应用杜仲叶水提取物作为物质组成，并需要采用绿原酸成分分析的成分鉴别、含量检测、分析方法确认评价等。

学科类别：工程与技术科学基础学科

数据格式：.xls，.doc，.jpg

数据负责人：吕扬

来源项目：道地中药材及主要成分的标准物质研制与分析方法研究

（427）蛇床子水提取物中蛇床子素成分分析标准物质

数据编号：2007FY130100-140-20140729140

数据时间：2007～2012 年

数据地点：中国医学科学院药物研究所

数据类型：文献资料

数据内容：该标准物质为国家二级计量标准物质，特性量参数为成分含量。采用棕色玻璃安瓿瓶包装，规格为 100mg/支。该标准物质可在药品、食品等相关领域中应用蛇床子水提取物作为物质组成，并需要采用蛇床子素成分分析的成分鉴别、含量检测、分析方法确认评价等。

学科类别：工程与技术科学基础学科

数据格式：.xls，.doc，.jpg

数据负责人：吕扬

来源项目：道地中药材及主要成分的标准物质研制与分析方法研究

（428）枳实水提取物中辛弗林成分分析标准物质

数据编号：2007FY130100-141-20140729141

数据时间：2007～2012 年

数据地点：中国医学科学院药物研究所

数据类型：文献资料

数据内容：该标准物质为国家二级计量标准物质，特性量参数为成分含量。采用棕色玻璃安瓿瓶包装，规格为 100mg/支。该标准物质可在药品、食品等相关领域中应用枳实水提取物作为物质组成，并需要采用辛弗林成分分析的成分鉴别、含量检测、分析方法确认评价等。

学科类别：工程与技术科学基础学科

数据格式：.xls，.doc，.jpg

数据负责人：吕扬

来源项目：道地中药材及主要成分的标准物质研制与分析方法研究

（429）熊果苷纯度标准物质

数据编号：2007FY130100-14-2014072814

数据时间：2007～2012 年

数据地点：中国医学科学院药物研究所

数据类型：文献资料

数据内容：该标准物质为国家一级计量标准物质，特性量参数为化学纯度。

该标准物质从夏枯草中经过提取、纯化、精制等工艺制备，采用棕色玻璃安瓿瓶包装，规格为 50mg/支。该标准物质可用于药品、食品等相关领域的熊果苷物质纯度与含量检测、分析仪器校准、分析方法确认评价等。

学科类别：工程与技术科学基础学科

数据格式：.xls，.doc，.jpg

数据负责人：吕扬

来源项目：道地中药材及主要成分的标准物质研制与分析方法研究

（430）川芎水提取物中阿魏酸成分分析标准物质

数据编号：2007FY130100-142-20140729142

数据时间：2007～2012 年

数据地点：中国医学科学院药物研究所

数据类型：文献资料

数据内容：该标准物质为国家二级计量标准物质，特性量参数为成分含量。采用棕色玻璃安瓿瓶包装，规格为 100mg/支。该标准物质可在药品、食品等相关领域中应用川芎水提取物作为物质组成，并需要采用阿魏酸成分分析的成分鉴别、含量检测、分析方法确认评价等。

学科类别：工程与技术科学基础学科

数据格式：.xls，.doc，.jpg

数据负责人：吕扬

来源项目：道地中药材及主要成分的标准物质研制与分析方法研究

（431）黄连水提取物中盐酸小檗碱成分分析标准物质

数据编号：2007FY130100-143-20140729143

数据时间：2007～2012 年

数据地点：中国医学科学院药物研究所

数据类型：文献资料

数据内容：该标准物质为国家二级计量标准物质，特性量参数为成分含量。采用棕色玻璃安瓿瓶包装，规格为 100mg/支。该标准物质可在药品、食品等相关领域中应用黄连水提取物作为物质组成，并需要采用盐酸小檗碱成分分析的成分鉴别、含量检测、分析方法确认评价等。

学科类别：工程与技术科学基础学科

数据格式：.xls，.doc，.jpg

数据负责人：吕扬

来源项目：道地中药材及主要成分的标准物质研制与分析方法研究

（432）山豆根水提取物中苦参碱成分分析标准物质

数据编号：2007FY130100-144-20140729144

数据时间：2007～2012 年

数据地点：中国医学科学院药物研究所

数据类型：文献资料

数据内容：该标准物质为国家二级计量标准物质，特性量参数为成分含量。采用棕色玻璃安瓿瓶包装，规格为 100mg/支。该标准物质可在药品、食品等相关领域中应用山豆根水提取物作为物质组成，并需要采用苦参碱成分分析的成分鉴别、含量检测、分析方法确认评价等。

学科类别：工程与技术科学基础学科

数据格式：.xls，.doc，.jpg

数据负责人：吕扬

来源项目：道地中药材及主要成分的标准物质研制与分析方法研究

（433）大黄 95%乙醇提取物中大黄素成分分析标准物质

数据编号：2007FY130100-145-20140729145

数据时间：2007～2012 年

数据地点：中国医学科学院药物研究所

数据类型：文献资料

数据内容：该标准物质为国家二级计量标准物质，特性量参数为成分含量。采用棕色玻璃安瓿瓶包装，规格为 100mg/支。该标准物质可在药品、食品等相关领域中应用大黄 95%乙醇提取物作为物质组成，并需要采用大黄素成分分析的成分鉴别、含量检测、分析方法确认评价等。

学科类别：工程与技术科学基础学科

数据格式：.xls，.doc，.jpg

数据负责人：吕扬

来源项目：道地中药材及主要成分的标准物质研制与分析方法研究

（434）何首乌 95%乙醇提取物中大黄素成分分析标准物质

数据编号：2007FY130100-146-20140729146

数据时间：2007～2012 年

数据地点：中国医学科学院药物研究所

数据类型：文献资料

数据内容：该标准物质为国家二级计量标准物质，特性量参数为成分含量。采用棕色玻璃安瓿瓶包装，规格为 100mg/支。该标准物质可在药品、食品等相关领域中应用何首乌 95%乙醇提取物作为物质组成，并需要采用大黄素成分分析的成分鉴别、含量检测、分析方法确认评价等。

学科类别：工程与技术科学基础学科

数据格式：.xls，.doc，.jpg

数据负责人：吕扬

来源项目：道地中药材及主要成分的标准物质研制与分析方法研究

（435）葛根 95%乙醇提取物中葛根素成分分析标准物质

数据编号：2007FY130100-147-20140729147

数据时间：2007～2012 年

数据地点：中国医学科学院药物研究所

数据类型：文献资料

数据内容：该标准物质为国家二级计量标准物质，特性量参数为成分含量。采用棕色玻璃安瓿瓶包装，规格为 100mg/支。该标准物质可在药品、食品等相关领域中应用葛根 95%乙醇提取物作为物质组成，并需要采用葛根素成分分析的成分鉴别、含量检测、分析方法确认评价等。

学科类别：工程与技术科学基础学科

数据格式：.xls，.doc，.jpg

数据负责人：吕扬

来源项目：道地中药材及主要成分的标准物质研制与分析方法研究

（436）穿心莲 95%乙醇提取物中穿心莲内酯成分分析标准物质

数据编号：2007FY130100-148-20140729148

数据时间：2007～2012 年

数据地点：中国医学科学院药物研究所

数据类型：文献资料

数据内容：该标准物质为国家二级计量标准物质，特性量参数为成分含量。采用棕色玻璃安瓿瓶包装，规格为 100mg/支。该标准物质可在药品、食品等相关领域中应用穿心莲 95%乙醇提取物作为物质组成，并需要采用穿心莲内酯成分分析的成分鉴别、含量检测、分析方法确认评价等。

学科类别：工程与技术科学基础学科

数据格式：.xls，.doc，.jpg

数据负责人：吕扬

来源项目：道地中药材及主要成分的标准物质研制与分析方法研究

（437）穿山龙 95%乙醇提取物中薯蓣皂苷元成分分析标准物质

数据编号：2007FY130100-149-20140729149

数据时间：2007～2012 年

数据地点：中国医学科学院药物研究所

数据类型：文献资料

数据内容：该标准物质为国家二级计量标准物质，特性量参数为成分含量。采用棕色玻璃安瓿瓶包装，规格为 100mg/支。该标准物质可在药品、食品等相关领域中应用穿山龙 95%乙醇提取物作为物质组成，并需要采用薯蓣皂苷元成分分析的成分鉴别、含量检测、分析方法确认评价等。

学科类别：工程与技术科学基础学科

数据格式：.xls，.doc，.jpg

数据负责人：吕扬

来源项目：道地中药材及主要成分的标准物质研制与分析方法研究

（438）延胡索 50%乙醇提取物中延胡索乙素成分分析标准物质

数据编号：2007FY130100-150-20140729150

数据时间：2007～2012 年

数据地点：中国医学科学院药物研究所

数据类型：文献资料

数据内容：该标准物质为国家二级计量标准物质，特性量参数为成分含量。采用棕色玻璃安瓿瓶包装，规格为 100mg/支。该标准物质可在药品、食品等相关领域中应用延胡索 50%乙醇提取物作为物质组成，并需要采用延胡索乙素成分分析的成分鉴别、含量检测、分析方法确认评价等。

学科类别：工程与技术科学基础学科

数据格式：.xls，.doc，.jpg

数据负责人：吕扬

来源项目：道地中药材及主要成分的标准物质研制与分析方法研究

（439）淫羊藿 50%乙醇提取物中淫羊藿苷成分分析标准物质

数据编号：2007FY130100-151-20140729151

数据时间：2007～2012 年

数据地点：中国医学科学院药物研究所

数据类型：文献资料

数据内容：该标准物质为国家二级计量标准物质，特性量参数为成分含量。采用棕色玻璃安瓿瓶包装，规格为 100mg/支。该标准物质可在药品、食品等相关领域中应用淫羊藿 50%乙醇提取物作为物质组成，并需要采用淫羊藿苷成分分析的成分鉴别、含量检测、分析方法确认评价等。

学科类别：工程与技术科学基础学科

数据格式：.xls，.doc，.jpg

数据负责人：吕扬

来源项目：道地中药材及主要成分的标准物质研制与分析方法研究

（440）新橙皮苷纯度标准物质

数据编号：2007FY130100-15-2014072815

数据时间：2007～2012 年

数据地点：中国医学科学院药物研究所

数据类型：文献资料

数据内容：该标准物质为国家一级计量标准物质，特性量参数为化学纯度。该标准物质从枳中经过提取、纯化、精制等工艺制备，采用棕色玻璃安瓿瓶包装，规格为 50mg/支。该标准物质可用于药品、食品等相关领域的新橙皮苷物质纯度与含量检测、分析仪器校准、分析方法确认评价等。

学科类别：工程与技术科学基础学科

数据格式：.xls，.doc，.jpg

数据负责人：吕扬

来源项目：道地中药材及主要成分的标准物质研制与分析方法研究

（441）黄连 95%乙醇提取物中盐酸小檗碱成分分析标准物质

数据编号：2007FY130100-152-20140729152

数据时间：2007～2012 年

数据地点：中国医学科学院药物研究所

数据类型：文献资料

数据内容：该标准物质为国家二级计量标准物质，特性量参数为成分含量。采用棕色玻璃安瓿瓶包装，规格为 100mg/支。该标准物质可在药品、食品等相关领域中应用黄连 95%乙醇提取物作为物质组成，并需要采用盐酸小檗碱成分分析的成分鉴别、含量检测、分析方法确认评价等。

学科类别：工程与技术科学基础学科

数据格式：.xls，.doc，.jpg

数据负责人：吕扬

来源项目：道地中药材及主要成分的标准物质研制与分析方法研究

（442）山豆根 95%乙醇提取物中苦参碱成分分析标准物质

数据编号：2007FY130100-153-20140729153

数据时间：2007～2012 年

数据地点：中国医学科学院药物研究所

数据类型：文献资料

数据内容：该标准物质为国家二级计量标准物质，特性量参数为成分含量。

采用棕色玻璃安瓿瓶包装，规格为 100mg/支。该标准物质可在药品、食品等相关领域中应用山豆根 95%乙醇提取物作为物质组成，并需要采用苦参碱成分分析的成分鉴别、含量检测、分析方法确认评价等。

　　学科类别：工程与技术科学基础学科

　　数据格式：.xls，.doc，.jpg

　　数据负责人：吕扬

　　来源项目：道地中药材及主要成分的标准物质研制与分析方法研究

（443）菟丝子 95%乙醇提取物中山柰酚成分分析标准物质

　　数据编号：2007FY130100-154-20140729154

　　数据时间：2007～2012 年

　　数据地点：中国医学科学院药物研究所

　　数据类型：文献资料

　　数据内容：该标准物质为国家二级计量标准物质，特性量参数为成分含量。采用棕色玻璃安瓿瓶包装，规格为 100mg/支。该标准物质可在药品、食品等相关领域中应用菟丝子 95%乙醇提取物作为物质组成，并需要采用山柰酚成分分析的成分鉴别、含量检测、分析方法确认评价等。

　　学科类别：工程与技术科学基础学科

　　数据格式：.xls，.doc，.jpg

　　数据负责人：吕扬

　　来源项目：道地中药材及主要成分的标准物质研制与分析方法研究

（444）忍冬藤 50%乙醇提取物中绿原酸成分分析标准物质

　　数据编号：2007FY130100-155-20140729155

　　数据时间：2007～2012 年

　　数据地点：中国医学科学院药物研究所

　　数据类型：文献资料

　　数据内容：该标准物质为国家二级计量标准物质，特性量参数为成分含量。采用棕色玻璃安瓿瓶包装，规格为 100mg/支。该标准物质可在药品、食品等相关领域中应用忍冬藤 50%乙醇提取物作为物质组成，并需要采用绿原酸成分分析的成分鉴别、含量检测、分析方法确认评价等。

　　学科类别：工程与技术科学基础学科

　　数据格式：.xls，.doc，.jpg

　　数据负责人：吕扬

　　来源项目：道地中药材及主要成分的标准物质研制与分析方法研究

（445）瓦松 95%乙醇提取物中山柰酚成分分析标准物质

数据编号：2007FY130100-156-20140729156

数据时间：2007～2012 年

数据地点：中国医学科学院药物研究所

数据类型：文献资料

数据内容：该标准物质为国家二级计量标准物质，特性量参数为成分含量。采用棕色玻璃安瓿瓶包装，规格为 100mg/支。该标准物质可在药品、食品等相关领域中应用瓦松 95%乙醇提取物作为物质组成，并需要采用山柰酚成分分析的成分鉴别、含量检测、分析方法确认评价等。

学科类别：工程与技术科学基础学科

数据格式：.xls，.doc，.jpg

数据负责人：吕扬

来源项目：道地中药材及主要成分的标准物质研制与分析方法研究

（446）罗布麻叶 95%乙醇提取物中槲皮素成分分析标准物质

数据编号：2007FY130100-157-20140729157

数据时间：2007～2012 年

数据地点：中国医学科学院药物研究所

数据类型：文献资料

数据内容：该标准物质为国家二级计量标准物质，特性量参数为成分含量。采用棕色玻璃安瓿瓶包装，规格为 100mg/支。该标准物质可在药品、食品等相关领域中应用罗布麻叶 95%乙醇提取物作为物质组成，并需要采用槲皮素成分分析的成分鉴别、含量检测、分析方法确认评价等。

学科类别：工程与技术科学基础学科

数据格式：.xls，.doc，.jpg

数据负责人：吕扬

来源项目：道地中药材及主要成分的标准物质研制与分析方法研究

（447）虎杖 95%乙醇提取物中大黄素成分分析标准物质

数据编号：2007FY130100-158-20140729158

数据时间：2007～2012 年

数据地点：中国医学科学院药物研究所

数据类型：文献资料

数据内容：该标准物质为国家二级计量标准物质，特性量参数为成分含量。采用棕色玻璃安瓿瓶包装，规格为 100mg/支。该标准物质可在药品、食品等相关领域中应用虎杖 95%乙醇提取物作为物质组成，并需要采用大黄素成分分析的成分鉴别、含量检测、分析方法确认评价等。

学科类别：工程与技术科学基础学科

数据格式：.xls，.doc，.jpg

数据负责人：吕扬

来源项目：道地中药材及主要成分的标准物质研制与分析方法研究

（448）三棵针 95%乙醇提取物中盐酸小檗碱成分分析标准物质

数据编号：2007FY130100-159-20140729159

数据时间：2007～2012 年

数据地点：中国医学科学院药物研究所

数据类型：文献资料

数据内容：该标准物质为国家二级计量标准物质，特性量参数为成分含量。采用棕色玻璃安瓿瓶包装，规格为 100mg/支。该标准物质可在药品、食品等相关领域中应用三棵针 95%乙醇提取物作为物质组成，并需要采用盐酸小檗碱成分分析的成分鉴别、含量检测、分析方法确认评价等。

学科类别：工程与技术科学基础学科

数据格式：.xls，.doc，.jpg

数据负责人：吕扬

来源项目：道地中药材及主要成分的标准物质研制与分析方法研究

（449）地榆 95%乙醇提取物中没食子酸成分分析标准物质

数据编号：2007FY130100-160-20140729160

数据时间：2007～2012 年

数据地点：中国医学科学院药物研究所

数据类型：文献资料

数据内容：该标准物质为国家二级计量标准物质，特性量参数为成分含量。采用棕色玻璃安瓿瓶包装，规格为 100mg/支。该标准物质可在药品、食品等相关领域中应用地榆 95%乙醇提取物作为物质组成，并需要采用没食子酸成分分析的成分鉴别、含量检测、分析方法确认评价等。

学科类别：工程与技术科学基础学科

数据格式：.xls，.doc，.jpg

数据负责人：吕扬

来源项目：道地中药材及主要成分的标准物质研制与分析方法研究

（450）矮地茶 95%乙醇提取物中岩白菜素成分分析标准物质

数据编号：2007FY130100-161-20140729161

数据时间：2007～2012 年

数据地点：中国医学科学院药物研究所

数据类型：文献资料

数据内容：该标准物质为国家二级计量标准物质，特性量参数为成分含量。采用棕色玻璃安瓿瓶包装，规格为 100mg/支。该标准物质可在药品、食品等相关领域中应用矮地茶 95%乙醇提取物作为物质组成，并需要采用岩白菜素成分分析的成分鉴别、含量检测、分析方法确认评价等。

学科类别：工程与技术科学基础学科

数据格式：.xls，.doc，.jpg

数据负责人：吕扬

来源项目：道地中药材及主要成分的标准物质研制与分析方法研究

（451）大黄酸纯度标准物质

数据编号：2007FY130100-16-2014072816

数据时间：2007～2012 年

数据地点：中国医学科学院药物研究所

数据类型：文献资料

数据内容：该标准物质为国家一级计量标准物质，特性量参数为化学纯度。该标准物质从大黄中经过提取、纯化、精制等工艺制备，采用棕色玻璃安瓿瓶包装，规格为 50mg/支。该标准物质可用于药品、食品等相关领域的大黄酸物质纯度与含量检测、分析仪器校准、分析方法确认评价等。

学科类别：工程与技术科学基础学科

数据格式：.xls，.doc，.jpg

数据负责人：吕扬

来源项目：道地中药材及主要成分的标准物质研制与分析方法研究

（452）独活 95%乙醇提取物中蛇床子素成分分析标准物质

数据编号：2007FY130100-162-20140729162

数据时间：2007～2012 年

数据地点：中国医学科学院药物研究所

数据类型：文献资料

数据内容：该标准物质为国家二级计量标准物质，特性量参数为成分含量。采用棕色玻璃安瓿瓶包装，规格为 100mg/支。该标准物质可在药品、食品等相关领域中应用独活 95%乙醇提取物作为物质组成，并需要采用蛇床子素成分分析的成分鉴别、含量检测、分析方法确认评价等。

学科类别：工程与技术科学基础学科

数据格式：.xls，.doc，.jpg

数据负责人：吕扬

来源项目：道地中药材及主要成分的标准物质研制与分析方法研究

（453）枳实 95%乙醇提取物中辛弗林成分分析标准物质

数据编号：2007FY130100-163-20140729163

数据时间：2007～2012 年

数据地点：中国医学科学院药物研究所

数据类型：文献资料

数据内容：该标准物质为国家二级计量标准物质，特性量参数为成分含量。采用棕色玻璃安瓿瓶包装，规格为 100mg 支。该标准物质可在药品、食品等相关领域中应用枳实 95%乙醇提取物作为物质组成，并需要采用辛弗林成分分析的成分鉴别、含量检测、分析方法确认评价等。

学科类别：工程与技术科学基础学科

数据格式：.xls，.doc，.jpg

数据负责人：吕扬

来源项目：道地中药材及主要成分的标准物质研制与分析方法研究

（454）杜仲叶 95%乙醇提取物中绿原酸成分分析标准物质

数据编号：2007FY130100-164-20140729164

数据时间：2007～2012 年

数据地点：中国医学科学院药物研究所

数据类型：文献资料

数据内容：该标准物质为国家二级计量标准物质，特性量参数为成分含量。采用棕色玻璃安瓿瓶包装，规格为 100mg/支。该标准物质可在药品、食品等相关领域中应用杜仲叶 95%乙醇提取物作为物质组成，并需要采用绿原酸成分分析的成分鉴别、含量检测、分析方法确认评价等。

学科类别：工程与技术科学基础学科

数据格式：.xls，.doc，.jpg

数据负责人：吕扬

来源项目：道地中药材及主要成分的标准物质研制与分析方法研究

（455）虎杖 95%乙醇提取物中虎杖苷成分分析标准物质

数据编号：2007FY130100-165-20140729165

数据时间：2007～2012 年

数据地点：中国医学科学院药物研究所

数据类型：文献资料

数据内容：该标准物质为国家二级计量标准物质，特性量参数为成分含量。

采用棕色玻璃安瓿瓶包装，规格为 100mg/支。该标准物质可在药品、食品等相关领域中应用虎杖 95%乙醇提取物作为物质组成，并需要采用虎杖苷成分分析的成分鉴别、含量检测、分析方法确认评价等。

　　学科类别：工程与技术科学基础学科

　　数据格式：.xls，.doc，.jpg

　　数据负责人：吕扬

　　来源项目：道地中药材及主要成分的标准物质研制与分析方法研究

（456）黄藤中 95%乙醇提取物中盐酸巴马汀成分分析标准物质

　　数据编号：2007FY130100-166-20140729166

　　数据时间：2007～2012 年

　　数据地点：中国医学科学院药物研究所

　　数据类型：文献资料

　　数据内容：该标准物质为国家二级计量标准物质，特性量参数为成分含量。采用棕色玻璃安瓿瓶包装，规格为 100mg/支。该标准物质可在药品、食品等相关领域中应用黄藤中 95%乙醇提取物作为物质组成，并需要采用盐酸巴马汀成分分析的成分鉴别、含量检测、分析方法确认评价等。

　　学科类别：工程与技术科学基础学科

　　数据格式：.xls，.doc，.jpg

　　数据负责人：吕扬

　　来源项目：道地中药材及主要成分的标准物质研制与分析方法研究

（457）丹参 95%乙醇提取物中丹参酮ⅡA 成分分析标准物质

　　数据编号：2007FY130100-167-20140729167

　　数据时间：2007～2012 年

　　数据地点：中国医学科学院药物研究所

　　数据类型：文献资料

　　数据内容：该标准物质为国家二级计量标准物质，特性量参数为成分含量。采用棕色玻璃安瓿瓶包装，规格为 100mg/支。该标准物质可在药品、食品等相关领域中应用丹参 95%乙醇提取物作为物质组成，并需要采用丹参酮 IIA 成分分析的成分鉴别、含量检测、分析方法确认评价等。

　　学科类别：工程与技术科学基础学科

　　数据格式：.xls，.doc，.jpg

　　数据负责人：吕扬

　　来源项目：道地中药材及主要成分的标准物质研制与分析方法研究

（458）矮地茶水提取物中岩白菜素成分分析标准物质

数据编号：2007FY130100-168-20140729168

数据时间：2007～2012 年

数据地点：中国医学科学院药物研究所

数据类型：文献资料

数据内容：该标准物质为国家二级计量标准物质，特性量参数为成分含量。采用棕色玻璃安瓿瓶包装，规格为 100mg/支。该标准物质可在药品、食品等相关领域中应用矮地茶水提取物作为物质组成，并需要采用岩白菜素成分分析的成分鉴别、含量检测、分析方法确认评价等。

学科类别：工程与技术科学基础学科

数据格式：.xls，.doc，.jpg

数据负责人：吕扬

来源项目：道地中药材及主要成分的标准物质研制与分析方法研究

（459）罗布麻叶水提取物中槲皮素成分分析标准物质

数据编号：2007FY130100-169-20140729169

数据时间：2007～2012 年

数据地点：中国医学科学院药物研究所

数据类型：文献资料

数据内容：该标准物质为国家二级计量标准物质，特性量参数为成分含量。采用棕色玻璃安瓿瓶包装，规格为 100mg/支。该标准物质可在药品、食品等相关领域中应用罗布麻叶水提取物作为物质组成，并需要采用槲皮素成分分析的成分鉴别、含量检测、分析方法确认评价等。

学科类别：工程与技术科学基础学科

数据格式：.xls，.doc，.jpg

数据负责人：吕扬

来源项目：道地中药材及主要成分的标准物质研制与分析方法研究

（460）独活水提取物中蛇床子素成分分析标准物质

数据编号：2007FY130100-170-20140729170

数据时间：2007～2012 年

数据地点：中国医学科学院药物研究所

数据类型：文献资料

数据内容：该标准物质为国家二级计量标准物质，特性量参数为成分含量。采用棕色玻璃安瓿瓶包装，规格为 100mg/支。该标准物质可在药品、食品等相关领域中应用独活水提取物作为物质组成，并需要采用蛇床子素成分分析的成分鉴别、含量检测、分析方法确认评价等。

学科类别：工程与技术科学基础学科

数据格式：.xls，.doc，.jpg

数据负责人：吕扬

来源项目：道地中药材及主要成分的标准物质研制与分析方法研究

（461）栀子水提取物中栀子苷成分分析标准物质

数据编号：2007FY130100-171-20140729171

数据时间：2007～2012 年

数据地点：中国医学科学院药物研究所

数据类型：文献资料

数据内容：该标准物质为国家二级计量标准物质，特性量参数为成分含量。采用棕色玻璃安瓿瓶包装，规格为 100mg/支。该标准物质可在药品、食品等相关领域中应用栀子水提取物作为物质组成，并需要采用栀子苷成分分析的成分鉴别、含量检测、分析方法确认评价等。

学科类别：工程与技术科学基础学科

数据格式：.xls，.doc，.jpg

数据负责人：吕扬

来源项目：道地中药材及主要成分的标准物质研制与分析方法研究

（462）天麻素纯度标准物质

数据编号：2007FY130100-17-2014072817

数据时间：2007～2012 年

数据地点：中国医学科学院药物研究所

数据类型：文献资料

数据内容：该标准物质为国家一级计量标准物质，特性量参数为化学纯度。该标准物质从天麻中经过提取、纯化、精制等工艺制备，采用棕色玻璃安瓿瓶包装，规格为 50mg/支。该标准物质可用于药品、食品等相关领域的天麻素物质纯度与含量检测、分析仪器校准、分析方法确认评价等。

学科类别：工程与技术科学基础学科

数据格式：.xls，.doc，.jpg

数据负责人：吕扬

来源项目：道地中药材及主要成分的标准物质研制与分析方法研究

（463）瓦松水提取物中山奈酚成分分析标准物质

数据编号：2007FY130100-172-20140729172

数据时间：2007～2012 年

数据地点：中国医学科学院药物研究所

数据类型：文献资料

数据内容：该标准物质为国家二级计量标准物质，特性量参数为成分含量。采用棕色玻璃安瓿瓶包装，规格为 100mg/支。该标准物质可在药品、食品等相关领域中应用瓦松水提取物作为物质组成，并需要采用山柰酚成分分析的成分鉴别、含量检测、分析方法确认评价等。

学科类别：工程与技术科学基础学科

数据格式：.xls，.doc，.jpg

数据负责人：吕扬

来源项目：道地中药材及主要成分的标准物质研制与分析方法研究

（464）三棵针水提取物中盐酸小檗碱成分分析标准物质

数据编号：2007FY130100-173-20140729173

数据时间：2007～2012 年

数据地点：中国医学科学院药物研究所

数据类型：文献资料

数据内容：该标准物质为国家二级计量标准物质，特性量参数为成分含量。采用棕色玻璃安瓿瓶包装，规格为 100mg/支。该标准物质可在药品、食品等相关领域中应用三棵针水提取物作为物质组成，并需要采用盐酸小檗碱成分分析的成分鉴别、含量检测、分析方法确认评价等。

学科类别：工程与技术科学基础学科

数据格式：.xls，.doc，.jpg

数据负责人：吕扬

来源项目：道地中药材及主要成分的标准物质研制与分析方法研究

（465）虎杖水提取物中大黄素成分分析标准物质

数据编号：2007FY130100-174-20140729174

数据时间：2007～2012 年

数据地点：中国医学科学院药物研究所

数据类型：文献资料

数据内容：该标准物质为国家二级计量标准物质，特性量参数为成分含量。采用棕色玻璃安瓿瓶包装，规格为 100mg/支。该标准物质可在药品、食品等相关领域中应用虎杖水提取物作为物质组成，并需要采用大黄素成分分析的成分鉴别、含量检测、分析方法确认评价等。

学科类别：工程与技术科学基础学科

数据格式：.xls，.doc，.jpg

数据负责人：吕扬

来源项目：道地中药材及主要成分的标准物质研制与分析方法研究

（466）虎杖水提取物中虎杖苷成分分析标准物质

数据编号：2007FY130100-175-20140729175

数据时间：2007～2012 年

数据地点：中国医学科学院药物研究所

数据类型：文献资料

数据内容：该标准物质为国家二级计量标准物质，特性量参数为成分含量。采用棕色玻璃安瓿瓶包装，规格为 100mg/支。该标准物质可在药品、食品等相关领域中应用虎杖水提取物作为物质组成，并需要采用虎杖苷成分分析的成分鉴别、含量检测、分析方法确认评价等。

学科类别：工程与技术科学基础学科

数据格式：.xls，.doc，.jpg

数据负责人：吕扬

来源项目：道地中药材及主要成分的标准物质研制与分析方法研究

（467）石韦水提取物中绿原酸成分分析标准物质

数据编号：2007FY130100-176-20140729176

数据时间：2007～2012 年

数据地点：中国医学科学院药物研究所

数据类型：文献资料

数据内容：该标准物质为国家二级计量标准物质，特性量参数为成分含量。采用棕色玻璃安瓿瓶包装，规格为 100mg/支。该标准物质可在药品、食品等相关领域中应用石韦水提取物作为物质组成，并需要采用绿原酸成分分析的成分鉴别、含量检测、分析方法确认评价等。

学科类别：工程与技术科学基础学科

数据格式：.xls，.doc，.jpg

数据负责人：吕扬

来源项目：道地中药材及主要成分的标准物质研制与分析方法研究

（468）黄藤水提取物中盐酸巴马汀成分分析标准物质

数据编号：2007FY130100-177-20140729177

数据时间：2007～2012 年

数据地点：中国医学科学院药物研究所

数据类型：文献资料

数据内容：该标准物质为国家二级计量标准物质，特性量参数为成分含量。

采用棕色玻璃安瓿瓶包装，规格为 100mg/支。该标准物质可在药品、食品等相关领域中应用黄藤水提取物作为物质组成，并需要采用盐酸巴马汀成分分析的成分鉴别、含量检测、分析方法确认评价等。

学科类别：工程与技术科学基础学科

数据格式：.xls，.doc，.jpg

数据负责人：吕扬

来源项目：道地中药材及主要成分的标准物质研制与分析方法研究

（469）黄芩 95%乙醇提取物中黄芩素成分分析标准物质

数据编号：2007FY130100-178-20140729178

数据时间：2007～2012 年

数据地点：中国医学科学院药物研究所

数据类型：文献资料

数据内容：该标准物质为国家二级计量标准物质，特性量参数为成分含量。采用棕色玻璃安瓿瓶包装，规格为 100mg/支。该标准物质可在药品、食品等相关领域中应用黄芩 95%乙醇提取物作为物质组成，并需要采用黄芩素成分分析的成分鉴别、含量检测、分析方法确认评价等。

学科类别：工程与技术科学基础学科

数据格式：.xls，.doc，.jpg

数据负责人：吕扬

来源项目：道地中药材及主要成分的标准物质研制与分析方法研究

（470）木贼 95%乙醇提取物中山柰酚成分分析标准物质

数据编号：2007FY130100-179-20140729179

数据时间：2007～2012 年

数据地点：中国医学科学院药物研究所

数据类型：文献资料

数据内容：该标准物质为国家二级计量标准物质，特性量参数为成分含量。采用棕色玻璃安瓿瓶包装，规格为 100mg/支。该标准物质可在药品、食品等相关领域中应用木贼 95%乙醇提取物作为物质组成，并需要采用山柰酚成分分析的成分鉴别、含量检测、分析方法确认评价等。

学科类别：工程与技术科学基础学科

数据格式：.xls，.doc，.jpg

数据负责人：吕扬

来源项目：道地中药材及主要成分的标准物质研制与分析方法研究

（471）菊花 95%乙醇提取物中绿原酸成分分析标准物质

数据编号：2007FY130100-180-20140729180

数据时间：2007～2012 年

数据地点：中国医学科学院药物研究所

数据类型：文献资料

数据内容：该标准物质为国家二级计量标准物质，特性量参数为成分含量。采用棕色玻璃安瓿瓶包装，规格为 100mg/支。该标准物质可在药品、食品等相关领域中应用菊花 95%乙醇提取物作为物质组成，并需要采用绿原酸成分分析的成分鉴别、含量检测、分析方法确认评价等。

学科类别：工程与技术科学基础学科

数据格式：.xls，.doc，.jpg

数据负责人：吕扬

来源项目：道地中药材及主要成分的标准物质研制与分析方法研究

（472）石韦 95%乙醇提取物中绿原酸成分分析标准物质

数据编号：2007FY130100-181-20140729181

数据时间：2007～2012 年

数据地点：中国医学科学院药物研究所

数据类型：文献资料

数据内容：该标准物质为国家二级计量标准物质，特性量参数为成分含量。采用棕色玻璃安瓿瓶包装，规格为 100mg/支。该标准物质可在药品、食品等相关领域中应用石韦 95%乙醇提取物作为物质组成，并需要采用绿原酸成分分析的成分鉴别、含量检测、分析方法确认评价等。

学科类别：工程与技术科学基础学科

数据格式：.xls，.doc，.jpg

数据负责人：吕扬

来源项目：道地中药材及主要成分的标准物质研制与分析方法研究

（473）山柰酚纯度标准物质

数据编号：2007FY130100-18-2014072818

数据时间：2007～2012 年

数据地点：中国医学科学院药物研究所

数据类型：文献资料

数据内容：该标准物质为国家一级计量标准物质，特性量参数为化学纯度。该标准物质从山柰中经过提取、纯化、精制等工艺制备，采用棕色玻璃安瓿瓶包装，规格为 50mg/支。该标准物质可用于药品、食品等相关领域的山柰酚物质纯度与含量检测、分析仪器校准、分析方法确认评价等。

　　学科类别：工程与技术科学基础学科

　　数据格式：.xls，.doc，.jpg

　　数据负责人：吕扬

　　来源项目：道地中药材及主要成分的标准物质研制与分析方法研究

（474）虎杖 95%乙醇提取物中白藜芦醇成分分析标准物质

　　数据编号：2007FY130100-182-20140729182

　　数据时间：2007～2012 年

　　数据地点：中国医学科学院药物研究所

　　数据类型：文献资料

　　数据内容：该标准物质为国家二级计量标准物质，特性量参数为成分含量。
采用棕色玻璃安瓿瓶包装，规格为 100mg/支。该标准物质可在药品、食品等相关
领域中应用虎杖 95%乙醇提取物作为物质组成，并需要采用白藜芦醇成分分析的
成分鉴别、含量检测、分析方法确认评价等。

　　学科类别：工程与技术科学基础学科

　　数据格式：.xls，.doc，.jpg

　　数据负责人：吕扬

　　来源项目：道地中药材及主要成分的标准物质研制与分析方法研究

（475）地榆水提取物中没食子酸成分分析标准物质

　　数据编号：2007FY130100-183-20140729183

　　数据时间：2007～2012 年

　　数据地点：中国医学科学院药物研究所

　　数据类型：文献资料

　　数据内容：该标准物质为国家二级计量标准物质，特性量参数为成分含量。
采用棕色玻璃安瓿瓶包装，规格为 100mg/支。该标准物质可在药品、食品等相关
领域中应用地榆水提取物作为物质组成，并需要采用没食子酸成分分析的成分鉴
别、含量检测、分析方法确认评价等。

　　学科类别：工程与技术科学基础学科

　　数据格式：.xls，.doc，.jpg

　　数据负责人：吕扬

　　来源项目：道地中药材及主要成分的标准物质研制与分析方法研究

（476）黄芩水提取物中黄芩素成分分析标准物质

　　数据编号：2007FY130100-184-20140729184

　　数据时间：2007～2012 年

数据地点：中国医学科学院药物研究所

数据类型：文献资料

数据内容：该标准物质为国家二级计量标准物质，特性量参数为成分含量。采用棕色玻璃安瓿瓶包装，规格为 100mg/支。该标准物质可在药品、食品等相关领域中应用黄芩水提取物作为物质组成，并需要采用黄芩素成分分析的成分鉴别、含量检测、分析方法确认评价等。

学科类别：工程与技术科学基础学科

数据格式：.xls，.doc，.jpg

数据负责人：吕扬

来源项目：道地中药材及主要成分的标准物质研制与分析方法研究

（477）槲皮素纯度标准物质

数据编号：2007FY130100-19-2014072819

数据时间：2007～2012 年

数据地点：中国医学科学院药物研究所

数据类型：文献资料

数据内容：该标准物质为国家一级计量标准物质，特性量参数为化学纯度。该标准物质从槐中经过提取、纯化、精制等工艺制备，采用棕色玻璃安瓿瓶包装，规格为 50mg/支。该标准物质可用于药品、食品等相关领域的槲皮素物质纯度与含量检测、分析仪器校准、分析方法确认评价等。

学科类别：工程与技术科学基础学科

数据格式：.xls，.doc，.jpg

数据负责人：吕扬

来源项目：道地中药材及主要成分的标准物质研制与分析方法研究

（478）木樨草素纯度标准物质

数据编号：2007FY130100-20-2014072820

数据时间：2007～2012 年

数据地点：中国医学科学院药物研究所

数据类型：文献资料

数据内容：该标准物质为国家一级计量标准物质，特性量参数为化学纯度。该标准物质从木樨草中经过提取、纯化、精制等工艺制备，采用棕色玻璃安瓿瓶包装，规格为 50mg/支。该标准物质可用于药品、食品等相关领域的木樨草素物质纯度与含量检测、分析仪器校准、分析方法确认评价等。

学科类别：工程与技术科学基础学科

数据格式：.xls，.doc，.jpg

数据负责人：吕扬

来源项目：道地中药材及主要成分的标准物质研制与分析方法研究

（479）绿原酸纯度标准物质

数据编号：2007FY130100-21-2014072821

数据时间：2007～2012 年

数据地点：中国医学科学院药物研究所

数据类型：文献资料

数据内容：该标准物质为国家一级计量标准物质，特性量参数为化学纯度。该标准物质从杜仲中经过提取、纯化、精制等工艺制备，采用棕色玻璃安瓿瓶包装，规格为 50mg/支。该标准物质可用于药品、食品等相关领域的绿原酸物质纯度与含量检测、分析仪器校准、分析方法确认评价等。

学科类别：工程与技术科学基础学科

数据格式：.xls，.doc，.jpg

数据负责人：吕扬

来源项目：道地中药材及主要成分的标准物质研制与分析方法研究

（480）咖啡酸纯度标准物质

数据编号：2007FY130100-22-2014072822

数据时间：2007～2012 年

数据地点：中国医学科学院药物研究所

数据类型：文献资料

数据内容：该标准物质为国家一级计量标准物质，特性量参数为化学纯度。该标准物质从杜仲中经过提取、纯化、精制等工艺制备，采用棕色玻璃安瓿瓶包装，规格为 50mg/支。该标准物质可用于药品、食品等相关领域的咖啡酸物质纯度与含量检测、分析仪器校准、分析方法确认评价等。

学科类别：工程与技术科学基础学科

数据格式：.xls，.doc，.jpg

数据负责人：吕扬

来源项目：道地中药材及主要成分的标准物质研制与分析方法研究

（481）甘草次酸纯度标准物质

数据编号：2007FY130100-23-2014072823

数据时间：2007～2012 年

数据地点：中国医学科学院药物研究所

数据类型：文献资料

数据内容：该标准物质为国家一级计量标准物质，特性量参数为化学纯度。

该标准物质从甘草中经过提取、纯化、精制等工艺制备，采用棕色玻璃安瓿瓶包装，规格为 50mg/支。该标准物质可用于药品、食品等相关领域的甘草次酸物质纯度与含量检测、分析仪器校准、分析方法确认评价等。

　　学科类别：工程与技术科学基础学科

　　数据格式：.xls，.doc，.jpg

　　数据负责人：吕扬

　　来源项目：道地中药材及主要成分的标准物质研制与分析方法研究

（482）辛弗林纯度标准物质

　　数据编号：2007FY130100-24-2014072824

　　数据时间：2007～2012 年

　　数据地点：中国医学科学院药物研究所

　　数据类型：文献资料

　　数据内容：该标准物质为国家一级计量标准物质，特性量参数为化学纯度。该标准物质从酸橙中经过提取、纯化、精制等工艺制备，采用棕色玻璃安瓿瓶包装，规格为 50mg/支。该标准物质可用于药品、食品等相关领域的辛弗林物质纯度与含量检测、分析仪器校准、分析方法确认评价等。

　　学科类别：工程与技术科学基础学科

　　数据格式：.xls，.doc，.jpg

　　数据负责人：吕扬

　　来源项目：道地中药材及主要成分的标准物质研制与分析方法研究

（483）盐酸青藤碱纯度标准物质

　　数据编号：2007FY130100-25-2014072825

　　数据时间：2007～2012 年

　　数据地点：中国医学科学院药物研究所

　　数据类型：文献资料

　　数据内容：该标准物质为国家一级计量标准物质，特性量参数为化学纯度。该标准物质从青藤中经过提取、纯化、精制等工艺制备，采用棕色玻璃安瓿瓶包装，规格为 50mg/支。该标准物质可用于药品、食品等相关领域的盐酸青藤碱物质纯度与含量检测、分析仪器校准、分析方法确认评价等。

　　学科类别：工程与技术科学基础学科

　　数据格式：.xls，.doc，.jpg

　　数据负责人：吕扬

　　来源项目：道地中药材及主要成分的标准物质研制与分析方法研究

（484）盐酸小檗碱纯度标准物质

数据编号：2007FY130100-26-2014072826

数据时间：2007～2012年

数据地点：中国医学科学院药物研究所

数据类型：文献资料

数据内容：该标准物质为国家一级计量标准物质，特性量参数为化学纯度。该标准物质从黄连中经过提取、纯化、精制等工艺制备，采用棕色玻璃安瓿瓶包装，规格为 50mg/支。该标准物质可用于药品、食品等相关领域的盐酸小檗碱物质纯度与含量检测、分析仪器校准、分析方法确认评价等。

学科类别：工程与技术科学基础学科

数据格式：.xls，.doc，.jpg

数据负责人：吕扬

来源项目：道地中药材及主要成分的标准物质研制与分析方法研究

（485）齐墩果酸纯度标准物质

数据编号：2007FY130100-27-2014072827

数据时间：2007～2012年

数据地点：中国医学科学院药物研究所

数据类型：文献资料

数据内容：该标准物质为国家一级计量标准物质，特性量参数为化学纯度。该标准物质从女贞中经过提取、纯化、精制等工艺制备，采用棕色玻璃安瓿瓶包装，规格为 50mg/支。该标准物质可用于药品、食品等相关领域的齐墩果酸物质纯度与含量检测、分析仪器校准、分析方法确认评价等。

学科类别：工程与技术科学基础学科

数据格式：.xls，.doc，.jpg

数据负责人：吕扬

来源项目：道地中药材及主要成分的标准物质研制与分析方法研究

（486）蛇床子素纯度标准物质

数据编号：2007FY130100-28-2014072828

数据时间：2007～2012年

数据地点：中国医学科学院药物研究所

数据类型：文献资料

数据内容：该标准物质为国家一级计量标准物质，特性量参数为化学纯度。该标准物质从蛇床中经过提取、纯化、精制等工艺制备，采用棕色玻璃安瓿瓶包装，规格为 50mg/支。该标准物质可用于药品、食品等相关领域的蛇床子素物质纯度与含量检测、分析仪器校准、分析方法确认评价等。

学科类别：工程与技术科学基础学科

数据格式：.xls，.doc，.jpg

数据负责人：吕扬

来源项目：道地中药材及主要成分的标准物质研制与分析方法研究

（487）白藜芦醇纯度标准物质

数据编号：2007FY130100-29-2014072829

数据时间：2007~2012 年

数据地点：中国医学科学院药物研究所

数据类型：文献资料

数据内容：该标准物质为国家一级计量标准物质，特性量参数为化学纯度。该标准物质从虎杖中经过提取、纯化、精制等工艺制备，采用棕色玻璃安瓿瓶包装，规格为 50mg/支。该标准物质可用于药品、食品等相关领域的白藜芦醇物质纯度与含量检测、分析仪器校准、分析方法确认评价等。

学科类别：工程与技术科学基础学科

数据格式：.xls，.doc，.jpg

数据负责人：吕扬

来源项目：道地中药材及主要成分的标准物质研制与分析方法研究

（488）芒柄花素纯度标准物质

数据编号：2007FY130100-30-2014072830

数据时间：2007~2012 年

数据地点：中国医学科学院药物研究所

数据类型：文献资料

数据内容：该标准物质为国家一级计量标准物质，特性量参数为化学纯度。该标准物质从黄芩中经过提取、纯化、精制等工艺制备，采用棕色玻璃安瓿瓶包装，规格为 50mg/支。该标准物质可用于药品、食品等相关领域的芒柄花素物质纯度与含量检测、分析仪器校准、分析方法确认评价等。

学科类别：工程与技术科学基础学科

数据格式：.xls，.doc，.jpg

数据负责人：吕扬

来源项目：道地中药材及主要成分的标准物质研制与分析方法研究

（489）芝麻酚纯度标准物质

数据编号：2007FY130100-31-2014072831

数据时间：2007~2012 年

数据地点：中国医学科学院药物研究所

数据类型：文献资料

数据内容：该标准物质为国家一级计量标准物质，特性量参数为化学纯度。该标准物质从芝麻中经过提取、纯化、精制等工艺制备，采用棕色玻璃安瓿瓶包装，规格为 50mg/支。该标准物质可用于药品、食品等相关领域的芝麻酚物质纯度与含量检测、分析仪器校准、分析方法确认评价等。

学科类别：工程与技术科学基础学科

数据格式：.xls，.doc，.jpg

数据负责人：吕扬

来源项目：道地中药材及主要成分的标准物质研制与分析方法研究

（490）柚皮素纯度标准物质

数据编号：2007FY130100-32-2014072832

数据时间：2007～2012 年

数据地点：中国医学科学院药物研究所

数据类型：文献资料

数据内容：该标准物质为国家一级计量标准物质，特性量参数为化学纯度。该标准物质从梗树中经过提取、纯化、精制等工艺制备，采用棕色玻璃安瓿瓶包装，规格为 50mg/支。该标准物质可用于药品、食品等相关领域的柚皮素物质纯度与含量检测、分析仪器校准、分析方法确认评价等。

学科类别：工程与技术科学基础学科

数据格式：.xls，.doc，.jpg

数据负责人：吕扬

来源项目：道地中药材及主要成分的标准物质研制与分析方法研究

（491）甜菜碱纯度标准物质

数据编号：2007FY130100-33-2014072833

数据时间：2007～2012 年

数据地点：中国医学科学院药物研究所

数据类型：文献资料

数据内容：该标准物质为国家一级计量标准物质，特性量参数为化学纯度。该标准物质从甜菜中经过提取、纯化、精制等工艺制备，采用棕色玻璃安瓿瓶包装，规格为 50mg/支。该标准物质可用于药品、食品等相关领域的甜菜碱物质纯度与含量检测、分析仪器校准、分析方法确认评价等。

学科类别：工程与技术科学基础学科

数据格式：.xls，.doc，.jpg

数据负责人：吕扬

来源项目：道地中药材及主要成分的标准物质研制与分析方法研究

（492）淫羊藿苷纯度标准物质

数据编号：2007FY130100-34-2014072834

数据时间：2007～2012 年

数据地点：中国医学科学院药物研究所

数据类型：文献资料

数据内容：该标准物质为国家一级计量标准物质，特性量参数为化学纯度。该标准物质从淫羊藿中经过提取、纯化、精制等工艺制备，采用棕色玻璃安瓿瓶包装，规格为 50mg/支。该标准物质可用于药品、食品等相关领域的淫羊藿苷物质纯度与含量检测、分析仪器校准、分析方法确认评价等。

学科类别：工程与技术科学基础学科

数据格式：.xls，.doc，.jpg

数据负责人：吕扬

来源项目：道地中药材及主要成分的标准物质研制与分析方法研究

（493）岩白菜素纯度标准物质

数据编号：2007FY130100-35-2014072835

数据时间：2007～2012 年

数据地点：中国医学科学院药物研究所

数据类型：文献资料

数据内容：该标准物质为国家一级计量标准物质，特性量参数为化学纯度。该标准物质从岩白菜中经过提取、纯化、精制等工艺制备，采用棕色玻璃安瓿瓶包装，规格为 50mg/支。该标准物质可用于药品、食品等相关领域的岩白菜素物质纯度与含量检测、分析仪器校准、分析方法确认评价等。

学科类别：工程与技术科学基础学科

数据格式：.xls，.doc，.jpg

数据负责人：吕扬

来源项目：道地中药材及主要成分的标准物质研制与分析方法研究

（494）厚朴酚纯度标准物质

数据编号：2007FY130100-36-2014072836

数据时间：2007～2012 年

数据地点：中国医学科学院药物研究所

数据类型：文献资料

数据内容：该标准物质为国家一级计量标准物质，特性量参数为化学纯度。

该标准物质从厚朴中经过提取、纯化、精制等工艺制备,采用棕色玻璃安瓿瓶包装,规格为 50mg/支。该标准物质可用于药品、食品等相关领域的厚朴酚物质纯度与含量检测、分析仪器校准、分析方法确认评价等。

　　学科类别:工程与技术科学基础学科

　　数据格式:.xls,.doc,.jpg

　　数据负责人:吕扬

　　来源项目:道地中药材及主要成分的标准物质研制与分析方法研究

(495)汉防己甲素纯度标准物质

　　数据编号:2007FY130100-37-2014072837

　　数据时间:2007~2012 年

　　数据地点:中国医学科学院药物研究所

　　数据类型:文献资料

　　数据内容:该标准物质为国家一级计量标准物质,特性量参数为化学纯度。该标准物质从粉防己中经过提取、纯化、精制等工艺制备,采用棕色玻璃安瓿瓶包装,规格为 50mg/支。该标准物质可用于药品、食品等相关领域的汉防己甲素物质纯度与含量检测、分析仪器校准、分析方法确认评价等。

　　学科类别:工程与技术科学基础学科

　　数据格式:.xls,.doc,.jpg

　　数据负责人:吕扬

　　来源项目:道地中药材及主要成分的标准物质研制与分析方法研究

(496)莽草酸纯度标准物质

　　数据编号:2007FY130100-38-2014072838

　　数据时间:2007~2012 年

　　数据地点:中国医学科学院药物研究所

　　数据类型:文献资料

　　数据内容:该标准物质为国家一级计量标准物质,特性量参数为化学纯度。该标准物质从八角茴香中经过提取、纯化、精制等工艺制备,采用棕色玻璃安瓿瓶包装,规格为 50mg/支。该标准物质可用于药品、食品等相关领域的莽草酸物质纯度与含量检测、分析仪器校准、分析方法确认评价等。

　　学科类别:工程与技术科学基础学科

　　数据格式:.xls,.doc,.jpg

　　数据负责人:吕扬

　　来源项目:道地中药材及主要成分的标准物质研制与分析方法研究

（497）金雀花碱纯度标准物质

数据编号：2007FY130100-39-2014072839

数据时间：2007～2012 年

数据地点：中国医学科学院药物研究所

数据类型：文献资料

数据内容：该标准物质为国家一级计量标准物质，特性量参数为化学纯度。该标准物质从山豆根中经过提取、纯化、精制等工艺制备，采用棕色玻璃安瓿瓶包装，规格为 50mg/支。该标准物质可用于药品、食品等相关领域的金雀花碱物质纯度与含量检测、分析仪器校准、分析方法确认评价等。

学科类别：工程与技术科学基础学科

数据格式：.xls，.doc，.jpg

数据负责人：吕扬

来源项目：道地中药材及主要成分的标准物质研制与分析方法研究

（498）没食子酸纯度标准物质

数据编号：2007FY130100-40-2014072840

数据时间：2007～2012 年

数据地点：中国医学科学院药物研究所

数据类型：文献资料

数据内容：该标准物质为国家一级计量标准物质，特性量参数为化学纯度。该标准物质采用棕色玻璃安瓿瓶包装，规格为 50mg/支。该标准物质可用于药品、食品等相关领域的没食子酸物质纯度与含量检测、分析仪器校准、分析方法确认评价等。

学科类别：工程与技术科学基础学科

数据格式：.xls，.doc，.jpg

数据负责人：吕扬

来源项目：道地中药材及主要成分的标准物质研制与分析方法研究

（499）大豆素纯度标准物质

数据编号：2007FY130100-41-2014072841

数据时间：2007～2012 年

数据地点：中国医学科学院药物研究所

数据类型：文献资料

数据内容：该标准物质为国家一级计量标准物质，特性量参数为化学纯度。该标准物质采用棕色玻璃安瓿瓶包装，规格为 50mg/支。该标准物质可用于药品、食品等相关领域的大豆素物质纯度与含量检测、分析仪器校准、分析方法确认评价等。

　　学科类别：工程与技术科学基础学科

　　数据格式：.xls，.doc，.jpg

　　数据负责人：吕扬

　　来源项目：道地中药材及主要成分的标准物质研制与分析方法研究

（500）川芎嗪纯度标准物质

　　数据编号：2007FY130100-42-2014072842

　　数据时间：2007～2012 年

　　数据地点：中国医学科学院药物研究所

　　数据类型：文献资料

　　数据内容：该标准物质为国家一级计量标准物质，特性量参数为化学纯度。该标准物质从川芎中经过提取、纯化、精制等工艺制备，采用棕色玻璃安瓿瓶包装，规格为 50mg/支。该标准物质可用于药品、食品等相关领域的川芎嗪物质纯度与含量检测、分析仪器校准、分析方法确认评价等。

　　学科类别：工程与技术科学基础学科

　　数据格式：.xls，.doc，.jpg

　　数据负责人：吕扬

　　来源项目：道地中药材及主要成分的标准物质研制与分析方法研究

（501）7-羟基异黄酮纯度标准物质

　　数据编号：2007FY130100-43-2014072843

　　数据时间：2007～2012 年

　　数据地点：中国医学科学院药物研究所

　　数据类型：文献资料

　　数据内容：该标准物质为国家一级计量标准物质，特性量参数为化学纯度。该标准物质采用棕色玻璃安瓿瓶包装，规格为 50mg/支。该标准物质可用于药品、食品等相关领域的 7-羟基异黄酮物质纯度与含量检测、分析仪器校准、分析方法确认评价等。

　　学科类别：工程与技术科学基础学科

　　数据格式：.xls，.doc，.jpg

　　数据负责人：吕扬

　　来源项目：道地中药材及主要成分的标准物质研制与分析方法研究

（502）盐酸巴马汀纯度标准物质

　　数据编号：2007FY130100-44-2014072844

　　数据时间：2007～2012 年

数据地点：中国医学科学院药物研究所

数据类型：文献资料

数据内容：该标准物质为国家一级计量标准物质，特性量参数为化学纯度。该标准物质从黄连中经过提取、纯化、精制等工艺制备，采用棕色玻璃安瓿瓶包装，规格为 50mg/支。该标准物质可用于药品、食品等相关领域的盐酸巴马汀物质纯度与含量检测、分析仪器校准、分析方法确认评价等。

学科类别：工程与技术科学基础学科

数据格式：.xls，.doc，.jpg

数据负责人：吕扬

来源项目：道地中药材及主要成分的标准物质研制与分析方法研究

（503）氧化苦参碱纯度标准物质

数据编号：2007FY130100-45-2014072845

数据时间：2007～2012 年

数据地点：中国医学科学院药物研究所

数据类型：文献资料

数据内容：该标准物质为国家一级计量标准物质，特性量参数为化学纯度。该标准物质从苦参中经过提取、纯化、精制等工艺制备，采用棕色玻璃安瓿瓶包装，规格为 50mg/支。该标准物质可用于药品、食品等相关领域的氧化苦参碱物质纯度与含量检测、分析仪器校准、分析方法确认评价等。

学科类别：工程与技术科学基础学科

数据格式：.xls，.doc，.jpg

数据负责人：吕扬

来源项目：道地中药材及主要成分的标准物质研制与分析方法研究

（504）原儿茶醛纯度标准物质

数据编号：2007FY130100-46-2014072846

数据时间：2007～2012 年

数据地点：中国医学科学院药物研究所

数据类型：文献资料

数据内容：该标准物质为国家一级计量标准物质，特性量参数为化学纯度。该标准物质从丹参中经过提取、纯化、精制等工艺制备，采用棕色玻璃安瓿瓶包装，规格为 50mg/支。该标准物质可用于药品、食品等相关领域的原儿茶醛物质纯度与含量检测、分析仪器校准、分析方法确认评价等。

学科类别：工程与技术科学基础学科

数据格式：.xls，.doc，.jpg

数据负责人：吕扬

来源项目：道地中药材及主要成分的标准物质研制与分析方法研究

（505）生松素纯度标准物质

数据编号：2007FY130100-47-2014072847

数据时间：2007～2012 年

数据地点：中国医学科学院药物研究所

数据类型：文献资料

数据内容：该标准物质为国家一级计量标准物质，特性量参数为化学纯度。该标准物质采用棕色玻璃安瓿瓶包装，规格为 50mg/支。该标准物质可用于药品、食品等相关领域的生松素物质纯度与含量检测、分析仪器校准、分析方法确认评价等。

学科类别：工程与技术科学基础学科

数据格式：.xls，.doc，.jpg

数据负责人：吕扬

来源项目：道地中药材及主要成分的标准物质研制与分析方法研究

（506）和厚朴酚纯度标准物质

数据编号：2007FY130100-48-2014072848

数据时间：2007～2012 年

数据地点：中国医学科学院药物研究所

数据类型：文献资料

数据内容：该标准物质为国家一级计量标准物质，特性量参数为化学纯度。该标准物质从厚朴中经过提取、纯化、精制等工艺制备，采用棕色玻璃安瓿瓶包装，规格为 50mg/支。该标准物质可用于药品、食品等相关领域的和厚朴酚物质纯度与含量检测、分析仪器校准、分析方法确认评价等。

学科类别：工程与技术科学基础学科

数据格式：.xls，.doc，.jpg

数据负责人：吕扬

来源项目：道地中药材及主要成分的标准物质研制与分析方法研究

（507）吴茱萸碱纯度标准物质

数据编号：2007FY130100-49-2014072849

数据时间：2007～2012 年

数据地点：中国医学科学院药物研究所

数据类型：文献资料

数据内容：该标准物质为国家一级计量标准物质，特性量参数为化学纯度。

该标准物质从吴茱萸中经过提取、纯化、精制等工艺制备，采用棕色玻璃安瓿瓶包装，规格为 50mg/支。该标准物质可用于药品、食品等相关领域的吴茱萸碱物质纯度与含量检测、分析仪器校准、分析方法确认评价等。

学科类别：工程与技术科学基础学科

数据格式：.xls，.doc，.jpg

数据负责人：吕扬

来源项目：道地中药材及主要成分的标准物质研制与分析方法研究

（508）吴茱萸次碱纯度标准物质

数据编号：2007FY130100-50-2014072850

数据时间：2007～2012 年

数据地点：中国医学科学院药物研究所

数据类型：文献资料

数据内容：该标准物质为国家一级计量标准物质，特性量参数为化学纯度。该标准物质从吴茱萸中经过提取、纯化、精制等工艺制备，采用棕色玻璃安瓿瓶包装，规格为 50mg/支。该标准物质可用于药品、食品等相关领域的吴茱萸次碱物质纯度与含量检测、分析仪器校准、分析方法确认评价等。

学科类别：工程与技术科学基础学科

数据格式：.xls，.doc，.jpg

数据负责人：吕扬

来源项目：道地中药材及主要成分的标准物质研制与分析方法研究

（509）染料木苷纯度标准物质

数据编号：2007FY130100-51-2014072851

数据时间：2007～2012 年

数据地点：中国医学科学院药物研究所

数据类型：文献资料

数据内容：该标准物质为国家一级计量标准物质，特性量参数为化学纯度。该标准物质从大豆种子中经过提取、纯化、精制等工艺制备，采用棕色玻璃安瓿瓶包装，规格为 50mg/支。该标准物质可用于药品、食品等相关领域的染料木苷物质纯度与含量检测、分析仪器校准、分析方法确认评价等。

学科类别：工程与技术科学基础学科

数据格式：.xls，.doc，.jpg

数据负责人：吕扬

来源项目：道地中药材及主要成分的标准物质研制与分析方法研究

（510）染料木素纯度标准物质

数据编号：2007FY130100-52-2014072852

数据时间：2007~2012 年

数据地点：中国医学科学院药物研究所

数据类型：文献资料

数据内容：该标准物质为国家一级计量标准物质，特性量参数为化学纯度。该标准物质采用棕色玻璃安瓿瓶包装，规格为 50mg/支。该标准物质可用于药品、食品等相关领域的染料木素物质纯度与含量检测、分析仪器校准、分析方法确认评价等。

学科类别：工程与技术科学基础学科

数据格式：.xls，.doc，.jpg

数据负责人：吕扬

来源项目：道地中药材及主要成分的标准物质研制与分析方法研究

（511）白杨素纯度标准物质

数据编号：2007FY130100-53-2014072853

数据时间：2007~2012 年

数据地点：中国医学科学院药物研究所

数据类型：文献资料

数据内容：该标准物质为国家一级计量标准物质，特性量参数为化学纯度。该标准物质采用棕色玻璃安瓿瓶包装，规格为 50mg/支。该标准物质可用于药品、食品等相关领域的白杨素物质纯度与含量检测、分析仪器校准、分析方法确认评价等。

学科类别：工程与技术科学基础学科

数据格式：.xls，.doc，.jpg

数据负责人：吕扬

来源项目：道地中药材及主要成分的标准物质研制与分析方法研究

（512）二氢杨梅素纯度标准物质

数据编号：2007FY130100-54-2014072854

数据时间：2007~2012 年

数据地点：中国医学科学院药物研究所

数据类型：文献资料

数据内容：该标准物质为国家一级计量标准物质，特性量参数为化学纯度。该标准物质从显齿蛇葡萄中经过提取、纯化、精制等工艺制备，采用棕色玻璃安瓿瓶包装，规格为 50mg/支。该标准物质可用于药品、食品等相关领域的二氢杨梅素物质纯度与含量检测、分析仪器校准、分析方法确认评价等。

学科类别：工程与技术科学基础学科

数据格式：.xls，.doc，.jpg

数据负责人：吕扬

来源项目：道地中药材及主要成分的标准物质研制与分析方法研究

（513）苦杏仁苷纯度标准物质

数据编号：2007FY130100-55-2014072855

数据时间：2007～2012 年

数据地点：中国医学科学院药物研究所

数据类型：文献资料

数据内容：该标准物质为国家一级计量标准物质，特性量参数为化学纯度。该标准物质采用棕色玻璃安瓿瓶包装，规格为 50mg/支。该标准物质可用于药品、食品等相关领域的苦杏仁苷物质纯度与含量检测、分析仪器校准、分析方法确认评价等。

学科类别：工程与技术科学基础学科

数据格式：.xls，.doc，.jpg

数据负责人：吕扬

来源项目：道地中药材及主要成分的标准物质研制与分析方法研究

（514）环维黄杨星 D 纯度标准物质

数据编号：2007FY130100-56-2014072856

数据时间：2007～2012 年

数据地点：中国医学科学院药物研究所

数据类型：文献资料

数据内容：该标准物质为国家一级计量标准物质，特性量参数为化学纯度。该标准物质采用棕色玻璃安瓿瓶包装，规格为 50mg/支。该标准物质可用于药品、食品等相关领域的环维黄杨星 D 物质纯度与含量检测、分析仪器校准、分析方法确认评价等。

学科类别：工程与技术科学基础学科

数据格式：.xls，.doc，.jpg

数据负责人：吕扬

来源项目：道地中药材及主要成分的标准物质研制与分析方法研究

（515）丹参酮ⅡA 纯度标准物质

数据编号：2007FY130100-57-2014072857

数据时间：2007～2012 年

数据地点：中国医学科学院药物研究所

数据类型：文献资料

数据内容：该标准物质为国家一级计量标准物质，特性量参数为化学纯度。该标准物质从丹参中经过提取、纯化、精制等工艺制备，采用棕色玻璃安瓿瓶包装，规格为 50mg/支。该标准物质可用于药品、食品等相关领域的丹参酮ⅡA 物质纯度与含量检测、分析仪器校准、分析方法确认评价等。

学科类别：工程与技术科学基础学科

数据格式：.xls，.doc，.jpg

数据负责人：吕扬

来源项目：道地中药材及主要成分的标准物质研制与分析方法研究

（516）芹菜素纯度标准物质

数据编号：2007FY130100-58-2014072858

数据时间：2007～2012 年

数据地点：中国医学科学院药物研究所

数据类型：文献资料

数据内容：该标准物质为国家一级计量标准物质，特性量参数为化学纯度。该标准物质从旱芹中经过提取、纯化、精制等工艺制备，采用棕色玻璃安瓿瓶包装，规格为 50mg/支。该标准物质可用于药品、食品等相关领域的芹菜素物质纯度与含量检测、分析仪器校准、分析方法确认评价等。

学科类别：工程与技术科学基础学科

数据格式：.xls，.doc，.jpg

数据负责人：吕扬

来源项目：道地中药材及主要成分的标准物质研制与分析方法研究

（517）虎杖苷纯度标准物质

数据编号：2007FY130100-59-2014072859

数据时间：2007～2012 年

数据地点：中国医学科学院药物研究所

数据类型：文献资料

数据内容：该标准物质为国家一级计量标准物质，特性量参数为化学纯度。该标准物质从虎杖中经过提取、纯化、精制等工艺制备，采用棕色玻璃安瓿瓶包装，规格为 50mg/支。该标准物质可用于药品、食品等相关领域的虎杖苷物质纯度与含量检测、分析仪器校准、分析方法确认评价等。

学科类别：工程与技术科学基础学科

数据格式：.xls，.doc，.jpg

数据负责人：吕扬

来源项目：道地中药材及主要成分的标准物质研制与分析方法研究

（518）补骨脂素纯度标准物质

数据编号：2007FY130100-60-2014072860

数据时间：2007～2012 年

数据地点：中国医学科学院药物研究所

数据类型：文献资料

数据内容：该标准物质为国家一级计量标准物质，特性量参数为化学纯度。该标准物质采用棕色玻璃安瓿瓶包装，规格为 50mg/支。该标准物质可用于药品、食品等相关领域的补骨脂素物质纯度与含量检测、分析仪器校准、分析方法确认评价等。

学科类别：工程与技术科学基础学科

数据格式：.xls，.doc，.jpg

数据负责人：吕扬

来源项目：道地中药材及主要成分的标准物质研制与分析方法研究

（519）葫芦巴碱纯度标准物质

数据编号：2007FY130100-61-2014072861

数据时间：2007～2012 年

数据地点：中国医学科学院药物研究所

数据类型：文献资料

数据内容：该标准物质为国家一级计量标准物质，特性量参数为化学纯度。该标准物质采用棕色玻璃安瓿瓶包装，规格为 50mg/支。该标准物质可用于药品、食品等相关领域的葫芦巴碱物质纯度与含量检测、分析仪器校准、分析方法确认评价等。

学科类别：工程与技术科学基础学科

数据格式：.xls，.doc，.jpg

数据负责人：吕扬

来源项目：道地中药材及主要成分的标准物质研制与分析方法研究

（520）槐定碱纯度标准物质

数据编号：2007FY130100-62-2014072862

数据时间：2007～2012 年

数据地点：中国医学科学院药物研究所

数据类型：文献资料

数据内容：该标准物质为国家一级计量标准物质，特性量参数为化学纯度。

该标准物质采用棕色玻璃安瓿瓶包装，规格为 50mg/支。该标准物质可用于药品、食品等相关领域的槐定碱物质纯度与含量检测、分析仪器校准、分析方法确认评价等。

　　学科类别：工程与技术科学基础学科

　　数据格式：.xls，.doc，.jpg

　　数据负责人：吕扬

　　来源项目：道地中药材及主要成分的标准物质研制与分析方法研究

　　（521）槐果碱纯度标准物质

　　数据编号：2007FY130100-63-2014072863

　　数据时间：2007～2012 年

　　数据地点：中国医学科学院药物研究所

　　数据类型：文献资料

　　数据内容：该标准物质为国家一级计量标准物质，特性量参数为化学纯度。该标准物质采用棕色玻璃安瓿瓶包装，规格为 50mg/支。该标准物质可用于药品、食品等相关领域的槐果碱物质纯度与含量检测、分析仪器校准、分析方法确认评价等。

　　学科类别：工程与技术科学基础学科

　　数据格式：.xls，.doc，.jpg

　　数据负责人：吕扬

　　来源项目：道地中药材及主要成分的标准物质研制与分析方法研究

　　（522）肉桂酸纯度标准物质

　　数据编号：2007FY130100-64-2014072864

　　数据时间：2007～2012 年

　　数据地点：中国医学科学院药物研究所

　　数据类型：文献资料

　　数据内容：该标准物质为国家一级计量标准物质，特性量参数为化学纯度。该标准物质采用棕色玻璃安瓿瓶包装，规格为 50mg/支。该标准物质可用于药品、食品等相关领域的肉桂酸物质纯度与含量检测、分析仪器校准、分析方法确认评价等。

　　学科类别：工程与技术科学基础学科

　　数据格式：.xls，.doc，.jpg

　　数据负责人：吕扬

　　来源项目：道地中药材及主要成分的标准物质研制与分析方法研究

（523）欧前胡素纯度标准物质

数据编号：2007FY130100-65-2014072865

数据时间：2007～2012 年

数据地点：中国医学科学院药物研究所

数据类型：文献资料

数据内容：该标准物质为国家一级计量标准物质，特性量参数为化学纯度。该标准物质采用棕色玻璃安瓿瓶包装，规格为 50mg/支。该标准物质可用于药品、食品等相关领域的欧前胡素物质纯度与含量检测、分析仪器校准、分析方法确认评价等。

学科类别：工程与技术科学基础学科

数据格式：.xls，.doc，.jpg

数据负责人：吕扬

来源项目：道地中药材及主要成分的标准物质研制与分析方法研究

（524）水杨苷纯度标准物质

数据编号：2007FY130100-66-2014072866

数据时间：2007～2012 年

数据地点：中国医学科学院药物研究所

数据类型：文献资料

数据内容：该标准物质为国家一级计量标准物质，特性量参数为化学纯度。该标准物质采用棕色玻璃安瓿瓶包装，规格为 50mg/支。该标准物质可用于药品、食品等相关领域的水杨苷物质纯度与含量检测、分析仪器校准、分析方法确认评价等。

学科类别：工程与技术科学基础学科

数据格式：.xls，.doc，.jpg

数据负责人：吕扬

来源项目：道地中药材及主要成分的标准物质研制与分析方法研究

（525）异阿魏酸纯度标准物质

数据编号：2007FY130100-67-2014072867

数据时间：2007～2012 年

数据地点：中国医学科学院药物研究所

数据类型：文献资料

数据内容：该标准物质为国家一级计量标准物质，特性量参数为化学纯度。该标准物质采用棕色玻璃安瓿瓶包装，规格为 50mg/支。该标准物质可用于药品、食品等相关领域的异阿魏酸物质纯度与含量检测、分析仪器校准、分析方法确认评价等。

　　学科类别：工程与技术科学基础学科

　　数据格式：.xls，.doc，.jpg

　　数据负责人：吕扬

　　来源项目：道地中药材及主要成分的标准物质研制与分析方法研究

（526）异补骨脂素纯度标准物质

　　数据编号：2007FY130100-68-2014072868

　　数据时间：2007～2012 年

　　数据地点：中国医学科学院药物研究所

　　数据类型：文献资料

　　数据内容：该标准物质为国家一级计量标准物质，特性量参数为化学纯度。该标准物质采用棕色玻璃安瓿瓶包装，规格为 50mg/支。该标准物质可用于药品、食品等相关领域的异补骨脂素物质纯度与含量检测、分析仪器校准、分析方法确认评价等。

　　学科类别：工程与技术科学基础学科

　　数据格式：.xls，.doc，.jpg

　　数据负责人：吕扬

　　来源项目：道地中药材及主要成分的标准物质研制与分析方法研究

（527）异欧前胡素纯度标准物质

　　数据编号：2007FY130100-69-2014072869

　　数据时间：2007～2012 年

　　数据地点：中国医学科学院药物研究所

　　数据类型：文献资料

　　数据内容：该标准物质为国家一级计量标准物质，特性量参数为化学纯度。该标准物质采用棕色玻璃安瓿瓶包装，规格为 50mg/支。该标准物质可用于药品、食品等相关领域的异欧前胡素物质纯度与含量检测、分析仪器校准、分析方法确认评价等。

　　学科类别：工程与技术科学基础学科

　　数据格式：.xls，.doc，.jpg

　　数据负责人：吕扬

　　来源项目：道地中药材及主要成分的标准物质研制与分析方法研究

（528）异氧黄酮纯度标准物质

　　数据编号：2007FY130100-70-2014072870

　　数据时间：2007～2012 年

数据地点：中国医学科学院药物研究所

数据类型：文献资料

数据内容：该标准物质为国家一级计量标准物质，特性量参数为化学纯度。该标准物质采用棕色玻璃安瓿瓶包装，规格为 50mg/支。该标准物质可用于药品、食品等相关领域的异氧黄酮物质纯度与含量检测、分析仪器校准、分析方法确认评价等。

学科类别：工程与技术科学基础学科

数据格式：.xls，.doc，.jpg

数据负责人：吕扬

来源项目：道地中药材及主要成分的标准物质研制与分析方法研究

（529）盐酸千金藤素纯度标准物质

数据编号：2007FY130100-71-2014072871

数据时间：2007～2012 年

数据地点：中国医学科学院药物研究所

数据类型：文献资料

数据内容：该标准物质为国家一级计量标准物质，特性量参数为化学纯度。该标准物质采用棕色玻璃安瓿瓶包装，规格为 50mg/支。该标准物质可用于药品、食品等相关领域的盐酸千金藤素物质纯度与含量检测、分析仪器校准、分析方法确认评价等。

学科类别：工程与技术科学基础学科

数据格式：.xls，.doc，.jpg

数据负责人：吕扬

来源项目：道地中药材及主要成分的标准物质研制与分析方法研究

（530）白桦脂酸纯度标准物质

数据编号：2007FY130100-72-2014072872

数据时间：2007～2012 年

数据地点：中国医学科学院药物研究所

数据类型：文献资料

数据内容：该标准物质为国家一级计量标准物质，特性量参数为化学纯度。该标准物质采用棕色玻璃安瓿瓶包装，规格为 50mg/支。该标准物质可用于药品、食品等相关领域的白桦脂酸物质纯度与含量检测、分析仪器校准、分析方法确认评价等。

学科类别：工程与技术科学基础学科

数据格式：.xls，.doc，.jpg

数据负责人：吕扬

来源项目：道地中药材及主要成分的标准物质研制与分析方法研究

（531）丁香酸纯度标准物质

数据编号：2007FY130100-73-2014072873

数据时间：2007～2012 年

数据地点：中国医学科学院药物研究所

数据类型：文献资料

数据内容：该标准物质为国家一级计量标准物质，特性量参数为化学纯度。该标准物质采用棕色玻璃安瓿瓶包装，规格为 50mg/支。该标准物质可用于药品、食品等相关领域的丁香酸物质纯度与含量检测、分析仪器校准、分析方法确认评价等。

学科类别：工程与技术科学基础学科

数据格式：.xls，.doc，.jpg

数据负责人：吕扬

来源项目：道地中药材及主要成分的标准物质研制与分析方法研究

（532）依普黄酮纯度标准物质

数据编号：2007FY130100-74-2014072874

数据时间：2007～2012 年

数据地点：中国医学科学院药物研究所

数据类型：文献资料

数据内容：该标准物质为国家一级计量标准物质，特性量参数为化学纯度。该标准物质采用棕色玻璃安瓿瓶包装，规格为 50mg/支。该标准物质可用于药品、食品等相关领域的依普黄酮物质纯度与含量检测、分析仪器校准、分析方法确认评价等。

学科类别：工程与技术科学基础学科

数据格式：.xls，.doc，.jpg

数据负责人：吕扬

来源项目：道地中药材及主要成分的标准物质研制与分析方法研究

（533）氢溴酸加兰他敏纯度标准物质

数据编号：2007FY130100-75-2014072875

数据时间：2007～2012 年

数据地点：中国医学科学院药物研究所

数据类型：文献资料

数据内容：该标准物质为国家一级计量标准物质，特性量参数为化学纯度。

该标准物质采用棕色玻璃安瓿瓶包装，规格为 50mg/支。该标准物质可用于药品、食品等相关领域的氢溴酸加兰他敏物质纯度与含量检测、分析仪器校准、分析方法确认评价等。

　　学科类别：工程与技术科学基础学科

　　数据格式：.xls，.doc，.jpg

　　数据负责人：吕扬

　　来源项目：道地中药材及主要成分的标准物质研制与分析方法研究

（534）二羟丙茶碱纯度标准物质

　　数据编号：2007FY130100-76-2014072876

　　数据时间：2007～2012 年

　　数据地点：中国医学科学院药物研究所

　　数据类型：文献资料

　　数据内容：该标准物质为国家一级计量标准物质，特性量参数为化学纯度。该标准物质采用棕色玻璃安瓿瓶包装，规格为 50mg/支。该标准物质可用于药品、食品等相关领域的二羟丙茶碱物质纯度与含量检测、分析仪器校准、分析方法确认评价等。

　　学科类别：工程与技术科学基础学科

　　数据格式：.xls，.doc，.jpg

　　数据负责人：吕扬

　　来源项目：道地中药材及主要成分的标准物质研制与分析方法研究

（535）苍术素纯度标准物质

　　数据编号：2007FY130100-77-2014072877

　　数据时间：2007～2012 年

　　数据地点：中国医学科学院药物研究所

　　数据类型：文献资料

　　数据内容：该标准物质为国家一级计量标准物质，特性量参数为化学纯度。该标准物质采用棕色玻璃安瓿瓶包装，规格为 50mg/支。该标准物质可用于药品、食品等相关领域的苍术素物质纯度与含量检测、分析仪器校准、分析方法确认评价等。

　　学科类别：工程与技术科学基础学科

　　数据格式：.xls，.doc，.jpg

　　数据负责人：吕扬

　　来源项目：道地中药材及主要成分的标准物质研制与分析方法研究

（536）青蒿素纯度标准物质

数据编号：2007FY130100-78-2014072878

数据时间：2007～2012 年

数据地点：中国医学科学院药物研究所

数据类型：文献资料

数据内容：该标准物质为国家一级计量标准物质，特性量参数为化学纯度。该标准物质采用棕色玻璃安瓿瓶包装，规格为 50mg/支。该标准物质可用于药品、食品等相关领域的青蒿素物质纯度与含量检测、分析仪器校准、分析方法确认评价等。

学科类别：工程与技术科学基础学科

数据格式：.xls，.doc，.jpg

数据负责人：吕扬

来源项目：道地中药材及主要成分的标准物质研制与分析方法研究

（537）秦皮甲素纯度标准物质

数据编号：2007FY130100-79-2014072879

数据时间：2007～2012 年

数据地点：中国医学科学院药物研究所

数据类型：文献资料

数据内容：该标准物质为国家一级计量标准物质，特性量参数为化学纯度。该标准物质采用棕色玻璃安瓿瓶包装，规格为 50mg/支。该标准物质可用于药品、食品等相关领域的秦皮甲素物质纯度与含量检测、分析仪器校准、分析方法确认评价等。

学科类别：工程与技术科学基础学科

数据格式：.xls，.doc，.jpg

数据负责人：吕扬

来源项目：道地中药材及主要成分的标准物质研制与分析方法研究

（538）丹酚酸 A 纯度标准物质

数据编号：2007FY130100-80-2014072880

数据时间：2007～2012 年

数据地点：中国医学科学院药物研究所

数据类型：文献资料

数据内容：该标准物质为国家二级计量标准物质，特性量参数为化学纯度。该标准物质从丹参中经过提取、纯化、精制等工艺制备，采用棕色玻璃安瓿瓶包装，规格为 10mg/支。该标准物质可用于药品、食品等相关领域的丹酚酸 A 物质纯度与含量检测、分析仪器校准、分析方法确认评价等。

学科类别：工程与技术科学基础学科

数据格式：.xls，.doc，.jpg

数据负责人：吕扬

来源项目：道地中药材及主要成分的标准物质研制与分析方法研究

（539）人参皂苷 Rg1 纯度标准物质

数据编号：2007FY130100-81-2014072881

数据时间：2007～2012 年

数据地点：中国医学科学院药物研究所

数据类型：文献资料

数据内容：该标准物质为国家二级计量标准物质，特性量参数为化学纯度。该标准物质采用棕色玻璃安瓿瓶包装，规格为 20mg/支。该标准物质可用于药品、食品等相关领域的人参皂苷 Rg1 物质纯度与含量检测、分析仪器校准、分析方法确认评价等。

学科类别：工程与技术科学基础学科

数据格式：.xls，.doc，.jpg

数据负责人：吕扬

来源项目：道地中药材及主要成分的标准物质研制与分析方法研究

（540）人参皂苷 Rb1 纯度标准物质

数据编号：2007FY130100-82-2014072882

数据时间：2007～2012 年

数据地点：中国医学科学院药物研究所

数据类型：文献资料

数据内容：该标准物质为国家二级计量标准物质，特性量参数为化学纯度。该标准物质采用棕色玻璃安瓿瓶包装，规格为 20mg/支。该标准物质可用于药品、食品等相关领域的人参皂苷 Rb1 物质纯度与含量检测、分析仪器校准、分析方法确认评价等。

学科类别：工程与技术科学基础学科

数据格式：.xls，.doc，.jpg

数据负责人：吕扬

来源项目：道地中药材及主要成分的标准物质研制与分析方法研究

（541）芍药苷纯度标准物质

数据编号：2007FY130100-83-2014072883

数据时间：2007～2012 年

数据地点：中国医学科学院药物研究所

数据类型：文献资料

数据内容：该标准物质为国家二级计量标准物质，特性量参数为化学纯度。该标准物质采用棕色玻璃安瓿瓶包装，规格为 10mg/支。该标准物质可用于药品、食品等相关领域的芍药苷物质纯度与含量检测、分析仪器校准、分析方法确认评价等。

学科类别：工程与技术科学基础学科

数据格式：.xls，.doc，.jpg

数据负责人：吕扬

来源项目：道地中药材及主要成分的标准物质研制与分析方法研究

（542）苦参中苦参碱成分分析标准物质

数据编号：2007FY130100-88-2014072888

数据时间：2007～2012 年

数据地点：中国医学科学院药物研究所

数据类型：文献资料

数据内容：该标准物质为国家一级计量标准物质，特性量参数为总灰分及有效成分含量。采用棕色玻璃安瓿瓶包装，规格为 1g/支。该标准物质可在药品、食品等相关领域中应用苦参中药材作为物质组成，并需要采用苦参碱成分分析的成分鉴别、含量检测、分析方法确认评价等。

学科类别：工程与技术科学基础学科

数据格式：.xls，.doc，.jpg

数据负责人：吕扬

来源项目：道地中药材及主要成分的标准物质研制与分析方法研究

（543）大黄中大黄素成分分析标准物质

数据编号：2007FY130100-89-2014072889

数据时间：2007～2012 年

数据地点：中国医学科学院药物研究所

数据类型：文献资料

数据内容：该标准物质为国家二级计量标准物质，特性量参数为成分含量。采用棕色玻璃安瓿瓶包装，规格为 1g/支。该标准物质可在药品、食品等相关领域中应用中药材作为物质组成，并需要采用成分分析的成分鉴别、含量检测、分析方法确认评价等。

学科类别：工程与技术科学基础学科

数据格式：.xls，.doc，.jpg

数据负责人：吕扬

来源项目：道地中药材及主要成分的标准物质研制与分析方法研究

（544）枳实中辛弗林成分分析标准物质

数据编号：2007FY130100-90-2014072890

数据时间：2007～2012 年

数据地点：中国医学科学院药物研究所

数据类型：文献资料

数据内容：该标准物质为国家二级计量标准物质，特性量参数为成分含量。采用棕色玻璃安瓿瓶包装，规格为 1g/支。该标准物质可在药品、食品等相关领域中应用枳实中药材作为物质组成，并需要采用辛弗林成分分析的成分鉴别、含量检测、分析方法确认评价等。

学科类别：工程与技术科学基础学科

数据格式：.xls，.doc，.jpg

数据负责人：吕扬

来源项目：道地中药材及主要成分的标准物质研制与分析方法研究

（545）金银花中绿原酸成分分析标准物质

数据编号：2007FY130100-91-2014072891

数据时间：2007～2012 年

数据地点：中国医学科学院药物研究所

数据类型：文献资料

数据内容：该标准物质为国家二级计量标准物质，特性量参数为成分含量。采用棕色玻璃安瓿瓶包装，规格为 1g/支。该标准物质可在药品、食品等相关领域中应用金银花中药材作为物质组成，并需要采用绿原酸成分分析的成分鉴别、含量检测、分析方法确认评价等。

学科类别：工程与技术科学基础学科

数据格式：.xls，.doc，.jpg

数据负责人：吕扬

来源项目：道地中药材及主要成分的标准物质研制与分析方法研究

（546）矮地茶中岩白菜素成分分析标准物质

数据编号：2007FY130100-92-2014072892

数据时间：2007～2012 年

数据地点：中国医学科学院药物研究所

数据类型：文献资料

数据内容：该标准物质为国家二级计量标准物质，特性量参数为成分含量。

采用棕色玻璃安瓿瓶包装，规格为 1g/支。该标准物质可在药品、食品等相关领域中应用矮地茶中药材作为物质组成，并需要采用岩白菜素成分分析的成分鉴别、含量检测、分析方法确认评价等。

　　学科类别：工程与技术科学基础学科

　　数据格式：.xls，.doc，.jpg

　　数据负责人：吕扬

　　来源项目：道地中药材及主要成分的标准物质研制与分析方法研究

（547）当归中阿魏酸成分分析标准物质

　　数据编号：2007FY130100-93-2014072893

　　数据时间：2007～2012 年

　　数据地点：中国医学科学院药物研究所

　　数据类型：文献资料

　　数据内容：该标准物质为国家二级计量标准物质，特性量参数为成分含量。采用棕色玻璃安瓿瓶包装，规格为 1g/支。该标准物质可在药品、食品等相关领域中应用当归中药材作为物质组成，并需要采用阿魏酸成分分析的成分鉴别、含量检测、分析方法确认评价等。

　　学科类别：工程与技术科学基础学科

　　数据格式：.xls，.doc，.jpg

　　数据负责人：吕扬

　　来源项目：道地中药材及主要成分的标准物质研制与分析方法研究

（548）何首乌中大黄素成分分析标准物质

　　数据编号：2007FY130100-94-2014072894

　　数据时间：2007～2012 年

　　数据地点：中国医学科学院药物研究所

　　数据类型：文献资料

　　数据内容：该标准物质为国家二级计量标准物质，特性量参数为成分含量。采用棕色玻璃安瓿瓶包装，规格为 1g/支。该标准物质可在药品、食品等相关领域中应用何首乌中药材作为物质组成，并需要采用大黄素成分分析的成分鉴别、含量检测、分析方法确认评价等。

　　学科类别：工程与技术科学基础学科

　　数据格式：.xls，.doc，.jpg

　　数据负责人：吕扬

　　来源项目：道地中药材及主要成分的标准物质研制与分析方法研究

（549）川芎中阿魏酸成分分析标准物质

数据编号：2007FY130100-95-2014072895

数据时间：2007～2012 年

数据地点：中国医学科学院药物研究所

数据类型：文献资料

数据内容：该标准物质为国家二级计量标准物质，特性量参数为成分含量。采用棕色玻璃安瓿瓶包装，规格为 1g/支。该标准物质可在药品、食品等相关领域中应用川芎中药材作为物质组成，并需要采用阿魏酸成分分析的成分鉴别、含量检测、分析方法确认评价等。

学科类别：工程与技术科学基础学科

数据格式：.xls，.doc，.jpg

数据负责人：吕扬

来源项目：道地中药材及主要成分的标准物质研制与分析方法研究

（550）黄檗中盐酸小檗碱成分分析标准物质

数据编号：2007FY130100-96-2014072896

数据时间：2007～2012 年

数据地点：中国医学科学院药物研究所

数据类型：文献资料

数据内容：该标准物质为国家二级计量标准物质，特性量参数为成分含量。采用棕色玻璃安瓿瓶包装，规格为 1g/支。该标准物质可在药品、食品等相关领域中应用黄檗中药材作为物质组成，并需要采用盐酸小檗碱成分分析的成分鉴别、含量检测、分析方法确认评价等。

学科类别：工程与技术科学基础学科

数据格式：.xls，.doc，.jpg

数据负责人：吕扬

来源项目：道地中药材及主要成分的标准物质研制与分析方法研究

（551）黄连中盐酸小檗碱成分分析标准物质

数据编号：2007FY130100-97-2014072897

数据时间：2007～2012 年

数据地点：中国医学科学院药物研究所

数据类型：文献资料

数据内容：该标准物质为国家二级计量标准物质，特性量参数为成分含量。采用棕色玻璃安瓿瓶包装，规格为 1g/支。该标准物质可在药品、食品等相关领域中应用黄连中药材作为物质组成，并需要采用盐酸小檗碱成分分析的成分鉴别、含量检测、分析方法确认评价等。

　　学科类别：工程与技术科学基础学科

　　数据格式：.xls，.doc，.jpg

　　数据负责人：吕扬

　　来源项目：道地中药材及主要成分的标准物质研制与分析方法研究

（552）蛇床子中蛇床子素成分分析标准物质

　　数据编号：2007FY130100-98-2014072898

　　数据时间：2007～2012 年

　　数据地点：中国医学科学院药物研究所

　　数据类型：文献资料

　　数据内容：该标准物质为国家二级计量标准物质，特性量参数为成分含量。采用棕色玻璃安瓿瓶包装，规格为 1g/支。该标准物质可在药品、食品等相关领域中应用蛇床子中药材作为物质组成，并需要采用蛇床子素成分分析的成分鉴别、含量检测、分析方法确认评价等。

　　学科类别：工程与技术科学基础学科

　　数据格式：.xls，.doc，.jpg

　　数据负责人：吕扬

　　来源项目：道地中药材及主要成分的标准物质研制与分析方法研究

（553）天麻中天麻素成分分析标准物质

　　数据编号：2007FY130100-99-2014072899

　　数据时间：2007～2012 年

　　数据地点：中国医学科学院药物研究所

　　数据类型：文献资料

　　数据内容：该标准物质为国家二级计量标准物质，特性量参数为成分含量。采用棕色玻璃安瓿瓶包装，规格为 1g/支。该标准物质可在药品、食品等相关领域中应用天麻中药材作为物质组成，并需要采用天麻素成分分析的成分鉴别、含量检测、分析方法确认评价等。

　　学科类别：工程与技术科学基础学科

　　数据格式：.xls，.doc，.jpg

　　数据负责人：吕扬

　　来源项目：道地中药材及主要成分的标准物质研制与分析方法研究

（554）2008 年烷基酚聚氧乙烯醚的代谢产物烷基酚和八氯二丙醚的 HPLC/MS/MS 和 GC/MS 检测方法

　　数据编号：2007FY210200-01-2014103001

数据时间：2008 年

数据地点：全国

数据类型：文献资料

数据内容：采用液液提取、固相萃取、HPLC/MS/MS 技术建立了蔬菜和粮食中农药助剂壬基酚（NP）一氧乙烯醚及二氧乙烯醚残留的检测方法。该方法适用于各种蔬菜（甘蓝、韭菜等）、水、土壤、茶叶、粮食（玉米、大豆等）中壬基酚聚氧乙烯醚及其降解产物残留量测定。该方法通过 Agilent 1200-API 5000 型液相色谱-质谱串联仪和 Agilent 7890A-5975C 气相色谱-串联质谱仪，参考了进出口行业标准《纺织品中烷基苯酚类及烷基苯酚聚氧乙烯醚类的测定》（SN/T 1850.2—2006）和《进出口茶叶中八氯二丙醚残留量检测方法 气相色谱法》（SN/T 1774—2006），制定了农产品及对应产地环境中烷基酚聚氧乙烯醚的代谢产物烷基酚和八氯二丙醚的检测方法，该方法添加回收试验的相对标准偏差均小于 10%，确保检测方法的准确性。

学科类别：食品科学技术

数据格式：.doc

数据负责人：王静[*]

来源项目：高风险农药助剂残留水平及动态变化调查

（555）2010 年烷基酚聚氧乙烯醚及其代谢产物烷基酚和八氯二丙醚等高风险农药助剂的残留水平及动态变化的调查和分析研究报告

数据编号：2007FY210200-02-2015011402

数据时间：2010 年

数据地点：全国

数据类型：文献资料

数据内容：通过赴企业调研与市场随机抽样等方式，完成了壬基酚聚氧乙烯醚（NPEOs）和八氯二丙醚两类助剂在我国的使用情况调查。并建立了谷物、蔬菜、茶叶，水及土壤等不同基体中壬基酚聚氧乙烯醚及其代谢产物和八氯二丙醚的 HPLC/MS/MS 检测方法及 GC/MS 检测方法，开展了 3 种蔬菜（黄瓜、韭菜、甘蓝）、2 种粮食（玉米、大豆）、茶叶和对应种植地的土壤、水中两类助剂的残留水平调查。该检测数据通过 Agilent 1200-API 5000 型液相色谱-质谱串联仪和 Agilent 7890A-5975C 气相色谱-串联质谱仪，利用序号 1 建立的方法，由中国农业科学院茶叶研究所等 8 家在农药残留检测领域具有很高水平的研究机构对 3 种蔬菜（黄瓜、韭菜、甘蓝）、2 种粮食（玉米、大豆）、茶叶和对应种植地的土壤、水中的两类助剂进行测定，并对两类助剂在不同基质中的检出率和检出范围进行了统计，统计数据均由专人再次进行了核实，保证了检测数据的准确度和数据分析的可靠性。

学科类别：食品科学技术

数据格式：.doc

数据负责人：王静*

来源项目：高风险农药助剂残留水平及动态变化调查

（556）我国使用烷基酚聚氧乙烯醚及其代谢产物烷基酚和八氯二丙醚等高风险农药助剂残留水平及动态变化数据库

数据编号：2007FY210200-03-2015011403

数据时间：2010 年

数据地点：全国

数据类型：文献资料

数据内容：我国使用烷基酚聚氧乙烯醚及其代谢产物烷基酚和八氯二丙醚等高风险农药助剂残留水平及动态变化数据库，主要包括 8 个城市 337 个蔬菜样品，7 个种植面积在 1000 万亩以上的省（自治区、直辖市）的 250 个玉米样品，9 个省（自治区、直辖市）三十个品种的 250 个大豆样品，4 个省（自治区、直辖市）528 个茶叶样品，9 个省（自治区、直辖市）221 个土壤样品及 5 个省（自治区、直辖市）的 56 个水样品，共计获得包括 3 种蔬菜、2 种粮食、茶叶和对应种植地土壤、水中两类助剂 6568 个残留数据。

学科类别：食品科学技术

数据格式：.xls

数据负责人：王静*

来源项目：高风险农药助剂残留水平及动态变化调查

（557）2010 年全国高风险农药助剂残留控制途径及建议书

数据编号：2007FY210200-04-2015011404

数据时间：2010 年

数据地点：全国

数据类型：文献资料

数据内容：与农药行业主管部门农业部农药检定所合作，在充分调研国际上农药助剂管理措施基础上，结合我国农药使用情况，提出了以下建议。①对农药助剂进行分类管理；②建立所有农药助剂的检测方法和评价标准，对相关助剂进行清理；③建立农药档案和数据库；④对照产品助剂组成评审试验结果；⑤建立所有高风险农药助剂的残留水平数据库；⑥加强部分高风险农药助剂监控与管理等六条具体建议，根据项目研究提出的管理建议，农业部农药检定所正研究讨论我国农药助剂的具体管理措施。该建议书的提出，是在经过详尽的国内外农药助剂管理措施调研基础上，参考美国、加拿大等国家以及中国台湾等区域对农药助剂根据其毒性和危害性实现了分类管理的经验，提出了符合我国国情的高风险农药助剂残留控制途径及建议书。

学科类别：食品科学技术

数据格式：.doc

数据负责人：王静[*]

来源项目：高风险农药助剂残留水平及动态变化调查

（558）2009～2010 年中国森林土壤指标检测数据

数据编号：2007FY210300-01-2014080201

数据时间：2009～2010 年

数据地点：中国森林资源（包括东北地区、东南地区、西南地区、西北地区、华北地区、西藏地区）

数据类型：文献资料

数据内容：2009～2010 年中国森林土壤资源调查数据，以地域特征和森林分类别为编组依据，采集了具有代表性土壤样品，包括：整段标本，比样标本，泥炭原状立方标本，环刀样品，物理分析样品，化学分析样品。数据包括对环刀样品和物理分析样品进行的土粒密度、土壤密度、土壤水分物理性质、颗粒组成等项目测定数据以及典型副剖面进行的关键信息采集，包括土壤类型、地点、地理坐标、植被、地貌等图片信息和文字信息等。

学科类别：土壤学

数据格式：.xls

数据负责人：孙向阳

来源项目：森林土壤资源调查及标本搜集

（559）2009～2010 年中国森林土壤剖面调查数据

数据编号：2007FY210300-02-2014080202

数据时间：2009～2010 年

数据地点：中国森林资源（包括东北地区、东南地区、西南地区、西北地区、华北地区、西藏地区）

数据类型：文献资料

数据内容：按照《森林土壤调查技术规程》，挖掘剖面，观察并记录剖面地表景观，海拔高度，经纬度，坡向，坡度，植被覆盖类型，剖面层次特征等，同时记录了剖面样点的大区地形，小区地形，母岩种类，母质种类，地面侵蚀情况，土地利用情况，以及植物种类。同时，还详尽描述了土壤各层次的干、湿状态下的土壤颜色、湿度、层次过渡状况、结构、紧实度、根量、硝酸盐反应、石砾含量、新生体、侵入体、pH 以及剖面综合特征。

　　学科类别：土壤学

　　数据格式：.doc

　　数据负责人：孙向阳

　　来源项目：森林土壤资源调查及标本搜集

（560）2009～2010 年森林土壤调查技术规程

　　数据编号：2007FY210300-03-2014080203

　　数据时间：2009～2010 年

　　数据地点：中国森林资源（包括东北地区、东南地区、西南地区、西北地区、华北地区、西藏地区）

　　数据类型：文献资料

　　数据内容：该规程在剖面点的选择、剖面挖掘、发生层次划分、土样采取、土壤剖面的观察及记录、剖面形态、土壤层次划分、土壤质地、土壤结构、土壤颜色、土壤酸碱度、土壤新生体、侵入体等方面进行了技术规范，制定了森林土壤调查的统一标准方法范和行业标准。附录部分详述了森林土壤层次代表符号、森林土壤侵蚀等级、岩石裸露等级标准、层次过渡特征、土壤结构类型、土壤湿度划分、质地分级标准（国际制）、紧实度分级、新生体种类、土壤石灰性反应分级、观察点基本情况表等，为森林土壤调查提供了技术规范。

　　学科类别：土壤学

　　数据格式：.pdf

　　数据负责人：孙向阳

　　来源项目：森林土壤资源调查及标本搜集

（561）2009～2010 年中国所有森林土壤土类和三大阶梯主要山系垂直带谱土类的标本图集

　　数据编号：2007FY210300-04-2014080204

　　数据时间：2009～2010 年

　　数据地点：中国森林资源（包括东北地区、东南地区、西南地区、西北地区、华北地区、西藏地区）

　　数据类型：多媒体

　　数据内容：2009～2010 年中国森林土壤土类的标本图集及三大阶梯主要山系垂直带谱土类的标本图集，按时空分布进行划分，以森林土壤实地调查为依据，拍摄了相关土类的剖面照片，景观照片，并统一整理。文件大小共 745.3M。

　　学科类别：土壤学

　　数据格式：.pdf

数据负责人：孙向阳

来源项目：森林土壤资源调查及标本搜集

（562）2009～2010 年中国森林土壤资源本底调查研究报告

数据编号：2007FY210300-05-2014080205

数据时间：2009～2010 年

数据地点：中国森林资源（包括东北地区、东南地区、西南地区、西北地区、华北地区、西藏地区）

数据类型：文献资料

数据内容：2009～2010 年中国森林土壤调查，按照区域划分及林分类别，综述了主要林区、土壤形成条件、主要土壤类型分布、土壤的基本性质、土壤的剖面性质等。

学科类别：土壤学

数据格式：.pdf

数据负责人：孙向阳

来源项目：森林土壤资源调查及标本搜集

（563）2009～2010 年中国森林土壤标本资源

数据编号：2007FY210300-06-2014080206

数据时间：2009～2010 年

数据地点：中国森林资源（包括东北地区、东南地区、西南地区、西北地区、华北地区、西藏地区）

数据类型：多媒体

数据内容：2009～2010 年中国森林土壤调查中所采集的代表性剖面标本，数据资源包括对其标本剖面的描述，采集时间、地点、经纬度、海拔、标本主要用途、存放方式、存放地点等。

学科类别：土壤学

数据格式：.jpg

数据负责人：孙向阳

来源项目：森林土壤资源调查及标本搜集

（564）2007～2010 年中国近海药用资源调查文献资料

数据编号：2007FY210500-01-2014090901

数据时间：2007～2010 年

数据地点：渤海、黄海、东海和南海的海湾、河口区、海岛、浅滩和潮间带

数据类型：文献资料

数据内容：对我国渤海、黄海、东海和南海的海湾、河口区、海岛、浅滩和

潮间带药用生物和药用矿物资源进行系统调查，重点调查药用生物资源。对我国近海海域，特别是海湾、河口区、海岛、浅滩和潮间带等典型生境，以及珊瑚礁、红树林等特殊环境海域中的各种底栖生物、浮游生物、游泳动物，运用海洋生物、生态调查规范，按照海洋药用生物资源调查技术规程，分季度进行现场调查取样，在室内对野外调查获得的样品进行生物活性筛选、化学分析和药用价值评价，并对药用资源的药学、药理学等科学资料进行补充、完善与确证，结合野外调查获得的原始数据和室内分析数据，对药用生物种类组成、资源量及其分布特征进行系统分析与评价，特别是对具有重要药用价值的药用生物和濒危稀珍物种资源进行重点评价，从而全面、系统地了解和掌握我国近海药用生物资源量及其种群时空分布特征。调查研究期间，经本单位和聘请中国科学院海洋研究所、中国科学院南海海洋研究所、国家海洋局第三海洋研究所的专家，对所采样品进行物种分类鉴定，共鉴定出 5594 个物种（包含少数鉴定到属的未定名种），其中，分析鉴定出 695 种有药用价值的物种。数据包括：调查站位情况，采集到的样品信息。

　　学科类别：水产学

　　数据格式：.doc

　　数据负责人：王长云

　　来源项目：中国近海重要药用生物和药用矿物资源调查

（565）2007～2010 年中国近海药用生物资源统计分析报告

　　数据编号：2007FY210500-02-2014090902

　　数据时间：2007～2010 年

　　数据地点：海区范围为渤海、黄海、东海和南海的海湾、河口区、海岛、浅滩和潮间带

　　数据类型：文献资料

　　数据内容：对中国渤海，黄海，东海，南海药用生物资源进行了统计分析。渤海海域调查采集各类海洋药用生物 39 种。黄海海域调查采集各类海洋药用生物 196 种。东海海域调查采集各类海洋药用生物 381 种。南海海域调查采集各类海洋药用生物 319 种。中国近海优势药用生物包括自然资源储量较充足的物种（约 60 种）和已实现人工养殖的物种（约 82 种）。中国近海小种群物种有 67 种。中国海洋药用生物资源中，有些是中国海区特有物种。目前已知的分布区域只在中国海区，在国外尚未发现的物种有 18 种；自然海域资源无法直接利用的物种 19 种；稀有濒危药用生物物种 207 种；中国近海有毒药用生物 76 种。数据包括：统计生物的种属、中文名称、拉丁名称、习见海区等。

　　学科类别：水产学

　　数据格式：.doc

数据负责人：王长云

来源项目：中国近海重要药用生物和药用矿物资源调查

（566）2007～2010 年中国海洋药用生物活性筛选评价报告

数据编号：2007FY210500-03-2014090903

数据时间：2007～2010 年

数据地点：海区范围为渤海、黄海、东海和南海的海湾、河口区、海岛、浅滩和潮间带

数据类型：文献资料

数据内容：利用 5 种活性筛选评价模型，包括抗肿瘤活性模型、抗菌活性模型、卤虫致死活性模型、斑马鱼胚胎毒性模型、微藻克生活性模型，对从野外采集的样品提取物及有机相浸膏进行初筛，获得 4270 个样品的活性筛选评价结果，所得的活性数据为下一步更深入的研究提供了参考。采用抗肿瘤活性模型、酶抑制活性模型、抗菌活性模型、卤虫致死模型、斑马鱼胚胎毒性模型、微藻克生活性微量评价模型、抗氧化模型、抗污损防着模型、抗炎活性模型、电压门控钾电流抑制活性模型、抗凝血活性模型、抗病毒活性模型、抗糖尿病与动脉粥样硬化活性模型和免疫抑制活性模型和神经系统模型，对活性初筛中获得的活性样品提取物、各有机相进行活性复筛，并选择活性样品进行活性化合物追踪分离，对化合物进行活性复筛和评价，获得 1681 个样品的生物活性数据，为海洋生物及化合物药用价值的评价提供了基础数据。数据包括初筛的 4270 个样品和复筛的 1681 个样品的活性评价模型，实验动物、植物、细胞、酶、分子及各种活性模型的方法。

学科类别：水产学

数据格式：.doc

数据负责人：王长云

来源项目：中国近海重要药用生物和药用矿物资源调查

（567）2007～2010 年中国海洋生物化学成分及药用价值分析评价报告

数据编号：2007FY210500-04-2014090904

数据时间：2007～2010 年

数据地点：中国近海

数据类型：文献资料

数据内容：对从野外采集的海洋生物样品经过初筛和复筛，选择了 83 个物种进行化学成分的分离、鉴定、和生物活性研究以此寻找具有药用价值的海洋生物。数据包括：83 个物种的物种信息、化学分析的材料和处理方法、化学成分分析的结果和活性研究结果。

学科类别：水产学

数据格式：.doc

数据负责人：王长云

来源项目：中国近海重要药用生物和药用矿物资源调查

（568）2007～2010 年中国海洋药用生物民间调访报告

数据编号：2007FY210500-05-2014090905

数据时间：2007～2010 年

数据地点：黄渤海沿岸、东海沿岸和南海沿岸

数据类型：文献资料

数据内容：以黄渤海沿岸、东海沿岸和南海沿岸三条调访路线为基础，沿辽宁、河北、山东、江苏、浙江、福建、广东、海南和广西沿海，途径 30 多个县、市和地区，访问了当地医生、药店、乡镇卫生院、渔村、码头、医院、渔业局、水产研究单位、保护区及相关研究单位等 130 余处，与百位以上相关专业人员、渔民进行了座谈，收集到 143 种海洋药用生物和 580 条药物方剂等药用信息，并对沿海已有人工养殖的海洋药用生物的养殖规模和产量做了调研。民间调访对我国民间利用海洋生物为药物、民间海洋药物药方及其疗效等情况有了较全面的了解，可供药用生物及药物的研究开发提供参考，也为编撰《中华海洋本草》提供了信息。数据包括：143 种海洋药用生物和 580 条药物方剂。包含了物种信息、药用价值和注意事项等信息。

学科类别：水产学

数据格式：.doc

数据负责人：王长云

来源项目：中国近海重要药用生物和药用矿物资源调查

（569）2007～2010 年中国近海药用生物资源状况分析报告

数据编号：2007FY210500-06-2014090906

数据时间：2007～2010 年

数据地点：中国渤海、黄海、东海和南海海域

数据类型：文献资料

数据内容：该课题对中国近海生物资源及其栖息环境进行了调研分析，对中国近海药用生物资源物种多样性进行了分析评价，并对中国独特海洋环境中生物资源及其药用研究状况进行了评价，特别对中国海洋药用生物资源衰退与濒危珍稀物种状况进行了评估，提出了海洋药用生物资源合理开发利用和保护、管理的策略和建议。数据包括：中国近海生物资源及栖息环境、中国近海药用生物资源状况、中国独特海洋环境中生物资源及其药用研究状况（珊瑚礁，红树林，药源

微生物）、中国海洋药用生物资源衰退与濒危珍稀物种保护情况等。

学科类别：水产学

数据格式：.doc

数据负责人：王长云

来源项目：中国近海重要药用生物和药用矿物资源调查

（570）2007～2010 年中国海洋药用生物与药用矿物名录报告

数据编号：2007FY210500-07-2014090907

数据时间：2007～2010 年

数据地点：海区范围为渤海、黄海、东海和南海的海湾、河口区、海岛、浅滩和潮间带

数据类型：文献资料

数据内容：该课题对野外调查获得的海洋生物样品进行生物活性筛选、评价和药用价值分析研究，结合历史文献资料，遴选、验证并确定药用物种，编制海洋药用生物名录，物种数达 1479 种；另有矿物药 12 种，并成为《中华海洋本草》编写物种名录。数据包括：海洋药用生物名录、海洋药用矿物名录。包含了物种中文名、拉丁名、主治功效或药理活性和分布海区等信息。

学科类别：水产学

数据格式：.doc

数据负责人：王长云

来源项目：中国近海重要药用生物和药用矿物资源调查

（571）2007～2010 年中国海洋药用生物与药用矿物标本资源统库

数据编号：2007FY210500-08-2015052008

数据时间：2007～2010 年

数据地点：渤海、黄海、东海和南海的海湾、河口区、海岛、浅滩和潮间带

数据类型：文献资料

数据内容：对所采集的海洋药用生物样品进行标本制作，已获得 1243 种生物样品的标本（含未鉴定海绵标本 10 种），包括各种剥制、浸制、干制等标本，物种涵盖珊瑚、海绵、贝类、鱼类、哺乳类、海藻、红树植物等，并初步建立了海洋药用生物标本库和陈列室，对这些标本进行长期保存，为海洋药用生物的研究提供了珍贵的样本。此外，有 5 种药用矿物标本。展示类标本 211 种，226 个，包括：剥制大型药用动物标本 14 种，16 个，干制红树林标本 38 种，38 幅（镜框），干制海藻标本 47 种，60 盒（镜框），柳珊瑚标本 112 种，112 瓶（瓶装浸制）。研究类标本 1022 种，1022 瓶，包括：海藻、无脊椎动物等标本 402 种，402 瓶，鱼类标本 610 种，610 瓶，未鉴定海绵标本 10 种。

学科类别：水产学

数据格式：.xls

数据负责人：王长云

来源项目：中国近海重要药用生物和药用矿物资源调查

（572）2007～2010 年中国海洋药用生物资源数据集

数据编号：2007FY210500-09-2015052009

数据时间：2007～2010 年

数据地点：渤海、黄海、东海和南海的海湾、河口区、海岛、浅滩和潮间带

数据类型：科学数据

数据内容：利用野外调查、室内分析和文献资料调研获得的大量数据，构建海洋药用生物资源数据库。利用现代信息技术，首次构建了中国近海药用生物资源数据库（已录入 190 个物种的数据），涵盖海洋药用生物的物种、形态特征、资源状况、功效主治、化学成分、药理作用等信息。数据包括：190 个物种的样品类型、名称、英文名、拉丁名、别名、门、纲、目、科、属、种、外观描述、资源分布、地理分布、化学组成、化学成分。

学科类别：水产学

数据格式：.xls

数据负责人：王长云

来源项目：中国近海重要药用生物和药用矿物资源调查

（573）《中华海洋本草》

数据编号：2007FY210500-10-2015052010

数据时间：2007～2010 年

数据地点：中国渤海、黄海、东海和南海

数据类型：文献资料

数据内容：《中华海洋本草》是一部大型基础性海洋药物志书，全面系统地阐述了我国海洋本草的发展现状，为深入开展现代海洋药物研究、合理开发利用和保护海洋药用资源，提供了经典性文献资料和重要翔实的科学资料。该部著作记载的各物种的化学成分和药理毒理作用等研究资料，可以帮助读者了解海洋本草的来源、药性理论、炮制等方面的研究与应用，也可对开展海洋药用物种的形态与生态特征、分布、药材鉴别等现代海洋药用生物资源的相关研究起到积极的引导作用。

学科类别：水产学

数据格式：.doc

数据负责人：王长云

来源项目：中国近海重要药用生物和药用矿物资源调查

（574）2007～2008 年地球物理观测资料深度加工及数字化表达—报告集

数据编号：2007FY220100-01-2018052415

数据时间：2007～2008 年

数据地点：中国

数据类型：文献资料

数据内容：包含 14 个该项目专题的总结报告，一份该项目的预算说明书，一份验收专家组名单，一份验收专家组的验收意见表和一份数据汇交过程问题的说明文件。

学科类别：固体地球物理学

数据格式：.doc

数据负责人：孙汉荣

来源项目：地球物理观测资料深度加工及数字化表达

（575）1987～2006 年典型省土壤连续监测点数据的时空变化图集

数据编号：2007FY220400-01-2018012901

数据时间：1987～2006 年

数据地点：吉林、河北、山东、江苏、浙江、广东、广西、云南、四川、新疆 10 个省（自治区）

数据类型：多媒体

数据内容：吉林、河北、山东、江苏、浙江、广东、广西、云南、四川、新疆等 10 个省（自治区）24 个土壤连续监测点土壤养分（土壤 pH、有机质含量、全氮含量、速效氮含量、速效磷含量、速效钾含量）、施肥量（监测点化肥–氮肥、有机肥–氮肥、化肥–磷肥、有机肥–磷肥、化肥–钾肥、有机肥–钾肥施用量）、作物产量（监测点常规施肥和不施肥的水稻、小麦、玉米产量）的时空动态变化趋势图生成 1 个图集，共计 18 幅图，协议共享。

学科类别：农学

数据格式：.shp，.doc

数据负责人：张淑香*

来源项目：农田长期试验资料的深加工与整编

（576）1987～2006 年典型省土壤连续监测点数据的时空动态变化趋势分析报告

数据编号：2007FY220400-02-2018013002

数据时间：1987～2006 年

数据地点：吉林、河北、山东、江苏、浙江、广东、广西、云南、四川、新

疆 10 个省（自治区）

　　数据类型：文献资料

　　数据内容：吉林、河北、山东等 10 个省（自治区）24 土壤连续监测点土壤养分（土壤 pH、有机质含量、全氮含量、速效氮含量、速效磷含量、速效钾含量）、监测点施肥量（化肥-氮肥、有机肥-氮肥、化肥-磷肥、有机肥-磷肥、化肥-钾肥、有机肥-钾肥施用量）、监测点作物产量（常规施肥和不施肥的水稻、小麦、玉米产量）的时空动态变化趋势分析。

　　学科类别：农学

　　数据格式：.doc，.pdf

　　数据负责人：张淑香*

　　来源项目：农田长期试验资料的深加工与整编

（577）2010 年中国农田长期试验监测与管理方案

　　数据编号：2007FY220400-03-2018013003

　　数据时间：2010 年

　　数据地点：全国

　　数据类型：文献资料

　　数据内容：主要包括农田长期试验的重要性，国内外农田长期试验的发展概况、存在问题和发展趋势，我国农田长期试验管理与监测规范的建议。

　　学科类别：农学

　　数据格式：.doc

　　数据负责人：张淑香*

　　来源项目：农田长期试验资料的深加工与整编

（578）2007～2010 年国家耕地质量监测年度报告

　　数据编号：2007FY220400-04-2018013004

　　数据时间：2007～2010 年

　　数据地点：全国

　　数据类型：文献资料

　　数据内容：分别对 2007 年前、2008 年前、2009 年前和 2010 年前的国家级耕地质量监测数据进行系统的整理和汇总分析，在专家会商的基础上形成 2007～2010 年国家耕地质量监测年度报告。

　　学科类别：农学

　　数据格式：.pdf

　　数据负责人：张淑香*

　　来源项目：农田长期试验资料的深加工与整编

（579）《耕地质量演变趋势研究》

数据编号：2007FY220400-05-2018013005

数据时间：2008 年

数据地点：全国

数据类型：文献资料

数据内容：国内外农田长期试验与监测的研究动态；全国耕地质量变化趋势；水稻土、潮土、褐土、黑土、红壤、紫色土、灌淤土等土壤类型的质量变化趋势；东北、黄淮海、环太湖流域、珠江三角洲和京郊等典型区域的耕地质量变化趋势；水稻、小麦、玉米等主要粮食作物主产区的耕地质量变化趋势。

学科类别：农学

数据格式：.pdf

数据负责人：张淑香*

来源项目：农田长期试验资料的深加工与整编

（580）《长期施肥土壤钾素演变》

数据编号：2007FY220400-06-2018013006

数据时间：2008 年

数据地点：新疆、甘肃、陕西、吉林、河南、江苏、湖南、重庆、四川、湖北、浙江、江西

数据类型：文献资料

数据内容：包括该书绪论；研究区域概况、研究和测试方法；土壤钾素固定和释放演变；利用土壤钾素容量和强度关系评价土壤钾素状况；土壤钾素贡献率和作物对钾素的各种利用率演变和土壤钾素表现平衡。

学科类别：农学

数据格式：.pdf

数据负责人：张淑香*

来源项目：农田长期试验资料的深加工与整编

（581）中国农田长期试验 150 监测点标准化数据集

数据编号：2007FY220400-07-2018013007

数据时间：1987～2006 年

数据地点：北京、吉林、河北、山东、江苏、浙江、广东、广西、云南、四川、新疆

数据类型：多媒体

数据内容：该科学数据集为定位 150 个监测点，收集了以下信息：监测点代码、土类、亚类、土属、监测年度、第一季、第二季、第三季、质地（国际制）、

耕层、省（自治区、直辖市）名、建点年度、作物类别、无肥区果实产量、无肥区茎叶产量、常规区果实产量、常规区茎叶产量、有机肥氮施用量、有机肥磷施用量、有机肥钾施用量、化肥氮施用量、化肥磷施用量、化肥钾施用量、作物类别、无肥区果实产量、无肥区茎叶产量、常规区果实产量、常规区茎叶产量、有机肥氮施用量、有机肥磷施用量、有机肥钾施用量、化肥氮施用量、化肥磷施用量、化肥钾施用量、作物类别、无肥区果实产量、无肥区茎叶产量、常规区果实产量、常规区茎叶产量、有机肥氮施用量、有机肥磷施用量、有机肥钾施用量、化肥氮施用量、化肥磷施用量、化肥钾施用量、酸碱度、有机质、全氮、碱解氮、有效磷、速效钾、缓效钾、全磷、全钾、钙、镁、硫、硅、铁、锰、铜、锌、硼、钼、铬、镉、铅、砷、汞。

学科类别：农学

数据格式：.xls

数据负责人：张淑香*

来源项目：农田长期试验资料的深加工与整编

（582）林化标准样品框架体系研究报告

数据编号：2007FY230200-01-2014112801

数据时间：2011 年

数据地点：全国

数据类型：文献资料

数据内容：林化标准样品框架体系研究报告主要介绍林化标准样品的组成体系（包括林化标准样品的分类方式、已取得国家有证标准样品的品种、已通过有证标准样品评审的品种、正在进行标准样品预研究的品种、未来具备研制标准样品潜力的品种），以及林产化工标准样品的框架构建方案（包括一级框架、二级框架、三级框架、四级框架）。框架体系的特点为：①按林化行业内，林化产品约定俗成的类别对林化标准样品的组成体系进行分类；②按从大到小、从宏观到微观的步骤，对林化标准样品进行框架构建，形成树状分布。

学科类别：林业工程

数据格式：.pdf

数据负责人：蒋剑春

来源项目：林产化工标准样品研制与体系构建

（583）国家有证林化标准样品数据研究报告

数据编号：2007FY230200-02-2014112802

数据时间：2011 年

数据地点：全国

数据类型：文献资料

数据内容：该元数据包含林化行业的 11 种国家有证标准样品的研制报告和定值报告。11 种国家有证林化标准样品分别为：①马尾松松节油标准样品（GSB 11-2960—2012），该批次标准样品的定值数据为：α-蒎烯 84.59%（不确定度 0.33%）、β-蒎烯 9.81%（不确定度 0.10%）、苧烯 1.66%（参考值）和长叶烯 0.50%（参考值）。该标准样品是由产自广西苍梧的天然来源马尾松松脂，按水蒸气蒸馏法在林产化学工业研究所分离得到马尾松松节油。该标准样品封装于玻璃安瓿瓶中，充氮气后密封，灌装体积 1.0mL±0.1mL。

学科类别：林业工程

数据格式：.pdf

数据负责人：蒋剑春

来源项目：林产化工标准样品研制与体系构建

（584）林化标准样品预研究报告

数据编号：2007FY230200-03-2014112803

数据时间：2011 年

数据地点：全国

数据类型：文献资料

数据内容：该元数据包含林化行业的 14 种拟研制的标准样品的预研究报告和部分定值报告。14 种拟研制的林化标准样品分别为：①α-蒎烯，含量平均值为 99.49%。该样品是由市售 95% α-蒎烯产品在林产化学工业研究所进一步精馏分离得到。该样品封装于玻璃安瓿瓶中，充氮气后密封，灌装体积 1.0mL±0.1mL，为无色透明液体。样品通过了 GC-MS、IR 等手段的定性分析，随机 20 个样的均匀性检验合格，3 个平行样品的 3、6、9、12、18、36、42、51、57 月的稳定性检验合格。未进行多实验室联合定值。②β-蒎烯，含量平均值为 99.77%。该样品是由市售 95% β-蒎烯产品在中国林业科学研究院林产化学工业研究所进一步精馏分离得到。该样品封装于玻璃安瓿瓶中，充氮气后密封，灌装体积 1.0mL±0.1mL，为无色透明液体。样品通过了 GC-MS、IR 等手段的定性分析，随机 20 个样的均匀性检验合格，3 个平行样品的 3、6、9、12、18、36、42、51、57 月的稳定性检验合格。未进行多实验室联合定值。③枞酸，含量平均值为 99.46%。该样品是由市售马尾松松香（工业 1 级）产品在中国林业科学研究院林产化学工业研究所进一步分离纯化得到。该样品为白色晶体粉末，分装到具有螺口瓶盖的 2mL 容积的样品瓶中，用高纯氮气置换除去空气后密封。每个已封装的样品瓶经外观检验合格后再用聚乙烯-铝箔-聚丙烯复合包装袋，分别真空包装成枞酸样品实物，并存储于-16℃的冰箱中存放，每瓶枞酸样品净重 1.0g。随机 20 个样的均匀性检验合格，样品的 3、6、9、12、20 月的稳定性检验合格。未进行多实验室联合定值。④去氢枞酸，含量平均值为 95.19%。该样品是由市售歧化松香（工业特级）产品在中国林业科学研究院林产化学工业研究所进一步分离纯化得到。该样品为白色晶体粉末，分装到具有螺口瓶盖的 2mL 容积的样品瓶中，用高纯氮气置换除去空气后密封。每个已封装的样品瓶经外观检验合格后再用聚乙烯-铝箔-聚丙烯复合包装袋，分别真空包装成枞酸样品实物，并存储于-16℃的冰箱中存放，每瓶去氢枞酸样品净重 1.0g。随机 20 个样的均匀性检验合格，样品的 4、10、14 月的稳定性检验合格。未进行多实验室联合定值。⑤茶树油，3 个样品由福建长汀劲美生物科技有限公司提供，经过 GC-MS、GC 分析，主要成分为 4-松油醇和 α-松油醇。采用精馏分离法得到含量98%的 4-松油醇样品；采用α-蒎烯水合反应和精馏分离法得到含量96%的α-松油醇样品。未进行样品分包、均匀性检验、稳定性检验和多实验室联合定值。⑥氢化松香，该批次样品的模拟定值数据为：四氢海松酸 10.08%（参考值）、（8）二氢枞酸 45.69%（参考值）、去氢枞酸 4.86%（参考值）、枞酸 1.41%（参考值）。该样品是由广西梧州日成林产化工有限公司的氢化松香（特级）产品在中国林业科学研究院林产化学工业研究所分包得到。样品灌存于聚四氟乙烯管中，外包装用聚乙烯-铝箔-聚丙烯复合包装袋真空封装成标准样品实物，每个样品重约 3g。⑦合成樟脑，样品采自全国各樟脑生产厂。合成樟脑含量分别采用化学法（总酮）和气相色谱法（莰酮-2/总酮）进行测定，化学法的总平均值为 97.07%（总酮），标准偏差 0.65%。气相色谱法的总平均值分别为 96.52%（莰酮-2），标准偏差 1.14%；98.90%（总酮），标准偏差 0.43%。未进行样品分包、均匀性检验、稳定性检验和多实验室联合定值。⑧没食子酸甲酯，该批次样品的模拟定值数据为：含量参考值99.97%。该样品购自南京龙源天然多酚厂（99.95%），没食子酸甲酯为白色结晶粉末，用带盖棕色玻璃瓶密封包装，每瓶样品净重 2.0g。⑨没食子酸辛酯，该批次样品的模拟定值数据为含量参考值99.47%。该样品购自南京龙源天然多酚厂（98%），在中国林业科学研究院林产化学工业研究所进一步精制和分包得到。没食子酸辛酯为白色至奶白色结晶粉末，用带盖棕色玻璃瓶密封包装，每瓶样品净重 2.0g。⑩没食子酸月桂酯，该批次样品的模拟定值数据为：含量参考值99.94%。该样品购自南京龙源天然多酚厂（98%），在中国林业科学研究院林产化学工业研究所进一步精制和分包得到。没食子酸月桂酯为白色至奶白色结晶粉末，用带盖棕色玻璃瓶密封包装，每瓶样品净重 2.0g。⑪ 3, 4, 5-三甲氧基苯甲醛，该批次样品的模拟定值数据为含量参考值99.42%。该样品购自南京龙源天然多酚厂（84.31%），在中国林业科学研究院林产化学工业研究所进一步精制和分包得到。3, 4, 5-三甲氧基苯甲醛为白色针状晶体，用带盖棕色玻璃瓶密封包装，每瓶样品净重 2.0g。⑫ 2, 3, 4-三甲氧基苯甲醛，该批次样品的模拟定值数据为含量参考值 99.48%。该样品购自南京龙源天然多酚厂（98%），在中国林业科学研究院林产化学工业研究所进一步精制和分包得到。2，3，4-三甲氧基苯甲醛为白色针状晶体，用带盖棕色玻璃瓶密封包装，每瓶样品净重 2.0g。⑬松节油色度玻璃参照标准样品，标样 35001 的色度数据为色度坐标 x 值为 0.3608、y 值为 0.3800，总透过率为 Y76.75%；标样 35002 的色度数据为色度坐标 x 值为 0.3612、y 值为 0.3801，总透过率为 Y76.60%；标样 35003 的色度数据为色度坐标 x 值为 0.3599、y 值为 0.3850，总透过率为 Y80.00%；标样 70001 的色度数据为色度坐标 x 值为 0.3994、y 值为 0.4178，总透过率为 Y68.86%；标样 70002 的色度数据为色度坐标 x 值为 0.3983、y 值为 0.4170，总透过率为 Y69.35%；标样 70003 的色度数据为色度坐标 x 值为 0.3975、y 值为 0.4171，总透过率为 Y70.06%；标样 70004 的色度数据为色度坐标 x 值为 0.3983、y 值为 0.4178，总透过率为 Y69.69%。样品由购自上海光学玻璃公司不同牌号的光学玻璃，在林产化学工业研究所进行切割、粗磨、抛光、胶结和检测后制得。⑭极浅色松香及松节油树脂用色度玻璃参照标准样品，标样 XC 的色度数据为色度坐标 x 值为 0.3415、y 值为 0.3687，总透过率为 Y84.5%；标样 XB 的色度数据为色度坐标 x 值为 0.3716、y 值为 0.4122，总透过率为 Y79.0%；标样 XA 的色度数据为色度坐标 x 值为 0.4020、y 值为 0.4462，总透过率为 Y71.3%。该样品由购自上海光学玻璃公司不同牌号的光学玻璃，在中国林业科学研究院林产化学工业研究所进行切割、粗磨、抛光、胶结和检测后制得。

学科类别：林业工程

数据格式：.pdf

数据负责人：蒋剑春

来源项目：林产化工标准样品研制与体系构建

（585）林化标准样品应用技术方法和技术规范研究报告

数据编号：2007FY230200-04-2014112804

数据时间：2011 年

数据地点：全国

数据类型：文献资料

数据内容：该元数据包含林化行业的 12 项标准样品应用技术方法和技术规范，分别为"樟脑标准样品应用于合成樟脑以及日用樟脑制品的定性和定量分析方法标准及技术规范""乙酸龙脑酯标准样品应用于合成樟脑以及日用樟脑制品的定性和定量分析方法标准及技术规范""松香类改性树脂及萜烯类树脂产品颜色测定方法""松香类标准样品应用于松香来源鉴别技术规范的研究与草案""松香中树脂酸类成分的毛细管气相色谱分析方法的研究""松节油及萜类产品组成的毛细管气相色谱标准试验方法""松节油标准样品的应用分析方法及鉴别方法""没食子酸甲酯"。

　　学科类别：林业工程

　　数据格式：.pdf

　　数据负责人：蒋剑春

　　来源项目：林产化工标准样品研制与体系构建

（586）林产化工标准样品研制基础实验平台构建方案研究报告

　　数据编号：2007FY230200-05-2014112805

　　数据时间：2011 年

　　数据地点：全国

　　数据类型：文献资料

　　数据内容：该元数据包含林化行业标准样品研制工作中，由相关仪器设备组建而成的集分离制备与分析测试于一体的林产化工标准样品多功能研制平台，包括松节油及其衍生物类标准样品工作平台、松香及其衍生物类标准样品工作平台、植物提取物及其衍生物类标准样品工作平台。

　　学科类别：林业工程

　　数据格式：.pdf

　　数据负责人：蒋剑春

　　来源项目：林产化工标准样品研制与体系构建

（587）中医临床诊疗术语·病状术语规范

　　数据编号：2007FY230500-01-2014073001

　　数据时间：2008 年

　　数据地点：中国中医科学院

　　数据类型：文献资料

　　数据内容：病状术语规范主要内容包括中医病位术语、西医病位术语、症状要素术语、体征要素术语、常见症状、体征术语及其分布与概念、复合症状、临床特点、临床表现等方面内容。工作目的是为病状术语规范化奠定基础并在此基础上制定相关术语规范。该项目提供了全面、系统、详尽的病状术语，可供中医、西医、中西医结合临床、教学、科研工作者及学生参考使用，并且是诊疗系统数据库制作的重要基础。

　　学科类别：中医学与中药学

　　数据格式：.pdf

　　数据负责人：王志国

　　来源项目：《中医临床诊疗术语·症状体征部分》国家标准编制项目

（588）150 种中药材急性毒性基本信息和分级

数据编号：2007FY230500-01-2014122501

数据时间：2010 年

数据地点：北京大学公共卫生学院毒理学系

数据类型：文献资料

数据内容：白蔹、白茅根、白术、白头翁、白芷、草豆蔻、草血竭、扶芳藤、白前、北沙参、苍耳子、草珊瑚、白鲜皮、播娘蒿、苦参、玫瑰花等 150 种中药材的基本情况数据以及急性毒性分类数据，包含中药材的中英文名称、来源、图片及急性毒性数据等。

学科类别：中医学与中药学

数据格式：.doc

数据负责人：张宝旭

来源项目：中药毒性分类标准研制

（589）中药材急性毒性分类标准

数据编号：2007FY230500-02-2014122502

数据时间：2010 年

数据地点：北京大学公共卫生学院毒理学系

数据类型：科学数据

数据内容：采用中药材最大给药容积法，根据中药材性质的不同，给予实验动物不同的给药体积和给药次数，通过观察动物症状和死亡情况判定急性毒性分级的标准。

学科类别：中医学与中药学

数据格式：.doc

数据负责人：张宝旭

来源项目：中药毒性分类标准研制

（590）《1991～2011 年中国岩石地层名称辞典》

数据编号：2007FY240100-1-201603071

数据时间：2001 年

数据地点：中国

数据类型：文献资料

数据内容：共厘定和完成岩石地层单位 13 000 余条，220 万字，总计 2000 多页码。补充文献数 2182 件、补充修改命名人和介绍人 2258 处、补充层型剖面经纬度 2021 条、补充或修正地层厚度 1618 处、改正各类错误 2880 处，在 2115 个采用地层单位中标注了 4203 个同物异名的地层单位，在采用单位 5671 条中，绝大多数地层单位都引用了古生物资料，引用最新的同位素年龄数据 158 个，补充岩性和沉积环境内容数 2074 条。辞典条目分为选用和不选用两种，对选用的岩石地层单位的名称、创名人、创名时间、层型及文献、地层特征（层位、岩性、化石、上下接触关系等）、同物异名、分布及穿时特征等进行了简述；对不采用的单位，仅选录地层名称、命名人及命名时间以及不采用的理由。

　　学科类别：地质学

　　数据格式：.pdf

　　数据负责人：胡光晓

　　来源项目：中国岩石地层名称辞典及信息共享建设

（591）安防人脸识别应用系统—人脸识别算法测试方法

　　数据编号：2007FY240500-01-2015061601

　　数据时间：2011 年

　　数据地点：中国

　　数据类型：文献资料

　　数据内容：公共安全防范行业人脸识别应用系统算法评测的样本库建立规则、测试软硬件平台、测试流程、性能指标计算方法和测试报告的编写格式。

　　学科类别：计算机科学技术

　　数据格式：.pdf

　　数据负责人：于锐

　　来源项目：人脸识别算法与产品评价体系

（592）影响人脸识别性能的关键因素测数据

　　数据编号：2007FY240500-02-2015061602

　　数据时间：2010 年

　　数据地点：中国、美国、德国、法国等

　　数据类型：文献资料

　　数据内容：评估 2010 年 6 月份前，最先进的人脸识别产品性能受人脸角度姿态、饰物、采集设备、年龄、应用模式、监控列表长度和比对库容量大小等的影响程度。

　　学科类别：计算机科学技术

　　数据格式：.pdf

　　数据负责人：于锐

　　来源项目：人脸识别算法与产品评价体系

（593）证件照片图像库数据集

　　数据编号：2007FY240500-03-2015061603

数据时间：2009 年

数据地点：中国

数据类型：科学数据

数据内容：人脸识别一对一、一对多测试图像库数据集。

学科类别：计算机科学技术

数据格式：.img

数据负责人：于锐

来源项目：人脸识别算法与产品评价体系

（594）2008 年出入境千万级人脸识别产品评测数据

数据编号：2007FY240500-04-2015062904

数据时间：2008 年

数据地点：中国、美国、德国、法国等

数据类型：文献资料

数据内容：涵盖 2008 年 8 月份前，国内外最先进的人脸识别产品在千万级出入境数据库上的识别性能数据，包括入库率、比对速度、模板卸载时间、模板大小、N 选识别率、正确报警率指标。

学科类别：计算机科学技术

数据格式：.pdf

数据负责人：于锐

来源项目：人脸识别算法与产品评价体系

7. 2008 年立项项目数据资料编目

（595）2008～2013 年全国非粮柴油能源植物调查数据

数据编号：2008FY110400-01-2014111501

数据时间：2008～2013 年

数据地点：中国 31 个省、直辖市、自治区（不含港澳台地区）

数据类型：文献资料

数据内容：含有能源植物采集号、科名、学名、中文名、采集地、经度、纬度、海拔、采集部位、采集人、采集单位、采集时间等字段数据。共计 5907 条记录。

学科类别：植物学

数据格式：.xls

数据负责人：邢福武

来源项目：非粮柴油能源植物与相关微生物资源的调查、收集与保存

（596）2008～2013 年全国非粮柴油能源植物标本数据

数据编号：2008FY110400-02-2015013002

数据时间：2008～2013 年

数据地点：中国 31 个省、直辖市、自治区（不含港澳台地区）

数据类型：文献资料

数据内容：包含 2008 年 12 月～2013 年 11 月在野外拍摄的能源植物照片经图像数字化而成，标本记录了分类信息，且能源植物照片皆按照编号和种名命名，标本类型包括：裸子植物、被子植物。描述表内容包括：采集号、中文名、拉丁名、属名、科名、省份、国家、经度、纬度、海拔、采集人、标本属性、保藏方式、实物状态、共享方式、联系人、单位、地址、邮编、电话、E-mail。共计 3560 条记录，10 800 份标本。

学科类别：植物学

数据格式：.xls，.jpg

数据负责人：邢福武

来源项目：非粮柴油能源植物与相关微生物资源的调查、收集与保存

（597）2008～2013 年全国非粮柴油能源微生物调查数据

数据编号：2008FY110400-03-2015013003

数据时间：2008～2013 年

数据地点：中国 31 个省、直辖市、自治区（不含港澳台地区）

数据类型：文献资料

数据内容：含有能源微生物采集号、科名、学名、中文名、采集地、经度、纬度、海拔、采集部位、采集人、采集单位、采集时间等字段数据。共计 640 条记录。

学科类别：植物学

数据格式：.xls

数据负责人：邢福武

来源项目：非粮柴油能源植物与相关微生物资源的调查、收集与保存

（598）2008～2013 年全国非粮柴油能源植物测试数据

数据编号：2008FY110400-04-2015013004

数据时间：2008～2013 年

数据地点：中国 31 个省、直辖市、自治区（不含港澳台地区）

数据类型：文献资料

数据内容：含有能源植物采集号、科名、学名、中文名、油脂含量、碘值、酸值、皂化值、脂肪酸成分、测试部位、测试单位等字段数据。共计 5907 条记录。

学科类别：植物学

数据格式：.xls

数据负责人：邢福武

来源项目：非粮柴油能源植物与相关微生物资源的调查、收集与保存

（599）2008～2013 年全国非粮柴油能源微生物测试数据

数据编号：2008FY110400-05-2015013005

数据时间：2008～2013 年

数据地点：中国 31 个省、直辖市、自治区（不含港澳台地区）

数据类型：文献资料

数据内容：含有能源微生物采集号、科名、学名、中文名、油脂含量、碘值、酸值、皂化值、脂肪酸成分、测试部位、测试单位等字段数据。共计 640 条记录。

学科类别：植物学

数据格式：.xls

数据负责人：邢福武

来源项目：非粮柴油能源植物与相关微生物资源的调查、收集与保存

（600）2008～2013 年全国非粮柴油能源植物迁地保育数据

数据编号：2008FY110400-06-2015013006

数据时间：2008～2013 年

数据地点：中国 31 个省、直辖市、自治区（不含港澳台地区）

数据类型：文献资料

数据内容：含有能源植物种名、拉丁名、科名、物种保存地点、采集单位等字段数据。共计 1322 条记录。

学科类别：植物学

数据格式：.xls

数据负责人：邢福武

来源项目：非粮柴油能源植物与相关微生物资源的调查、收集与保存

（601）2008～2013 年全国非粮柴油能源植物及微生物照片

数据编号：2008FY110400-07-2015013007

数据时间：2008～2013 年

数据地点：中国 31 个省、直辖市、自治区（不含港澳台地区）

数据类型：文献资料

数据内容：包含 2008 年 12 月～2013 年 11 月在野外或实验室拍摄的能源植物和能源微生物照片，且能源植物照片皆按照编号和种名建立文件夹，数据总量达到 150GB。

学科类别：植物学

数据格式：.jpg

数据负责人：邢福武

来源项目：非粮柴油能源植物与相关微生物资源的调查、收集与保存

（602）2008～2013 年全国非粮柴油能源微生物调查研究报告

数据编号：2008FY110400-08-2015013008

数据时间：2008～2013 年

数据地点：中国 31 个省、直辖市、自治区（不含港澳台地区）

数据类型：文献资料

数据内容：通过对全国范围内微生物资源的采样调查，从采集地的选择、调查区域生物柴油微生物的种类特点分析、调查区域生物柴油相关微生物的分布特点分析、油脂微生物应用情况分析方面，提出生物柴油和油料微生物研究与应用存在的问题、建议及对策。

学科类别：植物学

数据格式：.pdf

数据负责人：邢福武

来源项目：非粮柴油能源植物与相关微生物资源的调查、收集与保存

（603）2008～2013 年全国非粮柴油能源植物

数据编号：2008FY110400-09-2015013009

数据时间：2008～2013 年

数据地点：中国 31 个省、直辖市、自治区（不含港澳台地区）

数据类型：文献资料

数据内容：收录能源植物种类共 151 科，877 属，2406 种。

学科类别：植物学

数据格式：.pdf

数据负责人：邢福武

来源项目：非粮柴油能源植物与相关微生物资源的调查、收集与保存

（604）2008～2013 年全国非粮柴油能源植物和微生物总结报告

数据编号：2008FY110400-10-2015013010

数据时间：2008～2013 年

数据地点：中国 31 个省、直辖市、自治区（不含港澳台地区）

数据类型：文献资料

数据内容：通过专家论证和成果评价，从项目采取的实施路线评述、项目取得的主要成果、对学科及经济社会发展的作用和影响等方面综述，分析评价本项

目在能源植物和能源微生物方面取得的成果，提出针对能源植物和能源微生物开发利用的科学建议。

　　学科类别：植物学

　　数据格式：.pdf

　　数据负责人：邢福武

　　来源项目：非粮柴油能源植物与相关微生物资源的调查、收集与保存

（605）2008～2013 年华北、华东、华南、西南专题总结报告

　　数据编号：2008FY110400-11-2015013011

　　数据时间：2008～2013 年

　　数据地点：中国 31 个省、直辖市、自治区（不含港澳台地区）

　　数据类型：文献资料

　　数据内容：华北、华东、华南、西南各专题通过专家论证和成果评价，综合分析能源植物的分布及其利用情况，并对地区性的能源植物开发利用提出建议。

　　学科类别：植物学

　　数据格式：.pdf

　　数据负责人：邢福武

　　来源项目：非粮柴油能源植物与相关微生物资源的调查、收集与保存

（606）2008～2013 年我国土系划分技术规范

　　数据编号：2008FY110600-01-2014072201

　　数据时间：2008～2013 年

　　数据地点：东部 15 个省（自治区、直辖市）

　　数据类型：文献资料

　　数据内容：介绍中国土壤系统分类土族与土系划分的标准，从标准建立的背景、原则与特点到标准本身进行了较为详尽的描述，并用实例演示了土族土系标准在具体土壤上的应用。

　　学科类别：土壤学

　　数据格式：.doc

　　数据负责人：张甘霖*

　　来源项目：我国土系调查与《中国土系志》编制

（607）中国东部 15 个省/市土系志

　　数据编号：2008FY110600-02-2014091602

　　数据时间：2008～2013 年

　　数据地点：东部 16 个省（直辖市）（黑龙江、吉林、辽宁、北京、天津、河北、河南、湖北、山东、安徽、江苏、上海、浙江、福建、广东和海南）

数据类型：文献资料

数据内容：该书的编写历时 5 年（2009～2013 年），是在覆盖中国东部 16 省（直辖市）野外调查采样和翔实的室内数据分析梳理、分析的基础上，充分利用现有土种志书籍及以往土壤分类研究成果资料，借鉴专家经验进行总结、汇编而成。

学科类别：土壤学

数据格式：.doc

数据负责人：张甘霖*

来源项目：我国土系调查与《中国土系志》编制

（608）《中国土壤系统分类检索》第四版

数据编号：2008FY110600-02-2014091603

数据时间：2008～2013 年

数据地点：东部 16 个省（直辖市）（黑龙江、吉林、辽宁、北京、天津、河北、河南、湖北、山东、安徽、江苏、上海、浙江、福建、广东和海南）

数据类型：文献资料

数据内容：该书是在《中国土壤分类（修订方案）》的基础上，经过 5 年的实践和再研究提出的。它继承了诸多已发表的研究成果，并进行了修订。诊断层和诊断特征是土壤系统分类的基础，在书中的诊断层和诊断特征与《中国土壤系统分类——理论-方法-实践》基本一致，但对黏化层、黏磐、耕作淀积层、有机现象、石膏现象、湿润土壤水分状况、火山灰特性、富铝特性、铝质现象和盐基饱和度等做了技术性的修订。

学科类别：土壤学

数据格式：.doc

数据负责人：张甘霖*

来源项目：我国土系调查与《中国土系志》编制

（609）2008～2013 年中国东部土系 225 个整段模式标本数据

数据编号：2008FY110600-04-2014091604

数据时间：2008～2013 年

数据地点：东部 16 个省市（黑龙江、吉林、辽宁、北京、天津、河北、河南、湖北、山东、安徽、江苏、上海、浙江、福建、广东和海南）

数据类型：文献资料

数据内容：为了室内的详细研究、观察或是作为展览陈列、教学示范，选择具较强代表性的土壤剖面，在剖面的垂直壁上，按土壤的发生层次，采集一定大小、形状的连续的土壤样品，进行加工制作而成的土壤制品。标本数据描述主要包括：中文名称、英文名称、采集地点、经纬度、描述、保存单位、资源提供者、资源提供时间、标本编号、实物状态、联系方式等属性。

学科类别：土壤学

数据格式：.xls

数据负责人：张甘霖*

来源项目：我国土系调查与《中国土系志》编制

（610）2008～2013 年中国东部土系调查土壤剖面数据

数据编号：2008FY110600-05-2014091605

数据时间：2008～2013 年

数据地点：东部 16 个省（直辖市）（黑龙江、吉林、辽宁、北京、天津、河北、河南、湖北、山东、安徽、江苏、上海、浙江、福建、广东和海南）

数据类型：文献资料

数据内容：东部 16 个省（直辖市）的土系调查数据（黑龙江、吉林、辽宁、北京、天津、河北、河南、湖北、山东、安徽、江苏、上海、浙江、福建、广东和海南。

学科类别：土壤学

数据格式：.xls

数据负责人：张甘霖*

来源项目：我国土系调查与《中国土系志》编制

（611）1957～1991 年武汉电离层胶片频高图

数据编号：2008FY120100-01-2014072801

数据时间：1957～1991 年

数据地点：武汉

数据类型：多媒体

数据内容：1957～1991 年武汉地区电离层测高仪利用胶卷照相方式记录观测数据，得到的观测结果称为胶片频高图。电离层测高仪常规观测通常 15 分钟 1 次，一天可以获得 96 张的频高图，都记录在同一胶卷上。对电离层胶片频高图进行数字化，得到胶片频高图图像 114 万张。

学科类别：空间物理学

数据格式：.jpg

数据负责人：宁百齐

来源项目：电离层历史资料整编和电子浓度剖面及区域特征性图集编研

（612）1946～2006 年武汉电离层参数和电子浓度剖面

数据编号：2008FY120100-02-2014072802

数据时间：1946～2006 年

数据地点：武汉

数据类型：多媒体

数据内容：1946～2006 年武汉地区电离层参数集和电子浓度剖面集，其中每小时一条参数信息，每条参数包含 foF2、h'F2、M（3000）F2、foF1、h'F、M（3000）F1、foE、h'E、fmin、foEs、fbEs、h'Es 和 Es-type 共 13 个电离层参数的小时值。参数集共 49 万条数据，由数字频高图反演的电子浓度剖面 19 万个（2074 天，每天 96 个剖面）。

学科类别：空间物理学

数据格式：.mdb，.sao

数据负责人：宁百齐

来源项目：电离层历史资料整编和电子浓度剖面及区域特征性图集编研

（613）1946～1991 年武汉参数报表及特性曲线图

数据编号：2008FY120100-03-2014072803

数据时间：1946～1991 年

数据地点：武汉

数据类型：多媒体

数据内容：1946～1956 年武汉地区电离层 foF2、h'F2、foF1、h'F1、foE、h'E、3000MUF、M3000F2、foEs 和 h'Es 共 10 个参数的小时值，1957～1991 年武汉地区电离层 foF2、h'F2、M（3000）F2、foF1、h'F、M（3000）F1、foE、h'E、fmin、foEs、fbEs、h'Es 和 Es-type 共 13 个参数的小时值，将参数值按标准格式排版形成报表，绘制了武汉电离层特性曲线图，并整理出版成册。

学科类别：空间物理学

数据格式：.pdf

数据负责人：宁百齐

来源项目：电离层历史资料整编和电子浓度剖面及区域特征性图集编研

（614）1964～1976 年中国地区电离层特性图集

数据编号：2008FY120100-04-2014072804

数据时间：1964～1976 年

数据地点：中国地区

数据类型：多媒体

数据内容：选取我国及周边 13 个台站，从 1964～1976 年超过 1 个太阳活动周期的电离层关键参数进行分析，给出了中国及周边地区的电离层关键参数（foF2、hmF2、M3000F2 和 foE）在 1964～1976 年月中值的时空分布。

学科类别：空间物理学

数据格式：.pdf

数据负责人：宁百齐

来源项目：电离层历史资料整编和电子浓度剖面及区域特征性图集编研

（615）2010～2014年电离层历史资料整编和电子浓度剖面及区域特性图集编研—论文集

数据编号：2008FY120100-05-2018061718

数据时间：2010～2014 年

数据地点：中国

数据类型：文献资料

数据内容：包括"电离层数据库管理共享系统设计与实现""电离层胶片频高图数字化转换分析""Developing a new mode for observation of ionospheric disturbances by digital ionosonde in ionospheric vertical sounding""A prediction model of short-term ionospheric foF2 based on AdaBoost""Comparison between ionospheric peak parameters retrieved from COSMIC measurement and ionosonde observation over Sanya"等论文。

学科类别：空间物理学

数据格式：.pdf

数据负责人：宁百齐

来源项目：电离层历史资料整编和电子浓度剖面及区域特征性图集编研

（616）2010年数字频高图自动度量分析软件

数据编号：2008FY120100-06-2018061719

数据时间：2010 年

数据地点：全球

数据类型：软件工具

数据内容：电离层频高图的标定是采用专用的软件对电离层频高图中所代表的电离层特征参数进行自动或者人工判读和度量，进而得到电离层参数和电子浓度剖面。在这方面，世界各国相关单位已经开展过一些研究与软件开发，目前使用得最广泛,最受研究人员欢迎的是 SAO Explorer 电离层频高图浏览与标定软件。该软件由美国麻州大学 Lowell 分校大气研究中心研发，并公开提供给各国研究人员使用。

学科类别：空间物理学

数据格式：.exe

数据负责人：宁百齐

来源项目：电离层历史资料整编和电子浓度剖面及区域特征性图集编研

（617）2008～2013 年电离层专题数据库管理系统

数据编号：2008FY120100-07-2018061720

数据时间：2008～2013 年

数据地点：中国

数据类型：软件工具

数据内容：为了能够对不同阶段、不同类型的电离层数据及其衍生产品进行科学的管理和有效的共享，在分析电离 层数据资源内容及特点的基础上，提出了电离层数据库概念模型并设计了 5 类 21 个数据表。进一步设计了电离层数据库管理共享系统的逻辑层次和功能体系，以及核心元数据标准。在 J2EE 环境下，利用 JSP 等编程语言开发实现了电离层数据库共享系统。系统可根据各类电离层数据间的关系为用户提供多种方式、相互关联的数据查询、数据在线浏览、电离层报表和变化曲线图表自动生成等功能。

学科类别：空间物理学

数据格式：.zip

数据负责人：宁百齐

来源项目：电离层历史资料整编和电子浓度剖面及区域特征性图集编研

（618）中医古籍数字图书馆

数据编号：2008FY120200-01-2014072901

数据时间：2008～2013 年

数据地点：中国

数据类型：科学数据

数据内容："中医古籍数字图书馆"是为方便各类中医专业用户查阅古籍，所开发的具备图像与文本双模式阅览功能的应用系统。收录有中医临床和科研工作种常用的古籍 330 种，其中经典综合类 19 种，方书类 63 种，本草类 40 种，临证各科类 145 种，医案医话医论类 57 种，其他类 6 种（详见《中医古籍数字图书馆书目》）。该数据库中包含了项目产生的图像数据和文本数据，其中古籍图像12 万张、精校的古籍文本 7078 万字。

学科类别：中医学与中药学

数据格式：.sql

数据负责人：柳长华

来源项目：350 种传统医籍整理与深度加工

（619）中医古籍知识库

数据编号：2008FY120200-02-2014072902

数据时间：2008～2014 年

数据地点：中国

数据类型：科学数据

数据内容："中医古籍知识库"是为满足各类专业用户高效获取中医知识的需求，所开发的忠于古籍原始记载的知识检索应用系统。收录有从 330 种中医古籍中抽取标引的病证知识体 58 278 条，医案知识体 21 100 条，方剂知识体 145 379 条，本草知识体 26 445 条，除去重复共有知识体 12.1 万条，细分知识元 40.7 万条。该知识库建设在中医文献资料研究者综合运用中医学、目录学、校勘学、训诂学、音韵学等专业知识，对古籍进行识读，并对古籍知识进行重新结构化工作的基础上，具有知识分类检索和知识元检索两大核心功能。

学科类别：中医学与中药学

数据格式：.mdb

数据负责人：柳长华

来源项目：350 种传统医籍整理与深度加工

（620）中医古籍叙词表

数据编号：2008FY120200-03-2014072903

数据时间：2008～2015 年

数据地点：中国

数据类型：科学数据

数据内容：项目实施过程中，从古籍中抽取词汇构建起包含 10.5 万余条的中医古籍叙词表。中医古籍叙词表采用专题的形式进行构建，其核心思想是以一个概念作为中心，构建关联向外发散与之相关的概念。使用自主研发的"中医古籍叙词表加工系统"，该系统直接从古籍中收词，用于叙词表的构建。

学科类别：中医学与中药学

数据格式：.mdb

数据负责人：柳长华

来源项目：350 种传统医籍整理与深度加工

（621）藏医药古籍影像数据库

数据编号：2008FY120200-04-2014072904

数据时间：2008～2016 年

数据地点：中国

数据类型：科学数据

数据内容："藏医药古籍影像数据库"为用户提供浏览藏医药古籍原图而建立。收录有《藏中医术精选·入迷》《直贡医算集》《藏医疗病仪轨》《德格拉曼医著》《四部医典研究》《宇妥医卷》《秘诀补遗批注》《根本部注释》《后续部注释汇集》《龙树大师医著集》《嘉央迁则医著》《德拉诺布医著》《仲曼心精》《药物识别·明日》《美奇目饰》《医史琉璃疏》《医学饰花》《医学秘方·戒毒甘露》《藏医医疗精萃》《医书红卷》共 20 种经典藏医古籍的图像数据。

学科类别：中医学与中药学

数据格式：.mdb

数据负责人：柳长华*

来源项目：350 种传统医籍整理与深度加工

（622）藏医药古籍文献资料数据库

数据编号：2008FY120200-05-2014072905

数据时间：2008～2017 年

数据地点：中国

数据类型：科学数据

数据内容："藏医药古籍文献资料数据库"为藏医药界建立了藏医药古籍文献资料资源网络平台。收录有《藏中医术精选·入迷》《直贡医算集》《藏医疗病仪轨》《德格拉曼医著》《四部医典研究》《宇妥医卷》《秘诀补遗批注》《根本部注释》《后续部注释汇集》《龙树大师医著集》《嘉央迁则医著》《德拉诺布医著》《仲曼心精》《药物识别·明日》《美奇目饰》《医史琉璃疏》《医学饰花》《医学秘方·戒毒甘露》《藏医医疗精萃》《医书红卷》共 20 种经典藏医古籍的文本数据。

学科类别：中医学与中药学

数据格式：.mdb

数据负责人：柳长华

来源项目：350 种传统医籍整理与深度加工

（623）藏医药物别名考

数据编号：2008FY120200-06-2014090306

数据时间：2008～2018 年

数据地点：中国

数据类型：文献资料

数据内容：从该项目收集的 20 种藏医药古籍文献资料中筛选出一些罕见的药用名词，如多义词、音变语、隐语以及异名等藏医药物别名 7086 条，其中多义词、音变语、隐语等构成的名词有 6192 种，异名有 894 种。通过考证研究形成《藏医药物别名考》。为提升藏医药物别名全面性、准确性和实用性，计划进一步扩大藏医药名词搜集范围，从已搜集的 1500 余藏医药古籍文献资料中筛选、考证和研究藏医药别名，补充完善《藏医药物别名考》。

学科类别：中医学与中药学

数据格式：.doc

数据负责人：柳长华

来源项目：350 种传统医籍整理与深度加工

（624）禽免疫抑制性病毒标准毒种（7 个）

数据编号：2008FY130100-05-2014082205

数据时间：2010～2013 年

数据地点：全国

数据类型：文献资料

数据内容：该品系用禽免疫抑制性病毒毒种或克隆化毒株（包括禽白血病 A、B、J 亚型病毒株、鸡传染性法氏囊病病毒株、鸡传染性贫血病病毒株、鸡网状内皮组织增生症病毒株、鸡马立克氏病病毒株共 7 种）接种易感 SPF 鸡或敏感细胞培养收集冷冻干燥制成。毒种通过无菌检验、支原体检验、外源病毒检验和效力检验等进行质量控制。

学科类别：畜牧兽医学

数据格式：.jpg，.doc，.xls

数据负责人：于康震*、夏业才*

来源项目：重大动物疫病病原及相关制品标准物质研究

（625）禽白血病病毒的 ELISA 检测方法

数据编号：2008FY130100-07-2014082507

数据时间：2010 年

数据地点：全国

数据类型：文献资料

数据内容：将兔抗 P27 抗体包被酶标板，HRP 标记的兔抗 P27 抗体捕捉，建立了检测禽白血病抗原的夹心 ELISA 检测方法。用于禽类病毒性活疫苗或种毒中禽白血病病毒污染检测。

学科类别：畜牧兽医学

数据格式：.doc，.pdf

数据负责人：于康震*、夏业才*

来源项目：重大动物疫病病原及相关制品标准物质研究

（626）狂犬病病毒标准毒种（3 个）

数据编号：2008FY130100-101-20140829101

数据时间：2011 年

数据地点：全国

数据类型：文献资料

数据内容：该品系分别用狂犬病 CVS-11 株、CVS-24 株和 Flury-LEP 株病毒株接种敏感细胞或乳鼠传代培养收获，冷冻干燥制成。毒种通过性状、无菌检验、支原体检验、外源病毒检验、病毒含量测定等进行质量控制。

学科类别：畜牧兽医学

数据格式：样品

数据负责人：于康震*、夏业才*

来源项目：重大动物疫病病原及相关制品标准物质研究

（627）猪繁殖与呼吸综合征病毒 RT-PCR 检测方法和试剂盒

数据编号：2008FY130100-113-20140901113

数据时间：2010 年

数据地点：全国

数据类型：文献资料

数据内容：该发明的目的在于克服现有技术不足，提供一种猪繁殖与呼吸综合征病毒的 RT-PCR 检测方法。此方法快速简便、特异性强、敏感性高、可靠性好，为猪繁殖与呼吸综合征病毒疫情的监测、防控提供强有力的技术支持。

学科类别：畜牧兽医学

数据格式：.doc，.pdf

数据负责人：于康震*、夏业才*

来源项目：重大动物疫病病原及相关制品标准物质研究

（628）高致病性猪蓝耳病病毒参考毒株（1 个）

数据编号：2008FY130100-114-20140901114

数据时间：2008 年

数据地点：全国

数据类型：文献资料

数据内容：高致病性猪蓝耳病病毒参考毒株用经纯化的高致病性猪蓝耳病病毒 NVDC-JXA1 毒株接种 Marc-145 细胞，经培养后，收获感染细胞培养液，加入冻干保护剂，经冷冻真空干燥制成。该毒株按现行《中国兽药典》附录进行了无菌检验、支原体检验、外源病毒检验均表现为合格；另外，该毒株还进行了病毒效价测定以及致病性试验，符合高致病性猪蓝耳病病毒检验用毒标准。因此将该毒株作为高致病性猪蓝耳病病毒参考毒株。

学科类别：畜牧兽医学

数据格式：样品

数据负责人：于康震*、夏业才*

来源项目：重大动物疫病病原及相关制品标准物质研究

（629）一种检测高致病性猪繁殖与呼吸综合征变异株的试剂盒

数据编号：2008FY130100-115-20140901115

数据时间：2010 年

数据地点：全国

数据类型：文献资料

数据内容：该发明基于对 2006 年至 2010 年分离的多个高致病性 PRRSV 变异株基因序列分析，针对分离毒株 Nsp2 基因序列的共同特征，设计了一系列 PCR 引物，并经过优化和试验筛选，获得了一对 PCR 引物。采用该引物组装的 RT-PCR 试剂盒，可以检测出当前发现的全部高致病性 PRRSV 变异株，并且不受经典 PRRSV（是指 Nsp2 基因未发生第 1594～1680 位核苷酸连续缺失的毒株）和 CH1-R 疫苗毒株的干扰，从而能够特异、敏感地检测出高致病性 PRRSV 变异株。因此，该试剂盒能对高致病性 PRRSV 诊断和监测起到重要作用。

学科类别：畜牧兽医学

数据格式：.doc，.pdf

数据负责人：于康震*、夏业才*

来源项目：重大动物疫病病原及相关制品标准物质研究

（630）禽流感病毒参考毒株（2 个）

数据编号：2008FY130100-119-20140901119

数据时间：2010 年

数据地点：全国

数据类型：文献资料

数据内容：该品系用不同毒株的禽流感病毒（包括 H9N2 亚型 CK/HuN/174/08 株和 A/Chicken/Hunan/S933/08 株）接种 SPF 鸡胚，37℃培养 72h 后，无菌收获病毒悬液冷冻干燥制成。毒种通过红细胞凝集价测定、纯净性检验、特异性检验、病毒含量测定等进行质量控制。

学科类别：畜牧兽医学

数据格式：.jpg，.doc，.xls

数据负责人：于康震*、夏业才*

来源项目：重大动物疫病病原及相关制品标准物质研究

（631）禽用疫苗检验用标准物质（19 种）

数据编号：2008FY130100-130-20150110130

数据时间：2010～2014 年

数据地点：全国

数据类型：文献资料

数据内容：该标准物质包括 IBV、IBDV、EDS、MDV、ALV、REV 等 19 种检验用抗原、特异性血清、参考疫苗等。抗原以不同病毒株接种易感动物或细胞增殖后灭活制成。特异性血清以不同病毒株接种易感动物后采血，分离血清，冷冻干燥制成。参考疫苗以病毒株接种易感细胞，收获细胞液灭活，冷冻干燥制成。

学科类别：畜牧兽医学

数据格式：.jpg，.doc，.xls

数据负责人：于康震[*]、夏业才[*]

来源项目：重大动物疫病病原及相关制品标准物质研究

（632）哺乳动物用疫苗检验用标准物质（26 种）

数据编号：2008FY130100-131-20150110131

数据时间：2010～2014 年

数据地点：全国

数据类型：文献资料

数据内容：该标准物质包括 PPV、PCV-2、PRV、PPRV、PRRSV 等 26 种检验用抗原、特异性血清、荧光抗体、参考疫苗等。抗原以不同病毒株接种易感动物或细胞增殖后灭活制成。特异性血清以不同病毒株接种易感动物后采血，分离血清，冷冻干燥制成。荧光抗体以不同病毒株特异性高免血清提纯后标记荧光素制成。参考疫苗以病毒株接种易感细胞，收获细胞液灭活，冷冻干燥制成。

学科类别：畜牧兽医学

数据格式：.jpg，.doc，.xls

数据负责人：于康震[*]、夏业才[*]

来源项目：重大动物疫病病原及相关制品标准物质研究

（633）核酸检验标准物质（7 种）

数据编号：2008FY130100-132-20150110132

数据时间：2013 年

数据地点：全国

数据类型：文献资料

数据内容：该标准物质利用 RT-PCR 扩增不同病毒株（包括 AIV、NDV、FMDV、PRV、PRRSV、IBRV 等 7 种）的特定基因序列，再将其克隆入 pGEM-T 质粒载体，将载体线性化之后，经体外转录获得 cRNA 纯品制成。

学科类别：畜牧兽医学

数据格式：.jpg，.doc，.xls

数据负责人：于康震*、夏业才*

来源项目：重大动物疫病病原及相关制品标准物质研究

（634）兽用生物制品检验相关菌毒种质量标准（22 项）

数据编号：2008FY130100-133-20150131133

数据时间：2006～2013 年

数据地点：全国

数据类型：文献资料

数据内容：为禽免疫抑制性病毒标准毒种（7 个）、小反刍兽疫病毒标准毒种（1 个）、布鲁氏菌标准菌种（3 个）、口蹄疫病毒标准毒种（5 个）、狂犬病病毒标准毒种（3 个）、高致病性蓝耳病病毒标准毒种（1 个）和禽流感病毒标准毒种（2 个）的质量标准。

学科类别：畜牧兽医学

数据格式：.doc，.pdf

数据负责人：于康震*、夏业才*

来源项目：重大动物疫病病原及相关制品标准物质研究

（635）兽用生物制品及核酸检验用标准物质质量标准（52 项）

数据编号：2008FY130100-134-20150131134

数据时间：2010～2014 年

数据地点：全国

数据类型：文献资料

数据内容：为禽用疫苗检验用标准物质（包括检验用抗原、特异性血清、参考疫苗等共 19 种）、哺乳动物用疫苗检验用标准物质（包括检验用抗原、特异性血清、荧光抗体、参考疫苗等共 26 种）和核酸检测用标准物质（7 种荧光 RT-PCR 检测用标准物质）的质量标准。

学科类别：畜牧兽医学

数据格式：.doc，.pdf

数据负责人：于康震*、夏业才*

来源项目：重大动物疫病病原及相关制品标准物质研究

（636）禽网状内皮组织增生症病毒（REV）检验法

数据编号：2008FY130100-15-2014082515

数据时间：2011 年

数据地点：全国

数据类型：文献资料

数据内容：借鉴《欧洲药典》、《英国药典（兽药）》和《日本农林水产省兽医生物制品标准》对禽源活疫苗种毒和生产原材料（SPF 鸡胚）以及成品中污染 REV 的检测方法,建立了禽用病毒类活疫苗中污染 REV 的间接免疫荧光（IFA）检测法。

学科类别：畜牧兽医学

数据格式：.doc，.pdf

数据负责人：于康震[*]、夏业才[*]

来源项目：重大动物疫病病原及相关制品标准物质研究

（637）鸭瘟活疫苗外源病毒检验方法

数据编号：2008FY130100-16-2014082516

数据时间：2011 年

数据地点：全国

数据类型：文献资料

数据内容：该方法选用 9～10 周龄的 SPF 鸡作为实验动物，将待检疫苗稀释至 103.0ELD50/0.5ml，肌肉注射 20 只 SPF 鸡，0.5 毫升/只，进行基础免疫。14 天后、点眼、滴鼻接种 10 羽份（瓶签注明羽份）疫苗，肌肉注射 100 羽份疫苗，再过 21 天日后，按上述第二次接种相同的方法和剂量重复接种 1 次。最后一次接种后 21 日采血，进行相关病原的血清抗体检测。在接种疫苗的 56 日内，不应有疫苗引起的局部或全身症状和呼吸道症状或死亡。进行血清抗体检测时，除本疫苗所产生的特异性抗体外，不应有其他病原的抗体存在。

学科类别：畜牧兽医学

数据格式：.doc，.pdf

数据负责人：于康震[*]、夏业才[*]

来源项目：重大动物疫病病原及相关制品标准物质研究

（638）一种鸭瘟活疫苗及其制备方法

数据编号：2008FY130100-25-2014082625

数据时间：2011 年

数据地点：全国

数据类型：文献资料

数据内容：鸭瘟病毒强毒株经无特定病原体（Specific pathogen free，SPF）鸡胚成纤维细胞（chick embryo fibroblast，CEF）连续传代 80 代，克隆纯化得到的弱毒株，命名为鸭肠炎病毒（duck enteritis virus）DEVC86 株，该毒株已于 2013 年 4 月送交中国科学院微生物研究所中国微生物菌种保藏管理委员会普通微生物中心保藏，保藏编号 CGMCC No.7460。该发明涉及一种鸭瘟活疫苗及其制备方法。所提供的鸭肠炎病毒是人工致弱的鸭肠炎病毒 CGMCC No.7460（DEVC86）

株，能在 CEF 繁殖，病毒含量高，制造疫苗方便；雏鸭安全，对鸡不致死，具有良好的生物安全性；免疫原性好，能有效地保护各品种鸭抵抗鸭瘟感染；该鸭肠炎病毒 CGMCC No.7460 株的基因组 145818～147618 位缺失区域按常规生物学技术插入不同的水禽病毒的保护性抗原基因片段构建成相应的重组病毒。

学科类别：畜牧兽医学

数据格式：.doc，.pdf

数据负责人：于康震*、夏业才*

来源项目：重大动物疫病病原及相关制品标准物质研究

（639）小反刍兽疫病毒标准毒种（1 个）

数据编号：2008FY130100-26-2014082626

数据时间：2008 年

数据地点：全国

数据类型：文献资料

数据内容：该标准毒系用小反刍兽疫病毒 Clone9 株接种 Vero 细胞，收获病毒培养液加适宜的保护剂，冷冻干燥制成，用于小反刍兽疫活疫苗的生产毒种和细胞中和试验的抗原。

学科类别：畜牧兽医学

数据格式：.jpg，.doc，.xls

数据负责人：于康震*、夏业才*

来源项目：重大动物疫病病原及相关制品标准物质研究

（640）小反刍兽疫活疫苗病毒含量测定方法

数据编号：2008FY130100-27-2014082627

数据时间：2007 年

数据地点：全国

数据类型：文献资料

数据内容：小反刍兽疫活疫苗中的病毒含量高低，与疫苗产品的质量密切相关。小反刍兽疫病毒接种 Vero 细胞以后，经过一定时间培养后可以产生明显的细胞病变（CPE）。将小反刍兽疫活疫苗经过一系列稀释后接种 Vero 细胞，连续培养后根据产生的细胞病变孔数可以计算出疫苗中病毒含量（TCID50）。

学科类别：畜牧兽医学

数据格式：.doc，.pdf

数据负责人：于康震*、夏业才*

来源项目：重大动物疫病病原及相关制品标准物质研究

（641）小反刍兽疫病毒抗体间接 ELISA 试剂盒

数据编号：2008FY130100-28-2014082628

数据时间：2008 年

数据地点：全国

数据类型：文献资料

数据内容：该试剂盒利用小反刍兽疫病毒弱毒株（Clone9 株）接种 Vero 细胞，收获病变的细胞培养物，经超滤、浓缩、灭活等步骤获得高纯度病毒蛋白作为包被抗原，并制备了羊抗小反刍兽疫病毒的阳性血清对照和阴性血清。该试剂盒由已包被抗原的聚苯乙烯板、阳性血清对照、阴性血清对照、浓缩洗涤液、样品稀释液、酶稀释液、HRP 标记的兔抗羊 IgG 结合物、底物溶液、邻苯二胺（OPD）片、过氧化脲片、终止液等组装而成。用于检测山羊和绵羊血清中的小反刍兽疫抗体，可以反映山羊和绵羊接种小反刍兽疫疫苗后的抗体水平，也可以用于山羊和绵羊群体的小反刍兽疫感染状况的血清学监测。

学科类别：畜牧兽医学

数据格式：.doc，.pdf

数据负责人：于康震*、夏业才*

来源项目：重大动物疫病病原及相关制品标准物质研究

（642）小反刍兽疫活疫苗鉴别检验方法

数据编号：2008FY130100-29-2014082629

数据时间：2007 年

数据地点：全国

数据类型：文献资料

数据内容：正常情况下，小反刍兽疫活疫苗中的活病毒在接种 Vero 细胞，经过一定时间培养后即可引起细胞病变，但是在病毒被其特异性血清中和后，即失去对宿主细胞的感染性，不再产生致细胞病变效应。因此在小反刍兽疫活疫苗的鉴别检验中，若小反刍兽疫病毒被小反刍兽疫病毒标准阳性血清所中和，则用其中和物接种 Vero 细胞，应不产生细胞病变。

学科类别：畜牧兽医学

数据格式：.doc，.pdf

数据负责人：于康震*、夏业才*

来源项目：重大动物疫病病原及相关制品标准物质研究

（643）小反刍兽疫活疫苗（Clone9 株）效力检验

数据编号：2008FY130100-30-2014082630

数据时间：2007 年

数据地点：全国

数据类型：文献资料

数据内容：小反刍兽疫病毒抗原被其特异性血清中和后，可失去对宿主细胞的感染性。用一定含量的小反刍兽疫病毒与不同稀释度的效力检验用羊血清中和，分别接种细胞后，能使 100%所接种的细胞不产生细胞病变（CPE）的血清最高稀释倍数，即为该血清的中和抗体效价。

学科类别：畜牧兽医学

数据格式：.doc，.pdf

数据负责人：于康震[*]、夏业才[*]

来源项目：重大动物疫病病原及相关制品标准物质研究

（644）布鲁氏菌标准菌种（3 个）

数据编号：2008FY130100-42-2014082742

数据时间：2009 年

数据地点：全国

数据类型：文献资料

数据内容：该品系分别用猪、牛、羊源的布鲁氏菌培养物加适量冻干保护剂重悬，经冷冻干燥制成。菌种按照《中国兽药典》二〇一〇年版三部附录进行性状、纯粹检验、活菌计数、剩余水分测定和真空度测定，取 0.1ml 活菌计数最终稀释度菌液接种胰际琼脂平板，置 37℃培养 72 小时后，用菌落结晶紫染色法进行变异检查，根据菌落计数结果将菌液进行稀释，取适宜稀释度的菌液接种豚鼠，30 天后剖杀取脾脏研磨进行细菌计数确定效力。通过以上试验对成品进行质量控制。

学科类别：畜牧兽医学

数据格式：.jpg，.doc，.xls

数据负责人：于康震[*]、夏业才[*]

来源项目：重大动物疫病病原及相关制品标准物质研究

（645）羊种布鲁氏菌 PCR 鉴定方法

数据编号：2008FY130100-43-2014082743

数据时间：2014 年

数据地点：全国

数据类型：文献资料

数据内容：一种用于鉴定羊种布鲁氏菌的多重 PCR 方法，采用如下 4 条引物，可成功扩增出大小分别为 178bp 和 733bp 的特异性条带。Feri: 5′-GCGCCGCGAA-GAACTTATCAA-3′，Reri：5′-CGCCATGTTAGCGGCGGTGA-3′，Fmelitensis：

5′-AAATCGCGTCCTTGCTGGTCTG-3′，RIS711：5′-TGCCGATCACTTAAGGGC-
CTTCAT-3′。

　　学科类别：畜牧兽医学

　　数据格式：.doc，.pdf

　　数据负责人：于康震、夏业才*

　　来源项目：重大动物疫病病原及相关制品标准物质研究

（646）猪种布鲁氏菌 PCR 鉴定方法

　　数据编号：2008FY130100-44-2014082744

　　数据时间：2014 年

　　数据地点：全国

　　数据类型：文献资料

　　数据内容：一种用于鉴定猪种布鲁氏菌的多重 PCR 方法，采用如下 4 条引物，
可成功扩增出大小分别为 178bp 和 285bp 的特异性条带。Feri：5′-GCGCCGCG-
AAGAACTTATCAA-3′，Reri：5′-CGCCATGTTAGCGGCGGTGA-3′，Fsuis：5′-GC-
GCGGTTTTCTGAAGGTTCAGG-3′，RIS711：5′-TGCCGATCACTTAAGGGCCTT-
CAT-3′。

　　学科类别：畜牧兽医学

　　数据格式：.doc，.pdf

　　数据负责人：于康震*、夏业才*

　　来源项目：重大动物疫病病原及相关制品标准物质研究

（647）牛种布鲁氏菌 PCR 鉴定方法

　　数据编号：2008FY130100-45-2014082745

　　数据时间：2014 年

　　数据地点：全国

　　数据类型：文献资料

　　数据内容：一种用于鉴定牛种布鲁氏菌的多重 PCR 方法，采用如下 4 条引物，
可成功扩增出大小分别为 178bp 和 494bp 的特异性 PCR 条带。Feri：5′-GCGCCG-
CGAAGAACTTATCAA-3′，Reri：5′-CGCCATGTTAGCGGCGGTGA-3′，Fabortus：
5′-GACGAACGGAATTTTTCCAATCCC-3′，RIS711：5′-TGCCGATCACTTAAGG-
GCCTTCAT-3′。

　　学科类别：畜牧兽医学

　　数据格式：.doc，.pdf

　　数据负责人：于康震*、夏业才*

　　来源项目：重大动物疫病病原及相关制品标准物质研究

（648）一种利用基因重组技术获得的粗糙型布氏杆菌及其疫苗的生产方法

数据编号：2008FY130100-46-2014082746

数据时间：2006 年

数据地点：全国

数据类型：文献资料

数据内容：该重组菌株通过在布氏杆菌 S2 株菌基因组中稳定地整合进标记基因（氯霉素抗性基因），并同时破坏了光滑型布氏杆菌细胞壁 LPS 结构中 O 链形成条件，使重组菌由光滑型转变为粗糙型，使菌株的毒力进一步降低，但仍保留了良好的免疫效果。该重组菌是带有双重标记的新型布氏杆菌疫苗菌株，以此菌株生产疫苗将改变布氏杆菌疫苗免疫动物与野毒株感染动物难以区分的现状，并将为布氏杆菌病的防控提供了一种良好的疫苗。

学科类别：畜牧兽医学

数据格式：.doc，.pdf

数据负责人：于康震*、夏业才*

来源项目：重大动物疫病病原及相关制品标准物质研究

（649）表达 O 型口蹄疫病毒 VP1 基因的重组布鲁氏菌及其疫苗的生产方法

数据编号：2008FY130100-47-2014082747

数据时间：2010 年

数据地点：全国

数据类型：文献资料

数据内容：该发明通过在布鲁氏菌 S2 株菌基因组中稳定地整合进 O 型 FMDV 江苏株 VP1 基因，并同时破坏了光滑型布鲁氏菌细胞壁 LPS 结构中 O 链形成条件，使重组菌由光滑型转变为粗糙型，使菌株的安全性进一步提高，但仍保留了对布鲁氏菌病良好的免疫效果。该重组菌能够表达 O 型 FMDV Mya 株 VP1 蛋白，并诱导相应抗体产生，对 O 型 FMD 有良好的基础免疫作用。以此菌株生产疫苗将改变布鲁氏菌疫苗免疫动物与野毒株感染动物难以区分的现状，同时实现了 FMD 疫苗的细胞免疫，并将为布鲁氏菌病和 FMD 的防控提供了一种良好的疫苗。

学科类别：畜牧兽医学

数据格式：.doc，.pdf

数据负责人：于康震*、夏业才*

来源项目：重大动物疫病病原及相关制品标准物质研究

（650）表达 Asia I 型口蹄疫病毒 VP1 基因的重组布鲁氏菌及其疫苗的生产方法

数据编号：2008FY130100-48-2014082748

数据时间：2010 年

数据地点：全国

数据类型：文献资料

数据内容：该发明通过在布鲁氏菌 S2 株菌基因组中稳定地整合进 Asia I FMDV 江苏株 *VP1* 基因，并同时破坏了光滑型布鲁氏菌细胞壁 LPS 结构中 O 链形成条件，使重组菌由光滑型转变为粗糙型，使菌株的安全性进一步提高，但仍保留了对布鲁氏菌病良好的免疫效果。该重组菌能够表达 Asia I FMDV 江苏株 *VP1* 基因，并诱导相应抗体产生，对 Asia I FMD 有良好的基础免疫作用。以此菌株生产疫苗将改变布鲁氏菌疫苗免疫动物与野毒株感染动物难以区分的现状，同时实现了 FMD 疫苗的细胞免疫，并将为布鲁氏菌病和 FMD 的防控提供了一种良好的疫苗。

学科类别：畜牧兽医学

数据格式：.doc，.pdf

数据负责人：于康震*、夏业才*

来源项目：重大动物疫病病原及相关制品标准物质研究

（651）一种布鲁氏菌活疫苗及其生产方法

数据编号：2008FY130100-49-2014082749

数据时间：2011 年

数据地点：全国

数据类型：文献资料

数据内容：通过构建缺失 *wboA*（1-897bp）基因的重组布鲁氏菌，破坏了光滑型布鲁氏菌细胞壁 LPS 结构中 O 链形成条件，使重组菌由光滑型转变为粗糙型。该重组菌不仅保留了对布鲁氏菌病良好的免疫效果，而且有效提高了其安全性，以此菌株生产疫苗将改变布鲁氏菌疫苗免疫动物与野毒株感染动物难以区分的现状。

学科类别：畜牧兽医学

数据格式：.doc，.pdf

数据负责人：于康震*、夏业才*

来源项目：重大动物疫病病原及相关制品标准物质研究

（652）口蹄疫病毒标准毒种（5 个）

数据编号：2008FY130100-51-2014082851

数据时间：2006～2010 年

数据地点：全国

数据类型：文献资料

数据内容：该品系用不同种属来源的口蹄疫病毒株（包括猪源口蹄疫病毒 O 型标准毒种 O/0718 株、O/0834 株、O/MYA98/BY/2010 株和牛源口蹄疫病毒 A 型标准毒种 A/HuBWH/09 株、Asia1 型标准毒种 Asia1/ZhY/06 株）接种 3 日龄乳鼠，收获 24 小时左右发病死亡乳鼠，无菌条件下收集乳鼠胴体制成。毒种按照现行《中国兽药典》2010 年版三部附录进行性状和无菌检验，用反向间接血凝试验、抗原捕获夹心 ELISA、病毒中和试验和 VP1 基因测序方法进行特异性检验，将乳鼠组织毒 1∶5 悬液（W/V），置 4℃浸毒过夜，摇匀悬液，3000～5000r/min 离心 10min，取上清液接种乳鼠，每只乳鼠颈背部皮下注射 0.2mL，接种 3 日龄乳鼠进行培养特性检验，将毒种适当稀释后取适宜稀释度的毒液接种乳鼠或猪、牛靶动物进行定值检验，通过以上试验对成品进行质量控制。

学科类别：畜牧兽医学

数据格式：.jpg，.doc，.xls

数据负责人：于康震、夏业才*

来源项目：重大动物疫病病原及相关制品标准物质研究

（653）基于基因测序技术的口蹄疫毒株认定方法

数据编号：2008FY130100-56-2014082856

数据时间：2012 年

数据地点：全国

数据类型：文献资料

数据内容：利用针对我国流行的 O 型、A 型和 Asia1 型口蹄疫病毒，设计通用型 VP1 基因扩增引物 1DF 和 1DR，应用一步法 RT-PCR 方法进行扩增口蹄疫田间样品 VP1 基因序列，可获得约 810bp 的含有 VP1 基因全长目的条带。PCR 产物直接测序，测序结果与国际、国内参考毒株序列比对分析，归属不同的毒株进化群和进化分支。

学科类别：畜牧兽医学

数据格式：.doc，.pdf

数据负责人：于康震*、夏业才*

来源项目：重大动物疫病病原及相关制品标准物质研究

（654）用乳鼠组织毒代替牛舌皮毒，作为牛口蹄疫疫苗检验用毒

数据编号：2008FY130100-57-2014082857

数据时间：2010 年

数据地点：全国

数据类型：文献资料

数据内容：使用乳鼠组织毒替代牛舌皮毒进行攻毒结果显示，Asia1/ZhY/06

乳鼠毒和 A/HuBWH/09 乳鼠毒均可用于牛口蹄疫疫苗检验用毒。利用 Asia1/ZhY/06 乳鼠毒和 A/HuBWH/09 乳鼠毒测定其对牛 ID50 结果与动物牛舌皮毒测定结果基本一致。在实际应用中，推荐使用乳鼠组织毒作为牛口蹄疫疫苗检验用毒。

学科类别：畜牧兽医学

数据格式：.doc，.pdf

数据负责人：于康震*、夏业才*

来源项目：重大动物疫病病原及相关制品标准物质研究

（655）口蹄疫疫苗有效抗原含量 ELISA 测定方法

数据编号：2008FY130100-58-2014082858

数据时间：2012 年

数据地点：全国

数据类型：文献资料

数据内容：口蹄疫疫苗有效抗原含量 ELISA 测定方法初步确定最低检测极限值为 0.1ug/mL（敏感性）；在特异性方面，与同型抗原发生阳性反应，与其他型抗原不反应。该方法基于 ELISA 原理方法建立，操作简单，快速，无需特殊仪器设备，一般实验室均可操作，且易于标准化；而且可区分口蹄疫病毒不同血清型，且不受毒株不同亚型差异的影响，能检测单价疫苗多组分中的有效抗原总含量。对于多价疫苗，可分别检测各型的有效抗原含量；另外可实现批量检测。

学科类别：畜牧兽医学

数据格式：.doc，.pdf

数据负责人：于康震*、夏业才*

来源项目：重大动物疫病病原及相关制品标准物质研究

（656）A 型流感病毒通用荧光 RT-PCR 检测方法

数据编号：2008FY130100-60-2014082860

数据时间：2013 年

数据地点：全国

数据类型：文献资料

数据内容：为采用实时荧光 RT-PCR 检测动物 A 型流感病毒的方法，适合于动物样本中 A 型流感病毒的快速检测和筛查。在对各种亚型流感病毒进行序列比对基础上，针对 M 基因设计引物和 LNA 修饰的荧光素双标记短探针。对引物、探针进行了筛选和优化，建立了可特异的扩增和检测 A 型流感病毒 RNA 的实时荧光 RT-PCR 检测技术。通过运用建立的方法检测：H3 亚型流感病毒 RNA，H4 亚型禽流感病毒 RNA，5 株 H5N1 亚型禽流感病毒 RNA，H7 亚型禽流感病毒 RNA 以及 H9 亚型禽流感病毒 RNA，结果均能检出。对其他非动物 A 型流感病毒进行检测，结果表明建立的方法特异性良好。对于已知拷贝数的模拟 RNA 进行检测，结果表明应用建立的方法检测极限为 10 拷贝。采用优化的方法分别对 $105 \sim 107$ 拷贝数 RNA 模板进行连续 3 次分别进行重复性试验，结果显示各组 Ct 值变异系数均<5%，表明方法的可重复性和稳定性良好。通过采用建立的方法对已知样品进行验证检测，全部检出了已知阳性样品，未出现假阳性结果。

学科类别：畜牧兽医学

数据格式：.doc，.pdf

数据负责人：于康震*、夏业才*

来源项目：重大动物疫病病原及相关制品标准物质研究

（657）新城疫中强毒株荧光 RT-PCR 检测方法

数据编号：2008FY130100-61-2014082861

数据时间：2013 年

数据地点：全国

数据类型：文献资料

数据内容：采用 TaqMan 方法，根据新城疫病毒 F 基因核苷酸序列，设计合成多对引物，在上游引物和下游引物之间设计多条探针。通过对引物、探针的筛选，反应条件的选择和优化，建立了检测活禽和禽产品中中强毒力新城疫病毒的荧光 RT-PCR 方法。经对 10 株倍比稀释的中强毒力新城疫病毒的尿囊液进行检测后，表明所建立的荧光 RT-PCR 方法的检测极限为 $10^{-7} \sim 10^{-5}$，略低于鸡胚病毒分离方法（$10^{-9} \sim 10^{-8}$）；对收集到的新城疫病毒株和常见禽类病毒（包括禽流感病毒 H5、H9 亚型、IBDV、IBV、KIBV、CAAV、鸭瘟病毒、鸭肝炎病毒）进行检测，结果表明建立的方法不能检出其它常见禽类病毒，特异性良好。进一步用建立的荧光 RT-PCR 检测人工感染 SPF 肉鸡的组织脏器、咽喉及泄殖腔拭子及临床样品中的中强毒力的新城疫病毒，并同鸡胚分离结果比较，结果表明荧光 RT-PCR 的敏感性同鸡胚分离试验基本一致。由于荧光 RT-PCR 方法快速，从处理样品开始到出结果只需不到 4 小时，而且检测样品量大，这就充分显示了其快速、敏感、特异的优势。在强调口岸快速通关的今天，该方法的建立为禽或禽产品的快速检验检疫提供了有效的手段。

学科类别：畜牧兽医学

数据格式：.doc，.pdf

数据负责人：于康震*、夏业才*

来源项目：重大动物疫病病原及相关制品标准物质研究

（658）口蹄疫病毒亚洲 1 型荧光 RT-PCR 检测方法

数据编号：2008FY130100-62-2014082862

数据时间：2013 年

数据地点：全国

数据类型：文献资料

数据内容：通过对多株亚洲 1 型口蹄疫病毒进行序列比对和分型，找出仅在亚洲 1 型毒株间保守的序列进行引物探针设计，序列比对表明一条探针难以覆盖所有亚洲 1 型毒株序列，所有我们在体系中使用两条探针进行试验，最终利用一对引物和两条探针在国内外率先建立了具有独立自主知识产权的检测亚洲 1 型口蹄疫病毒的 TaqMan 荧光 RT-PCR 检测方法和定型技术。建立的快速检测技术快速、敏感、特异，检测时限四个小时左右（包括前处理时间），与常见口蹄疫病毒 A 型、O 型和其他病毒不发生交叉反应，适用于样品中口蹄疫病毒的直接检测。

学科类别：畜牧兽医学

数据格式：.doc，.pdf

数据负责人：于康震*、夏业才*

来源项目：重大动物疫病病原及相关制品标准物质研究

（659）猪伪狂犬病病毒 gB 荧光 RT-PCR 检测方法

数据编号：2008FY130100-63-2014082863

数据时间：2013 年

数据地点：全国

数据类型：文献资料

数据内容：采用 TaqMan 方法，根据伪狂犬病毒 gB 基因编码区序列，设计引物和探针，通过对引物、探针以及反应条件的选择和优化，建立了伪狂犬病毒 gB 基因荧光 PCR 检测技术。经一系列的试验表明建立的荧光 PCR 检测技术快速、敏感、特异，检测时限 1.5 个小时以内，检测极限为 $1.50×10^2$ 拷贝/反应。用优化后的荧光定量 PCR 对牛疱疹病毒 1 型、猪传染性胃肠炎病毒、猪呼吸道冠状病毒、蓝耳病病毒、猪链球菌 2 型分离株（C55606）进行检测，结果均为阴性；而对伪狂犬病病毒检测时，有良好的扩增反应，验证了所建立的检测技术与其他病毒无交叉反应，特异性很好。对临床样本的检测结果也表明荧光 PCR 方法的检出率要高于普通 RT-PCR 方法。

学科类别：畜牧兽医学

数据格式：.doc，.pdf

数据负责人：于康震*、夏业才*

来源项目：重大动物疫病病原及相关制品标准物质研究

（660）猪源链球菌荧光 PCR 检测方法

数据编号：2008FY130100-64-2014082864

数据时间：2013 年

数据地点：全国

数据类型：文献资料

数据内容：采用 TaqMan 方法，根据猪链球菌 16S rDNA 编码区序列，设计引物和探针，通过对引物、探针以及反应条件的选择和优化，建立了猪源链球菌荧光 PCR 检测技术。经一系列的试验表明建立的荧光 PCR 检测技术快速、敏感、特异，检测时限 1.5 个小时以内，检测极限可达 10～100CFU。建立的方法方法可检测所有猪源链球菌，且与其他常见菌也无交叉反应。将建立的方法初步用于临床样品的检测，在对 108 份猪扁桃体样品检测时，与细菌分离试验的结果完全一致。

学科类别：畜牧兽医学

数据格式：.doc，.pdf

数据负责人：于康震*、夏业才*

来源项目：重大动物疫病病原及相关制品标准物质研究

（661）猪繁殖与呼吸综合征美洲型荧光 RT-PCR 检测方法

数据编号：2008FY130100-65-2014082865

数据时间：2013 年

数据地点：全国

数据类型：文献资料

数据内容：采用 TaqMan 方法，根据猪繁殖与呼吸综合征病毒美洲型 ORF7 及 3′UTR 基因编码区序列，设计合成多对引物和多条探针，通过对引物、探针的筛选，反应条件的选择和优化，建立了猪繁殖与呼吸综合征病毒美洲型荧光 RT-PCR 检测技术。经一系列的试验表明建立的荧光 RT-PCR 检测技术快速、敏感、特异，检测时限 3 个小时以内，灵敏度可达 1 个 TCID50/0.1mL。通过运用建立的方法对常见的猪呼吸道疾病和繁殖障碍类疾病进行特异性试验，结果表明该技术与其他病原无交叉反应，特异性良好。对临床样本的检测结果表明荧光 RT-PCR 方法的检出率要高于普通 RT-PCR 方法，能够检测出猪肉中的微量病毒 RNA。

学科类别：畜牧兽医学

数据格式：.doc，.pdf

数据负责人：于康震*、夏业才*

来源项目：重大动物疫病病原及相关制品标准物质研究

（662）牛疱疹病毒Ⅰ型荧光 PCR 检测方法

数据编号：2008FY130100-66-2014082866

数据时间：2013 年

数据地点：全国

数据类型：文献资料

数据内容：采用 TaqMan 方法，根据牛疱疹病毒Ⅰ型（牛传染性鼻气管炎病原）*gB* 基因编码区序列，设计引物和探针，通过对引物、探针以及反应条件的选择和优化，建立了牛疱疹病毒Ⅰ型 *gB* 基因荧光 PCR 检测技术。经一系列的试验表明建立的荧光 PCR 检测技术快速、敏感、特异，检测时限 1.5 个小时以内，检测极限可达 1.4×10^{-1}TCID50/100μL。对常见感染牛的病原进行检测，结果均为阴性，特异性很好。对临床样本的检测结果也表明荧光 PCR 方法具有实用性。

学科类别：畜牧兽医学

数据格式：.doc，.pdf

数据负责人：于康震*、夏业才*

来源项目：重大动物疫病病原及相关制品标准物质研究

（663）H1 亚型流感病毒荧光 RT-PCR 检测方法

数据编号：2008FY130100-67-2014082867

数据时间：2013 年

数据地点：全国

数据类型：文献资料

数据内容：选取不同宿主来源的 H1 亚型流感病毒毒株，包括人季节性流感病毒 H1 亚型、猪流感病毒 H1 亚型和人流感病毒 2009 H1 变异株，对其 HA 序列进行比对分析，设计引物和 LNA 修饰的荧光素双标记短探针。对引物、探针进行了筛选和优化，建立了可特异的扩增和检测 H1 亚型流感病毒 RNA 的实时荧光 RT-PCR 检测技术。通过运用建立的方法检测 H1 亚型流感病毒 RNA（包括经典 H1N1 猪流感病毒 RNA，甲型 H1N12009 变异株 RNA），H3 亚型流感病毒 RNA（包括 H3N8 马流感病毒 RNA，II3 亚型禽流感病毒 RNA 和 H3 亚型猪流感病毒 RNA），H4 亚型禽流感病毒 RNA，5 株 H5N1 亚型禽流感病毒 RNA，H7 亚型禽流感病毒 RNA、H9 亚型禽流感病毒 RNA 以及其他动物病毒核酸，结果显示建立的 H1 亚型通用检测方法可检出所有 H1 亚型病毒，但不能检出其他亚型流感病毒和其他动物病毒，表明建立的方法特异性良好。对于已知拷贝数的模拟 RNA 进行检测，结果表明应用建立的方法检测极限为 10 拷贝。采用优化的方法分别对 $10^5 \sim 10^7$ 拷贝数 RNA 模板进行连续 3 次分别进行重复性试验，结果显示各组 Ct 值变异系数均<5%。临床样品检测表明建立的方法实用效果较好，能够检测出 H1 亚型流感病毒。

学科类别：畜牧兽医学

数据格式：.doc，.pdf

数据负责人：于康震*、夏业才*

来源项目：重大动物疫病病原及相关制品标准物质研究

（664）H3 亚型流感病毒荧光 RT-PCR 检测方法

数据编号：2008FY130100-68-2014082868

数据时间：2013 年

数据地点：全国

数据类型：文献资料

数据内容：根据不同感染宿主 H3 亚型流感病毒血凝素序列，设计合成简并引物和 MGB 修饰的荧光素双标记简并短探针。对引物、探针进行了筛选和优化，建立了可特异的扩增和检测 H3 亚型流感病毒 RNA 的荧光 RT-PCR 检测技术。通过运用建立的方法检测 H3 亚型流感病毒 RNA，包括 H3N8 马流感病毒 RNA，H3 亚型禽流感病毒 RNA 和 H3 亚型猪流感病毒 RNA，结果显示建立的 H3 方法可检出以上所有 H3 亚型流感病毒，用建立的方法检测 H1 亚型流感病毒 RNA（包括经典 H1N1 猪流感病毒 RNA，甲型 H1N12009 变异株 RNA），H4 亚型禽流感病毒 RNA，5 株 H5N1 亚型禽流感病毒 RNA，H7 亚型禽流感病毒 RNA 以及 H9 亚型禽流感病毒 RNA 以及其他动物病毒核酸，结果均不能检出，表明无交叉反应。对于已知拷贝数的模拟 RNA 进行检测，结果表明应用建立的方法检测极限为 10 拷贝。采用优化的方法分别对 $10^5 \sim 10^7$ 拷贝数 RNA 模板进行连续 3 次分别进行重复性试验，结果显示各组 Ct 值变异系数均＜5%，表明方法的可重复性和稳定性良好。用建立的方法对已知阴阳性样品进行验证检测，全部检出了已知阳性样品，达到预期结果。

学科类别：畜牧兽医学

数据格式：.doc，.pdf

数据负责人：于康震*、夏业才*

来源项目：重大动物疫病病原及相关制品标准物质研究

（665）H1 亚型及 H3 亚型流感病毒双重荧光 RT-PCR 检测方法

数据编号：2008FY130100-69-2014082869

数据时间：2013 年

数据地点：全国

数据类型：文献资料

数据内容：在已经建立 H1 和 H3 亚型单重荧光 RT-PCR 方法的基础上，进一步经正交试验和方法优化，建立了同时检测 H1 和 H3 亚型流感病毒的双重荧光 RT-PCR 检测方法。通过运用建立的方法对 H1 亚型流感病毒 RNA（包括经典 H1N1 猪流感病毒 RNA，甲型 H1N12009 变异株 RNA），H3 亚型流感病毒 RNA（包括

H3N8 马流感病毒 RNA，H3 亚型禽流感病毒 RNA 和 H3 亚型猪流感病毒 RNA），H4 亚型禽流感病毒 RNA，5 株 H5N1 亚型禽流感病毒 RNA，H7 亚型禽流感病毒 RNA 以及 H9 亚型禽流感病毒 RNA 以及其他动物病毒核酸进行检测，结果显示建立的方法可检出所有 H1 和 H3 亚型流感病毒，但不能检出其他亚型流感病毒和其他动物病毒，表明建立的方法特异性良好。对于已知拷贝数的模拟 RNA 进行检测，结果表明应用建立的方法检测极限为 100 拷贝。采用优化的方法分别对 $10^5 \sim 10^7$ 拷贝数 RNA 模板进行连续 3 次分别进行重复性试验，结果显示各组 Ct 变异系数均＜5%，表明方法的可重复性和稳定性良好。通过采用建立的方法对已知样品进行验证检测，全部检出了已知 H1、H3 亚型阳性样品，阴性样品均未检出。

数据类别：畜牧兽医学

数据格式：.doc，.pdf

数据负责人：于康震[*]、夏业才[*]

来源项目：重大动物疫病病原及相关制品标准物质研究

（666）甲型 H1N1（2009）变异株荧光 RT-PCR 检测方法

数据编号：2008FY130100-70-2014082870

数据时间：2013 年

数据地点：全国

数据类型：文献资料

数据内容：为采用荧光 RT-PCR 同时检测古典猪流感病毒和甲型 H1N1（2009）流感病毒变异株的方法，适合于动物样本中古典猪流感病毒和甲型 H1N1（2009）流感病毒变异株的快速检测和筛查。

数据类别：畜牧兽医学

数据格式：.doc，.pdf

数据负责人：于康震[*]、夏业才[*]

来源项目：重大动物疫病病原及相关制品标准物质研究

（667）甲型 H1N1（2009）变异株以及猪流感病毒双重荧光 RT-PCR 检测方法

数据编号：2008FY130100-71-2014082871

数据时间：2013 年

数据地点：全国

数据类型：文献资料

数据内容：为采用荧光 RT-PCR 同时检测古典猪流感病毒和甲型 H1N1（2009）流感病毒变异株的方法，适合于动物样本中古典猪流感病毒和甲型 H1N1（2009）流感病毒变异株的快速检测和筛查。

数据类别：畜牧兽医学

数据格式：.doc，.pdf

数据负责人：于康震、夏业才*

来源项目：重大动物疫病病原及相关制品标准物质研究

（668）动物流感病毒荧光 RT-PCR 检测方法及攻毒方式参考标准（7 项）

数据编号：2008FY130100-93-2014082993

数据时间：2013 年

数据地点：全国

数据类型：文献资料

数据内容：适用于活动物及其产品中 A 型流感病毒的检测，也可用于相关标准物质候选物的评估。在对各种亚型流感病毒进行序列比对基础上，针对 M 基因设计引物和 LNA 修饰的荧光素双标记短探针。对引物、探针进行了筛选和优化，建立了可特异的扩增和检测 A 型流感病毒 RNA 的实时荧光 RT-PCR 检测技术。通过运用建立的方法检测：H3 亚型流感病毒 RNA，H4 亚型禽流感病毒 RNA，5 株 H5N1 亚型禽流感病毒 RNA，H7 亚型禽流感病毒 RNA 以及 H9 亚型禽流感病毒 RNA，结果均能检出。对其他非动物 A 型流感病毒进行检测，结果表明建立的方法特异性良好。对于已知拷贝数的模拟 RNA 进行检测，结果表明应用建立的方法检测极限为 10 拷贝。采用优化的方法分别对 $10^5 \sim 10^7$ 拷贝数 RNA 模板进行连续 3 次分别进行重复性试验，结果显示各组 Ct 值变异系数均 <5%，表明方法的可重复性和稳定性良好。通过采用建立的方法对已知样品进行验证检测，全部检出了已知阳性样品，未出现假阳性结果。并通过试验对攻毒用毒株的病毒含量、纯净度、特异性和 HA 效价进行了检验，确定攻毒参考标准，用于 H9 亚型禽流感疫苗的攻毒评估。

学科类别：畜牧兽医学

数据格式：.doc，.pdf

数据负责人：于康震*、夏业才*

来源项目：重大动物疫病病原及相关制品标准物质研究

（669）禽流感及狂犬病检疫技术规范（2 项）

数据编号：2008FY130100-99-2014082999

数据时间：2011 年

数据地点：全国

数据类型：文献资料

数据内容：该标准按照 GB/T1.1—2009 给出的规则起草，参考了《陆生动物诊断试验和疫苗标准手册》2.1.13 章（2011 年版）以及中华人民共和国卫生部行业标准 WS281—2008，由国家认证认可监督管理委员会提出并归口，是首次发布的出入境检验检疫行业标准，规定了进出口禽类及其产品禽流感检疫的技术规范和狂犬病病毒分离鉴定，血清学检测及核酸检测的技术方法。适用于禽流感和狂犬病的检验检疫。参考标准 GB/T19438.1 禽流感病毒通用荧光 RT-PCR 检测方法，GB/T19438.2 H5 亚型禽流感病毒荧光 RT-PCR 检测方法，GB/T19438.3 H7 亚型禽流感病毒荧光 RT-PCR 检测方法，GB/T19438.4 H9 亚型禽流感病毒荧光 RT-PCR 检测方法，GB19489 实验室生物安全通用要求。替代 SN/T1182.1—2003《禽流感抗体检测方法：琼脂免疫扩散试验》和 SN/T1182.2—2004《禽流感微量红细胞凝集抑制试验》，该标准新增临床诊断方法、病原分离鉴定方法和禽流感核酸检测方法。

学科类别：畜牧兽医学

数据格式：.doc，.pdf

数据负责人：于康震*、夏业才*

来源项目：重大动物疫病病原及相关制品标准物质研究

（670）阿魏酸纯度

数据编号：2008FY130200-01-2014081101

数据时间：2013 年

数据地点：全国

数据类型：文献资料

数据内容：经原料纯化；液相色谱法、气相色谱法、差示扫描量热法测量；均匀性、稳定性评价；定值及不确定度评定，得到阿魏酸纯度值。对标准物质原料按照 JJF1342《标准物质研制（生产）机构通用要求》、JJF1343《标准物质定值的通用原则及统计学原理》要求进行定值分析、均匀性检验、稳定性考察、定值结果统计及定值结果不确定度分析。对标准物质原料按照 JJF1342《标准物质研制（生产）机构通用要求》、JJF1343《标准物质定值的通用原则及统计学原理》要求进行定值分析、均匀性检验、稳定性考察、定值结果统计及定值结果不确定度分析。

学科类别：畜牧兽医学

数据格式：实物，.xls，.jpg

数据负责人：吴方迪*

来源项目：农产品、兽药等领域急需高端标准物质的研制

（671）芹菜素纯度

数据编号：2008FY130200-02-2014081102

数据时间：2013 年

数据地点：全国

数据类型：文献资料

数据内容：经原料纯化；液相色谱法、气相色谱法、差示扫描量热法测量；均匀性、稳定性评价；定值及不确定度评定，得到阿魏酸纯度值。对标准物质原料按照 JJF1342《标准物质研制（生产）机构通用要求》、JJF1343《标准物质定值的通用原则及统计学原理》要求进行定值分析、均匀性检验、稳定性考察、定值结果统计及定值结果不确定度分析。对标准物质原料按照 JJF1342《标准物质研制（生产）机构通用要求》、JJF1343《标准物质定值的通用原则及统计学原理》要求进行定值分析、均匀性检验、稳定性考察、定值结果统计及定值结果不确定度分析。

学科类别：畜牧兽医学

数据格式：实物，.xls，.jpg

数据负责人：吴方迪[*]

来源项目：农产品、兽药等领域急需高端标准物质的研制

（672）柯因纯度

数据编号：2008FY130200-03-2014081103

数据时间：2013 年

数据地点：全国

数据类型：文献资料

数据内容：经原料纯化；液相色谱法、气相色谱法、差示扫描量热法测量；均匀性、稳定性评价；定值及不确定度评定，得到柯因纯度值。对标准物质原料按照 JJF1342《标准物质研制（生产）机构通用要求》、JJF1343《标准物质定值的通用原则及统计学原理》要求进行定值分析、均匀性检验、稳定性考察、定值结果统计及定值结果不确定度分析。

学科类别：畜牧兽医学

数据格式：实物，.xls，.jpg

数据负责人：吴方迪[*]

来源项目：农产品、兽药等领域急需高端标准物质的研制

（673）10-羟基癸烯酸纯度

数据编号：2008FY130200-04-2014081104

数据时间：2013 年

数据地点：全国

数据类型：文献资料

数据内容：原料纯化；液相色谱法、气相色谱法、差示扫描量热法测量，通过纯化-均匀性、稳定性评价-定值-不确定度评定，得到10-羟基癸烯酸纯度值。

对标准物质原料按照 JJF1342《标准物质研制（生产）机构通用要求》、JJF1343《标准物质定值的通用原则及统计学原理》要求进行定值分析、均匀性检验、稳定性考察、定值结果统计及定值结果不确定度分析。

学科类别：畜牧兽医学

数据格式：实物，.xls，.jpg

数据负责人：吴方迪*

来源项目：农产品、兽药等领域急需高端标准物质的研制

（674）5-羟甲基糠醛溶液

数据编号：2008FY130200-05-2014081405

数据时间：2013年

数据地点：全国

数据类型：文献资料

数据内容：经原料纯化；溶液制备；液相色谱-质谱同位素内标法测量；均匀性、稳定性评价；定值及不确定度评定，得到5-羟甲基糠醛浓度值。对标准物质原料按照 JJF1342《标准物质研制（生产）机构通用要求》、JJF1343《标准物质定值的通用原则及统计学原理》要求进行定值分析、均匀性检验、稳定性考察、定值结果统计及定值结果不确定度分析。

学科类别：畜牧兽医学

数据格式：实物，.xls，.jpg

数据负责人：吴方迪*

来源项目：农产品、兽药等领域急需高端标准物质的研制

（675）长梗冬青苷纯度

数据编号：2008FY130200-06-2014081406

数据时间：2013年

数据地点：全国

数据类型：文献资料

数据内容：经原料纯化；高效液相色谱法测量；均匀性、稳定性评价；定值及不确定度评定，得到标准物质纯度值。对标准物质原料按照 JJF1342《标准物质研制（生产）机构通用要求》、JJF1343《标准物质定值的通用原则及统计学原理》要求进行定值分析、均匀性检验、稳定性考察、定值结果统计及定值结果不确定度分析。

学科类别：畜牧兽医学

数据格式：实物，.xls，.jpg

数据负责人：吴方迪*

来源项目：农产品、兽药等领域急需高端标准物质的研制

（676）紫茸酮纯度

数据编号：2008FY130200-06-2014081408

数据时间：2013 年

数据地点：全国

数据类型：文献资料

数据内容：经原料纯化；液相色谱法、气相色谱法、差示扫描量热法测量；均匀性、稳定性评价；定值及不确定度评定，得到标准物质纯度值。对标准物质原料按照 JJF1342《标准物质研制（生产）机构通用要求》、JJF1343《标准物质定值的通用原则及统计学原理》要求进行定值分析、均匀性检验、稳定性考察、定值结果统计及定值结果不确定度分析。

学科类别：畜牧兽医学

数据格式：实物，.xls，.jpg

数据负责人：吴方迪*

来源项目：农产品、兽药等领域急需高端标准物质的研制

（677）樱花素纯度

数据编号：2008FY130200-07-2014081407

数据时间：2013 年

数据地点：全国

数据类型：文献资料

数据内容：经原料纯化、液相色谱法、气相色谱法、差示扫描量热法测量；均匀性、稳定性评价；定值及不确定度评定，得到标准物质纯度值。对标准物质原料按照 JJF1342《标准物质研制（生产）机构通用要求》、JJF1343《标准物质定值的通用原则及统计学原理》要求进行定值分析、均匀性检验、稳定性考察、定值结果统计及定值结果不确定度分析。

学科类别：畜牧兽医学

数据格式：实物，.xls，.jpg

数据负责人：吴方迪*

来源项目：农产品、兽药等领域急需高端标准物质的研制

（678）莽草酸纯度

数据编号：2008FY130200-09-2014081409

数据时间：2013 年

数据地点：全国

数据类型：文献资料

数据内容：经原料纯化；高效液相色谱法测量；均匀性、稳定性评价；定值及不确定度评定，得到标准物质纯度值。对标准物质原料按照 JJF1342《标准物质研制（生产）机构通用要求》、JJF1343《标准物质定值的通用原则及统计学原理》要求进行定值分析、均匀性检验、稳定性考察、定值结果统计及定值结果不确定度分析。

　　学科类别：畜牧兽医学

　　数据格式：实物，.xls，.jpg

　　数据负责人：吴方迪*

　　来源项目：农产品、兽药等领域急需高端标准物质的研制

（679）天麻素纯度

　　数据编号：2008FY130200-10-2014081410

　　数据时间：2013 年

　　数据地点：全国

　　数据类型：文献资料

数据内容：经原料纯化；高效液相色谱法测量；均匀性、稳定性评价；定值及不确定度评定，得到标准物质纯度值。对标准物质原料按照 JJF1342《标准物质研制（生产）机构通用要求》、JJF1343《标准物质定值的通用原则及统计学原理》要求进行定值分析、均匀性检验、稳定性考察、定值结果统计及定值结果不确定度分析。

　　学科类别：畜牧兽医学

　　数据格式：实物，.xls，.jpg

　　数据负责人：吴方迪*

　　来源项目：农产品、兽药等领域急需高端标准物质的研制

（680）没食子酸纯度

　　数据编号：2008FY130200-11-2014081411

　　数据时间：2013 年

　　数据地点：全国

　　数据类型：文献资料

数据内容：经原料纯化；高效液相色谱法测量；均匀性、稳定性评价；定值及不确定度评定，得到标准物质纯度值。对标准物质原料按照 JJF1342《标准物质研制（生产）机构通用要求》、JJF1343《标准物质定值的通用原则及统计学原理》要求进行定值分析、均匀性检验、稳定性考察、定值结果统计及定值结果不确定度分析。

　　学科类别：畜牧兽医学

数据格式：实物，.xls，.jpg

数据负责人：吴方迪*

来源项目：农产品、兽药等领域急需高端标准物质的研制

（681）延胡索乙素纯度

数据编号：2008FY130200-12-2014081412

数据时间：2013 年

数据地点：全国

数据类型：文献资料

数据内容：经原料纯化；高效液相色谱法测量；均匀性、稳定性评价；定值及不确定度评定，得到标准物质纯度值。对标准物质原料按照 JJF1342《标准物质研制（生产）机构通用要求》、JJF1343《标准物质定值的通用原则及统计学原理》要求进行定值分析、均匀性检验、稳定性考察、定值结果统计及定值结果不确定度分析。

学科类别：畜牧兽医学

数据格式：实物，.xls，.jpg

数据负责人：吴方迪*

来源项目：农产品、兽药等领域急需高端标准物质的研制

（682）青蒿素纯度

数据编号：2008FY130200-13-2014081413

数据时间：2013 年

数据地点：全国

数据类型：文献资料

数据内容：经原料纯化；高效液相色谱法测量；均匀性、稳定性评价；定值及不确定度评定，得到标准物质纯度值。对标准物质原料按照 JJF1342《标准物质研制（生产）机构通用要求》、JJF1343《标准物质定值的通用原则及统计学原理》要求进行定值分析、均匀性检验、稳定性考察、定值结果统计及定值结果不确定度分析。

学科类别：畜牧兽医学

数据格式：实物，.xls，.jpg

数据负责人：吴方迪*

来源项目：农产品、兽药等领域急需高端标准物质的研制

（683）岩白菜素纯度

数据编号：2008FY130200-14-2014081414

数据时间：2013 年

数据地点：全国

数据类型：文献资料

数据内容：经原料纯化；高效液相色谱法测量；均匀性、稳定性评价；定值及不确定度评定，得到标准物质纯度值。对标准物质原料按照 JJF1342《标准物质研制（生产）机构通用要求》、JJF1343《标准物质定值的通用原则及统计学原理》要求进行定值分析、均匀性检验、稳定性考察、定值结果统计及定值结果不确定度分析。

学科类别：畜牧兽医学

数据格式：实物，xls，jpg

数据负责人：吴方迪[*]

来源项目：农产品、兽药等领域急需高端标准物质的研制

（684）秦皮甲素纯度

数据编号：2008FY130200-15-2014081415

数据时间：2013 年

数据地点：全国

数据类型：文献资料

数据内容：经原料纯化；高效液相色谱法测量；均匀性、稳定性评价；定值及不确定度评定，得到标准物质纯度值。对标准物质原料按照 JJF1342《标准物质研制（生产）机构通用要求》、JJF1343《标准物质定值的通用原则及统计学原理》要求进行定值分析、均匀性检验、稳定性考察、定值结果统计及定值结果不确定度分析。

学科类别：畜牧兽医学

数据格式：实物，.xls，.jpg

数据负责人：吴方迪[*]

来源项目：农产品、兽药等领域急需高端标准物质的研制

（685）柚皮苷纯度

数据编号：2008FY130200-16-2014081416

数据时间：2013 年

数据地点：全国

数据类型：文献资料

数据内容：经原料纯化；高效液相色谱法测量；均匀性、稳定性评价；定值及不确定度评定，得到标准物质纯度值。对标准物质原料按照 JJF1342《标准物质研制（生产）机构通用要求》、JJF1343《标准物质定值的通用原则及统计学原理》要求进行定值分析、均匀性检验、稳定性考察、定值结果统计及定值结果不确定

度分析。

学科类别：畜牧兽医学

数据格式：实物，.xls，.jpg

数据负责人：吴方迪*

来源项目：农产品、兽药等领域急需高端标准物质的研制

（686）甲基莲心碱纯度

数据编号：2008FY130200-17-2014081417

数据时间：2013 年

数据地点：全国

数据类型：文献资料

数据内容：经原料纯化；高效液相色谱法测量；均匀性、稳定性评价；定值及不确定度评定，得到标准物质纯度值。对标准物质原料按照 JJF1342《标准物质研制（生产）机构通用要求》、JJF1343《标准物质定值的通用原则及统计学原理》要求进行定值分析、均匀性检验、稳定性考察、定值结果统计及定值结果不确定度分析。

学科类别：畜牧兽医学

数据格式：实物，.xls，.jpg

数据负责人：吴方迪*

来源项目：农产品、兽药等领域急需高端标准物质的研制

（687）奶粉中氯霉素

数据编号：2008FY130200-18-2014081418

数据时间：2013 年

数据地点：全国

数据类型：文献资料

数据内容：经奶粉候选物筛查制备；液相色谱同位素稀释串联质谱法测量；均匀性、稳定性评价；定值及不确定度评定，得到奶粉中氯霉素含量定值结果。对标准物质原料按照 JJF1342《标准物质研制（生产）机构通用要求》、JJF1343《标准物质定值的通用原则及统计学原理》要求进行定值分析、均匀性检验、稳定性考察、定值结果统计及定值结果不确定度分析。

学科类别：畜牧兽医学

数据格式：实物，.xls，.jpg

数据负责人：吴方迪*

来源项目：农产品、兽药等领域急需高端标准物质的研制

（688）5-甲基吗啉-3-氨基-2-唑烷基酮（AMOZ）纯度

数据编号：2008FY130200-19-2014081419

数据时间：2013 年

数据地点：全国

数据类型：文献资料

数据内容：经原料纯化；液相色谱-质量平衡法测量；均匀性、稳定性评价；定值及不确定度评定，得到标准物质纯度值。对标准物质原料按照 JJF1342《标准物质研制（生产）机构通用要求》、JJF1343《标准物质定值的通用原则及统计学原理》要求进行定值分析、均匀性检验、稳定性考察、定值结果统计及定值结果不确定度分析。

学科类别：畜牧兽医学

数据格式：实物，.xls，.jpg

数据负责人：吴方迪[*]

来源项目：农产品、兽药等领域急需高端标准物质的研制

（689）3-氨基-2-唑烷基酮（AOZ）纯度

数据编号：2008FY130200-20-2014081420

数据时间：2013 年

数据地点：全国

数据类型：文献资料

数据内容：经原料纯化；液相色谱-质量平衡法测量；均匀性、稳定性评价；定值及不确定度评定，得到标准物质纯度值。对标准物质原料按照 JJF1342《标准物质研制（生产）机构通用要求》、JJF1343《标准物质定值的通用原则及统计学原理》要求进行定值分析、均匀性检验、稳定性考察、定值结果统计及定值结果不确定度分析。

学科类别：畜牧兽医学

数据格式：实物，.xls，.jpg

数据负责人：吴方迪[*]

来源项目：农产品、兽药等领域急需高端标准物质的研制

（690）孔雀石绿纯度

数据编号：2008FY130200-21-2014081421

数据时间：2013 年

数据地点：全国

数据类型：文献资料

数据内容：经原料纯化；液相色谱-质量平衡法测量；均匀性、稳定性评价；

定值及不确定度评定，得到标准物质纯度值。对标准物质原料按照 JJF1342《标准物质研制（生产）机构通用要求》、JJF1343《标准物质定值的通用原则及统计学原理》要求进行定值分析、均匀性检验、稳定性考察、定值结果统计及定值结果不确定度分析。

学科类别：畜牧兽医学

数据格式：实物，.xls，.jpg

数据负责人：吴方迪*

来源项目：农产品、兽药等领域急需高端标准物质的研制

（691）隐色孔雀石绿纯度

数据编号：2008FY130200-22-2014081422

数据时间：2013 年

数据地点：全国

数据类型：文献资料

数据内容：经原料纯化；液相色谱-质量平衡法测量；均匀性、稳定性评价；定值及不确定度评定，得到标准物质纯度值。对标准物质原料按照 JJF1342《标准物质研制（生产）机构通用要求》、JJF1343《标准物质定值的通用原则及统计学原理》要求进行定值分析、均匀性检验、稳定性考察、定值结果统计及定值结果不确定度分析。

学科类别：畜牧兽医学

数据格式：实物，.xls，.jpg

数据负责人：吴方迪*

来源项目：农产品、兽药等领域急需高端标准物质的研制

（692）结晶紫纯度

数据编号：2008FY130200-23-2014081423

数据时间：2013 年

数据地点：全国

数据类型：文献资料

数据内容：经原料纯化；液相色谱-质量平衡法测量；均匀性、稳定性评价；定值及不确定度评定，得到标准物质纯度值。对标准物质原料按照 JJF1342《标准物质研制（生产）机构通用要求》、JJF1343《标准物质定值的通用原则及统计学原理》要求进行定值分析、均匀性检验、稳定性考察、定值结果统计及定值结果不确定度分析。

学科类别：畜牧兽医学

数据格式：实物，.xls，.jpg

数据负责人：吴方迪[*]

来源项目：农产品、兽药等领域急需高端标准物质的研制

（693）隐色结晶紫纯度

数据编号：2008FY130200-24-2014081424

数据时间：2013 年

数据地点：全国

数据类型：文献资料

数据内容：经原料纯化；液相色谱-质量平衡法测量；均匀性、稳定性评价；定值及不确定度评定，得到标准物质纯度值。对标准物质原料按照 JJF1342《标准物质研制（生产）机构通用要求》、JJF1343《标准物质定值的通用原则及统计学原理》要求进行定值分析、均匀性检验、稳定性考察、定值结果统计及定值结果不确定度分析。

学科类别：畜牧兽医学

数据格式：实物，.xls，.jpg

数据负责人：吴方迪[*]

来源项目：农产品、兽药等领域急需高端标准物质的研制

（694）硒代胱氨酸溶液

数据编号：2008FY130200-25-2014081425

数据时间：2013 年

数据地点：全国

数据类型：文献资料

数据内容：经原料纯度及形态分析；重量法制备；高效液相色谱-电感耦合等离子体质谱法测量；均匀性、稳定性评价；定值及不确定度，得到溶液中硒代胱氨酸浓度值。对标准物质原料按照 JJF1342《标准物质研制（生产）机构通用要求》、JJF1343《标准物质定值的通用原则及统计学原理》要求进行定值分析、均匀性检验、稳定性考察、定值结果统计及定值结果不确定度分析。

学科类别：畜牧兽医学

数据格式：实物，.xls，.jpg

数据负责人：吴方迪[*]

来源项目：农产品、兽药等领域急需高端标准物质的研制

（695）白术无机成分分析

数据编号：2008FY130200-27-2014081427

数据时间：2013 年

数据地点：全国

数据类型：文献资料

数据内容：经道地中药材候选物筛选加工制备；等离子体发射光谱法、等离子体质谱法、固体进样测汞法、原子吸收法、离子色谱法、原子荧光法、同位素稀释质谱法测量；均匀性、稳定性评价；定值及不确定度评估，得到重金属等无机成分定值结果。对标准物质原料按照 JJF1342《标准物质研制（生产）机构通用要求》、JJF1343《标准物质定值的通用原则及统计学原理》要求进行定值分析、均匀性检验、稳定性考察、定值结果统计及定值结果不确定度分析。

学科类别：畜牧兽医学

数据格式：实物，.xls，.jpg

数据负责人：吴方迪*

来源项目：农产品、兽药等领域急需高端标准物质的研制

（696）淫羊藿无机成分分析

数据编号：2008FY130200-28-2014081428

数据时间：2013 年

数据地点：全国

数据类型：文献资料

数据内容：经道地中药材候选物筛选加工制备；等离子体发射光谱法、等离子体质谱法、固体进样测汞法、原子吸收法、离子色谱法、原子荧光法、同位素稀释质谱法测量；均匀性、稳定性评价；定值及不确定度评估，得到重金属等无机成分定值结果。对标准物质原料按照 JJF1342《标准物质研制（生产）机构通用要求》、JJF1343《标准物质定值的通用原则及统计学原理》要求进行定值分析、均匀性检验、稳定性考察、定值结果统计及定值结果不确定度分析。

学科类别：畜牧兽医学

数据格式：实物，.xls，.jpg

数据负责人：吴方迪*

来源项目：农产品、兽药等领域急需高端标准物质的研制

（697）土壤中持久性有机污染物

数据编号：2008FY130200-29-2014081429

数据时间：2013 年

数据地点：全国

数据类型：文献资料

数据内容：经土壤候选物筛选、采集、加工、制备；气相色谱-质谱法、气相色谱-ECD 法测量；通过均匀性、稳定性评价；定值及不确定度评定，得到有机氯农药与多环芳烃含量定值结果。对标准物质原料按照 JJF1342《标准物质研制（生

产）机构通用要求》、JJF1343《标准物质定值的通用原则及统计学原理》要求进行定值分析、均匀性检验、稳定性考察、定值结果统计及定值结果不确定度分析。

　　学科类别：畜牧兽医学

　　数据格式：实物，.xls，.jpg

　　数据负责人：吴方迪[*]

　　来源项目：农产品、兽药等领域急需高端标准物质的研制

（698）氯代烯烃混合气体

　　数据编号：2008FY130200-30-2014081430

　　数据时间：2013 年

　　数据地点：全国

　　数据类型：文献资料

　　数据内容：经液态氯代烯烃汽化与定量转移制备技术；气相色谱-火焰离子化检测法测量；均匀性、稳定性评价；定值及不确定度评定，得到氯代烯烃含量定值结果。对标准物质原料按照 JJF1342《标准物质研制（生产）机构通用要求》、JJF1343《标准物质定值的通用原则及统计学原理》要求进行定值分析、均匀性检验、稳定性考察、定值结果统计及定值结果不确定度分析。

　　学科类别：畜牧兽医学

　　数据格式：实物，.xls，.jpg

　　数据负责人：吴方迪[*]

　　来源项目：农产品、兽药等领域急需高端标准物质的研制

（699）氮中氨气

　　数据编号：2008FY130200-31-2014081431

　　数据时间：2013 年

　　数据地点：全国

　　数据类型：文献资料

　　数据内容：经称量法配气；红外光谱分析；均匀性、稳定性评价；定值及不确定度评定，得到氮中氨气浓度定值结果。对标准物质原料按照 JJF1342《标准物质研制（生产）机构通用要求》、JJF1343《标准物质定值的通用原则及统计学原理》要求进行定值分析、均匀性检验、稳定性考察、定值结果统计及定值结果不确定度分析。

　　学科类别：畜牧兽医学

　　数据格式：实物，.xls，.jpg

　　数据负责人：吴方迪[*]

　　来源项目：农产品、兽药等领域急需高端标准物质的研制

（700）合成空气中二氧化氮气体

数据编号：2008FY130200-32-2014081432

数据时间：2013 年

数据地点：全国

数据类型：文献资料

数据内容：经称量法配气；红外光谱分析；通过均匀性、稳定性评价；定值及不确定度评定，得到气体中二氧化氮定值结果。对标准物质原料按照 JJF1342《标准物质研制（生产）机构通用要求》、JJF1343《标准物质定值的通用原则及统计学原理》要求进行定值分析、均匀性检验、稳定性考察、定值结果统计及定值结果不确定度分析。

学科类别：畜牧兽医学

数据格式：实物，.xls，.jpg

数据负责人：吴方迪*

来源项目：农产品、兽药等领域急需高端标准物质的研制

（701）太湖湖泊沉积物中磷形态

数据编号：2008FY130200-33-2014081433

数据时间：2013 年

数据地点：全国

数据类型：文献资料

数据内容：经候选物筛选、采集、加工、制备；欧盟湖泊沉积物中磷形态和重金属形态提取方法测量；均匀性、稳定性评价、定值及不确定度评定，得到湖泊沉积物中总磷（TP）、无机磷（IP）、有机磷（OP）、磷灰石态磷（AP）、非磷灰石态磷（NAIP）含量定值结果。对标准物质原料按照 JJF1342《标准物质研制（生产）机构通用要求》、JJF1343《标准物质定值的通用原则及统计学原理》要求进行定值分析、均匀性检验、稳定性考察、定值结果统计及定值结果不确定度分析。

学科类别：畜牧兽医学

数据格式：实物，.xls，.jpg

数据负责人：吴方迪*

来源项目：农产品、兽药等领域急需高端标准物质的研制

（702）洞庭湖湖泊沉积物中磷形态

数据编号：2008FY130200-34-2014081434

数据时间：2013 年

数据地点：全国

数据类型：文献资料

数据内容：经候选物筛选、采集、加工、制备；欧盟湖泊沉积物中磷形态和重金属形态提取方法测量；均匀性、稳定性评价、定值及不确定度评定，得到湖泊沉积物中总磷（TP）、无机磷（IP）、有机磷（OP）、磷灰石态磷（AP）、非磷灰石态磷（NAIP）含量定值结果。对标准物质原料按照 JJF1342《标准物质研制（生产）机构通用要求》、JJF1343《标准物质定值的通用原则及统计学原理》要求进行定值分析、均匀性检验、稳定性考察、定值结果统计及定值结果不确定度分析。

学科类别：畜牧兽医学

数据格式：实物，.xls，.jpg

数据负责人：吴方迪[*]

来源项目：农产品、兽药等领域急需高端标准物质的研制

（703）太湖湖泊沉积物中重金属形态

数据编号：2008FY130200-35-2014081435

数据时间：2013 年

数据地点：全国

数据类型：文献资料

数据内容：经候选物筛选、采集、加工、制备；欧盟湖泊沉积物中磷形态和重金属形态提取方法测量；均匀性、稳定性评价；定值及不确定度评定，得到湖泊沉积物中重金属形态含量定值结果。对标准物质原料按照 JJF1342《标准物质研制（生产）机构通用要求》、JJF1343《标准物质定值的通用原则及统计学原理》要求进行定值分析、均匀性检验、稳定性考察、定值结果统计及定值结果不确定度分析。

学科类别：畜牧兽医学

数据格式：实物，.xls，.jpg

数据负责人：吴方迪[*]

来源项目：农产品、兽药等领域急需高端标准物质的研制

（704）洞庭湖湖泊沉积物中重金属形态

数据编号：2008FY130200-36-2014081436

数据时间：2013 年

数据地点：全国

数据类型：文献资料

数据内容：经候选物筛选、采集、加工、制备；欧盟湖泊沉积物中磷形态和重金属形态提取方法测量；均匀性、稳定性评价；定值及不确定度评定，得到湖

泊沉积物中重金属形态含量定值结果。对标准物质原料按照 JJF1342《标准物质研制（生产）机构通用要求》、JJF1343《标准物质定值的通用原则及统计学原理》要求进行定值分析、均匀性检验、稳定性考察、定值结果统计及定值结果不确定度分析。

　　学科类别：畜牧兽医学

　　数据格式：实物，.xls，.jpg

　　数据负责人：吴方迪[*]

　　来源项目：农产品、兽药等领域急需高端标准物质的研制

（705）^{54}Fe 浓缩同位素稀释剂

　　数据编号：2008FY130200-37-2014081537

　　数据时间：2013 年

　　数据地点：全国

　　数据类型：文献资料

　　数据内容：经重量法制备；同位素稀释质谱法测量；均匀性、稳定性评价；定值及不确定度评价，得到 ^{54}Fe 丰度和浓度值。对标准物质原料按照 JJF1342《标准物质研制（生产）机构通用要求》、JJF1343《标准物质定值的通用原则及统计学原理》要求进行定值分析、均匀性检验、稳定性考察、定值结果统计及定值结果不确定度分析。

　　学科类别：畜牧兽医学

　　数据格式：实物，.xls，.jpg

　　数据负责人：吴方迪[*]

　　来源项目：农产品、兽药等领域急需高端标准物质的研制

（706）^{65}Cu 浓缩同位素稀释剂

　　数据编号：2008FY130200-38-2014081538

　　数据时间：2013 年

　　数据地点：全国

　　数据类型：文献资料

　　数据内容：经重量法制备；同位素稀释质谱法测量；均匀性、稳定性评价；定值及不确定度评价，得到 ^{65}Cu 丰度和浓度值。对标准物质原料按照 JJF1342《标准物质研制（生产）机构通用要求》、JJF1343《标准物质定值的通用原则及统计学原理》要求进行定值分析、均匀性检验、稳定性考察、定值结果统计及定值结果不确定度分析。

　　学科类别：畜牧兽医学

　　数据格式：实物，.xls，.jpg

数据负责人：吴方迪*

来源项目：农产品、兽药等领域急需高端标准物质的研制

（707）⁶⁷Zn 浓缩同位素稀释剂

数据编号：2008FY130200-39-2014081539

数据时间：2013 年

数据地点：全国

数据类型：文献资料

数据内容：经重量法制备；同位素稀释质谱法测量；均匀性、稳定性评价；定值及不确定度评价，得到 ^{67}Zn 丰度和浓度值。对标准物质原料按照 JJF1342《标准物质研制（生产）机构通用要求》、JJF1343《标准物质定值的通用原则及统计学原理》要求进行定值分析、均匀性检验、稳定性考察、定值结果统计及定值结果不确定度分析。

学科类别：畜牧兽医学

数据格式：实物，.xls，.jpg

数据负责人：吴方迪*

来源项目：农产品、兽药等领域急需高端标准物质的研制

（708）新生代地质样品氩同位素体系定年分析标准物质（Ar-Ar 年龄标准物质）

数据编号：2008FY130200-40-2014081540

数据时间：2013 年

数据地点：全国

数据类型：文献资料

数据内容：经候选物筛选、采集、加工、制备；^{39}Ar-^{40}Ar 年代学方法测量；均匀性、稳定性评价；定值及不确定度评定，得到标准物质标准值。对标准物质原料按照 JJF1342《标准物质研制（生产）机构通用要求》、JJF1343《标准物质定值的通用原则及统计学原理》要求进行定值分析、均匀性检验、稳定性考察、定值结果统计及定值结果不确定度分析。

学科类别：畜牧兽医学

数据格式：实物，.xls，.jpg

数据负责人：吴方迪*

来源项目：农产品、兽药等领域急需高端标准物质的研制

（709）氨基乙内酰脲盐酸盐（AHD）纯度

数据编号：2008FY130200-41-2014081541

数据时间：2013 年

数据地点：全国

数据类型：文献资料

数据内容：经原料纯化；液相色谱-质量平衡法测量；均匀性、稳定性评价；定值及不确定度评定，得到标准物质纯度值。对标准物质原料按照 JJF1342《标准物质研制（生产）机构通用要求》、JJF1343《标准物质定值的通用原则及统计学原理》要求进行定值分析、均匀性检验、稳定性考察、定值结果统计及定值结果不确定度分析。

学科类别：畜牧兽医学

数据格式：实物，.xls，.jpg

数据负责人：吴方迪*

来源项目：农产品、兽药等领域急需高端标准物质的研制

（710）盐酸氨基脲（SEM）纯度

数据编号：2008FY130200-42-2014081542

数据时间：2014 年

数据地点：全国

数据类型：文献资料

数据内容：经原料纯化；液相色谱-质量平衡法测量；均匀性、稳定性评价；定值及不确定度评定，得到标准物质纯度值。对标准物质原料按照 JJF1342《标准物质研制（生产）机构通用要求》、JJF1343《标准物质定值的通用原则及统计学原理》要求进行定值分析、均匀性检验、稳定性考察、定值结果统计及定值结果不确定度分析。

学科类别：畜牧兽医学

数据格式：实物，.xls，.jpg

数据负责人：吴方迪*

来源项目：农产品、兽药等领域急需高端标准物质的研制

（711）盐酸克伦特罗纯度

数据编号：2008FY130200-43-2014081543

数据时间：2014 年

数据地点：全国

数据类型：文献资料

数据内容：经原料纯化；液相色谱-质量平衡法测量；均匀性、稳定性评价；定值及不确定度评定，得到标准物质纯度值。对标准物质原料按照 JJF1342《标准物质研制（生产）机构通用要求》、JJF1344《标准物质定值的通用原则及统计学原理》要求进行定值分析、均匀性检验、稳定性考察、定值结果统计及定值结果不确定度分析。

学科类别：畜牧兽医学

数据格式：实物，.xls，.jpg

数据负责人：吴方迪*

来源项目：农产品、兽药等领域急需高端标准物质的研制

（712）盐酸二氟沙星纯度

数据编号：2008FY130200-44-2014081544

数据时间：2014 年

数据地点：全国

数据类型：文献资料

数据内容：经原料纯化；液相色谱-质量平衡法测量；均匀性、稳定性评价；定值及不确定度评定，得到标准物质纯度值。对标准物质原料按照 JJF1342《标准物质研制（生产）机构通用要求》、JJF1345《标准物质定值的通用原则及统计学原理》要求进行定值分析、均匀性检验、稳定性考察、定值结果统计及定值结果不确定度分析。

学科类别：畜牧兽医学

数据格式：实物，.xls，.jpg

数据负责人：吴方迪*

来源项目：农产品、兽药等领域急需高端标准物质的研制

（713）氧氟沙星纯度

数据编号：2008FY130200-45-2014081545

数据时间：2014 年

数据地点：全国

数据类型：文献资料

数据内容：经原料纯化；液相色谱-质量平衡法测量；均匀性、稳定性评价；定值及不确定度评定，得到标准物质纯度值。对标准物质原料按照 JJF1342《标准物质研制（生产）机构通用要求》、JJF1346《标准物质定值的通用原则及统计学原理》要求进行定值分析、均匀性检验、稳定性考察、定值结果统计及定值结果不确定度分析。

学科类别：畜牧兽医学

数据格式：实物，.xls，.jpg

数据负责人：吴方迪*

来源项目：农产品、兽药等领域急需高端标准物质的研制

（714）呋喃唑酮纯度

数据编号：2008FY130200-46-2014081546

数据时间：2014 年

数据地点：全国

数据类型：文献资料

数据内容：经原料纯化；液相色谱–质量平衡法测量；均匀性、稳定性评价；定值及不确定度评定，得到标准物质纯度值。对标准物质原料按照 JJF1342《标准物质研制（生产）机构通用要求》、JJF1347《标准物质定值的通用原则及统计学原理》要求进行定值分析、均匀性检验、稳定性考察、定值结果统计及定值结果不确定度分析。

学科类别：畜牧兽医学

数据格式：实物，.xls，.jpg

数据负责人：吴方迪*

来源项目：农产品、兽药等领域急需高端标准物质的研制

（715）呋喃妥因纯度

数据编号：2008FY130200-47-2014081547

数据时间：2014 年

数据地点：全国

数据类型：文献资料

数据内容：经原料纯化；液相色谱–质量平衡法测量；均匀性、稳定性评价；定值及不确定度评定，得到标准物质纯度值。对标准物质原料按照 JJF1342《标准物质研制（生产）机构通用要求》、JJF1348《标准物质定值的通用原则及统计学原理》要求进行定值分析、均匀性检验、稳定性考察、定值结果统计及定值结果不确定度分析。

学科类别：畜牧兽医学

数据格式：实物，.xls，.jpg

数据负责人：吴方迪*

来源项目：农产品、兽药等领域急需高端标准物质的研制

（716）青霉素 V 钾纯度

数据编号：2008FY130200-48-2014081548

数据时间：2014 年

数据地点：全国

数据类型：文献资料

数据内容：经原料纯化；液相色谱–质量平衡法测量；均匀性、稳定性评价；定值及不确定度评定，得到标准物质纯度值。对标准物质原料按照 JJF1342《标准物质研制（生产）机构通用要求》、JJF1349《标准物质定值的通用原则及统计学

原理》要求进行定值分析、均匀性检验、稳定性考察、定值结果统计及定值结果不确定度分析。

　　学科类别：畜牧兽医学

　　数据格式：实物，.xls，.jpg

　　数据负责人：吴方迪[*]

　　来源项目：农产品、兽药等领域急需高端标准物质的研制

（717）阿莫西林纯度

　　数据编号：2008FY130200-49-2014081549

　　数据时间：2013 年

　　数据地点：全国

　　数据类型：文献资料

　　数据内容：经原料纯化；液相色谱-质量平衡法测量，均匀性、稳定性评价；定值及不确定度评定，得到标准物质纯度值。对标准物质原料按照 JJF1342《标准物质研制（生产）机构通用要求》、JJF1343《标准物质定值的通用原则及统计学原理》要求进行定值分析、均匀性检验、稳定性考察、定值结果统计及定值结果不确定度分析。

　　学科类别：畜牧兽医学

　　数据格式：实物，.xls，.jpg

　　数据负责人：吴方迪[*]

　　来源项目：农产品、兽药等领域急需高端标准物质的研制

（718）甲氧苄啶纯度

　　数据编号：2008FY130200-50-2014081550

　　数据时间：2013 年

　　数据地点：全国

　　数据类型：文献资料

　　数据内容：经原料纯化；液相色谱-质量平衡法测量；均匀性、稳定性评价；定值及不确定度评定，得到标准物质纯度值。对标准物质原料按照 JJF1342《标准物质研制（生产）机构通用要求》、JJF1343《标准物质定值的通用原则及统计学原理》要求进行定值分析、均匀性检验、稳定性考察、定值结果统计及定值结果不确定度分析。

　　学科类别：畜牧兽医学

　　数据格式：实物，.xls，.jpg

　　数据负责人：吴方迪[*]

　　来源项目：农产品、兽药等领域急需高端标准物质的研制

（719）二硝托胺（球痢灵）纯度

数据编号：2008FY130200-51-2014081551

数据时间：2013 年

数据地点：全国

数据类型：文献资料

数据内容：经原料纯化；液相色谱-质量平衡法测量；均匀性、稳定性评价；定值及不确定度评定，得到标准物质纯度值。对标准物质原料按照 JJF1342《标准物质研制（生产）机构通用要求》、JJF1343《标准物质定值的通用原则及统计学原理》要求进行定值分析、均匀性检验、稳定性考察、定值结果统计及定值结果不确定度分析。

学科类别：畜牧兽医学

数据格式：实物，.xls，.jpg

数据负责人：吴方迪*

来源项目：农产品、兽药等领域急需高端标准物质的研制

（720）磺胺噻唑甲醇溶液

数据编号：2008FY130200-52-2014081552

数据时间：2013 年

数据地点：全国

数据类型：文献资料

数据内容：经原料纯化；液相色谱-质量平衡法测量；均匀性、稳定性评价；定值及不确定度评定，得到标准物质纯度值。对标准物质原料按照 JJF1342《标准物质研制（生产）机构通用要求》、JJF1343《标准物质定值的通用原则及统计学原理》要求进行定值分析、均匀性检验、稳定性考察、定值结果统计及定值结果不确定度分析。

学科类别：畜牧兽医学

数据格式：实物，.xls，.jpg

数据负责人：吴方迪*

来源项目：农产品、兽药等领域急需高端标准物质的研制

（721）磺胺甲噁唑甲醇溶液

数据编号：2008FY130200-53-2014081553

数据时间：2013 年

数据地点：全国

数据类型：文献资料

数据内容：经原料纯化；液相色谱-质量平衡法测量；均匀性、稳定性评价；

定值及不确定度评定，得到标准物质纯度值。对标准物质原料按照 JJF1342《标准物质研制（生产）机构通用要求》、JJF1343《标准物质定值的通用原则及统计学原理》要求进行定值分析、均匀性检验、稳定性考察、定值结果统计及定值结果不确定度分析。

　　学科类别：畜牧兽医学

　　数据格式：实物，.xls，.jpg

　　数据负责人：吴方迪*

　　来源项目：农产品、兽药等领域急需高端标准物质的研制

（722）（100～10 000）μmol/mol 氮中四氟乙烷气体

　　数据编号：2008FY130200-54-2014081554

　　数据时间：2013 年

　　数据地点：全国

　　数据类型：文献资料

　　数据内容：经称量法制备；气相色谱法测量；均匀性、稳定性评价；定值及不确定度评定，得到氮中四氟乙烷气体组分浓度值。对标准物质原料按照 JJF1342《标准物质研制（生产）机构通用要求》、JJF1343《标准物质定值的通用原则及统计学原理》要求进行定值分析、均匀性检验、稳定性考察、定值结果统计及定值结果不确定度分析。

　　学科类别：畜牧兽医学

　　数据格式：实物，.xls，.jpg

　　数据负责人：吴方迪*

　　来源项目：农产品、兽药等领域急需高端标准物质的研制

（723）（100～10 000）μmol/mol 氮中三氟甲烷气体

　　数据编号：2008FY130200-55-2014081555

　　数据时间：2013 年

　　数据地点：全国

　　数据类型：文献资料

　　数据内容：经称量法制备；气相色谱法测量；均匀性、稳定性评价、定值及不确定度评定，得到氮中三氟甲烷气体组分浓度值。对标准物质原料按照 JJF1342《标准物质研制（生产）机构通用要求》、JJF1343《标准物质定值的通用原则及统计学原理》要求进行定值分析、均匀性检验、稳定性考察、定值结果统计及定值结果不确定度分析。

　　学科类别：畜牧兽医学

数据格式：实物，.xls，.jpg

数据负责人：吴方迪*

来源项目：农产品、兽药等领域急需高端标准物质的研制

（724）（100～10 000）μmol/mol 氮中二氟一氯甲烷气体

数据编号：2008FY130200-56-2014081556

数据时间：2013 年

数据地点：全国

数据类型：文献资料

数据内容：经称量法制备；气相色谱法测量；均匀性、稳定性评价；定值及不确定度评定，得到氮中二氟一氯甲烷气体组分浓度值。对标准物质原料按照 JJF1342《标准物质研制（生产）机构通用要求》、JJF1343《标准物质定值的通用原则及统计学原理》要求进行定值分析、均匀性检验、稳定性考察、定值结果统计及定值结果不确定度分析。

学科类别：畜牧兽医学

数据格式：实物，.xls，.jpg

数据负责人：吴方迪*

来源项目：农产品、兽药等领域急需高端标准物质的研制

（725）（5～100）μmol/mol 氮中四氟乙烷气体

数据编号：2008FY130200-57-2014081557

数据时间：2013 年

数据地点：全国

数据类型：文献资料

数据内容：经称量法制备；气相色谱法测量；均匀性、稳定性评价、定值及不确定度评定，得到氮中四氟乙烷气体组分浓度值。对标准物质原料按照 JJF1342《标准物质研制（生产）机构通用要求》、JJF1343《标准物质定值的通用原则及统计学原理》要求进行定值分析、均匀性检验、稳定性考察、定值结果统计及定值结果不确定度分析。

学科类别：畜牧兽医学

数据格式：实物，.xls，.jpg

数据负责人：吴方迪*

来源项目：农产品、兽药等领域急需高端标准物质的研制

（726）（5～100）μmol/mol 氮中三氟甲烷气体

数据编号：2008FY130200-58-2014081558

数据时间：2013 年

数据地点：全国

数据类型：文献资料

数据内容：经称量法制备；气相色谱法测量；均匀性、稳定性评价、定值及不确定度评定，得到氮中三氟甲烷气体组分浓度值。对标准物质原料按照 JJF1342《标准物质研制（生产）机构通用要求》、JJF1343《标准物质定值的通用原则及统计学原理》要求进行定值分析、均匀性检验、稳定性考察、定值结果统计及定值结果不确定度分析。

学科类别：畜牧兽医学

数据格式：实物，.xls，.jpg

数据负责人：吴方迪*

来源项目：农产品、兽药等领域急需高端标准物质的研制

（727）（5～100）μmol/mol 氮中二氟一氯甲烷气体

数据编号：2008FY130200-59-2014081559

数据时间：2013 年

数据地点：全国

数据类型：文献资料

数据内容：经称量法制备；气相色谱法测量；均匀性、稳定性评价；定值及不确定度评定，得到氮中二氟一氯甲烷气体组分浓度值。对标准物质原料按照 JJF1342《标准物质研制（生产）机构通用要求》、JJF1343《标准物质定值的通用原则及统计学原理》要求进行定值分析、均匀性检验、稳定性考察、定值结果统计及定值结果不确定度分析。

学科类别：畜牧兽医学

数据格式：实物，.xls，.jpg

数据负责人：吴方迪*

来源项目：农产品、兽药等领域急需高端标准物质的研制

（728）（5～100）μmol/mol 氮中硫化氢、氧硫化碳、甲硫醇和乙硫醇混合气体

数据编号：2008FY130200-60-2014081560

数据时间：2013 年

数据地点：全国

数据类型：文献资料

数据内容：经称量法制备；气相色谱法测量；均匀性、稳定性评价、定值及不确定度评定，得到氮中硫化氢、氧硫化碳、甲硫醇和乙硫醇混合气体组分浓度值。对标准物质原料按照 JJF1342《标准物质研制（生产）机构通用要求》、JJF1343《标准物质定值的通用原则及统计学原理》要求进行定值分析、均匀性检验、稳定

性考察、定值结果统计及定值结果不确定度分析。

学科类别：畜牧兽医学

数据格式：实物，.xls，.jpg

数据负责人：吴方迪*

来源项目：农产品、兽药等领域急需高端标准物质的研制

（729）氮中氯气

数据编号：2008FY130200-61-2014081561

数据时间：2013 年

数据地点：全国

数据类型：文献资料

数据内容：经称量法制备；气相色谱法测量；均匀性、稳定性评价；定值及不确定度评定，得到氮中氯气体组分浓度值。对标准物质原料按照 JJF1342《标准物质研制（生产）机构通用要求》、JJF1343《标准物质定值的通用原则及统计学原理》要求进行定值分析、均匀性检验、稳定性考察、定值结果统计及定值结果不确定度分析。

学科类别：畜牧兽医学

数据格式：实物，.xls，.jpg

数据负责人：吴方迪*

来源项目：农产品、兽药等领域急需高端标准物质的研制

（730）8 种卤代烃混合溶液—低浓度水平

数据编号：2008FY130200-62-2014081562

数据时间：2013 年

数据地点：全国

数据类型：文献资料

数据内容：经原料纯度定值；重量-容量法制备；气相色谱法测量；均匀性、稳定性评价；定值及不确定度评定，得到 8 种卤代烃浓度值。对标准物质原料按照 JJF1342《标准物质研制（生产）机构通用要求》、JJF1343《标准物质定值的通用原则及统计学原理》要求进行定值分析、均匀性检验、稳定性考察、定值结果统计及定值结果不确定度分析。

学科类别：畜牧兽医学

数据格式：实物，.xls，.jpg

数据负责人：吴方迪*

来源项目：农产品、兽药等领域急需高端标准物质的研制

（731）8 种卤代烃混合溶液—高浓度水平

数据编号：2008FY130200-63-2014081563

数据时间：2013 年

数据地点：全国

数据类型：文献资料

数据内容：经原料纯度定值；重量-容量法制备；气相色谱法测量；均匀性、稳定性评价；定值及不确定度评定，得到 8 种卤代烃浓度值。对标准物质原料按照 JJF1342《标准物质研制（生产）机构通用要求》、JJF1343《标准物质定值的通用原则及统计学原理》要求进行定值分析、均匀性检验、稳定性考察、定值结果统计及定值结果不确定度分析。

学科类别：畜牧兽医学

数据格式：实物，.xls，.jpg

数据负责人：吴方迪[*]

来源项目：农产品、兽药等领域急需高端标准物质的研制

（732）5 种氯代苯混合溶液—低浓度水平

数据编号：2008FY130200-64-2014081564

数据时间：2013 年

数据地点：全国

数据类型：文献资料

数据内容：经原料纯度定值；重量-容量法制备；气相色谱法测量；均匀性、稳定性评价；定值及不确定度评定，得到 5 种氯代苯浓度值。对标准物质原料按照 JJF1342《标准物质研制（生产）机构通用要求》、JJF1343《标准物质定值的通用原则及统计学原理》要求进行定值分析、均匀性检验、稳定性考察、定值结果统计及定值结果不确定度分析。

学科类别：畜牧兽医学

数据格式：实物，.xls，.jpg

数据负责人：吴方迪[*]

来源项目：农产品、兽药等领域急需高端标准物质的研制

（733）5 种氯代苯混合溶液—高浓度水平

数据编号：2008FY130200-65-2014081565

数据时间：2013 年

数据地点：全国

数据类型：文献资料

数据内容：经原料纯度定值；重量-容量法制备；气相色谱法测量；均匀性、

稳定性评价；定值及不确定度评定，得到 5 种氯代苯浓度值。对标准物质原料按照 JJF1342《标准物质研制（生产）机构通用要求》、JJF1343《标准物质定值的通用原则及统计学原理》要求进行定值分析、均匀性检验、稳定性考察、定值结果统计及定值结果不确定度分析。

数据学科类别：畜牧兽医学

数据格式：实物，.xls，.jpg

数据负责人：吴方迪*

来源项目：农产品、兽药等领域急需高端标准物质的研制

（734）乙苯及 1，2-二氯苯混合溶液—低浓度水平

数据编号：2008FY130200-66-2014081566

数据时间：2013 年

数据地点：全国

数据类型：文献资料

数据内容：经原料纯度定值；重量-容量法制备；气相色谱法测量；均匀性、稳定性评价；定值及不确定度评定，得到乙苯及 1，2-二氯苯浓度值。对标准物质原料按照 JJF1342《标准物质研制（生产）机构通用要求》、JJF1343《标准物质定值的通用原则及统计学原理》要求进行定值分析、均匀性检验、稳定性考察、定值结果统计及定值结果不确定度分析。

学科类别：畜牧兽医学

数据格式：实物，.xls，.jpg

数据负责人：吴方迪*

来源项目：农产品、兽药等领域急需高端标准物质的研制

（735）乙苯及 1，2-二氯苯混合溶液—高浓度水平

数据编号：2008FY130200-67-2014081567

数据时间：2013 年

数据地点：全国

数据类型：文献资料

数据内容：经原料纯度定值；重量-容量法制备；气相色谱法测量；均匀性、稳定性评价；定值及不确定度评定，得到乙苯及 1，2-二氯苯浓度值。对标准物质原料按照 JJF1342《标准物质研制（生产）机构通用要求》、JJF1343《标准物质定值的通用原则及统计学原理》要求进行定值分析、均匀性检验、稳定性考察、定值结果统计及定值结果不确定度分析。

学科类别：畜牧兽医学

数据格式：实物，.xls，.jpg

数据负责人：吴方迪[*]

来源项目：农产品、兽药等领域急需高端标准物质的研制

（736）沉积物中有机氯农药和多环芳烃

数据编号：2008FY130200-68-2014081568

数据时间：2013 年

数据地点：全国

数据类型：文献资料

数据内容：经沉积物候选物筛选、采集、加工、制备；加速溶剂提取和索氏提取，气相色谱-高分辨同位素稀释质谱测量；均匀性、稳定性评价；定值及不确定度评定，得到沉积物中有机氯农药和多环芳烃定值结果。对标准物质原料按照JJF1342《标准物质研制（生产）机构通用要求》、JJF1343《标准物质定值的通用原则及统计学原理》要求进行定值分析、均匀性检验、稳定性考察、定值结果统计及定值结果不确定度分析。

学科类别：畜牧兽医学

数据格式：实物，.xls，.jpg

数据负责人：吴方迪[*]

来源项目：农产品、兽药等领域急需高端标准物质的研制

（737）乙腈中 16 种多环芳烃溶液

数据编号：2008FY130200-69-2014081569

数据时间：2013 年

数据地点：全国

数据类型：文献资料

数据内容：经原料纯度定值；重量容量法制备；同位素稀释质谱法测量；均匀性、稳定性评价；定值及不确定度评定，得到多环芳烃浓度值。对标准物质原料按照 JJF1342《标准物质研制（生产）机构通用要求》、JJF1343《标准物质定值的通用原则及统计学原理》要求进行定值分析、均匀性检验、稳定性考察、定值结果统计及定值结果不确定度分析。

学科类别：畜牧兽医学

数据格式：实物，.xls，.jpg

数据负责人：吴方迪[*]

来源项目：农产品、兽药等领域急需高端标准物质的研制

（738）异辛烷/甲苯中 16 种多环芳烃标准物质

数据编号：2008FY130200-70-2014081570

数据时间：2013 年

数据地点：全国

数据类型：文献资料

数据内容：经原料纯度定值；重量容量法制备；同位素稀释质谱法测量；均匀性、稳定性评价；定值及不确定度评定，得到 16 种多环芳烃浓度值。对标准物质原料按照 JJF1342《标准物质研制（生产）机构通用要求》、JJF1343《标准物质定值的通用原则及统计学原理》要求进行定值分析、均匀性检验、稳定性考察、定值结果统计及定值结果不确定度分析。

学科类别：畜牧兽医学

数据格式：实物，.xls，.jpg

数据负责人：吴方迪*

来源项目：农产品、兽药等领域急需高端标准物质的研制

（739）乙腈/甲苯中 7 种多氯联苯标准物质

数据编号：2008FY130200-71-2014081571

数据时间：2013

数据地点：全国

数据类型：文献资料

数据内容：经原料纯度定值；重量容量法制备；同位素稀释质谱法测量；均匀性、稳定性评价；定值及不确定度评定，得到多氯联苯浓度值。对标准物质原料按照 JJF1342《标准物质研制（生产）机构通用要求》、JJF1343《标准物质定值的通用原则及统计学原理》要求进行定值分析、均匀性检验、稳定性考察、定值结果统计及定值结果不确定度分析。

学科类别：畜牧兽医学

数据格式：实物，.xls，.jpg

数据负责人：吴方迪*

来源项目：农产品、兽药等领域急需高端标准物质的研制

（740）腐胺纯度

数据编号：2008FY130200-72-2014081572

数据时间：2013 年

数据地点：全国

数据类型：文献资料

数据内容：经原料纯化及纯度筛选；核磁共振定量法测量；均匀性、稳定性评价；定值及不确定度评定，得到标准物质纯度值。对标准物质原料按照 JJF1342《标准物质研制（生产）机构通用要求》、JJF1343《标准物质定值的通用原则及统计学原理》要求进行定值分析、均匀性检验、稳定性考察、定值结果统计及定

值结果不确定度分析。

　　学科类别：畜牧兽医学

　　数据格式：实物，.xls，.jpg

　　数据负责人：吴方迪[*]

　　来源项目：农产品、兽药等领域急需高端标准物质的研制

（741）尸胺纯度

　　数据编号：2008FY130200-73-2014081573

　　数据时间：2013 年

　　数据地点：全国

　　数据类型：文献资料

　　数据内容：经原料纯化及纯度筛选；核磁共振定量法测量；均匀性、稳定性评价；定值及不确定度评定，得到标准物质纯度值。对标准物质原料按照 JJF1342《标准物质研制（生产）机构通用要求》、JJF1343《标准物质定值的通用原则及统计学原理》要求进行定值分析、均匀性检验、稳定性考察、定值结果统计及定值结果不确定度分析。

　　学科类别：畜牧兽医学

　　数据格式：实物，.xls，.jpg

　　数据负责人：吴方迪[*]

　　来源项目：农产品、兽药等领域急需高端标准物质的研制

（742）亚精胺纯度

　　数据编号：2008FY130200-74-2014081574

　　数据时间：2013 年

　　数据地点：全国

　　数据类型：文献资料

　　数据内容：经原料纯化及纯度筛选；核磁共振定量法测量；均匀性、稳定性评价；定值及不确定度评定，得到标准物质纯度值。对标准物质原料按照 JJF1342《标准物质研制（生产）机构通用要求》、JJF1343《标准物质定值的通用原则及统计学原理》要求进行定值分析、均匀性检验、稳定性考察、定值结果统计及定值结果不确定度分析。

　　学科类别：畜牧兽医学

　　数据格式：实物，.xls，.jpg

　　数据负责人：吴方迪[*]

　　来源项目：农产品、兽药等领域急需高端标准物质的研制

（743）组胺纯度

数据编号：2008FY130200-75-2014081575

数据时间：2013 年

数据地点：全国

数据类型：文献资料

数据内容：经原料纯化及纯度筛选；核磁共振定量法测量；均匀性、稳定性评价；定值及不确定度评定，得到标准物质纯度值。对标准物质原料按照 JJF1342《标准物质研制（生产）机构通用要求》、JJF1343《标准物质定值的通用原则及统计学原理》要求进行定值分析、均匀性检验、稳定性考察、定值结果统计及定值结果不确定度分析。

学科类别：畜牧兽医学

数据格式：实物，.xls，.jpg

数据负责人：吴方迪[*]

来源项目：农产品、兽药等领域急需高端标准物质的研制

（744）酪胺纯度

数据编号：2008FY130200-76-2014081576

数据时间：2013 年

数据地点：全国

数据类型：文献资料

数据内容：经原料纯化及纯度筛选；核磁共振定量法测量；均匀性、稳定性评价；定值及不确定度评定，得到标准物质纯度值。对标准物质原料按照 JJF1342《标准物质研制（生产）机构通用要求》、JJF1343《标准物质定值的通用原则及统计学原理》要求进行定值分析、均匀性检验、稳定性考察、定值结果统计及定值结果不确定度分析。

学科类别：畜牧兽医学

数据格式：实物，.xls，.jpg

数据负责人：吴方迪[*]

来源项目：农产品、兽药等领域急需高端标准物质的研制

（745）精胺纯度

数据编号：2008FY130200-77-2014081577

数据时间：2013 年

数据地点：全国

数据类型：文献资料

数据内容：经原料纯化及纯度筛选；核磁共振定量法测量；均匀性、稳定性

评价；定值及不确定度评定，得到标准物质纯度值。对标准物质原料按照 JJF1342《标准物质研制（生产）机构通用要求》、JJF1343《标准物质定值的通用原则及统计学原理》要求进行定值分析、均匀性检验、稳定性考察、定值结果统计及定值结果不确定度分析。

　　学科类别：畜牧兽医学

　　数据格式：实物，.xls，.jpg

　　数据负责人：吴方迪*

　　来源项目：农产品、兽药等领域急需高端标准物质的研制

（746）人参中有机氯农药残留

　　数据编号：2008FY130200-78-2014081578

　　数据时间：2013 年

　　数据地点：全国

　　数据类型：文献资料

　　数据内容：经天然原料候选物筛查、加工制备；同位素稀释质谱法测量；均匀性、稳定性评价；定值及不确定度评定，得到有机氯农药含量值。对标准物质原料按照 JJF1342《标准物质研制（生产）机构通用要求》、JJF1343《标准物质定值的通用原则及统计学原理》要求进行定值分析、均匀性检验、稳定性考察、定值结果统计及定值结果不确定度分析。

　　学科类别：畜牧兽医学

　　数据格式：实物，.xls，.jpg

　　数据负责人：吴方迪*

　　来源项目：农产品、兽药等领域急需高端标准物质的研制

（747）羌活醇纯度

　　数据编号：2008FY130200-79-2014081579

　　数据时间：2013 年

　　数据地点：全国

　　数据类型：文献资料

　　数据内容：经原料纯化；高效液相色谱法测量；均匀性、稳定性评价；定值及不确定度评定，得到标准物质纯度值。对标准物质原料按照 JJF1342《标准物质研制（生产）机构通用要求》、JJF1343《标准物质定值的通用原则及统计学原理》要求进行定值分析、均匀性检验、稳定性考察、定值结果统计及定值结果不确定度分析。

　　学科类别：畜牧兽医学

　　数据格式：实物，.xls，.jpg

数据负责人：吴方迪[*]

来源项目：农产品、兽药等领域急需高端标准物质的研制

（748）丹参酮 IIA

数据编号：2008FY130200-80-2014081580

数据时间：2013 年

数据地点：全国

数据类型：文献资料

数据内容：经原料纯化；高效液相色谱法测量；均匀性、稳定性评价；定值及不确定度评定，得到标准物质纯度值。对标准物质原料按照 JJF1342《标准物质研制（生产）机构通用要求》、JJF1343《标准物质定值的通用原则及统计学原理》要求进行定值分析、均匀性检验、稳定性考察、定值结果统计及定值结果不确定度分析。

学科类别：畜牧兽医学

数据格式：实物，.xls，.jpg

数据负责人：吴方迪[*]

来源项目：农产品、兽药等领域急需高端标准物质的研制

（749）丹酚酸 B 纯度

数据编号：2008FY130200-81-2014081581

数据时间：2013 年

数据地点：全国

数据类型：文献资料

数据内容：经原料纯化；高效液相色谱法测量；均匀性、稳定性评价；定值及不确定度评定，得到标准物质纯度值。对标准物质原料按照 JJF1342《标准物质研制（生产）机构通用要求》、JJF1343《标准物质定值的通用原则及统计学原理》要求进行定值分析、均匀性检验、稳定性考察、定值结果统计及定值结果不确定度分析。

学科类别：畜牧兽医学

数据格式：实物，.xls，.jpg

数据负责人：吴方迪[*]

来源项目：农产品、兽药等领域急需高端标准物质的研制

（750）隐丹参酮纯度

数据编号：2008FY130200-82-2014081582

数据时间：2013 年

数据地点：全国

数据类型：文献资料

数据内容：经原料纯化；高效液相色谱法测量；均匀性、稳定性评价；定值及不确定度评定，得到标准物质纯度值。对标准物质原料按照 JJF1342《标准物质研制（生产）机构通用要求》、JJF1343《标准物质定值的通用原则及统计学原理》要求进行定值分析、均匀性检验、稳定性考察、定值结果统计及定值结果不确定度分析。

学科类别：畜牧兽医学

数据格式：实物，.xls，.jpg

数据负责人：吴方迪[*]

来源项目：农产品、兽药等领域急需高端标准物质的研制

（751）转基因抗虫（BT+CpTI）棉

数据编号：2008FY130200-83-2014081583

数据时间：2013 年

数据地点：全国

数据类型：文献资料

数据内容：经重量法制备、荧光定量 PCR 方法和数字 PCR 方法测量；均匀性、稳定性评价；定值及不确定度评定，得到转基因抗虫（BT+CpTI）含量。对标准物质原料按照 JJF1342《标准物质研制（生产）机构通用要求》、JJF1343《标准物质定值的通用原则及统计学原理》要求进行定值分析、均匀性检验、稳定性考察、定值结果统计及定值结果不确定度分析。

学科类别：畜牧兽医学

数据格式：实物，.xls，.jpg

数据负责人：吴方迪[*]

来源项目：农产品、兽药等领域急需高端标准物质的研制

（752）碳-13 标记甘油三酯溶液

数据编号：2008FY130200-88-2014081588

数据时间：2013 年

数据地点：全国

数据类型：文献资料

数据内容：经重量法制备；气相色谱-高分辨质谱联用法测量；均匀性、稳定性评价、定值及不确定度评估，得到碳-13 标记甘油三酯含量值。对标准物质原料按照 JJF1342《标准物质研制（生产）机构通用要求》、JJF1343《标准物质定值的通用原则及统计学原理》要求进行定值分析、均匀性检验、稳定性考察、定值结果统计及定值结果不确定度分析。

学科类别：畜牧兽医学

数据格式：实物，.xls，.jpg

数据负责人：吴方迪*

来源项目：农产品、兽药等领域急需高端标准物质的研制

（753）蜂蜜中 5-羟甲基糠醛-空白水平

数据编号：2008FY130200-89-2014081589

数据时间：2013 年

数据地点：全国

数据类型：文献资料

数据内容：经蜂蜜候选物加工制备、液相色谱-质谱同位素内标法测量；均匀性、稳定性评价；定值及不确定度评定，得到 5-羟甲基糠醛含量。对标准物质原料按照 JJF1342《标准物质研制（生产）机构通用要求》、JJF1343《标准物质定值的通用原则及统计学原理》要求进行定值分析、均匀性检验、稳定性考察、定值结果统计及定值结果不确定度分析。

学科类别：畜牧兽医学

数据格式：实物，.xls，.jpg

数据负责人：吴方迪*

来源项目：农产品、兽药等领域急需高端标准物质的研制

（754）蜂蜜中 5-羟甲基糠醛

数据编号：2008FY130200-90-2014081590

数据时间：2013 年

数据地点：全国

数据类型：文献资料

数据内容：经蜂蜜候选物加工制备、液相色谱-质谱同位素内标法测量；均匀性、稳定性评价；定值及不确定度评定，得到 5-羟甲基糠醛含量。对标准物质原料按照 JJF1342《标准物质研制（生产）机构通用要求》、JJF1343《标准物质定值的通用原则及统计学原理》要求进行定值分析、均匀性检验、稳定性考察、定值结果统计及定值结果不确定度分析。

学科类别：畜牧兽医学

数据格式：实物，.xls，.jpg

数据负责人：吴方迪*

来源项目：农产品、兽药等领域急需高端标准物质的研制

（755）西洋参药材中人参皂苷 Rg1、Re、Rb1

数据编号：2008FY130200-94-2014081594

数据时间：2013 年

数据地点：全国

数据类型：文献资料

数据内容：经道地中药材候选物筛选加工制备；高效液相色谱法、液相色谱－质谱联用法测量；均匀性、稳定性评价；定值及不确定度评定，得到人参皂苷 Rg1、Re、Rb1 标准值。对标准物质原料按照 JJF1342《标准物质研制（生产）机构通用要求》、JJF1343《标准物质定值的通用原则及统计学原理》要求进行定值分析、均匀性检验、稳定性考察、定值结果统计及定值结果不确定度分析。

学科类别：畜牧兽医学

数据格式：实物，.xls，.jpg

数据负责人：吴方迪[*]

来源项目：农产品、兽药等领域急需高端标准物质的研制

（756）黄芩药材中黄芩苷

数据编号：2008FY130200-95-2014081595

数据时间：2013 年

数据地点：全国

数据类型：文献资料

数据内容：经道地中药材候选物筛选加工制备；高效液相色谱法测量；均匀性、稳定性评价；定值及不确定度评定，得到黄芩苷标准值。对标准物质原料按照 JJF1342《标准物质研制（生产）机构通用要求》、JJF1343《标准物质定值的通用原则及统计学原理》要求进行定值分析、均匀性检验、稳定性考察、定值结果统计及定值结果不确定度分析。

学科类别：畜牧兽医学

数据格式：实物，.xls，.jpg

数据负责人：吴方迪[*]

来源项目：农产品、兽药等领域急需高端标准物质的研制

（757）黄芩提取物中黄芩苷

数据编号：2008FY130200-96-2014081596

数据时间：2013 年

数据地点：全国

数据类型：文献资料

数据内容：经道地中药材候选物筛选加工制备；高效液相色谱法测量；均匀性、稳定性评价；定值及不确定度评定，得到黄芩苷标准值。对标准物质原料按照 JJF1342《标准物质研制（生产）机构通用要求》、JJF1343《标准物质定值的

通用原则及统计学原理》要求进行定值分析、均匀性检验、稳定性考察、定值结果统计及定值结果不确定度分析。

学科类别：畜牧兽医学

数据格式：实物，.xls，.jpg

数据负责人：吴方迪[*]

来源项目：农产品、兽药等领域急需高端标准物质的研制

（758）淫羊藿药材中淫羊藿苷、宝藿苷Ⅰ

数据编号：2008FY130200-97-2014081597

数据时间：2013 年

数据地点：全国

数据类型：文献资料

数据内容：经道地中药材候选物筛选加工制备；高效液相色谱法、液相色谱-质谱联用法测量；均匀性、稳定性评价；定值及不确定度评定，得到淫羊藿苷、宝藿苷Ⅰ标准值。对标准物质原料按照 JJF1342《标准物质研制（生产）机构通用要求》、JJF1343《标准物质定值的通用原则及统计学原理》要求进行定值分析、均匀性检验、稳定性考察、定值结果统计及定值结果不确定度分析。

学科类别：畜牧兽医学

数据格式：实物，.xls，.jpg

数据负责人：吴方迪[*]

来源项目：农产品、兽药等领域急需高端标准物质的研制

（759）淫羊藿提取物中淫羊藿苷、宝藿苷Ⅰ

数据编号：2008FY130200-98-2014081598

数据时间：2013 年

数据地点：全国

数据类型：文献资料

数据内容：经道地中药材候选物筛选加工制备；高效液相色谱法、液相色谱-质谱联用法测量；均匀性、稳定性评价；定值及不确定度评定，得到淫羊藿苷、宝藿苷Ⅰ标准值。对标准物质原料按照 JJF1342《标准物质研制（生产）机构通用要求》、JJF1343《标准物质定值的通用原则及统计学原理》要求进行定值分析、均匀性检验、稳定性考察、定值结果统计及定值结果不确定度分析。

学科类别：畜牧兽医学

数据格式：实物，.xls，.jpg

数据负责人：吴方迪[*]

来源项目：农产品、兽药等领域急需高端标准物质的研制

（760）2008 年我国大气背景点有机氯农药及其他持久性有机污染物调查数据

数据编号：2008FY210100-01-2014072501

数据时间：2008 年

数据地点：全国

数据类型：文献资料

数据内容：2008 年，在我国 11 个大气背景点采集大气样品，对其中的有机氯农药及多氯联苯和二噁英类进行了监测，数据包含我国 11 个大气背景点有机氯农药七氯，艾氏剂，氯丹，六氯苯，灭蚁灵，狄式剂，异狄氏剂，滴滴涕，多氯联苯和二噁英的监测数据。

学科类别：环境化学

数据格式：.xls

数据负责人：郑明辉[*]

来源项目：全国有机氯农药及其他持久性有机污染物的调查

（761）2009 年我国工业密集城市唐山及其周边的大气中有机氯农药与其他持久性有机污染物调查数据

数据编号：2008FY210100-02-2014072502

数据时间：2009 年

数据地点：全国

数据类型：文献资料

数据内容：在 2009 年 ，采集了我国工业密集城市唐山及其周边的大气，测定了其中的有机氯农药及其他 POPs，数据工业密集型城市唐山大气中有机氯农药六氯苯，滴滴涕，六六六与其他 POPs 多氯联苯和二噁恶英类调查数据。

学科类别：环境化学

数据格式：.xls

数据负责人：郑明辉[*]

来源项目：全国有机氯农药及其他持久性有机污染物的调查

（762）2008 年全国地区土壤中有机氯农药及其他持久性有机污染物调查数据

数据编号：2008FY210100-03-2014072503

数据时间：2008 年

数据地点：全国

数据类型：文献资料

数据内容：在 2008 年，在全国地区采集了土壤样品，对其中的 POPs 含量进行监测，数据包括我国表层土壤中 OCPs 七氯，艾氏剂，氯丹，六氯苯，灭蚁灵，狄式剂，异狄氏剂，滴滴涕调查数据，我国典型地区土壤中 POPs 的调查数据及历史化工厂周边土壤中 PCDD/Fs、dl-PCBs 和六氯苯，滴滴涕，六六六调查数据。

学科类别：环境化学

数据格式：.xls

数据负责人：郑明辉[*]

来源项目：全国有机氯农药及其他持久性有机污染物的调查

（763）2010 年长江，黄河，大沽河典型流域河流沉积物中有机氯农药及其他持久性有机污染物调查数据

数据编号：2008FY210100-04-2014072504

数据时间：2010 年

数据地点：全国

数据类型：文献资料

数据内容：在 2010 年采集了典型流域长江，黄河，大沽河流域的沉积物对有机氯农药六六六，滴滴涕，六氯苯及其他 POPs 进行了监测，数据包括 典型流域河流沉积物中 POPs 六六六，滴滴涕，六氯苯，多氯联苯和二噁英类数据，化工厂周边河流大沽河沉积物中 POPs 六六六，滴滴涕，六氯苯，多氯联苯和二噁英类调查数据。

学科类别：环境化学

数据格式：.xls

数据负责人：郑明辉[*]

来源项目：全国有机氯农药及其他持久性有机污染物的调查

（764）环境样品中有机氯农药及其他持久性有机污染物采样及分析技术规范

数据编号：2008FY210100-05-2014082105

数据时间：1905 年

数据地点：全国

数据类型：文献资料

数据内容：该课题建立了土壤，大气，沉积物中有机氯农药及其他 POPs 分析方法，数据包含：①土壤及沉积物中有机氯农药（不含毒杀芬）低分辨气相色谱-低分辨质谱分析方法；②大气中有机氯农药（不含毒杀芬）低分辨气相色谱-个高分辨质谱分析方法；③毒杀芬的高分辨气相色谱-三重四级质谱分析方法；④多氯联苯和二噁英类的高分辨气相色谱-高分辨质谱分析方法。

学科类别：环境化学

数据格式：.doc，.pdf

数据负责人：郑明辉[*]

来源项目：全国有机氯农药及其他持久性有机污染物的调查

（765）2010 年全国有机氯农药及其他 POPs 区域分布数据库

数据编号：2008FY210100-06-2014082106

数据时间：2010 年

数据地点：全国

数据类型：文献资料

数据内容：该课题建立了全国有机氯农药分布数据库，首先对全国区域进行划分，其次对文献信息进行收集与整理，最后对浓度分布进行制图。

学科类别：环境化学

数据格式：.xls

数据负责人：郑明辉[*]

来源项目：全国有机氯农药及其他持久性有机污染物的调查

（766）2008～2011 年全国茶树病害标本编目数据库

数据编号：2008FY210500-01-2014072301

数据时间：2008～2011 年

数据地点：全国

数据类型：文献资料

数据内容：对中国农业科学院茶叶研究所标本馆原有茶树病害标本进行整理，并对每份标本的采集信息、鉴定信息等进行编目；对新采集到的茶树病害样本进行分类，相关专家进行鉴定，制成病害症状干制标本，按照标本馆编号规则进行编号保存；将各号标本的采集信息、鉴定信息及保存信息整理汇总，形成.xls 格式的茶树病害标本编目数据库。数据包括：标本号、中文名、常用俗名、病原中文名、病原学名、门（亚门）、纲、目、科、属、病原类别、实物状态、标本类型、采集时间、采集地点、经纬度、保存机构、采集单位等。共记录数据 29 条。

学科类别：植物保护

数据格式：.xls

数据负责人：肖强[*]

来源项目：茶树病虫和天敌资源调查、鉴定、保存与编目

（767）2008～2011 年全国茶树害虫天敌昆虫标本编目数据库

数据编号：2008FY210500-01-2014072302

数据时间：2008～2011 年

数据地点：全国

数据类型：文献资料

数据内容：对中国农业科学院茶叶研究所标本馆原有的天敌标本进行整理，

并对每份标本的采集信息、鉴定信息等进行编目；对新采集到的天敌样本进行分类，相关专家进行鉴定，制成针插、浸泡标本，按照标本馆编号规则进行编号保存；将各号标本的采集信息、鉴定信息及保存信息整理汇总，形成.xls 格式的茶树害虫天敌标本编目数据库。数据包括：分类号、纲、目、亚目、科、属、中文名、常用俗名、学名、异名、寄主、标本数量、单位、虫态、标本类型、采集时间、采集地点、经纬度、保存机构、采集单位等。共记录数据 307 条。

　　学科类别：植物保护

　　数据格式：.xls

　　数据负责人：肖强[*]

　　来源项目：茶树病虫和天敌资源调查、鉴定、保存与编目

（768）2008～2011 年全国茶树害虫标本编目数据库

　　数据编号：2008FY210500-02-2014072302

　　数据时间：2008～2011 年

　　数据地点：全国

　　数据类型：文献资料

　　数据内容：对中国农业科学院茶叶研究所标本馆原有茶树害虫标本进行整理，并对每份标本的采集信息、鉴定信息等进行编目；对新采集到的茶树害虫样本进行分类，相关专家进行鉴定，制成害虫展示标本、针插标本、浸泡标本等，按照标本馆编号规则进行编号保存；将各号标本的采集信息、鉴定信息及保存信息整理汇总，形成.xls 格式的茶树病害标本编目数据库。数据包括：分类号、纲、目、亚目、科、属、中文名、常用俗名、学名、异名、标本数量、单位、虫态、标本类型、采集时间、采集地点、经纬度、保存机构、采集单位等。共记录数据 3001 条。

　　学科类别：植物保护

　　数据格式：.xls

　　数据负责人：肖强[*]

　　来源项目：茶树病虫和天敌资源调查、鉴定、保存与编目

（769）《茶树病虫害诊断及防治原色图谱》

　　数据编号：2008FY210500-04-2014072304

　　数据时间：2013 年

　　数据地点：全国

　　数据类型：文献资料

　　数据内容：该书从病害症状、发病规律和防治措施等方面系统介绍了 14 种茶树病害，并配 30 幅照片；从形态特征、发生特点和防治措施等方面系统介绍了

73 种茶树害虫（螨），并配有 200 余幅照片。

数据类别：植物保护

数据格式：.pdf，.doc，.html

数据负责人：肖强[*]

来源项目：茶树病虫和天敌资源调查、鉴定、保存与编目

（770）2008～2011 年全国茶树病虫、天敌电子图谱库

数据编号：2008FY210500-05-2014082905

数据时间：2008～2011 年

数据地点：全国

数据类型：多媒体

数据内容：拍摄数码照片 230 套，1200 余张。其中，茶树病害照片 30 套，200 余张；茶树害虫照片 100 套，500 余张；害虫天敌照片 100 套，500 余张。数码照片按中文名进行分类并编号后，形成电子图谱库。部分已上传"中国茶树植物保护信息网"中共享。

学科类别：植物保护

数据格式：.jpg

数据负责人：肖强[*]

来源项目：茶树病虫和天敌资源调查、鉴定、保存与编目

（771）"2010～2015 年中国地区地磁场长期变化 3 阶泰勒多项式模型"输出点阵

数据编号：2008FY220100-01-2015030901

数据时间：2010 年

数据地点：0°N～54°N，东经 73°E～136°E

数据类型：文献资料

数据内容：根据"2010～2015 年中国地区地磁场长期变化 3 阶泰勒多项式模型"、在 0°N～54°N、东经 73°E～136°E 的空间范围内，以 1°×1° 的空间密度计算获得。该模型于 2010 年 10 月，当完成了"2010 年中国地磁参考场"模型计算后，中国地震局地球物理研究所组织了由中国科学院地质与地球物理研究所、中国地质大学（北京）、云南大学、《地球物理学报》编辑部以及中国地震局系统的专家，在北京召开了专题学术会议，对"2010 年代中国地磁参考场"的研究过程和最终结果进行了评审和确认。输出点阵包括 5 个字段，分别为：磁偏角 D、磁倾角 I、地磁总强度 F。共有 $3520×5$ 个数据。用于描述 2010～2015 年中国及周边地区地磁参考场三要素预测年变率的空间分布，是 2001～2010 年该地区国家级、权威的区域地磁参考场。

学科类别：固体地球物理学

数据格式：.txt

数据负责人：王粲

来源项目：2010 年代中国地磁图编制

（772）"2010 年中国地区地磁场 8 阶球冠谐模型"输出点阵

数据编号：2008FY220100-02-2015030902

数据时间：2010 年

数据地点：0°N～54°N，73°E～136°E

数据类型：文献资料

数据内容：根据"2010 中国地区地磁场 8 阶球冠谐模型"、在 0°N～54°N、73°E～136°E 的空间范围内，以 1°×1°的空间密度计算获得。该模型于 2010 年 10 月，当完成了"2010 年代中国地磁参考场"模型计算后，中国地震局地球物理研究所组织了由中国科学院地质与地球物理研究所、中国地质大学（北京）、云南大学、《地球物理学报》编辑部以及中国地震局系统的专家，在北京召开了专题学术会议，对"2001～2010 年中国地磁参考场"的研究过程和最终结果进行了评审和确认。输出点阵包括 9 个字段，分别为：磁偏角 D、磁倾角 I、地磁总强度 F、水平强度 H、垂直强度 Z、北向分量 X、东向分量 Y。共有 3520×9 个数据。用于描述 2001～2010 年中国及周边地区地磁参考场七要素绝对值的空间分布，是 2001～2010 年该地区国家级、权威的区域地磁参考场。

学科类别：固体地球物理学

数据格式：.txt

数据负责人：王粲

来源项目：2010 年代中国地磁图编制

（773）2010～2015 年中国地磁参考场长期变化一磁偏角 D 年变率空间分布等变线

数据编号：2008FY220100-03-2015030903

数据时间：2010 年

数据地点：0°N～54°N，73°E～136°E

数据类型：多媒体

数据内容：根据"2010～2015 年中国地磁参考场长期变化 3 阶泰勒多项式模型"、在 0°N～54°N、73°E～136°E 的空间范围内，以 1°×1°的空间密度计算获得《"2010～2015 年中国地磁参考场长期变化 3 阶泰勒多项式模型"输出点阵-D 要素》。2010 年 10 月，经中国地震局地球物理研究所组织了由中国科学院地质与地球物理研究所、中国地质大学（北京）、云南大学、《地球物理学报》编辑部以及中国地震局系统的专家，在北京召开了专题学术会议，对该模型的研究过程和最终结果进行了评审和确认。使用 surfer7 绘图软件，根据《"2010～2015年中国地磁参考场长期变化 3 阶泰勒多项式模型"输出点阵-D 要素》绘制而成。等变距为 0.1'/a。用于描述 2010～2015 年中国及周边地区地磁参考场 D 要素预测年变率的空间分布，是 2001～2010 年该地区国家级、权威的区域地磁参考场。

　　学科类别：固体地球物理学

　　数据格式：.jpg

　　数据负责人：王粲

　　来源项目：2010 年代中国地磁图编制

（774）2010～2015 年中国地磁参考场长期变化—磁倾角 I 年变率空间分布等变线

　　数据编号：2008FY220100-04-2015030904

　　数据时间：2010 年

　　数据地点：0°N～54°N，73°E～136°E

　　数据类型：多媒体

　　数据内容：根据"2010～2015 年中国地磁参考场长期变化 3 阶泰勒多项式模型"、在 0°N～54°N、73°E～136°E 的空间范围内，以 1°×1°的空间密度计算获得《"2010～2015 年中国地磁参考场长期变化 3 阶泰勒多项式模型"输出点阵-I 要素》。2010 年 10 月，经中国地震局地球物理研究所组织了由中国科学院地质与地球物理研究所、中国地质大学（北京）、云南大学、《地球物理学报》编辑部以及中国地震局系统的专家，在北京召开了专题学术会议，对该模型的研究过程和最终结果进行了评审和确认。使用 surfer7 绘图软件，根据《"2010～2015 年中国地磁参考场长期变化 3 阶泰勒多项式模型"输出点阵-I 要素》绘制而成。等变距为 0.1'/a。用于描述 2010～2015 年中国及周边地区地磁参考场 I 要素预测年变率的空间分布，是 2010～2015 年该地区国家级、权威的区域地磁参考场。

　　学科类别：固体地球物理学

　　数据格式：.jpg

　　数据负责人：王粲

　　来源项目：2010 年代中国地磁图编制

（775）2010～2015 年中国地磁参考场长期变化—地磁总强度 F 年变率空间分布等变线

　　数据编号：2008FY220100-05-2015030905

　　数据时间：2010 年

　　数据地点：0°N～54°N，73°E～136°E

数据类型：多媒体

数据内容：根据"2010～2015 年中国地磁参考场长期变化 3 阶泰勒多项式模型"、在 0°N～54°N、73°E～136°E 的空间范围内，以 1°×1°的空间密度计算获得《"2010～2015 年中国地磁参考场长期变化 3 阶泰勒多项式模型"输出点阵-F 要素》。2010 年 10 月，经中国地震局地球物理研究所组织了由中国科学院地质与地球物理研究所、中国地质大学（北京）、云南大学、《地球物理学报》编辑部以及中国地震局系统的专家，在北京召开了专题学术会议，对该模型的研究过程和最终结果进行了评审和确认。使用 surfer7 绘图软件，根据《"2010～2015 年中国地磁参考场长期变化 3 阶泰勒多项式模型"输出点阵-F 要素》绘制而成。等变距为 1nT/a。用于描述 2010～2015 年代中国及周边地区地磁参考场 F 要素预测年变率的空间分布，是 2010～2015 年该地区国家级、权威的区域地磁参考场。

学科类别：固体地球物理学

数据格式：.jpg

数据负责人：王粲

来源项目：2010 年代中国地磁图编制

（776）2010 年中国地磁参考场—磁偏角 D 空间分布等值线

数据编号：2008FY220100-06-2015030906

数据时间：2010 年

数据地点：0°N～54°N，73°E～136°E

数据类型：多媒体

数据内容：根据"2010 年中国地区地磁场 8 阶球冠谐模型"、在 0°N～54°N、73°E～136°E 的空间范围内，以 1°×1°的空间密度计算获得《"2010 中国地区地磁场 8 阶球冠谐模型"输出点阵-D 要素》。2010 年 10 月，经中国地震局地球物理研究所组织了由中国科学院地质与地球物理研究所、中国地质大学（北京）、云南大学、《地球物理学报》编辑部以及中国地震局系统的专家，在北京召开了专题学术会议，对该模型的研究过程和最终结果进行了评审和确认。使用 surfer7 绘图软件，根据《"2010 中国地区地磁场 8 阶球冠谐模型"输出点阵-D 要素》绘制而成。等间距为 0.2′。用于描述 2001～2010 年中国及周边地区地磁参考场 D 要素的空间分布，是 2001～2010 年该地区国家级、权威的区域地磁参考场。

学科类别：固体地球物理学

数据格式：.jpg

数据负责人：王粲

来源项目：2010 年代中国地磁图编制

（777）2010 年中国地磁参考场—磁倾角 *I* 空间分布等值线

数据编号：2008FY220100-07-2015030907

数据时间：2010 年

数据地点：0°N～54°N，73°E～136°E

数据类型：多媒体

数据内容：根据 "2010 年中国地区地磁场 8 阶球冠谐模型"、在 0°N～54°N、73°E～136°E 的空间范围内，以 1°×1°的空间密度计算获得《 "2010 年中国地区地磁场 8 阶球冠谐模型" 输出点阵-I 要素》。2010 年 10 月，经中国地震局地球物理研究所组织了由中国科学院地质与地球物理研究所、中国地质大学（北京）、云南大学、《地球物理学报》编辑部以及中国地震局系统的专家，在北京召开了专题学术会议，对该模型的研究过程和最终结果进行了评审和确认。使用 surfer7 绘图软件，根据《 "2010 中国地区地磁场 8 阶球冠谐模型" 输出点阵-I 要素》绘制而成。等间距为 1′。用于描述 2001～2010 年中国及周边地区地磁参考场 *I* 要素的空间分布，是 2001～2010 年该地区国家级、权威的区域地磁参考场。

学科类别：固体地球物理学

数据格式：.jpg

数据负责人：王粲

来源项目：2010 年代中国地磁图编制

（778）2010 年中国地磁参考场—地磁总强度 *F* 空间分布等值线

数据编号：2008FY220100-08-2015030908

数据时间：2010 年

数据地点：0°N～54°N，73°E～136°E

数据类型：多媒体

数据内容：根据 "2010 年中国地区地磁场 8 阶球冠谐模型"、在 0°N～54°N、73°E～136°E 的空间范围内，以 1°×1°的空间密度计算获得《 "2010 年中国地区地磁场 8 阶球冠谐模型" 输出点阵-F 要素》。使用 surfer7 绘图软件，根据《 "2010 年中国地区地磁场 8 阶球冠谐模型" 输出点阵-F 要素》绘制而成。等间距为 200nT。用于描述 2010 年中国及周边地区地磁参考场 F 要素的空间分布，是 2010 年该地区国家级、权威的区域地磁参考场。

学科类别：固体地球物理学

数据格式：.jpg

数据负责人：王粲

来源项目：2010 年代中国地磁图编制

（779）2010 年中国地磁图—磁偏角 *D*

数据编号：2008FY220100-09-2015030909

数据时间：2010 年

数据地点：0°N～54°N，73°E～136°E

数据类型：多媒体

数据内容：根据"2010～2015 年中国地磁参考场长期变化 3 阶泰勒多项式模型"、在 0°N～54°N、73°E～136°E 的空间范围内，以 1°×1°的空间密度计算获得《"2010～2015 年中国地磁参考场长期变化 3 阶泰勒多项式模型"输出点阵-*D* 要素》。根据"2010～2015 年中国地磁参考场长期变化 3 阶泰勒多项式模型"、在 0°N～54°N、73°E～136°E 的空间范围内，以 1°×1°的空间密度计算获得《"2010～2015 年中国地磁参考场长期变化 3 阶泰勒多项式模型"输出点阵-*D* 要素》。海军出版社根据《"2010 年中国地区地磁场 8 阶球冠谐模型"输出点阵》和《"2010～2015 年中国地区地磁场长期变化 3 阶泰勒多项式模型"输出点阵》编制出版。用于描述 2001～2010 年中国及周边地区地磁参考场 *D* 要素绝对值和预测年变率的空间分布，是 2001～2010 年该地区国家级、权威的区域地磁参考场。

学科类别：固体地球物理学

数据格式：.tif

数据负责人：王粲

来源项目：2010 年代中国地磁图编制

（780）2010 年中国地磁图—磁倾角 *I*

数据编号：2008FY220100-10-2015030910

数据时间：2010 年

数据地点：0°N～54°N，73°E～136°E

数据类型：多媒体

数据内容：根据"2010～2015 年中国地磁参考场长期变化 3 阶泰勒多项式模型"、在 0°N～54°N、73°E～136°E 的空间范围内，以 1°×1°的空间密度计算获得《"2010～2015 年中国地磁参考场长期变化 3 阶泰勒多项式模型"输出点阵-*I* 要素》。根据"2010～2015 年中国地磁参考场长期变化 3 阶泰勒多项式模型"、在 0°N～54°N、73°E～136°E 的空间范围内，以 1°×1°的空间密度计算获得《"2010～2015 年中国地磁参考场长期变化 3 阶泰勒多项式模型"输出点阵-*I* 要素》。海军出版社根据《"2010 年中国地区地磁场 8 阶球冠谐模型"输出点阵》和《"2010～2015 年中国地区地磁场长期变化 3 阶泰勒多项式模型"输出点阵》编制出版。用于描述 2001～2010 年中国及周边地区地磁参考场 *I* 要素绝对值和预测年变率的空间分布，是 2001～2010 年该地区国家级、权威的区域地磁参考场。

学科类别：固体地球物理学

数据格式：.tif

数据负责人：王粲

来源项目：2010 年中国地磁图编制

（781）2010 年中国地磁图—地磁总强度 *F*

数据编号：2008FY220100-11-2015030911

数据时间：2010 年

数据地点：0°N～54°N，73°E～136°E

数据类型：多媒体

数据内容：根据"2010 ～2015 年中国地磁参考场长期变化 3 阶泰勒多项式模型"、在 0°N～54°N、73°E～136°E 的空间范围内，以 1°×1°的空间密度计算获得《"2010～2015 年中国地磁参考场长期变化 3 阶泰勒多项式模型"输出点阵-*F* 要素》。根据"2010～2015 年中国地磁参考场长期变化 3 阶泰勒多项式模型"、在 0°N～54°N、73°E～136°E 的空间范围内，以 1°×1°的空间密度计算获得《"2010～2015 年中国地磁参考场长期变化 3 阶泰勒多项式模型"输出点阵-*F* 要素》。海军出版社根据《"2010 年中国地区地磁场 8 阶球冠谐模型"输出点阵》和《"2010～2015 年中国地区地磁场长期变化 3 阶泰勒多项式模型"输出点阵》编制出版。用于描述 2001～2010 年中国及周边地区地磁参考场 *F* 要素绝对值和预测年变率的空间分布，是 2001～2010 年该地区国家级、权威的区域地磁参考场。

学科类别：固体地球物理学

数据格式：.tif

数据负责人：王粲

来源项目：2010 年中国地磁图编制

（782）《中国常规稻品种图志》

数据编号：2008FY220200-01-2014072401

数据时间：1905 年

数据地点：全国

数据类型：文献资料

数据内容：该书共有 4 章 60 多万字，采集了 2008 年前（含）在我国生产应用的 346 个主要常规水稻品种的形态、抗性、品质性状和植株、稻穗、谷粒和米粒实物照片以及育成单位、系谱、选育方法、特征特性、生产应用和年推广面积等资料，可供水稻育种和品种资源研究者、高等院校师生以及品种管理者参考。

学科类别：农学

数据格式：.pdf

数据负责人：朱智伟[*]

来源项目：水稻品种历史数据整编

（783）1991～2010 年我国 2000 个水稻主要品种历史数据

数据编号：2008FY220200-02-2014072402

数据时间：2011 年

数据地点：全国

数据类型：文献资料

数据内容：收集了 1991～2010 年我国 2000 个水稻主要品种的历史数据并进行系统整编。数据包括：品种名称、植物种类、品种类型、亚种、系谱信息（母本和父本）、选育单位、审定编号、审定年份等，数据集共 2000 条记录。

学科类别：农学

数据格式：.xls

数据负责人：朱智伟[*]

来源项目：水稻品种历史数据整编

（784）2010～2011 年在农业部植物新品种测试（杭州）分中心测试基地采集 820 个水稻新品种 DUS 测试性状数据和图像数据集

数据编号：2008FY220200-03-2014072503

数据时间：1905 年

数据地点：全国

数据类型：文献资料

数据内容：2010～2011 年，在农业部植物新品种测试（杭州）分中心测试基地采集了 820 个水稻新品种的 DUS 测试性状数据和图像数据，测试性状数据为 52 个水稻 DUS 测试指南规定性状，图像数据包括植株、穗子和籽粒等实物图像。并对相关测试信息、性状描述数据和图像数据进行标准化处理，数据集共 40046 条记录和 48GB 图像数据。该性状数据和图像数据已于 2012 年 7 月录入《农业部植物新品种保护办公自动化系统》的已知品种数据库并共享应用。

学科类别：农学

数据格式：.xls，.jpg

数据负责人：朱智伟[*]

来源项目：水稻品种历史数据整编

（785）采集了 2001～2009 年申请我国植物新品种保护的 900 个水稻新品种 24 对微卫星标记特征数据

数据编号：2008FY220200-04-2014072504

数据时间：1905 年

数据地点：全国

数据类型：文献资料

数据内容：应用 DNA 基因分析仪电泳，结合非变性聚丙烯酰胺凝胶电泳检测，采集了 2001～2009 年申请我国植物新品种保护的 900 个水稻品种的 SSR 指纹数据，每个品种采集农业行业标准 NY/T 1433—2007 推荐的 24 对微卫星标记特征数据并作标准化处理，数据集共 900 条记录。该数据已于 2012 年 7 月录入《农业部植物新品种保护办公自动化系统》的已知品种数据库并共享应用。

学科类别：农学

数据格式：.xls

数据负责人：朱智伟*

来源项目：水稻品种历史数据整编

（786）水稻品种 DNA 指纹鉴定技术规范 SSR 标记法

数据编号：2008FY220200-05-2014072505

数据时间：1905 年

数据地点：全国

数据类型：文献资料

数据内容：针对现行农业行业标准 NY/T 1433—2007《水稻品种鉴定 DNA 指纹方法》存在标记数偏少、检测方法兼容性差等问题，通过比较 120 对 SSR 标记的鉴别效率和检测方法的兼容性状况，建议了 48 对 SSR 标记作为今后品种鉴定的推荐标记，并补充了 PAGE、毛细管电泳等检测方法，完善了水稻品种 DNA 指纹鉴定技术规范，并列入农业行业标准制定（修订）计划。

学科类别：农学

数据格式：.doc

数据负责人：朱智伟*

来源项目：水稻品种历史数据整编

（787）《水稻新品种测试原理与方法》

数据编号：2008FY220200-06-2014072506

数据时间：1905 年

数据地点：全国

数据类型：文献资料

数据内容：该书从理论和实践相结合的角度，全面介绍了国内外植物新品种保护与测试的现状，详细阐述了水稻新品种测试的原理和方法，以图文并茂的方式对水稻测试性状的调查与分级标准以及形态性状图像的采集作了技术规范，着重概述了 DNA 指纹鉴定技术在水稻品种权保护中的应用。该书可供植物新品种审查测试、品种管理、种子经营、水稻育种和农业科研教育等人员参考。

学科类别：农学

数据格式：.pdf

数据负责人：朱智伟*

来源项目：水稻品种历史数据整编

（788）2004～2011 年渤海、黄海、东海、南海和西菲律宾海沉积物类型分布图

数据编号：2008FY220300-01-2015070701

数据时间：2004～2011 年

数据地点：渤海、黄海、东海、南海和西菲律宾海；范围为 3°N～42°N，105°E～135°E 的海域部分

数据类型：多媒体

数据内容：通过对 908 专项及其他国家专项获得的沉积物底质调查数据进行整合，反映渤、黄、东海，南海和西菲律宾海区表层沉积物类型分布特征及规律。内容包括：渤、黄、东海沉积物类型分布图 1 幅；南海沉积物类型分布图 1 幅；西菲律宾海沉积物类型分布图 1 幅。

学科类别：海洋科学

数据格式：.shp

数据负责人：石学法

来源项目：我国近海及邻近海域地质地球物理图集编制

（789）2004～2011 年渤海、黄海、东海、南海和西菲律宾海沉积物粒度特征参数分布图

数据编号：2008FY220300-02-2015070802

数据时间：2004～2011 年

数据地点：渤海、黄海、东海、南海和西菲律宾海；范围为 3°N～42°N，105°E～135°E 的海域部分

数据类型：多媒体

数据内容：通过对 908 专项及其他国家专项获得的沉积物粒度数据进行整合，计算沉积物砂、粉砂、黏土等不同粒级百分含量，反映渤、黄、东海，南海和西菲律宾海区表层沉积物砂、粉砂和黏土的分布特征及规律。内容包括：渤、黄、东海沉积物粒度特征参数分布图 3 幅；南海沉积物粒度特征参数分布图 3 幅；西菲律宾海沉积物粒度特征参数分布图 3 幅。

学科类别：海洋科学

数据格式：.shp

数据负责人：石学法

来源项目：我国近海及邻近海域地质地球物理图集编制

（790）2004～2011 年渤海、黄海、东海、南海和西菲律宾海沉积物碎屑矿物分布图

数据编号：2008FY220300-03-2015070803

数据时间：2004～2011 年

数据地点：渤海、黄海、东海、南海和西菲律宾海；范围为 3°N～42°N，105°E～135°E 的海域部分

数据类型：多媒体

数据内容：通过对 908 专项及其他国家专项获得的沉积物碎屑矿物数据进行整合，计算沉积物中 10 种主要碎屑矿物的百分含量，反映渤、黄、东海，南海和西菲律宾海区碎屑矿物的分布特征及规律。内容包括：渤、黄、东海沉积物碎屑矿物分布图 10 幅；南海沉积物碎屑矿物分布图 10 幅；西菲律宾海沉积物碎屑矿物分布图 10 幅。

学科类别：海洋科学

数据格式：.shp

数据负责人：石学法

来源项目：我国近海及邻近海域地质地球物理图集编制

（791）2004～2011 年渤海、黄海、东海、南海和西菲律宾海沉积物黏土矿物分布图

数据编号：2008FY220300-04-2015070804

数据时间：2004～2011 年

数据地点：渤海、黄海、东海、南海和西菲律宾海；范围为 3°N～42°N，105°E～135°E 的海域部分

数据类型：多媒体

数据内容：通过对 908 专项及其他国家专项获得的沉积物黏土矿物数据进行整合，计算沉积物中 4 种主要黏土矿物的百分含量，反映渤、黄、东海，南海和西菲律宾海区黏土矿物的分布特征及规律。内容包括：渤、黄、东海沉积物黏土矿物分布图 4 幅；南海沉积物黏土矿物分布图 4 幅；西菲律宾海沉积物黏土矿物分布图 4 幅。

学科类别：海洋科学

数据格式：.shp

数据负责人：石学法

来源项目：我国近海及邻近海域地质地球物理图集编制

（792）2004～2011 年渤海、黄海、东海、南海和西菲律宾海沉积物化学要素分布图

数据编号：2008FY220300-05-2015070805

数据时间：2004～2011 年

数据地点：渤海、黄海、东海、南海和西菲律宾海；范围为 3°N～42°N, 105°E～135°E 的海域部分

数据类型：多媒体

数据内容：通过对 908 专项及其他国家专项获得的沉积物地球化学数据进行整合，计算沉积物中 10 种常量元素的百分含量，反映渤、黄、东海，南海和西菲律宾海区常量元素的分布特征及规律。内容包括：渤、黄、东海沉积物化学要素分布图 10 幅；南海沉积物化学要素分布图 10 幅；西菲律宾海沉积物化学要素分布图 10 幅。

学科类别：海洋科学

数据格式：.shp

数据负责人：石学法

来源项目：我国近海及邻近海域地质地球物理图集编制

（793）2004～2011 年渤海、黄海、东海、南海和西菲律宾海沉积物微体生物分布图

数据编号：2008FY220300-06-2015070806

数据时间：2004～2011 年

数据地点：渤海、黄海、东海、南海和西菲律宾海；范围为 3°N～42°N, 105°E～135°E 的海域部分

数据类型：多媒体

数据内容：通过对 908 专项及其他国家专项获得的沉积物微体生物数据进行整合，计算沉积物中 5 种主要微体生物的百分含量，反映渤、黄、东海，南海和西菲律宾海区微体生物的分布特征及规律。内容包括：渤、黄、东海沉积物微体生物分布图 5 幅；南海沉积物微体生物分布图 5 幅；西菲律宾海沉积物微体生物分布图 5 幅。

学科类别：海洋科学

数据格式：.shp

数据负责人：石学法

来源项目：我国近海及邻近海域地质地球物理图集编制

（794）2004～2011 年渤海、黄海、东海、南海和西菲律宾海布格重力异常图

数据编号：2008FY220300-07-2015070807

数据时间：2004～2011 年

数据地点：渤海、黄海、东海、南海和西菲律宾海；范围为 3°N～42°N，105°E～135°E 的海域部分

数据类型：多媒体

数据内容：通过对 908 专项及其他国家专项获得的海洋重力数据进行整合，计算布格重力异常，反映渤海、黄海、东海、南海和西菲律宾海区重力场分布特征及规律。内容包括：渤海、黄海、东海布格重力异常图 1 幅；南海布格重力异常图 1 幅；西菲律宾海布格重力异常图 1 幅。

学科类别：海洋科学

数据格式：.shp

数据负责人：石学法

来源项目：我国近海及邻近海域地质地球物理图集编制

（795）2004～2011 年渤海、黄海、东海、南海和西菲律宾海磁力异常图

数据编号：2008FY220300-08-2015070808

数据时间：2004～2011 年

数据地点：渤海、黄海、东海、南海和西菲律宾海；范围为 3°N～42°N，105°E～135°E 的海域部分

数据类型：多媒体

数据内容：通过对 908 专项及其他国家专项获得的海洋磁力数据进行整合，计算 ΔT 磁力异常，反映渤海、黄海、东海、南海和西菲律宾海区地磁场分布特征及规律。内容包括：渤海、黄海、东海 ΔT 磁力异常图 1 幅；南海 ΔT 磁力异常图 1 幅；西菲律宾海 ΔT 磁力异常图 1 幅。

学科类别：海洋科学

数据格式：.shp

数据负责人：石学法

来源项目：我国近海及邻近海域地质地球物理图集编制

（796）2004～2011 年渤海、黄海、东海、南海和西菲律宾海空间重力异常图

数据编号：2008FY220300-09-2015070809

数据时间：2004～2011 年

数据地点：渤海、黄海、东海、南海和西菲律宾海；范围为 3°N～42°N，105°E～135°E 的海域部分

数据类型：多媒体

数据内容：通过对 908 专项及其他国家专项获得的海洋重力数据进行整合，计算空间重力异常，反映渤海、黄海、东海，南海和西菲律宾海区重力场分布特

征及规律。内容包括：渤海、黄海、东海空间重力异常图 1 幅；南海空间重力异常图 1 幅；西菲律宾海空间重力异常图 1 幅。

学科类别：海洋科学

数据格式：.shp

数据负责人：石学法

来源项目：我国近海及邻近海域地质地球物理图集编制

（797）2004～2011 年渤海、黄海、东海、南海和西菲律宾海海底地貌图

数据编号：2008FY220300-10-2015070810

数据时间：2004～2011 年

数据地点：渤海、黄海、东海、南海和西菲律宾海；范围为 3°N～42°N，105°E～135°E 的海域部分

数据类型：多媒体

数据内容：通过对民用海图、908 专项及其他国家专项获得的海底地貌调查数据进行校准和更新，编制反映渤海、黄海、东海，南海和西菲律宾海区海底地貌类型分布特征及规律的图件。内容包括：渤海、黄海、东海海底地貌图；南海海底地貌图；西菲律宾海海底地貌图。

学科类别：海洋科学

数据格式：.shp

数据负责人：石学法

来源项目：我国近海及邻近海域地质地球物理图集编制

（798）2004～2011 年渤海、黄海、东海、南海和西菲律宾海海底地势图

数据编号：2008FY220300-11-2015070811

数据时间：2004～2011 年

数据地点：渤海、黄海、东海、南海和西菲律宾海；范围为 3°N～42°N，105°E～135°E 的海域部分

数据类型：多媒体

数据内容：通过对民用海图、全球地形数据、908 专项及其他国家专项获得的海底地势数据进行整合，编制反映渤海、黄海、东海、南海和西菲律宾海区海底地势起伏和水系特征与分布规律的图件。内容包括：渤海、黄海、东海海底地势图；南海海底地势图；西菲律宾海海底地势图。

学科类别：海洋科学

数据格式：.shp

数据负责人：石学法

来源项目：我国近海及邻近海域地质地球物理图集编制

（799）2004～2011 年渤海、黄海、东海、南海和西菲律宾海海底地形图

数据编号：2008FY220300-12-2015070812

数据时间：2004～2011 年

数据地点：渤海、黄海、东海、南海和西菲律宾海；范围为 3°N～42°N，105°E～135°E 的海域部分

数据类型：多媒体

数据内容：通过对民用海图、908 专项及其他国家专项获得的海底水深调查数据进行整合，编制反映渤海、黄海、东海、南海和西菲律宾海区海底地形特征的图件。内容包括：渤海、黄海、东海海底地形图；南海海底地形图；西菲律宾海海底地形图。

学科类别：海洋科学

数据格式：.shp

数据负责人：石学法

来源项目：我国近海及邻近海域地质地球物理图集编制

（800）2004～2011 年渤海、黄海、东海、南海和西菲律宾海海底构造分区图

数据编号：2008FY220300-13-2015070813

数据时间：2004～2011 年

数据地点：渤海、黄海、东海、南海和西菲律宾海；范围为 3°N～42°N，105°E～135°E 的海域部分

数据类型：多媒体

数据内容：通过对民用海图、908 专项及其他国家专项获得的海底构造数据进行整合，编制反映渤海、黄海、东海、南海和西菲律宾海区海底构造特征的图件。内容包括：渤海、黄海、东海海底构造图；南海海底构造图；西菲律宾海海底构造图。

学科类别：海洋科学

数据格式：.shp

数据负责人：石学法

来源项目：我国近海及邻近海域地质地球物理图集编制

（801）2004～2011 年《我国近海及邻近海域地质地球物理图集编制——专著集》

数据编号：2008FY220300-14-2015070814

数据时间：2004～2011 年

数据地点：中国近海

数据类型：文献资料

数据内容：包括《中国近海海洋图集——海洋地质》专著，该专著通过对 908 专项等其他专项获得的沉积物与地球物理数据资料进行整合、分析，编制中国近海海洋底质分布特征与规律图、中国近海浅地层剖面特征等底质与地球物理图件。

　　学科类别：海洋科学

　　数据格式：.pdf

　　数据负责人：石学法

　　来源项目：我国近海及邻近海域地质地球物理图集编制

（802）2004～2011 年《我国近海及邻近海域地质地球物理图集编制——论文集》

　　数据编号：2008FY220300-15-2018061510

　　数据时间：2004～2011 年

　　数据地点：中国近海

　　数据类型：文献资料

　　数据内容：该论文集包括《东海内陆架泥质区表层沉积物常量元素地球化学及其地质意义》、《渤海莱州湾表层沉积物中底栖有孔虫分布特征及其环境意义》、《东海内陆架表层沉积物粒度及其净输运模式》、《东海内陆架泥质区表层沉积物稀土元素的分布特征》、"*Distribution and transport of suspended sediments off the Yellow River （Huanghe）mouth and the nearby Bohai Sea*"等。

　　学科类别：海洋科学

　　数据格式：.pdf

　　数据负责人：石学法

　　来源项目：我国近海及邻近海域地质地球物理图集编制

（803）《中药醌类成分标准化研究》

　　数据编号：2008FY230400-01-2014081601

　　数据时间：2009 年

　　数据地点：中国科学院武汉植物园

　　数据类型：文献资料

　　数据内容：《中药醌类成分标准化研究》专著，汇集了大黄、虎杖、决明子、丹参、何首乌、紫草、雷公藤、茜草、芦荟和土大黄 10 种含醌类的地道中药的46 种醌类标准物研究方法及其 UV、IR、MS、HNMR 和 CNMR 结构，42 个标准物质的抗氧化活性等内容，在此基础上，总结了国内外天然醌类成分的研究成果，为我国中药标准化研究领域的一部较系统的醌类成分标准化研究专著。

　　学科类别：中医学与中药学

　　数据格式：.pdf

　　数据负责人：袁晓

　　来源项目：含醌类地道中药材的测试分析标准方法及标准物质研制

（804）含醌类中草药的标准分析方法

数据编号：2008FY230400-02-2015052602

数据时间：2009 年

数据地点：中国

数据类型：文献资料

数据内容：中药材测试分析标准方法，包括了大黄、虎杖、决明子、丹参、何首乌、紫草、雷公藤、茜草、芦荟和土大黄等 10 种含醌类中草药 HPLC-DAD 含量测定方法和指纹图谱。

学科类别：中医学与中药学

数据格式：.doc

数据负责人：袁晓

来源项目：含醌类地道中药材的测试分析标准方法及标准物质研制

（805）醌类标准化合物结构鉴定光谱图

数据编号：2008FY230400-03-2015052603

数据时间：2009 年

数据地点：中国

数据类型：文献资料

数据内容：醌类标准物质，包括了 46 个醌类及其相关成分 UV，IR，MS，HNMR 和 CNMR 结构鉴定光谱图。

学科类别：中医学与中药学

数据格式：.pdf

数据负责人：袁晓

来源项目：含醌类地道中药材的测试分析标准方法及标准物质研制

（806）醌类标准物数据库

数据编号：2008FY230400-04-2015052604

数据时间：2009 年

数据地点：中国

数据类型：科学数据

数据内容：醌类标准物信息库。包括 46 种醌类及相关成分的基本信息，HPLC 方法，UV、IR、MS、HNMR 和 CNMR 光谱等关键重要信息。

学科类别：中医学与中药学

数据格式：.table

数据负责人：袁晓

来源项目：含醌类地道中药材的测试分析标准方法及标准物质研制

（807）中医临床诊疗术语·病状术语规范原始数据簿

数据编号：2008FY230500-01-2014073002

数据时间：2008 年

数据地点：中国中医科学院

数据类型：科学数据

数据内容：该数据簿整理和收集了 2013 年 12 月以前中医临床诊疗术语症状体征部分所涉及的病位、症状要素、舌像、脉象、复合症状、临床表现、临床特点、临床特征等方面的原始数据，包含 33 836 条记录。数据来源于古、今、中、西文献资料，主要包括：著名经典（贴近临床，富含症状）、历代医案（有代表性者）、已出版症状体征类专著、已发布的中医药规范标准、统编教材、中医高级参考书、方药类著名专著、已出版证候类专著、历代各科著名代表性作品、工具书、现代病案等类别。该数据可用于临床、教学、科研、出版、学术交流等各个方面。

学科类别：中医学与中药学

数据格式：.xls

数据负责人：王志国

来源项目：《中医临床诊疗术语·症状体征部分》国家标准编制项目

（808）2009～2011 年中国主产棉区棉花黄萎病病原 — 大丽轮枝菌鉴定数据

数据编号：2008FY240100-01-2014072101

数据时间：2009～2011 年

数据地点：全国

数据类型：文献资料

数据内容：该数据为项目组收集和鉴定的我国主产棉区棉花黄萎病病原——大丽轮枝菌的汇总表，参数包括菌种保存编号、原始编号、病原中文名、病原拉丁文、采集地区、采集地点、分离寄主、致病型、特征特性、收集单位和收集人，其中致病型为该数据的主要参数。实物资源可有条件交换共享。

学科类别：农学

数据格式：.xls，.jpg

数据负责人：徐荣旗[*]

来源项目：棉花病害种类、生理小种分布、为害调查及抗性快速鉴定

（809）2009～2011 年中国主产棉区棉花种质资源收集与抗性鉴定数据

数据编号：2008FY240100-01-2014072102

数据时间：2009～2014 年

数据地点：全国

数据类型：文献资料

数据内容：该数据为我国主产棉区主栽品种、常用育种中间材料和核心种质资源收集和鉴的汇总表，参数包括资源编号、种质名称、学名、生育期、株形、铃形及大小、铃重、衣分、籽指、纤维长度、伸长率、比强值、马克隆值、黄萎病病指、黄萎病反应型、枯萎病病指、枯萎病反应型、种质来源、种质保存地、联系人和联系电话，其中黄萎病病指和黄萎病反应型是该项目的主要参数。实物资源可有条件与收集单位交换共享。

学科类别：农学

数据格式：.xls，.jpg

数据负责人：徐荣旗[*]

来源项目：棉花病害种类、生理小种分布、为害调查及抗性快速鉴定

（810）2009～2011 年我国黄河流域、长江流域和新疆三大主产棉区棉花病害种类、分布、流行规律及为害情况调查报告

数据编号：2008FY240100-03-2014090503

数据时间：2009～2011 年

数据地点：全国

数据类型：文献资料

数据内容：该数据为 2009～2011 年我国黄河流域、长江流域和新疆三大主产棉区棉花病害种类、分布、流行规律及为害情况调查和分析报告，调查报告内容为主产棉区河北、河南、山东、山西、陕西、湖北、湖南、安徽、江西和新疆 10个省（直辖市）的棉花病害的种类、分布和流行规律。调查报告完全开放共享。

学科类别：农学

数据格式：.doc，.pdf

数据负责人：徐荣旗[*]

来源项目：棉花病害种类、生理小种分布、为害调查及抗性快速鉴定

（811）2009～2011 年全国棉花抗病性鉴定新方法

数据编号：2008FY240100-04-2014090504

数据时间：2009～2011 年

数据地点：全国

数据类型：文献资料

数据内容：项目建立了速准确的棉花抗病性鉴定新方法，并发表了相关研究论文和获得国家发明专利。论文在中国知识网和万方数据库可下载共享；授权发明专利可在国家知识产权局查阅。

学科类别：农学

数据格式：.doc，.pdf

数据负责人：徐荣旗*

来源项目：棉花病害种类、生理小种分布、为害调查及抗性快速鉴定

（812）2009～2011 年中国主产棉区病原菌致病型和棉花材料抗病性数据

数据编号：2008FY240100-05-2014090505

数据时间：2009～2011 年

数据地点：全国

数据类型：文献资料

数据内容：建立了基于 Internet 网络的数据资源共享和服务数据库，供科研工作者查阅参考，数据链接为 http：//iappst.caas.net.cn/a/xkgj/shipinzhiliangyuan quanyanjiushi/2014/0717/1687.html，为病原菌大丽轮枝菌的致病型和棉花主栽品种及种质资源材料的抗病性数据，可有条件实现数据共享。

学科类别：农学

数据格式：.pdf，.doc，.html

数据负责人：徐荣旗*

来源项目：棉花病害种类、生理小种分布、为害调查及抗性快速鉴定

8. 2009 年立项项目数据资料编目

（813）中国人的基本认知特点数据（2014 年）

数据编号：2009FY110100-01-2015102301

数据时间：2014 年

数据地点：北京、河北、天津、吉林、辽宁、江苏、江西、山东、上海、广东、福建、湖北、湖南、四川、云南、重庆、甘肃、陕西、浙江

数据类型：科学数据

数据内容：数据通过本地计算机"基本认知系统"程序采集，采集时间是 2014 年，基本认知能力是人的认知能力的基本元素，包括加工速度、工作记忆、情景记忆（长时记忆）、空间能力和言语能力等。数据量为 9845。

学科类别：心理学

数据格式：.sav

数据负责人：张侃

来源项目：国民重要心理特征调查

（814）中国人的语言理解数据（2013 年）

数据编号：2009FY110100-02-2015102602

数据时间：2013 年

数据地点：东北、华北、西北、华东、华中、西南、华南

数据类型：科学数据

数据内容：数据通过问卷采集，采集时间为 2013 年。通过对话理解及阅读理解，从句子、语篇两个层次，考察个体对汉语理解的正确性水平，考察个体快速、准确、有效地获取、加工和处理言语信息的能力。数据量为 9912 份。

学科类别：心理学

数据格式：.sav

数据负责人：张侃

来源项目：国民重要心理特征调查

（815）中国人的发散思维—5 分钟版数据（2011～2012 年）

数据编号：2009FY110100-03-2015102603

数据时间：2011～2012 年

数据地点：东北、华北、西北、华东、华中、西南、华南

数据类型：科学数据

数据内容：数据通过问卷采集，采集时间为 2011～2012 年。要求中国人在 5 分钟的时间内尽可能多的写出筷子的新异用途，根据个体所完成的答案的独创性、流畅性、灵活性来计分，并据此判定该个体的创造力水平。数据量为 25 479 份。

学科类别：心理学

数据格式：.sav

数据负责人：张侃

来源项目：国民重要心理特征调查

（816）中国人的发散思维—10 分钟版数据（2013 年）

数据编号：2009FY110100-04-2015102604

数据时间：2013 年

数据地点：东北、华北、西北、华东、华中、西南、华南

数据类型：科学数据

数据内容：数据通过问卷采集，采集时间为 2013 年。要求中国人在 10 分钟的时间内尽可能多的写出筷子的新异用途，根据个体所完成的答案的独创性、流畅性、灵活性来计分，并据此判定该个体的创造力水平。数据量为 11 781 份。

学科类别：心理学

数据格式：.sav

数据负责人：张侃

来源项目：国民重要心理特征调查

（817）中国人的发散思维—图画测验数据（2013 年）

数据编号：2009FY110100-05-2015102605

数据时间：2013 年

数据地点：东北、华北、西北、华东、华中、西南、华南

数据类型：科学数据

数据内容：数据通过问卷采集，采集时间为 2013 年。要求中国人在 10 分钟的时间内，尽可能多的以相互垂直的两条线为基础画出有意义的图画。根据个体所完成的答案的独创性、流畅性、灵活性和精致性来计分，并据此判定该个体的创造力水平。数据量为 16 080 份。

学科类别：心理学

数据格式：.sav

数据负责人：张侃

来源项目：国民重要心理特征调查

（818）中国人的推理数据（2011～2013 年）

数据编号：2009FY110100-06-2015102606

数据时间：2011～2012 年

数据地点：北京、福建、广东、贵州、河南、湖南、吉林、江苏、辽宁、青海、陕西、四川、山东、浙江

数据类型：科学数据

数据内容：数据通过问卷采集，采集时间为 2011～2013 年。从具体事物归纳出一般规律，或者根据一般原理推出新结论的思维活动。数据量为 57 920 份。

学科类别：心理学

数据格式：.sav

数据负责人：张侃

来源项目：国民重要心理特征调查

（819）中国人的风险倾向数据（2011～2014 年）

数据编号：2009FY110100-07-2015102607

数据时间：2011～2012 年

数据地点：安徽、北京、重庆、福建、广东、甘肃、广西、贵州、海南、湖北、河北、黑龙江、河南、湖南、吉林、江苏、江西、辽宁、内蒙古、宁夏、青海、四川、山东、上海、陕西、山西、天津、新疆、西藏、云南、浙江

数据类型：科学数据

数据内容：数据通过问卷采集，采集时间为 2011～2014 年。给测试对象呈现一些描述风险寻求的观点或陈述，让其评价自己对每种观点或陈述同意到不同意的程度。数据量为 24 933 份。

学科类别：心理学

数据格式：.sav

数据负责人：张侃

来源项目：国民重要心理特征调查

（820）中国人的损失规避数据（2011～2014 年）

数据编号：2009FY110100-08-2015102608

数据时间：2011～2012 年

数据地点：安徽、北京、重庆、福建、广东、甘肃、广西、贵州、海南、湖北、河北、黑龙江、河南、湖南、吉林、江苏、江西、辽宁、内蒙古、宁夏、青海、四川、山东、上海、陕西、山西、天津、新疆、西藏、云南、浙江

数据类型：科学数据

数据内容：数据通过问卷采集，采集时间为 2011～2014 年。采取匹配任务的方式对损失规避进行测量。数据量为 23 375 份。

学科类别：心理学

数据格式：.sav

数据负责人：张侃

来源项目：国民重要心理特征调查

（821）中国人的过分自信数据（2011～2014 年）

数据编号：2009FY110100-09-2015102609

数据时间：2011～2012 年

数据地点：安徽、北京、重庆、福建、广东、甘肃、广西、贵州、海南、湖北、河北、黑龙江、河南、湖南、吉林、江苏、江西、辽宁、内蒙古、宁夏、青海、四川、山东、上海、陕西、山西、天津、新疆、西藏、云南、浙江

数据类型：科学数据

数据内容：数据通过问卷采集，采集时间为 2011～2014 年。用同伴比较任务范式测量测试对象的过分自信倾向。数据量为 23 265 份。

学科类别：心理学

数据格式：.sav

数据负责人：张侃

来源项目：国民重要心理特征调查

（822）中国人的储蓄比例数据（2011～2014 年）

数据编号：2009FY110100-10-2015102610

数据时间：2011～2012 年

数据地点：安徽、北京、重庆、福建、广东、甘肃、广西、贵州、海南、湖北、河北、黑龙江、河南、湖南、吉林、江苏、江西、辽宁、内蒙古、宁夏、青

海、四川、山东、上海、陕西、山西、天津、新疆、西藏、云南、浙江

数据类型：科学数据

数据内容：数据通过问卷采集，采集时间为 2011～2014 年。测量了测试对象的储蓄分配倾向。数据量为 66 471 份。

学科类别：心理学

数据格式：.sav

数据负责人：张侃

来源项目：国民重要心理特征调查

（823）中国人的时间折扣率数据（2011～2014 年）

数据编号：2009FY110100-11-2015102611

数据时间：2011～2012 份

数据地点：安徽、北京、重庆、福建、广东、甘肃、广西、贵州、海南、湖北、河北、黑龙江、河南、湖南、吉林、江苏、江西、辽宁、内蒙古、宁夏、青海、四川、山东、上海、陕西、山西、天津、新疆、西藏、云南、浙江

数据类型：科学数据

数据内容：数据通过问卷采集，采集时间为 2011～2014 年。采用了匹配任务范式对时间折扣率进行了测量。数据量为 40 838 份。

学科类别：心理学

数据格式：.sav

数据负责人：张侃

来源项目：国民重要心理特征调查

（824）中国人的主观预期寿命数据（2011～2014 年）

数据编号：2009FY110100-12-2015102612

数据时间：2011～2012 年

数据地点：安徽、北京、重庆、福建、广东、甘肃、广西、贵州、海南、湖北、河北、黑龙江、河南、湖南、吉林、江苏、江西、辽宁、内蒙古、宁夏、青海、四川、山东、上海、陕西、山西、天津、新疆、西藏、云南、浙江

数据类型：科学数据

数据内容：数据通过问卷采集，采集时间为 2011～2014 年。采用 Hill 和 Ross 编制的测量工具进行预期寿命的测量。数据量为 22 450 份。

学科类别：心理学

数据格式：.sav

数据负责人：张侃

来源项目：国民重要心理特征调查

（825）中国人的个体集体利益冲突—社会互动决策数据（2011～2014 年）

数据编号：2009FY110100-13-2015102613

数据时间：2011～2012 年

数据地点：安徽、北京、重庆、福建、广东、甘肃、广西、贵州、海南、湖北、河北、黑龙江、河南、湖南、吉林、江苏、江西、辽宁、内蒙古、宁夏、青海、四川、山东、上海、陕西、山西、天津、新疆、西藏、云南、浙江

数据类型：科学数据

数据内容：数据通过问卷采集，采集时间为 2011～2014 年。采用共有地悲剧的经典范式，测量当今中国人在面临个体集体利益冲突时的决策倾向。数据量为25 486 份。

学科类别：心理学

数据格式：.sav

数据负责人：张侃

来源项目：国民重要心理特征调查

（826）中国人的人际利益冲突—社会互动决策数据（2011～2014 年）

数据编号：2009FY110100-14-2015102614

数据时间：2011～2012 年

数据地点：安徽、北京、重庆、福建、广东、甘肃、广西、贵州、海南、湖北、河北、黑龙江、河南、湖南、吉林、江苏、江西、辽宁、内蒙古、宁夏、青海、四川、山东、上海、陕西、山西、天津、新疆、西藏、云南、浙江

数据类型：科学数据

数据内容：数据通过问卷采集，采集时间为 2011～2014 年。采用囚徒困境的经典范式，测量当今中国人在面临人际利益冲突时的决策倾向。数据量为 25 486 份。

学科类别：心理学

数据格式：.sav

数据负责人：张侃

来源项目：国民重要心理特征调查

（827）中国人的亲社会行为数据（2011～2014 年）

数据编号：2009FY110100-15-2015102615

数据时间：2011～2012 年

数据地点：安徽、北京、重庆、福建、广东、甘肃、广西、贵州、海南、湖北、河北、黑龙江、河南、湖南、吉林、江苏、江西、辽宁、内蒙古、宁夏、青海、四川、山东、上海、陕西、山西、天津、新疆、西藏、云南、浙江

数据类型：科学数据

数据内容：数据通过问卷采集，采集时间为 2011～2014 年。采用 Hoffman 等人编制的测量工具进行亲社会行为的测量。数据量为 24 377 份。

学科类别：心理学

数据格式：.sav

数据负责人：张侃

来源项目：国民重要心理特征调查

（828）中国人的信任数据（2011～2014 年）

数据编号：2009FY110100-16-2015102616

数据时间：2011～2012 年

数据地点：安徽、北京、重庆、福建、广东、甘肃、广西、贵州、海南、湖北、河北、黑龙江、河南、湖南、吉林、江苏、江西、辽宁、内蒙古、宁夏、青海、四川、山东、上海、陕西、山西、天津、新疆、西藏、云南、浙江

数据类型：科学数据

数据内容：数据通过问卷采集，采集时间为 2011～2014 年。采用 Camerer 的测量工具进行信任的测量。数据量为 24 989 份。

学科类别：心理学

数据格式：.sav

数据负责人：张侃

来源项目：国民重要心理特征调查

（829）中国人的公平感数据（2011～2014 年）

数据编号：2009FY110100-17-2015102617

数据时间：2011～2012 年

数据地点：安徽、北京、重庆、福建、广东、甘肃、广西、贵州、海南、湖北、河北、黑龙江、河南、湖南、吉林、江苏、江西、辽宁、内蒙古、宁夏、青海、四川、山东、上海、陕西、山西、天津、新疆、西藏、云南、浙江

数据类型：科学数据

数据内容：数据通过问卷采集，采集时间为2011～2014 年。采用最后通牒范式进行对公平感的测量。数据量为 24 981 份。

学科类别：心理学

数据格式：.sav

数据负责人：张侃

来源项目：国民重要心理特征调查

（830）中国人的心理健康数据（2011～2013 年）

数据编号：2009FY110100-18-2015102618

数据时间：2011～2012 年

数据地点：东北、华北、西北、华东、华中、西南、华南

数据类型：科学数据

数据内容：数据通过问卷采集，采集时间为 2011～2013 年。通过对中国人的情绪体验、自我认识、人际交往、认知效能、适应能力 5 个方面测量心理健康情况。数据量为 78 912 份。

学科类别：心理学

数据格式：.sav

数据负责人：张侃

来源项目：国民重要心理特征调查

（831）中国人的个性特征数据（2011～2013 年）

数据编号：2009FY110100-19-2015102619

数据时间：2011～2012 年

数据地点：安徽、北京、重庆、福建、广东、甘肃、广西、贵州、海南、湖北、河北、黑龙江、河南、湖南、吉林、江苏、江西、辽宁、内蒙古、宁夏、青海、四川、山东、上海、陕西、山西、天津、新疆、西藏、云南、浙江

数据类型：科学数据

数据内容：数据通过问卷采集，采集时间为 2011～2013 年。通过对中国人的领导性、可靠性、容纳性、人际取向来测评人的个性特征。数据量为 45 968 年。

学科类别：心理学

数据格式：.sav

数据负责人：张侃

来源项目：国民重要心理特征调查

（832）中国人的政府满意度数据（2011～2013 年）

数据编号：2009FY110100-20-2015102620

数据时间：2011～2012 年

数据地点：安徽、北京、重庆、福建、广东、甘肃、广西、贵州、海南、湖北、河北、黑龙江、河南、湖南、吉林、江苏、江西、辽宁、内蒙古、宁夏、青海、四川、山东、上海、陕西、山西、天津、新疆、西藏、云南、浙江

数据类型：科学数据

数据内容：数据通过问卷采集，采集时间为 2011～2013 年。通过对地方政府的总体满意度、情感和认知评价评测对地方政府满意度。数据量为 25 547 份。

学科类别：心理学

数据格式：.sav

数据负责人：张侃

来源项目：国民重要心理特征调查

（833）中国人的集群行为意向数据（2011～2013 年）

数据编号：2009FY110100-21-2015102621

数据时间：2011～2012 年

数据地点：安徽、北京、重庆、福建、广东、甘肃、广西、贵州、海南、湖北、河北、黑龙江、河南、湖南、吉林、江苏、江西、辽宁、内蒙古、宁夏、青海、四川、山东、上海、陕西、山西、天津、新疆、西藏、云南、浙江

数据类型：科学数据

数据内容：数据通过问卷采集，采集时间为 2011～2013 年。考察个体在自身利益受损时选择参与联合亲友对抗、集体示威和罢工罢课三种集群行为的可能性。数据量为 25 547 份。

学科类别：心理学

数据格式：.sav

数据负责人：张侃

来源项目：国民重要心理特征调查

（834）中国人的经济信心数据（2011～2013 年）

数据编号：2009FY110100-22-2015102622

数据时间：2011～2012 年

数据地点：安徽、北京、重庆、福建、广东、甘肃、广西、贵州、海南、湖北、河北、黑龙江、河南、湖南、吉林、江苏、江西、辽宁、内蒙古、宁夏、青海、四川、山东、上海、陕西、山西、天津、新疆、西藏、云南、浙江

数据类型：科学数据

数据内容：数据通过问卷采集，采集时间为 2011～2013 年。考察对国家经济发展的满意度、对地方经济发展的满意度以及对当地经济发展的预期。数据量为 25 547 份。

学科类别：心理学

数据格式：.sav

数据负责人：张侃

来源项目：国民重要心理特征调查

（835）中国人的社会公平感数据（2011～2013 年）

数据编号：2009FY110100-23-2015102623

数据时间：2011～2012 年

数据地点：安徽、北京、重庆、福建、广东、甘肃、广西、贵州、海南、湖

北、河北、黑龙江、河南、湖南、吉林、江苏、江西、辽宁、内蒙古、宁夏、青海、四川、山东、上海、陕西、山西、天津、新疆、西藏、云南、浙江

　　数据类型：科学数据

　　数据内容：数据通过问卷采集，采集时间为 2011～2013 年。关注个体对总体公平程度、程序公平和分配公平的感知。数据量为 25 547 份。

　　学科类别：心理学

　　数据格式：.sav

　　数据负责人：张侃

　　来源项目：国民重要心理特征调查

（836）中国人的心理和谐数据（2011～2013 年）

　　数据编号：2009FY110100-24-2015102624

　　数据时间：2011～2012 年

　　数据地点：安徽、北京、重庆、福建、广东、甘肃、广西、贵州、海南、湖北、河北、黑龙江、河南、湖南、吉林、江苏、江西、辽宁、内蒙古、宁夏、青海、四川、山东、上海、陕西、山西、天津、新疆、西藏、云南、浙江

　　数据类型：科学数据

　　数据内容：数据通过问卷采集，采集时间为 2011～2013 年。包含自我和谐、家庭和谐、人际和谐与社会和谐。数据量为 154 938 份。

　　学科类别：心理学

　　数据格式：.sav

　　数据负责人：张侃

　　来源项目：国民重要心理特征调查

（837）中国人的生活满意度数据（2011～2013 年）

　　数据编号：2009FY110100-25-2015102625

　　数据时间：2011～2012 年

　　数据地点：安徽、北京、重庆、福建、广东、甘肃、广西、贵州、海南、湖北、河北、黑龙江、河南、湖南、吉林、江苏、江西、辽宁、内蒙古、宁夏、青海、四川、山东、上海、陕西、山西、天津、新疆、西藏、云南、浙江

　　数据类型：科学数据

　　数据内容：数据通过问卷采集，采集时间为 2011～2013 年。个体对自己生活质量的感受和认知评价，是幸福感的最重要的认知指标。数据量为 25 823 份。

　　学科类别：心理学

　　数据格式：.sav

　　数据负责人：张侃

来源项目：国民重要心理特征调查

（838）中国人的地区认同数据库（2011～2013 年）

数据编号：2009FY110100-26-2015102626

数据时间：2011～2012 年

数据地点：安徽、北京、重庆、福建、广东、甘肃、广西、贵州、海南、湖北、河北、黑龙江、河南、湖南、吉林、江苏、江西、辽宁、内蒙古、宁夏、青海、四川、山东、上海、陕西、山西、天津、新疆、西藏、云南、浙江

数据类型：科学数据

数据内容：数据通过问卷采集，采集时间为 2011～2013 年。通过测量民众在多大程度上愿意将自己人生选择与所在地区相联系测量了民众的地区认同程度。数据量为 25 499 份。

学科类别：心理学

数据格式：.sav

数据负责人：张侃

来源项目：国民重要心理特征调查

（839）"国民重要心理特征调查"总报告

数据编号：2009FY110100-27-2015102627

数据时间：2011 年

数据地点：安徽、北京、重庆、福建、广东、甘肃、广西、贵州、海南、湖北、河北、黑龙江、河南、湖南、吉林、江苏、江西、辽宁、内蒙古、宁夏、青海、四川、山东、上海、陕西、山西、天津、新疆、西藏、云南、浙江

数据类型：文献资料

数据内容：数据通过计算机和问卷采集，采集时间为 2011～2014 年。主要阐述项目概况及中国人基本认知、高级认知、心理健康和社会心理特征的调查研究结果。数据量为 248 页。

学科类别：心理学

数据格式：.pdf

数据负责人：张侃

来源项目：国民重要心理特征调查

（840）"国民重要心理特征调查"指标与工具

数据编号：2009FY110100-28-2015102628

数据时间：2011 年

数据地点：安徽、北京、重庆、福建、广东、甘肃、广西、贵州、海南、湖北、河北、黑龙江、河南、湖南、吉林、江苏、江西、辽宁、内蒙古、宁夏、青

海、四川、山东、上海、陕西、山西、天津、新疆、西藏、云南、浙江

　　数据类型：文献资料

　　数据内容：数据通过计算机和问卷采集，采集时间为 2011～2014 年。主要介绍国民重要心理特征的各级指标研发过程、测量工具及信效度、总体常模及不同人口学变量常模等指标。数据量为 286 页。

　　学科类别：心理学

　　数据格式：.pdf

　　数据负责人：张侃

　　来源项目：国民重要心理特征调查

（841）"国民重要心理特征调查"技术报告

　　数据编号：2009FY110100-29-2015102629

　　数据时间：2011 年

　　数据地点：安徽、北京、重庆、福建、广东、甘肃、广西、贵州、海南、湖北、河北、黑龙江、河南、湖南、吉林、江苏、江西、辽宁、内蒙古、宁夏、青海、四川、山东、上海、陕西、山西、天津、新疆、西藏、云南、浙江

　　数据类型：文献资料

　　数据内容：数据通过计算机和问卷采集，采集时间为 2011～2014 年。主要介绍项目实施过程中的抽样设计、数据采集及质量控制、数据编码及录入和清理、测验质量分析和数据分析。数据量为 134 页。

　　学科类别：心理学

　　数据格式：.pdf

　　数据负责人：张侃

　　来源项目：国民重要心理特征调查

（842）"国民重要心理特征调查"数据库使用手册

　　数据编号：2009FY110100-30-2015102630

　　数据时间：2011 年

　　数据地点：安徽、北京、重庆、福建、广东、甘肃、广西、贵州、海南、湖北、河北、黑龙江、河南、湖南、吉林、江苏、江西、辽宁、内蒙古、宁夏、青海、四川、山东、上海、陕西、山西、天津、新疆、西藏、云南、浙江

　　数据类型：文献资料

　　数据内容：数据通过计算机和问卷采集，采集时间为 2011～2014 年。主要介绍项目实施过程中的抽样设计、数据采集及质量控制、数据编码及录入和清理、测验质量分析和数据分析。数据量为 134 页。

　　学科类别：心理学

数据格式：.pdf

数据负责人：张侃

来源项目：国民重要心理特征调查

（843）2009～2015 年生物信息科学数据和信息资源数据标准和管理准则

数据编号：2009FY120100-01-2015111001

数据时间：2009 年

数据地点：全球

数据类型：文献资料

数据内容：生物信息科学数据和信息资源数据标准和管理准则是由项目承担单位的生物信息领域专家根据项目要求，制定了统一的数据规范和质量控制流程，包括生物信息科学数据共享平台数据规范，生物信息科学数据发布及访问规范，生物信息科学数据共享平台数据交换手册，生物信息科学数据共享平台基础数据资源审核策略 4 篇文档。

学科类别：生物学

数据格式：.doc

数据负责人：赵国屏

来源项目：生物信息学基础信息整编

（844）1976～2015 年蛋白质序列结构数据库镜像

数据编号：2009FY120100-02-2015111002

数据时间：1976 年

数据地点：全球

数据类型：科学数据

数据内容：Gene3D 数据库提供了蛋白质序列的结构和功能注释。目前 ftp 服务器上提供 Gene3D 数据库最新版本的下载服务。

学科类别：生物学

数据格式：.txt

数据负责人：赵国屏

来源项目：生物信息学基础信息整编

（845）1976～2015 年基因组数据库镜像

数据编号：2009FY120100-03-2015111003

数据时间：1977 年

数据地点：全球

数据类型：科学数据

数据内容：Ensembl 数据库提供了人类和其他脊椎动物基因组数据。目前 ftp

服务器上提供 Ensembl 数据库最新版本的下载服务。

　　学科类别：生物学

　　数据格式：.txt

　　数据负责人：赵国屏

　　来源项目：生物信息学基础信息整编

（846）1976～2015 年基因本体数据库镜像

　　数据编号：2009FY120100-04-2015111004

　　数据时间：1978 年

　　数据地点：全球

　　数据类型：科学数据

　　数据内容：GO 数据库提供了对各种数据库中基因产物功能的描述。目前 ftp 服务器上提供 GO 数据库最新版本的下载服务。

　　学科类别：生物学

　　数据格式：.txt

　　数据负责人：赵国屏

　　来源项目：生物信息学基础信息整编

（847）1976～2015 年内切酶数据库镜像

　　数据编号：2009FY120100-05-2015111005

　　数据时间：1979 年

　　数据地点：全球

　　数据类型：科学数据

　　数据内容：REBASE 数据库收录了限制性内切酶数据。目前 ftp 服务器上提供 REBASE 数据库最新版本的下载服务。

　　学科类别：生物学

　　数据格式：.txt

　　数据负责人：赵国屏

　　来源项目：生物信息学基础信息整编

（848）1976～2015 年欧洲分子生物学实验室数据库镜像

　　数据编号：2009FY120100-06-2015111006

　　数据时间：1980 年

　　数据地点：全球

　　数据类型：科学数据

　　数据内容：EMBL 数据库的基本单位也是序列条目，包括核苷酸碱基序列和注释两部分。目前 ftp 服务器上提供 EMBL 数据库最新版本的下载服务。

学科类别：生物学

数据格式：.txt

数据负责人：赵国屏

来源项目：生物信息学基础信息整编

（849）2005～2015 年蛋白质数据库镜像

数据编号：2009FY120100-07-2015111007

数据时间：1981 年

数据地点：全球

数据类型：科学数据

数据内容：UniProt 是信息最丰富、资源最广的蛋白质数据库。它由整合 Swiss-Prot、TrEMBL 和 PIR-PSD 三大数据库的数据而成。目前 ftp 服务器上提供 UniProt 数据库最新版本的下载服务。

学科类别：生物学

数据格式：.txt

数据负责人：赵国屏

来源项目：生物信息学基础信息整编

（850）2006～2015 年蛋白质序列分析和分类数据库镜像

数据编号：2009FY120100-08-2015111008

数据时间：2006 年

数据地点：全球

数据类型：科学数据

数据内容：InterPro 数据库存储了基于蛋白质序列预测分类得到的家族、功能域及重要位点。目前 ftp 服务器上提供 InterPro 数据库最新版本的下载服务。

学科类别：生物学

数据格式：.txt

数据负责人：赵国屏

来源项目：生物信息学基础信息整编

（851）2013～2015 年基因组分析工具数据库镜像

数据编号：2009FY120100-09-2015111009

数据时间：2013～2015 年

数据地点：全球

数据类型：科学数据

数据内容：GATK 数据库存储运行 GATK 软件所需要的各种序列和注释。目前 ftp 服务器上提供 GATK 数据库最新版本的下载服务。

学科类别：生物学

数据格式：.txt

数据负责人：赵国屏

来源项目：生物信息学基础信息整编

（852）2006～2015 年分子相互作用数据库镜像

数据编号：2009FY120100-10-2015111010

数据时间：2006～2015 年

数据地点：全球

数据类型：科学数据

数据内容：IntAct 数据库是一个开源的，开放数据的分子相互作用数据库，由来自文献资料精选的或直接来自数据仓库的数据组成。目前 ftp 服务器上提供 IntAct 数据库最新版本的下载服务。

学科类别：生物学

数据格式：.txt

数据负责人：赵国屏

来源项目：生物信息学基础信息整编

（853）2003～2015 年参考序列数据库镜像

数据编号：2009FY120100-11-2015111011

数据时间：2003～2015 年

数据地点：全球

数据类型：科学数据

数据内容：RefSeq 数据库提供了具有生物意义上的非冗余的基因和蛋白质序列的参考序列数据。目前 ftp 服务器上提供 RefSeq 数据库最新版本的下载服务。

学科类别：生物学

数据格式：.txt

数据负责人：赵国屏

来源项目：生物信息学基础信息整编

（854）1976～2015 年结构相似蛋白质家族数据库镜像

数据编号：2009FY120100-12-2015111012

数据时间：1976～2012 年

数据地点：全球

数据类型：科学数据

数据内容：FSSP 数据库是把 PDB 数据库中的蛋白质通过序列和结构比对进行分类的数据库。目前 ftp 服务器上提供 FSSP 数据库最新版本的下载服务。

学科类别：生物学

数据格式：.txt

数据负责人：赵国屏

来源项目：生物信息学基础信息整编

（855）1976～2015 年蛋白质二级结构数据库镜像

数据编号：2009FY120100-13-2015111013

数据时间：1976～2003 年

数据地点：全球

数据类型：科学数据

数据内容：DSSP 数据库是用由对蛋白质结构中的氨基酸残基进行二级结构构象分类的标准化算法生成的一个存放蛋白质二级结构分类数据的数据库。目前 ftp 服务器上提供 DSSP 数据库最新版本的下载服务。

学科类别：生物学

数据格式：.txt

数据负责人：赵国屏

来源项目：生物信息学基础信息整编

（856）2007～2015 年蛋白质结构数据库镜像

数据编号：2009FY120100-14-2015111014

数据时间：2007～2015 年

数据地点：全球

数据类型：科学数据

数据内容：PDB 数据库收集了全世界利用核磁共振、X 射线等实验解出来的蛋白质结构。目前 ftp 服务器上提供 PDB 数据库最新版本的下载服务。

学科类别：生物学

数据格式：.txt

数据负责人：赵国屏

来源项目：生物信息学基础信息整编

（857）2012～2013 年蛋白质家族数据库镜像

数据编号：2009FY120100-15-2015111015

数据时间：2012～2013 年

数据地点：全球

数据类型：科学数据

数据内容：Pfam 数据库是一个蛋白质家族大集合，依赖于由多序列比对和隐马尔可夫模型（HMMs）。目前 ftp 服务器上提供 PFam 数据库最新版本的下载服务。

学科类别：生物学

数据格式：.txt

数据负责人：赵国屏

来源项目：生物信息学基础信息整编

（858）1997～2014 年同源蛋白数据库镜像

数据编号：2009FY120100-16-2015111016

数据时间：1997～2014 年

数据地点：全球

数据类型：科学数据

数据内容：HSSP 数据库不但包括已知三维结构的同源蛋白家族，而且包括未知结构的蛋白质分子，并将它们按同源家族分类。目前 ftp 服务器上提供 HSSP 数据库最新版本的下载服务。

学科类别：生物学

数据格式：.txt

数据负责人：赵国屏

来源项目：生物信息学基础信息整编

（859）1976～2015 年蛋白质结构分类数据库镜像

数据编号：2009FY120100-17-2015111017

数据时间：1976～2015 年

数据地点：全球

数据类型：科学数据

数据内容：CATH 是一个著名的蛋白质结构分类数据库，其含义为类型（Class）、构架（Architecture）、拓扑结构（Topology）和同源性（Homology），它由英国伦敦大学 UCL 开发和维护。目前 ftp 服务器上提供 CATH 数据库最新版本的下载服务。

学科类别：生物学

数据格式：.txt

数据负责人：赵国屏

来源项目：生物信息学基础信息整编

（860）2005～2015 年 SRA 数据库

数据编号：2009FY120100-18-2015111018

数据时间：2005～2015 年

数据地点：全球

数据类型：科学数据

数据内容：SRA 数据库主要收集由第二代高通量测序仪（如 454，IonTorrent，Illumina，SOLiD，Helicos，Complete Genomics）产生的长片段或短片段测序数据，包括 SRA 项目、SRA 研究方向、SRA 实验、SRA 测序数据、摘要信息、样本信息、组织信息、测序平台、测序方法、数据大小、碱基长度、测序日期等。

学科类别：生物学

数据格式：.dmp

数据负责人：赵国屏

来源项目：生物信息学基础信息整编

（861）2009～2015 年细菌比较基因组数据库

数据编号：2009FY120100-19-2015111019

数据时间：2009～2010 年

数据地点：全球

数据类型：科学数据

数据内容：比较基因组数据库主要收集已公布的近 40 株结核分枝杆菌基因组序列，自行测序的结核分枝杆菌中流行最广的北京型的不同亚型共 5 株的全基因组，包括：药物敏感株 CCDC5079、BS1，多重耐药菌株 CCDC5180，以及近年分离到的对主要治疗药物都具有一定抗性的全耐药菌株 BT1、BT2，和合作收集的 50 多株临床样本和牛型结核分枝杆菌样本的基因组 DNA 重测序工作获得的基因组框架图，以及自行测序得到的基因组数据和公共数据库中发表的冬虫夏草、白僵菌、绿僵菌等十余个真菌的基因组数据，通过分析，构建了结核分枝杆菌和昆虫寄生真菌比较基因组数据库。数据项包括 id，accession，name，organism，sequence，description，alignment，reference 等。

学科类别：生物学

数据格式：.sql

数据负责人：赵国屏

来源项目：生物信息学基础信息整编

（862）2001～2014 年虚拟中国人基因组数据库

数据编号：2009FY120100-20-2015111020

数据时间：2001～2014 年

数据地点：全球

数据类型：科学数据

数据内容：该数据库的数据源采用了千人基因组计划第一阶段所获得的低覆盖度全基因组测序数据。为保证数据来源的可靠性，仅选择中国南方人种群数据（100）、中国北方人种群数据（94）共 194 个样本的数据分析后生成虚拟中国人基因组数据库。数据项包括：population、chromosome、position、reference、major allele、read depth、comentropy、dynamic level、gene id、gene name、duplication、gwas trait 等。

　　学科类别：生物学

　　数据格式：.sql

　　数据负责人：赵国屏

　　来源项目：生物信息学基础信息整编

（863）2009～2012 年水稻比较基因组和进化生物学数据库

　　数据编号：2009FY120100-21-2015111021

　　数据时间：2009～2012 年

　　数据地点：全球

　　数据类型：科学数据

　　数据内容：水稻比较基因组和进化生物学数据库主要对 5 株已测序的水稻基因组数据进行注释和比较基因组学分析，主要包括重复序列、基因组分，基因，蛋白，非编码 RNA，基因转录和翻译注释，种内多态性注释和分析结果，同时还是一个多人协同式的数据整合系统，能够实现海量数据信息的收集和整合。数据项包括 reference sequence、source、type、start position、end position、score、strand、phase、attributes 等。

　　学科类别：生物学

　　数据格式：.sql

　　数据负责人：赵国屏

　　来源项目：生物信息学基础信息整编

（864）2009～2013 年人类转录组交互式注释系统

　　数据编号：2009FY120100-22-2015111022

　　数据时间：2009～2013 年

　　数据地点：全球

　　数据类型：科学数据

　　数据内容：人类转录组交互式注释系统共收集了 25 个组织和细胞系的 RNA—seq 的转录组数据和表达标签序列 EST 数据。数据项包括 qName、matches、misMatches、repMatches、nCount、qNumInsert、qBaseInsert、tNumInsert、tBaseInsert、strand、blockCount、blockSizes、qSize、qStart、qEnd、tName、tSize、tStart、tEnd、expBreadth、GO_ID、GO_function 等。

　　学科类别：生物学

　　数据格式：.sql

数据负责人：赵国屏

来源项目：生物信息学基础信息整编

（865）2009～2015 年微生物基因组数据库

数据编号：2009FY120100-23-2015111023

数据时间：2009～2015 年

数据地点：全球

数据类型：科学数据

数据内容：微生物基因组数据库主要收集原核微生物（如细菌、放线菌、螺旋体、支原体、立克次氏体、衣原体）、真核微生物（如真菌、藻类、原生动物）、以及非细胞类微生物（如病毒、亚病毒）由测序和分析得到的基因组数据及相关数据。数据项包括 taxonomy id，name，reference genome name，description，reference sequence，median total length，median protein count，median GC%，annotation，reference。

学科类别：生物学

数据格式：.txt

数据负责人：赵国屏

来源项目：生物信息学基础信息整编

（866）1976～2015 年重大疾病分子分型与传染病相关分子生物学数据库

数据编号：2009FY120100-24-2015111024

数据时间：1976～2015 年

数据地点：全球

数据类型：科学数据

数据内容：重大疾病分子分型与传染病相关分子生物学数据库主要收集血吸虫，乙型肝炎病毒，流感病毒，艾滋病毒，肝炎病毒，钩端螺旋体以及痢疾杆菌等病原体的基因组、基因和蛋白序列等数据。数据项包括 id，accession，organism，definition，source，sequence，reference 等。

学科类别：生物学

数据格式：.sql，.dmp

数据负责人：赵国屏

来源项目：生物信息学基础信息整编

（867）2009～2015 年人类元基因组数据库

数据编号：2009FY120100-25-2015111025

数据时间：2009～2015 年

数据地点：全球

数据类型：科学数据

数据内容：人类元基因组数据库主要收集人体内共生的菌群基因组的总和，包括肠道、口腔、呼吸道、生殖道等处菌群的序列数据。数据项包括 id，accession，organism，definition，source，sequence，reference 等。

学科类别：生物学

数据格式：.dmp

数据负责人：赵国屏

来源项目：生物信息学基础信息整编

（868）2009～2015 年人类肿瘤基因组数据库

数据编号：2009FY120100-26-2015111026

数据时间：2009～2015 年

数据地点：全球

数据类型：科学数据

数据内容：肿瘤基因组数据库专门收集肿瘤组织样本蛋白质组学研究中大量产生的质谱鉴定得到的癌症差异表达的蛋白质以及质谱实验的数据库。数据项包括 expid，cancer name，design，organism，sample type，sample control，sample case，protocol，uniprot ac.，description，diff，ratio，reference 等。

学科类别：生物学

数据格式：.sql

数据负责人：赵国屏

来源项目：生物信息学基础信息整编

（869）2009～2015 年人类代谢组数据库

数据编号：2009FY120100-27-2015111027

数据时间：2009～2015 年

数据地点：全球

数据类型：科学数据

数据内容：代谢组数据库主要收集人体中小分析代谢的详细数据，用于代谢组学、临床化学、生物标记物的发现和通识教育等方面的应用中。主要数据项包括 version，id，common name，description，structure，synonyms，chemical formula，average molecular weight，cellular locations，biofluid locations，tissue location，Pathways，References 等。

学科类别：生物学

数据格式：.txt

数据负责人：赵国屏

来源项目：生物信息学基础信息整编

（870）1976～2015 年人类蛋白质组数据库

数据编号：2009FY120100-28-2015111028

数据时间：1976～2015 年

数据地点：全球

数据类型：科学数据

数据内容：蛋白质组学数据库，搜集的数据包括鉴定出的蛋白质、肽，以及支持这些鉴定的其他相关原始数据。数据项包括 experiment accession no.，title，organism，tissue，protein accession no.，spectra，peptide，reference 等。

学科类别：生物学

数据格式：.dmp

数据负责人：赵国屏

来源项目：生物信息学基础信息整编

（871）1976～2015 年人类基因表达谱数据库

数据编号：2009FY120100-29-2015111029

数据时间：1976～2015 年

数据地点：全球

数据类型：科学数据

数据内容：基因表达谱数据库主要收集来自生物物种的各种生物组织的基因表达测量信息。数据项包括 dataset，title，description，pmid，platform，organism，sample type，series，subset，gene，values 等。

学科类别：生物学

数据格式：.dmp

数据负责人：赵国屏

来源项目：生物信息学基础信息整编

（872）1976～2015 年核酸序列数据库

数据编号：2009FY120100-30-2015111030

数据时间：1976～2015 年

数据地点：全球

数据类型：科学数据

数据内容：核酸序列数据库主要收集核酸序列资源，包括普通核酸，表达序列标签（EST），基因组勘测序列（GSS），序列标签位点（STS），测序峰图（Trace），小片段序列集（SRA），基因组，基因突变数据以及相关的物种特异性疾病因子数据。数据项包括 id，accession no.，organism，name，sequence，description，reference 等。

学科类别：生物学

数据格式：.dmp

数据负责人：赵国屏

来源项目：生物信息学基础信息整编

（873）1976～2014 年生物信息在线资源索引

数据编号：2009FY120100-31-2015111031

数据时间：1976～2015 年

数据地点：全球

数据类型：科学数据

数据内容：生物信息在线资源索引收集了 1976～2014 年已经发表了文章，可以在线访问或者下载的生物信息方面的资源，包括数据库、工具、服务等。数据包括：作者、标题、年份、来源出版物名称、卷、期、起始页码、结束页码、施引文献资料、归属机构、通信地址、PubMed ID、原始文献资料语言、来源出版物名称缩写、URL、文献资料链接等，共 2597 条记录。

学科类别：生物学

数据格式：.xls

数据负责人：赵国屏

来源项目：生物信息学基础信息整编

（874）2010～2014 年中国植物园迁地保护植物编目数据集

数据编号：2009FY120200-01-2015102001

数据时间：2012～2014 年

数据地点：中国植物园

数据类型：文献资料

数据内容：我国 12 个主要植物园迁地保护植物编目信息 15 812 条，内容包括：迁地植物分类学信息和栽培园地信息。

学科类别：植物学

数据格式：.xls

数据负责人：黄宏文

来源项目：植物园迁地保护植物编目及信息标准化

（875）1955～2014 年中国植物园引种数据集

数据编号：2009FY120200-02-2015102002

数据时间：1955～2014 年

数据地点：中国植物园

数据类型：文献资料

数据内容：对我国 12 个主要植物园引种历史资料整理，并在实地栽培地核查后入库，该库内容包括引种植物分类学信息、植物引种地、鉴定时间、鉴定人、引种植物园、是否野外引种、迁地保育现实状态图片等信息。该数据集数据采自以下 12 个植物园：中国科学院华南植物园（SCBG）、中国科学院西双版纳热带植物园（XTBG）、中国科学院植物研究所（IBCAS）、中国科学院武汉植物园（WHIOB）、中国科学院昆明植物研究所（KIB）、中国科学院新疆生态与地理研究所（XJB）、江西省中国科学院庐山植物园（LSBG）、江苏省中国科学院植物研究所（CNBG）、深圳市仙湖植物园（SZBG）、广西植物研究所（GXIB）、中国科学院沈阳应用生态研究所（IAE）、厦门市园林植物园（XMBG）。

学科类别：植物学

数据格式：.xls

数据负责人：黄宏文

来源项目：植物园迁地保护植物编目及信息标准化

（876）2010～2014 年中国植物园迁植物应用信息数据集

数据编号：2009FY120200-03-2015102003

数据时间：2010～2014 年

数据地点：中国植物园

数据类型：文献资料

数据内容：3207 种植物园迁地保育植物的资源利用信息，包括：药用、绿化观赏、油脂、食用、饲料、纤维、毒性等利用信息的简单描述。

数据涉及以下 12 个中国植物园：中国科学院华南植物园（SCBG）、中国科学院西双版纳热带植物园（XTBG）、中国科学院植物研究所（IBCAS）、中国科学院武汉植物园（WHIOB）、中国科学院昆明植物研究所（KIB）、中国科学院新疆生态与地理研究所（XJB）、江西省中国科学院庐山植物园（LSBG）、江苏省中国科学院植物研究所（CNBG）、深圳市仙湖植物园（SZBG）、广西植物研究所（GXIB）、中国科学院沈阳应用生态研究所（IAE）、厦门市园林植物园（XMBG）。

学科类别：植物学

数据格式：.xls

数据负责人：黄宏文

来源项目：植物园迁地保护植物编目及信息标准化

（877）2014 年植物园迁地保护植物数据标准

数据编号：2009FY120200-04-2015102004

数据时间：2014 年

数据地点：中国

数据类型：文献资料

数据内容："标准"包含三部分内容：①植物园迁地保护植物数据采集标准；②植物园植物图像采集标准；③植物园数据质量评估办法。

学科类别：植物学

数据格式：.pdf

数据负责人：黄宏文

来源项目：植物园迁地保护植物编目及信息标准化

（878）2012 年中国植物引种栽培及迁地保护的现状与展望

数据编号：2009FY120200-05-2015102005

数据时间：2012 年

数据地点：中国

数据类型：文献资料

数据内容：该文在概要总结我国植物引种驯化和迁地保育的历史基础上，全面综述了中国植物园迁地保育植物的现状和特点、中国农作物种质资源保护现状、野生植物种子库的进展。文章同时阐述了我国植物迁地保护存在的问题并对相关领域的未来发展进行了展望。

学科类别：植物学

数据格式：.pdf

数据负责人：黄宏文

来源项目：植物园迁地保护植物编目及信息标准化

（879）2014 年中国迁地栽培植物志名录

数据编号：2009FY120200-06-2015102006

数据时间：2014 年

数据地点：中国

数据类型：文献资料

数据内容：该名录收录了我国植物园迁地栽培的植物 15 812 种及种下分类单元（含亚种 181 个、变种 932 个、变型 68 个），隶属于 312 科、3181 属。每个科内按属、种拉丁学名的字母顺序排列。鉴于植物园引种历史长、原始记录通常与分类学修订不同步，该书对种的核校本着尊重史实、与时俱进的原则，按现在分类学修订的进展，适当加以调整归类。为了便于查阅，书后附有科、属名索引。

学科类别：植物学

数据格式：.pdf

数据负责人：黄宏文

来源项目：植物园迁地保护植物编目及信息标准化

（880）2015 年中国植物迁地保护理论与实践

数据编号：2009FY120200-07-2015102007

数据时间：2015 年

数据地点：中国

数据类型：文献资料

数据内容：为了方便植物园迁地保护植物的科学管理与数据采集以及珍稀濒危植物回归科研与实践，在广泛调研我国十个主要植物园的基础上编撰该书。该书包含以下内容：植物迁地保育理论、迁地保育规范、植物迁地保育的技术与管理、珍稀植物迁地保育与回归、典型案例分析。

学科类别：植物学

数据格式：.pdf

数据负责人：黄宏文

来源项目：植物园迁地保护植物编目及信息标准化

（881）2015 年中国迁地栽培植物大全

数据编号：2009FY120200-08-2015102008

数据时间：2015 年

数据地点：中国

数据类型：文献资料

数据内容：为了让人们对植物园迁地栽培植物有更直观的认识。《中国迁地栽培植物大全》以系列丛书的形式，以迁地栽培植物的简要文字描述并配以彩色照片的编排陆续出版。该书内容包括植物的中文名、拉丁名、鉴定特征、图片。书中介绍的植物种类每个科内按属、种拉丁名的字母顺序排序。为了便于查阅，书后附有中文索引和拉丁名索引。照片编号与植物学名前的序号对应，以方便读者使用。

学科类别：植物学

数据格式：.pdf

数据负责人：黄宏文

来源项目：植物园迁地保护植物编目及信息标准化

（882）《中医历代名家学术研究丛书》

数据编号：2009FY120300-01-2015101301

数据时间：2014 年

数据地点：中国

数据类型：文献资料

数据内容：该丛书主要对 48 名古代医家，包括西晋（2 名）王叔和、皇甫谧，隋唐（2 名）孙思邈、王冰，两宋（5 名）钱乙、许叔微、陈无择、杨士瀛、陈自明，金元（9 名）刘完素、张元素、李东垣、王好古、张子和、朱丹溪、王王圭、危亦林、成无己，明代（10 名）张景岳、龚廷贤、薛立斋、万密斋、孙一奎、李中梓、缪希雍、陈实功、赵献可、吴有性，清代（20 名）叶天士、喻嘉言、陈士铎、黄元御、冯兆张、尤在泾、徐灵胎、沈金鳌、吴鞠通、陈修园、王孟英、周学海、陆懋修、唐容川、赵学敏、张锡纯、王旭高、郑钦安、石寿棠、薛雪，他们的学术思想和临证特色进行了系统的总结和阐述。

学科类别：中医学与中药学

数据格式：.doc

数据负责人：曹洪欣

来源项目：中医药古籍与方志的文献资料整理

（883）《中医古籍孤本大全》

数据编号：2009FY120300-02-2015101302

数据时间：2011 年

数据地点：中国

数据类型：文献资料

数据内容：该丛书对 57 种中医孤本古籍进行了原版影印出版。第一批 26 种，书目如下：①本草图谱；②李氏医案；③脉症治三要；④徐氏四世医案合编；⑤古今录验养生必用方；⑥金匮要略阐义；⑦吴氏医方类编；⑧医学经略；⑨墨宝斋集验方；⑩辨证入药镜；⑪丹溪秘藏幼科捷径全书；⑫汇生集要；⑬支氏女科枢要；⑭敬修堂医源经旨；⑮女科切要；⑯寿世良方；⑰续貂集；⑱外科备要；⑲雪蕉轩医案；⑳医林正印；㉑脉荟；㉒太素脉要；㉓养生君主论；㉔幼儿杂症说要；㉕胎产大法；㉖赤崖医案本。第二批 31 种，书目如下：①玄机活法；②医林口谱六治秘书；③叶天士辨舌广验；④舌鉴十三方；⑤脉法的要·汤散征奇；⑥伤寒神秘精粹录；⑦伤寒述微；⑧徐氏活幼心法；⑨幼科杂病心得；⑩眼科启明；⑪祁氏家传外科大罗；⑫纪效新书；⑬性原广嗣；⑭存真环中图；⑮活命慈舟八卷；⑯高注金匮要略；⑰太医院纂集医教立命元龟；⑱考证注解伤寒论；⑲三丰张真人神速万应方；⑳食物本草；㉑杏苑生春；㉒幼科秘书；㉓医学心传·历年医案；㉔伤寒类证解惑；㉕妇科宗主；㉖杂病治例；㉗辨证玉函；㉘武林陈氏家传仙方；㉙（新刊）京本活人心法；㉚太乙离火感应神针；㉛凌门传授铜人指穴。

学科类别：中医学与中药学

数据格式：.doc

数据负责人：曹洪欣

来源项目：中医药古籍与方志的文献资料整理

（884）《中医古籍孤本丛刊》

数据编号：2009FY120300-03-2015101303

数据时间：2014 年

数据地点：中国

数据类型：文献资料

数据内容：该丛书对 37 种中医孤本古籍进行了点校出版，方便读者阅读。书目如下：①黄帝内经始生考；②难经古注校补；③女科心法；④胎产大法；⑤新刻幼科百效全书；⑥幼科辑萃大成；⑦白驹谷罗贞喉科；⑧眼科六要；⑨士林余业医学全书；⑩医学脉灯；⑪灵兰社稿；⑫太素心法便览四卷；⑬医家赤帜益辨全书；⑭医学原始；⑮明医选要；⑯医林口谱六治秘书；⑰神效集；⑱新刻经验积玉奇方；⑲脉症治方四卷；⑳汇生集要；㉑悬袖便方；㉒要药分剂补正；㉓鲁峰医案；㉔倚云轩医案医话医论；㉕续名医类案；㉖敬修堂医源经旨；㉗崇陵病案；㉘婺源余先生医案；㉙两都医案；㉚冰壑老人医案；㉛东皋草堂医案；㉜太素脉要；㉝伤寒选录八卷；㉞金匮方论衍义；㉟高注金匮要略；㊱罗遗编；㊲卫生要诀。

学科类别：中医学与中药学

数据格式：.txt

数据负责人：曹洪欣

来源项目：中医药古籍与方志的文献资料整理

（885）《欧美收藏稀见中医书丛刊》

数据编号：2009FY120300-04-2015101304

数据时间：2014 年

数据地点：欧美

数据类型：文献资料

数据内容：该丛书对流失欧美的 33 种中医古籍进行了影印出版，部分特色书籍还进行了点校出版。书目如下，第一册：1—01《医门摘要》（影印）8512；1—02《脏腑生死顺逆脉证》（影印）8813.2；1—03《热病家本验方》（影印）8213；1—04《王叔和脉诀（新刊校正）》（影印）04—1437；1—05《脉学心法》（影印）8730；1—06《脉理正宗》（影印）8690；1—07《精选脉诀》（影印）8104；1—08《八阵方论》（影印）8782；1—09《应验良方》（影印）8082；1—10《陈氏家藏方》（影印）48957。第二册：2—1《秘传推拿妙诀》（影印）8349；2—2《徐谦光推拿全集》（影校结合）8131；2—3《秘本推拿幼科》（影校结合）48958；

2—4《放痧真诀》（影校结合）8397；2—5《（太医院补遗）本草歌诀雷公炮制》（影印）06—1583—1；2—6《采药出产指南》（影印）8808；2—7《本草经读》（影印）8813.1；2—8《药物性格》（影印）8745。第三册：3—1《医学摘要》（影印）8721；3—2《求嗣养胎保产全书》（影印）8726；3—3《痘疹治法》（影校结合）8740；3—4《幼科引》（影印）8501；3—5《痘疹书》（影印）8802；3—6《幼科摘要》（影印）8422；3—7《眼科秘方》（影印）8618；3—8《秘传喉科》（影印）8101；3—9《咽喉十八症全书》（影校结合）8362。第四册：4—1《应氏外科》（影校结合）8381；4—2《外科图形法治》（影印）8385；4—3《秘传外科或问》（影印）8679；4—4《医林精粹·外科》（影印）8384；4—5《秘传跌打方钹方》（影印）8111；4—6《秘授外科锦囊》（影印）8233。

　　学科类别：中医学与中药学

　　数据格式：.doc

　　数据负责人：曹洪欣

　　来源项目：中医药古籍与方志的文献资料整理

（886）《中医孤本总目提要》

　　数据编号：2009FY120300-05-2015101305

　　数据时间：2014 年

　　数据地点：中国

　　数据类型：文献资料

　　数据内容：该工具书收录中医孤本古籍包括提要在内的书目信息 1370 条。

　　学科类别：中医学与中药学

　　数据格式：.doc

　　数据负责人：曹洪欣

　　来源项目：中医药古籍与方志的文献资料整理

（887）《欧美收藏中医古籍联合目录》

　　数据编号：2009FY120300-06-2015101306

　　数据时间：2014 年

　　数据地点：欧美

　　数据类型：文献资料

　　数据内容：该书收集欧美 30 余种书目所含中医古旧书籍。全书约 150 万字，是继《中国中医古籍总目》等专门中医书目的又一新成果。

　　学科类别：中医学与中药学

　　数据格式：.doc

　　数据负责人：曹洪欣

来源项目：中医药古籍与方志的文献资料整理

（888）珍稀孤本中医古籍调查、选编、出版文献资料

数据编号：2009FY120300-07-2015101407

数据时间：2014 年

数据地点：中国

数据类型：文献资料

数据内容：该文献资料收录 59 家藏书单位的 1370 种孤本书目信息，对收藏单位、书目分类等进行统计分析。

学科类别：中医学与中药学

数据格式：.doc

数据负责人：曹洪欣

来源项目：中医药古籍与方志的文献资料整理

（889）《仫佬、毛南、京三个少数民族医药文献资料及口述资料汇编与研究》文献资料

数据编号：2009FY120300-08-2015101408

数据时间：2014 年

数据地点：广西

数据类型：文献资料

数据内容：该文献资料包括广西罗城仫佬医药的现状与发展、仫佬文化与仫佬医药、九万大山里的毛南医药、京族医药的挖掘和整理、广西特有的京族医药 5 部分内容，在对仫佬、毛南、京三个少数民族医药文献资料及口述资料进行调研的基础上，对民族医药的疾病、诊法、疗法、药物等进行了整理与挖掘。

学科类别：中医学与中药学

数据格式：.doc

数据负责人：曹洪欣

来源项目：中医药古籍与方志的文献资料整理

（890）《江苏方志载中医药文献资料辑录与研究》文献资料

数据编号：2009FY120300-09-2015101409

数据时间：2014 年

数据地点：江苏

数据类型：文献资料

数据内容：该文献资料收录 172 种地方志文献资料中医学人物、医学著作、医疗机构、医事活动、中医教育、中外交流、药物、文物古迹、其他等各类医学资料 9101 条。

　　学科类别：中医学与中药学

　　数据格式：.doc

　　数据负责人：曹洪欣

　　来源项目：中医药古籍与方志的文献资料整理

（891）《河南方志载中医药文献资料辑录与研究》文献资料

　　数据编号：2009FY120300-10-2015101410

　　数据时间：2014 年

　　数据地点：河南

　　数据类型：文献资料

　　数据内容：该文献资料收录 286 种地方志文献资料中医学人物、医学著作、医疗机构、医事活动、中医教育、中外交流、药物、文物古迹、其他等各类医学资料 8036 条。

　　学科类别：中医学与中药学

　　数据格式：.doc

　　数据负责人：曹洪欣

　　来源项目：中医药古籍与方志的文献资料整理

（892）《上海方志载中医药文献资料辑录与研究》文献资料

　　数据编号：2009FY120300-11-2015101411

　　数据时间：2014 年

　　数据地点：上海

　　数据类型：文献资料

　　数据内容：该文献资料收录 81 种地方志文献资料中医学人物、医学著作、医疗机构、医事活动、中医教育、中外交流、药物、文物古迹、其他等各类医学资料 3346 条。

　　学科类别：中医学与中药学

　　数据格式：.doc

　　数据负责人：曹洪欣

　　来源项目：中医药古籍与方志的文献资料整理

（893）《福建方志载中医药文献资料辑录与研究》文献资料

　　数据编号：2009FY120300-12-2015101412

　　数据时间：2014 年

　　数据地点：福建

　　数据类型：文献资料

数据内容：该文献资料收录 157 种地方志文献资料中医学人物、医学著作、医疗机构、医事活动、中医教育、中外交流、药物、文物古迹、其他等各类医学资料 13 499 条。

学科类别：中医学与中药学

数据格式：.doc

数据负责人：曹洪欣

来源项目：中医药古籍与方志的文献资料整理

（894）《安徽方志载中医药文献资料辑录与研究》文献资料

数据编号：2009FY120300-13-2015101413

数据时间：2014 年

数据地点：安徽

数据类型：文献资料

数据内容：该文献资料收录 96 种地方志文献资料中医学人物、医学著作、医疗机构、医事活动、中医教育、中外交流、药物、文物古迹、其他等各类医学资料 5907 条。

学科类别：中医学与中药学

数据格式：.doc

数据负责人：曹洪欣

来源项目：中医药古籍与方志的文献资料整理

（895）《陕西方志载中医药文献资料辑录与研究》文献资料

数据编号：2009FY120300-14-2015101414

数据时间：2014 年

数据地点：陕西

数据类型：文献资料

数据内容：该文献资料收录 60 种地方志文献资料中医学人物、医学著作、医疗机构、医事活动、中医教育、中外交流、药物、文物古迹、其他等各类医学资料 2084 条。

学科类别：中医学与中药学

数据格式：.doc

数据负责人：曹洪欣

来源项目：中医药古籍与方志的文献资料整理

（896）《贵州方志载中医药文献资料辑录与研究》文献资料

数据编号：2009FY120300-15-2015101415

数据时间：2014 年

数据地点：贵州

数据类型：文献资料

数据内容：该文献资料收录 293 种地方志文献资料中医学人物、医学著作、医疗机构、医事活动、中医教育、中外交流、药物、文物古迹、其他等各类医学资料 3743 条。

学科类别：中医学与中药学

数据格式：.doc

数据负责人：曹洪欣

来源项目：中医药古籍与方志的文献资料整理

（897）中国两晋至清代医家医案数据库

数据编号：2009FY120300-16-2015101416

数据时间：2014 年

数据地点：中国

数据类型：科学数据

数据内容：该数据库收集课题涉及医家具有代表性学术观点的临证医案 11 760 例。

学科类别：中医学与中药学

数据格式：.pdf

数据负责人：曹洪欣

来源项目：中医药古籍与方志的文献资料整理

（898）中国元代至民国孤本中医古籍的书目信息数据库

数据编号：2009FY120300-17-2015101417

数据时间：2014 年

数据地点：中国

数据类型：科学数据

数据内容：该数据库收录了国内外 59 家藏书单位的 1370 种珍稀孤本中医古籍书目信息，对每本书的分类、总目号、书名卷数、作者、成书年、版本、行款格式、简页册、收藏馆、摘要、书品状况、缺损情况、钤印、内容评价等方面进行了详细介绍。

学科类别：中医学与中药学

数据格式：.doc

数据负责人：曹洪欣

来源项目：中医药古籍与方志的文献资料整理

（899）广西壮族自治区 2009～2014 年民族医药数据库

数据编号：2009FY120300-18-2015101418

数据时间：2014 年

数据地点：广西

数据类型：科学数据

数据内容：该数据库汇总民族医药信息 1212 条，建立仫佬、毛南、京族医药数据库。

学科类别：中医学与中药学

数据格式：.pdf

数据负责人：曹洪欣

来源项目：中医药古籍与方志的文献资料整理

（900）欧美收藏明代至民国中医药古籍数据库

数据编号：2009FY120300-19-2015101419

数据时间：2014 年

数据地点：欧美

数据类型：科学数据

数据内容：该数据库收录欧美收藏中医古籍书目信息 33 条。

学科类别：中医学与中药学

数据格式：.pdf

数据负责人：曹洪欣

来源项目：中医药古籍与方志的文献资料整理

（901）江苏、河南、上海、福建、安徽、陕西、贵州 7 省（直辖市）明代至民国地方志中的中医药文献资料数据库

数据编号：2009FY120300-20-2015101420

数据时间：2014 年

数据地点：江苏、河南、上海、福建、安徽、陕西、贵州

数据类型：文献资料

数据内容：该数据库汇总 7 省市 1145 种书目、45 716 条记录，建立地方志信息管理系统。

学科类别：中医学与中药学

数据格式：.pdf

数据负责人：曹洪欣

来源项目：中医药古籍与方志的文献资料整理

（902）中医古籍文献资料整理规范

数据编号：2009FY120300-21-2015101421

数据时间：2014 年

数据地点：中国

数据类型：文献资料

数据内容：该规范主要包括中医古籍文献资料整理范围、调研收录标准、调研方式、整理方式等内容。

学科类别：中医学与中药学

数据格式：.doc

数据负责人：曹洪欣

来源项目：中医药古籍与方志的文献资料整理

（903）民族医药（口承医药部分）文献资料发掘整理操作规范

数据编号：2009FY120300-22-2015101422

数据时间：2014 年

数据地点：广西

数据类型：文献资料

数据内容：该规范主要包括民族医药方面的历史记录、实地调查考察、总结、综述与编著等内容。

学科类别：中医学与中药学

数据格式：.doc

数据负责人：曹洪欣

来源项目：中医药古籍与方志的文献资料整理

（904）方志文献资料中中医药学术辑录与整理规范

数据编号：2009FY120300-23-2015101423

数据时间：2014 年

数据地点：中国

数据类型：文献资料

数据内容：该规范主要包括方知文献资料中中医药资料的辑录内容、整理方式、注意事项、提交文件、辅助数据库等内容。

学科类别：中医学与中药学

数据格式：.doc

数据负责人：曹洪欣

来源项目：中医药古籍与方志的文献资料整理

（905）珍贵典籍数字化保护技术标准及操作规程

数据编号：2009FY120300-24-2015101424

数据时间：2014 年

数据地点：中国

数据类型：文献资料

数据内容：该规范主要包括珍贵典籍数字化保护技术适用范围、基本要求、古籍整理、古籍扫描、图像处理、图像存储、数据加工、数据审核、数据备份、数据发布等内容。

学科类别：中医学与中药学

数据格式：.doc

数据负责人：曹洪欣

来源项目：中医药古籍与方志的文献资料整理

（906）2009～2012 年中国树木溃疡病害的寄主、生态地理分布及危害现状调查报告

数据编号：2009FY210100-01-2014072401

数据时间：2009～2012 年

数据地点：中国各地

数据类型：文献资料

数据内容：2009～2012 年通过对我国 7 个气候带 14 个气候区、28 个省（直辖市、自治区）、46 个病害代表区的 440 个采集点进行的广泛采集，获得树木溃疡类病害标本近 3000 份。该次调查寄主种类达 135 种，分属于 40 科，其中裸子植物为松科和杉科植物，阔叶树种类最多，以杨柳科、蔷薇科和豆科植物采集数量最多。发现 99 种新的危害寄主和 23 种重要的树木溃疡新病害。明确 *Botryosphaeria* 属及相关真菌在中国的生态地理分布，分析了病菌的生态地理分布与寄主的关系。初步调查和评估了 *Botryosphaeria* 属及相关真菌引起。

学科类别：森林保护学

数据格式：.doc

数据负责人：吕全

来源项目：中国树木溃疡病源多样性及其生态地理分布和危害调查

（907）2009～2012 年中国树木溃疡相关病原真菌生态地理分布、系统发育及遗传多样性研究报告

数据编号：2009FY210100-02-2014072402

数据时间：2009～2012 年

数据地点：中国各地

数据类型：文献资料

数据内容：在 2009～2012 年对全国范围内树木溃疡类病害调查和标本采集的基础上，于实验室内采用组织分离法等获得真菌性病原物的纯培养物，病原类群主要包括 *Botryosphaeria* 属和 *Cytospora* 属等真菌类群，对病原类群真菌开展分类鉴定、系统发育分析和遗传多样性研究。发现 *Botryosphaeria* 属真菌 16 种，其中新种 2 个，新纪录种 15 个，*Cytospora* 属真菌 13 个分类单元，其中新种 2 个，新纪录种 10 个。明确了所有病原菌种类间的系统发育关系，以及不同病原菌类群在我国的生态地理分布范围。

学科类别：森林保护学

数据格式：.doc

数据负责人：吕全

来源项目：中国树木溃疡病源多样性及其生态地理分布和危害调查

（908）2009～2012 年中国树木溃疡病原真菌菌株资源数据

数据编号：2009FY210100-03-2014072403

数据时间：2009～2012 年

数据地点：中国各地

数据类型：文献资料

数据内容：2009～2012 年全国范围内树木溃疡类病害的真菌性病原物纯培养物菌种资源，菌种来源的生态地理范围涵盖了 7 个气候带 14 个气候区、28 个省（直辖市、自治区）、46 个病害代表区的 440 个采集点。数据包括寄主、属名、种加词、菌株保藏编号、收藏时间、致病名称、采集地、气候区、DNA 片段序列信息（LSU 基因序列、BT 基因序列以及 EF 基因序列）、显微特征、培养特征、症状特征，采集人等，所有资源均以 PDA 斜面纯培养物的形态存在实物，可在协议条件下共享（防止病原菌无序扩散）。数据集共 2011 条菌株记录，包括 8 个模式菌株。

学科类别：森林保护学

数据格式：.xls

数据负责人：吕全

来源项目：中国树木溃疡病源多样性及其生态地理分布和危害调查

（909）2009～2012 年树木溃疡病危害特征、培养学及形态学特征图集

数据编号：2009FY210100-04-2014082904

数据时间：2009～2012 年

数据地点：中国各地

数据类型：文献资料

数据内容：图集为我国树木溃疡类病害调查、及对溃疡类病害相关真菌进行分类鉴定、系统发育分析及遗传多样性分析中获得的病害危害特征、病害发生状况、培养学、及形态学显微影像的汇集。其中危害症状及病害发生地生态图片 368 张、病原真菌培养学特征图片 1009 张、病原真菌形态的显微图片 123 张，总计 1500 张。在以上树木溃疡病危害特征、培养学及形态学特征分析的基础上，结合相关真菌的分子序列特征数据，对溃疡类病害相关病菌真菌开展分类鉴定、系统发育分析和遗传多样性研究。发现 *Botryosphaeria* 属真菌 16 种，其中新种 2 个。

学科类别：森林保护学

数据格式：.jpg

数据负责人：吕全

来源项目：中国树木溃疡病源多样性及其生态地理分布和危害调查

（910）2009～2012 年全国树木溃疡病菌分子序列特征数据

数据编号：2009FY210100-05-2014082905

数据时间：2009～2012 年

数据地点：中国各地

数据类型：文献资料

数据内容：在 2009～2012 年获得的对全国范围内树木溃疡类病害相关病原真菌资源的基础上，采用标准分子生物学方法，对树木溃疡类病害相关真菌菌株进行了 DNA 提取、rDNA-ITS、rDNA-LSU 片段、*EF1a* 及 *β-tubulin* 基因的 PCR 扩增及序列测定工作。共获得分子序列特征数据 1879 条，其中 rDNA-ITS 序列 1295 条，rDNA-LSU 序列 55 条，EF1a 序列 321 条，*β-tubulin* 序列 208 条。

学科类别：森林保护学

数据格式：.txt

数据负责人：吕全

来源项目：中国树木溃疡病源多样性及其生态地理分布和危害调查

（911）2009～2014 年中国西南地区 6 属 72 种食用菌常规成分分析数据

数据编号：2009FY210200-01-2014073101

数据时间：2009～2014 年

数据地点：全国

数据类型：文献资料

数据内容：2009～2014 年中国西南地区 6 属 72 种食用菌常规成分分析，分析测试牛肝菌属（19 种）、白蚁伞属（8 种）、红菇属（24 种）、乳菇属（11 种）、革菌属（4 种）、灵芝属（6 种）等 72 种食用菌中 11 个成规营养成分，包括水分、蛋白质、碳水化合物、多糖、膳食纤维、粗脂肪、灰分、维生素 B_1 、维生素 B_2 、VC、总黄酮。数据共计 792 个。

　　学科类别：生物学

　　数据格式：.xls

　　数据负责人：高观世[*]

　　来源项目：西南地区食用菌特异种质资源调查

（912）2009～2014 年中国西南地区 6 属 72 种食用菌氨基酸分析数据

　　数据编号：2009FY210200-02-2014112402

　　数据时间：2009～2014 年

　　数据地点：全国

　　数据类型：文献资料

　　数据内容：2009～2014 年中国西南地区 6 属 72 种食用菌氨基酸分析，分析测试样品包括：牛肝菌属（19 种）、白蚁伞属（8 种）、红菇属（24 种）、乳菇属（11 种）、革菌属（4 种）、灵芝属（6 种）等 72 种食用菌。氨基酸，包括 ASP、GLU、ASN、SER、GLN、HIS、GLY、THR、ARG、ALA、TYR、CYS、VAL、MET、NVA、TRP、PHE、ILE、LEU、LYS 等 20 种。数据共计 5760 个。

　　学科类别：生物学

　　数据格式：.xls

　　数据负责人：高观世[*]

　　来源项目：西南地区食用菌特异种质资源调查

（913）2009～2014 年中国西南地区 6 属 72 种食用菌微量元素及重金属分析数据

　　数据编号：2009FY210200-03-2014112403

　　数据时间：2009～2014 年

　　数据地点：全国

　　数据类型：文献资料

　　数据内容：2009～2014 年中国西南地区 6 属 72 种食用菌微量元素及重金属分析，分析测试样品包括：牛肝菌属（19 种）、白蚁伞属（8 种）、红菇属（24 种）、乳菇属（11 种）、革菌属（4 种）、灵芝属（6 种）等 72 种食用菌。微量元素及重金属，包括 As、Cd、Cr、Cu、Ge、Hg、Mn、Pb、Se、Zn、Fe、Na、K、Mg 等 20 种。数据共计 4032 个。

　　学科类别：生物学

　　数据格式：.xls

　　数据负责人：高观世[*]

来源项目：西南地区食用菌特异种质资源调查

（914）2009～2014 年中国西南地区 6 属 72 种食用菌农药残留分析数据

数据编号：2009FY210200-04-2014112404

数据时间：2009～2014 年

数据地点：全国

数据类型：文献资料

数据内容：2009～2014 年中国西南地区 6 属 72 种食用菌农药残留分析，分析测试样品包括：牛肝菌属（19 种）、白蚁伞属（8 种）、红菇属（24 种）、乳菇属（11 种）、革菌属（4 种）、灵芝属（6 种）等 72 种食用菌。农药成分包括：六六六、DDT、敌敌畏、氯氰聚酯、溴氰聚酯等 5 种。数据共计 1440 个。

学科类别：生物学

数据格式：.xls

数据负责人：高观世[*]

来源项目：西南地区食用菌特异种质资源调查

（915）2009～2014 年中国西南地区 6 个种灵芝的萜类分析数据

数据编号：2009FY210200-05-2014112405

数据时间：2009～2014 年

数据地点：全国

数据类型：文献资料

数据内容：2009～2014 年中国西南地区 6 个种灵芝的萜类分析，分析测试样品为灵芝属 6 个品种：树舌灵芝、灵芝、黑紫灵芝、无柄灵芝、紫灵芝、松杉灵芝。分析成分为总三萜。数据共计 6 个。

学科类别：生物学

数据格式：.xls

数据负责人：高观世[*]

来源项目：西南地区食用菌特异种质资源调查

（916）2009～2014 年中国西南地区灵芝属 6 个种的酶类（SOD）及红菇、乳菇属 7 个种的漆酶性质测定数据

数据编号：2009FY210200-06-2014112406

数据时间：2009～2014 年

数据地点：全国

数据类型：文献资料

数据内容：2009～2014 年中国西南地区灵芝属 6 个种的酶类（SOD）及红菇、乳菇属 7 个种的漆酶性质测定，灵芝属：树舌灵芝、灵芝、黑紫灵芝、无柄灵芝、紫灵芝、松杉灵芝 6 个品种，分析测定超氧化物歧化酶（SOD）最适温度、pH；红菇属：大红菇、绿菇、血红菇、紫红菇、毒红菇；乳菇属：松乳菇、红汁乳菇。分析测定漆酶最适温度/pH。数据共计 13 个。

　　学科类别：生物学

　　数据格式：.xls

　　数据负责人：高观世[*]

　　来源项目：西南地区食用菌特异种质资源调查

（917）2009～2014 年中国西南地区牛肝菌属 141 个种微量元素及重金属分析数据

　　数据编号：2009FY210200-07-2014112407

　　数据时间：2009～2014 年

　　数据地点：全国

　　数据类型：文献资料

　　数据内容：牛肝菌属 141 个种微量元素及重金属分析，分析样品为牛肝菌属 141 种，微量元素及重金属，包括 As、Cd、Cr、Cu、Ge、Hg、Mn、Pb、Se、Zn、Fe、Na、K、Mg 等 20 种。数据共计 7896 个。

　　学科类别：生物学

　　数据格式：.xls

　　数据负责人：高观世[*]

　　来源项目：西南地区食用菌特异种质资源调查

（918）2009～2014 年中国西南地区牛肝菌属 141 个种的氨基酸分析数据

　　数据编号：2009FY210200-08-2014112408

　　数据时间：2009～2014 年

　　数据地点：全国

　　数据类型：文献资料

　　数据内容：牛肝菌属 141 个种的氨基酸分析，分析样品为牛肝菌属 141 种，氨基酸，包括 ASP、GLU、ASN、SER、GLN、HIS、GLY、THR、ARG、ALA、TYR、CYS、VAL、MET、NVA、TRP、PHE、ILE、LEU、LYS 等 20 种。数据 11 280 个。

　　学科类别：生物学

　　数据格式：.xls

　　数据负责人：高观世[*]

　　来源项目：西南地区食用菌特异种质资源调查

（919）2009～2014 年中国西南地区牛肝菌属 141 个种的农药残留分析数据

数据编号：2009FY210200-09-2014112409

数据时间：2009～2014 年

数据地点：全国

数据类型：文献资料

数据内容：牛肝菌属 141 个种的农药残留分析，分析测试样品为牛肝菌属 141 个品种。农药成分包括：六六六、DDT、敌敌畏、氯氰聚酯、溴氰聚酯等 5 种。数据 2820 个。

学科类别：生物学

数据格式：.xls

数据负责人：高观世*

来源项目：西南地区食用菌特异种质资源调查

（920）2009～2014 年中国西南地区大型真菌特异种质资源数据

数据编号：2009FY210200-10-2014112410

数据时间：2009～2014 年

数据地点：全国

数据类型：文献资料

数据内容：中国西南地区大型真菌特异种质资源，为标本资源 2032 份，信息包括：标本库序号、盒子号、中文名称、属名、种本名（种加词）、门、纲名称、目名称、科名称、资源归类编码、国家、省、采集地、经度、纬度、海拨、描述、生境、寄主、图像、记录地址、保存单位、采集人、采集时间、采集号、鉴定人、鉴定时间、标本属性、保藏方式、实物状态、共享方式、获取途径、联系人、单位、地址、邮编、电话、E-mail。

学科类别：生物学

数据格式：.xls

数据负责人：高观世*

来源项目：西南地区食用菌特异种质资源调查

（921）2009～2014 年中国西南地区大型真菌种质资源调查规程

数据编号：2009FY210200-11-2014112411

数据时间：2009～2014 年

数据地点：全国

数据类型：文献资料

数据内容：2009～2014 年大型真菌种质资源调查规程内容包括：目的与意义；大型真菌种质资源生态调查、描述、采集、鉴定、样品制作；大型真菌样品保藏；

大型真菌菌种分离技术；大型真菌菌株保藏技术规程。

　　学科类别：生物学

　　数据格式：.pdf，.doc

　　数据负责人：高观世[*]

　　来源项目：西南地区食用菌特异种质资源调查

（922）2009～2014 年中国西南地区食用菌特异种质资源综合调查报告

　　数据编号：2009FY210200-12-2014112412

　　数据时间：2009～2014 年

　　数据地点：全国

　　数据类型：文献资料

　　数据内容：中国西南地区食用菌特异种质资源综合调查报告内容包括：项目来源和项目背景。项目主要工作内容及目标和考核内容。项目实施完成情况：包括西南地区 6 大类食用菌种质资源的调查、收集；食用菌营养及活性成分等分析检测；食用菌特异种质保护利用评价；食用菌种质资源调查、收集技术规范制订；编制我国西南地区常见大型真菌图谱。获得主要成果。人才培养。经费使用情况。项目实施的经济、社会与生态效益。

　　学科类别：生物学

　　数据格式：.doc，.pdf

　　数据负责人：高观世[*]

　　来源项目：西南地区食用菌特异种质资源调查

（923）2009～2014 年中国西南地区大型真菌图册

　　数据编号：2009FY210200-13-2014112413

　　数据时间：2009～2014 年

　　数据地点：全国

　　数据类型：文献资料

　　数据内容：中国西南地区大型真菌图册内容包括西南地区大型真菌 267 个种，其中担子菌门包括 236 种，子囊菌门包括 31 种；归属于 13 个目，44 个科，117 个属的大型真菌图片、形态、生境、分布、使用价值描述。

　　学科类别：生物学

　　数据格式：.doc，.pdf

　　数据负责人：高观世[*]

　　来源项目：西南地区食用菌特异种质资源调查

（924）不同运动项目运动员体能素质、身体形态和机能参数数据

　　数据编号：2009FY210500-01-2014091801

数据时间：2011～2013 年

数据地点：北京、山东、上海等 18 个省（自治区、直辖市）

数据类型：科学数据

数据内容：该数据资源包括 2009～2013 年，来自于北京、上海、山东、辽宁、江苏、广东、浙江、河北、四川、重庆、湖南、安徽、陕西、吉林、内蒙古、新疆、西藏、广西 18 个省（自治区、直辖市）的棒球、垒球、蹦床、标枪、撑竿跳高、短跑 100～200 米、短跑 200～400 米、花样游泳、击剑、竞走、举重、跨栏（弯道）、跨栏（直道）、篮球、链球、排球、皮划艇、乒乓球、铅球、曲棍球、拳击、柔道、赛艇、三级跳远、射箭、摔跤、跆拳道、体操、跳高、跳水、跳远、铁饼、网球、艺术体操、游泳、羽毛球、长跑、中跑、自行车、足球 40 个运动项目 10 199 名运动员的体能素质（力量、速度、耐力、柔韧、灵敏）、36 个身体形态指标和 5 个机能指标的测试数据。

学科类别：体育科学

数据格式：.xls

数据负责人：冯连世

来源项目：中国运动员体能素质、身体形态参数调查及参考范围构建

（925）不同运动项目运动员体能素质、身体形态和机能评价指标体系

数据编号：2009FY210500-02-2014091802

数据时间：2009～2011 年

数据地点：北京

数据类型：文献资料

数据内容：该数据资源涵盖棒球、垒球、蹦床、标枪、撑竿跳高、短跑 100～200 米、短跑 200～400 米、花样游泳、击剑、竞走、举重、跨栏（弯道）、跨栏（直道）、篮球、链球、排球、皮划艇、乒乓球、铅球、曲棍球、拳击、柔道、赛艇、三级跳远、射箭、摔跤、跆拳道、体操、跳高、跳水、跳远、铁饼、网球、艺术体操、游泳、羽毛球、长跑、中跑、自行车、足球 40 个运动项目的不同体能素质指标（力量、速度、耐力、灵敏、柔韧，每个运动项目根据其特点分别为 7—20 个相应指标），36 个身体形态指标（包括身高、体重、体脂率、坐高、钩弦纹、上肢长、下肢长、手长、肩宽、胸宽、胸围、臀围、大腿长、小腿长、跟腱长、足长、足宽、足背高等），以及 5 个机能指标（安静心率、白细胞计数、红细胞计数、血红蛋白含量和血球压积）的评价指标体系，每个运动项目单独一份。

学科类别：体育科学

数据格式：.doc

数据负责人：冯连世

来源项目：中国运动员体能素质、身体形态参数调查及参考范围构建

（926）不同运动项目运动员体能素质、身体形态测试指标的标准测试方法

数据编号：2009FY210500-03-2014091803

数据时间：2009～2011 年

数据地点：北京、上海、广东、江苏、山东、辽宁等18个省（自治区、直辖市）

数据类型：文献资料

数据内容：该数据资源包括36个身体形态指标（身高、体重、体脂率、坐高、钩弦纹、上肢长、下肢长、手长、肩宽、胸宽、胸围、臀围、大腿长、小腿长、跟腱长、足长、足宽、足背高等）和体能素质指标（57 个力量、28 个速度、21 个耐力、25 个灵敏和12 个柔韧）的标准测试方法。

学科类别：体育科学

数据格式：.doc

数据负责人：冯连世

来源项目：中国运动员体能素质、身体形态参数调查及参考范围构建

（927）不同运动项目运动员体能素质、身体形态和机能参数参考范围文献资料

数据编号：2009FY210500-04-2014091804

数据时间：2013～2014 年

数据地点：北京

数据类型：文献资料

数据内容：该数据资源对各运动项目按性别和运动等级进行分类，建立了棒球、垒球、蹦床、标枪、撑竿跳高、短跑100～200 米、短跑200～400 米、花样游泳、击剑、竞走、举重、跨栏（弯道）、跨栏（直道）、篮球、链球、排球、皮划艇、乒乓球、铅球、曲棍球、拳击、柔道、赛艇、三级跳远、射箭、摔跤、跆拳道、体操、跳高、跳水、跳远、铁饼、网球、艺术体操、游泳、羽毛球、长跑、中跑、自行车、足球40 个运动项目运动员的体能素质、身体形态和机能参数参考范围。

学科类别：体育科学

数据格式：.doc

数据负责人：冯连世

来源项目：中国运动员体能素质、身体形态参数调查及参考范围构建

（928）全国藏医药古籍名录专著

数据编号：2009FY220100-01-2014102801

数据时间：　1959 年以前

数据地点：西藏、云南、甘肃、四川、青海、辽宁、内蒙古、广东、贵州、

海南、安徽、广西、新疆、山西、北京、香港、台湾等

数据类型：文献资料

数据内容：中华人民共和国科学技术部首次开展"藏医古籍整理与信息化平台建设""藏药古籍文献资料的抢救性整理研究"基础专项，实现了对藏医药古籍的创新性整理研究成果，首次在全国范围内摸清了藏医药古籍存世与保存现状，采用藏文、汉文、英文、拉丁文字母转写等四种文字记录，并以名录出版的形式进行藏医药知识产权保护。《全国藏医药古籍名录》收录了自古象雄时期至1959年的全国藏医古籍目录1062条，对每一本书的书名、作者、版本、时间、页数、收藏地等都进行了记录，具有十分珍贵的学术价值和文化经济价值，将为临床、科研、教学和藏医药文化传播提供重要的参考依据，将对藏医药文化的抢救与传承、保护与发展产生一定的积极影响。

学科类别：中医学与中药学

数据格式：.pdf

数据负责人：冯岭

来源项目：藏药古籍文献资料的抢救性整理研究

（929）藏医药古籍综合名录专著

数据编号：2009FY220100-02-2014122302

数据时间：1959年以前

数据地点：西藏、云南、甘肃、四川、青海、辽宁、内蒙古、广东、贵州、海南、安徽、广西、新疆、山西、北京、香港、台湾等国内部分，以及美国、加拿大、德国、蒙古国、印度、不丹、日本、斯里兰卡、尼泊尔、菲律宾等国外部分地区

数据类型：文献资料

数据内容：前期出版发行的《全国藏医药古籍名录》，得到了众多民族医药工作者的支持和鼓励，在此基础之上，根据读者反馈的信息，我们重新进行了整理和加工，加入了后期收集、整理的部分名录信息，并按照藏医、藏药、历算、仪轨、苯教、兽医、国外等部分别整理归类，再出版《藏医药古籍综合名录》。成果依托中华人民共和国科学技术部首次开展的"藏医古籍整理与信息化平台建设""藏药古籍文献资料的抢救性整理研究"基础专项，首次在全国范围内开展了藏医药古籍存世与保存现状的实地调研，同时开展了部分佛教国家的藏医药古籍存放情况调研，实现了对藏医药古籍文献资料的全面、系统的创新性整理研究。因前期专著出版曾采用藏文、汉文、英文、藏文拉丁文字母转写等四种文字记录，得到一致好评，认为专著的翻译符合标准规范，完全可以作为范本阅读、收藏，故专著继续采用藏文、汉文、英文、藏文拉丁文字母转写等四种文字记录。《藏

医药古籍综合名录》的内容更为丰富，版面布局更为合理，惠及国内外民族医药工作者，将为临床、科研、教学和民族医药文化传播发挥重要作用。

学科类别：中医学与中药学

数据格式：.pdf

数据负责人：冯岭

来源项目：藏药古籍文献资料的抢救性整理研究

（930）藏医药古籍整理与信息化平台建设专著

数据编号：2009FY220100-03-2014122303

数据时间：2007 年

数据地点：西藏、云南、甘肃、四川、青海、辽宁、内蒙古、广东、贵州、海南、安徽、广西、新疆、山西、北京、香港、台湾等

数据类型：文献资料

数据内容：中华人民共和国科学技术部"藏医药古籍整理与信息化平台建设""藏药古籍文献资料的抢救性整理研究"基础专项专著成果之一，《藏医药古籍整理与信息化平台建设》主要从古籍保护现状与整理的角度，详细论述藏医药古籍的保护现状、保护措施、古籍数字化建设流程、信息化平台总体架构、信息化平台应用体系架构、网络体系设计、项目实施与管理等，并设计出藏医药古籍数据库标引、藏医药古籍文献资料数据库，将不可再生的藏医药古籍以数字化形式加以科学保护与有效利用，让藏医药古籍焕发出新时期的生命活力，将产生极为重要的科学研究价值。

学科类别：中医学与中药学

数据格式：.pdf

数据负责人：冯岭

来源项目：藏药古籍文献资料的抢救性整理研究

（931）2009～2014 年藏药古籍数据

数据编号：2009FY220100-04-2014122304

数据时间：1959 年以前

数据地点：西藏、云南、甘肃、四川、青海、辽宁、内蒙古、广东、贵州、海南、安徽、广西、新疆、山西、北京、香港、台湾等国内部分，以及美国、加拿大、德国、蒙古国、印度、不丹、日本、斯里兰卡、尼泊尔、菲律宾等国外部分地区

数据类型：文献资料

数据内容：中华人民共和国科学技术部首次开展"藏医古籍整理与信息化平台建设""藏药古籍文献资料的抢救性整理研究"基础专项，实现了对藏医药古

籍的创新性整理研究成果，首次在全国范围内摸清了藏医药古籍存世与保存现状，采用藏文、汉文、英文、拉丁文字母转写等四种文字记录，并以名录出版的形式进行藏医药知识产权保护。该数据库收录了自古象雄时期至 1959 年的全国藏药古籍目录 243 条，对每一本书的书名、作者、版本、时间、页数、收藏地等都进行了著录，具有十分珍贵的学术价值和文化经济价值，将为临床、科研、教学和藏医药文化传播提供重要的参考依据，将对藏医药文化的抢救与传承、保护与发展产生一定的积极影响。

学科类别：中医学与中药学

数据格式：.pdf

数据负责人：冯岭

来源项目：藏药古籍文献资料的抢救性整理研究

（932）民族医药科技发展现状与对策文献资料

数据编号：2009FY220100-05-2014122305

数据时间：2014 年以前

数据地点：西藏、云南、甘肃、四川、青海、辽宁、内蒙古、广东、贵州、海南、安徽、广西、新疆、山西、北京、香港、台湾等

数据类型：文献资料

数据内容：该专题报告详细描述了各民族医药的独特性，并从人才培养、医疗设施建设、科研发展状况、产业基础、行业质量管理等方面，分别对各民族医药的科技发展现状进行了详细介绍，最后从民族地区和少数民族现代医疗保障事业发展的困境、少数民族传统医药发展令人担忧的状况以及对发展少数民族传统医药科技的基本对策想法等方面进行了阐述。

学科类别：中医学与中药学

数据格式：.pdf

数据负责人：冯岭

来源项目：藏药古籍文献资料的抢救性整理研究

（933）北京地区藏医药古籍名录专著

数据编号：2009FY220100-06-2014122306

数据时间：1959 年以前

数据地点：北京地区

数据类型：文献资料

数据内容：在中华人民共和国科学技术部基础专项"藏医古籍整理与信息化平台建设""藏药古籍文献资料的抢救性整理研究"的支持下，首次对北京地区开展了藏医药古籍文献资料的调研工作，收集、整理到超过预期的藏医药古籍名

录条目，故编撰该专著，方便从事民族医药各研究领域的专家学者，能够迅捷、便利地了解和掌握北京地区藏医药古籍文献资料的分布和收藏概况。专著按照书名、作者、古籍出版或出书的时间、现存古籍的版本、现藏古籍的页数以及收藏地等内容，以表格的形式编辑。同时，为了方便国内外各民族医药研究领域的专家、学者阅读，专著以藏文、汉文、英文和藏文拉丁字母转写等四种文字编辑，便于不同语种的专家学者能够对北京地区的藏医药古籍文献资料有更深入的了解，便于不同语种的专家学者之间进行交流沟通，便于各民族医药工作者快速查找专业古籍文献资料。

学科类别：中医学与中药学

数据格式：.pdf

数据负责人：冯岭

来源项目：藏药古籍文献资料的抢救性整理研究

9. 2011 年立项项目数据资料编目

（934）2011～2016 年中国西北干旱地区抗逆农作物种质资源综合调查报告

数据编号：2011FY110200-01-2016102001

数据时间：2011～2016 年

数据地点：全国

数据类型：文献资料

数据内容：该报告分为 9 章：第一章为总论，第二章～第八章分别介绍了甘肃、新疆、陕西、宁夏、山西、内蒙古和青海 7 省（自治区）的资源调查情况，第九章介绍了西北干旱区野生大豆资源考察情况。其中总论介绍了该次考察的目的和意义、目标和内容、调查方法、组织管理、取得的主要成果、资源保护与利用建议；各省资源调查章节首先对各省份的资源进行概述，然后进行资源普查情况、调查情况进行详细说明，最后是种质资源的保护和利用建议；第九章包括西北干旱区野生大豆资源的概述、考察收集情况、特性与形状鉴定、讨论和建议。

学科类别：农学

数据格式：.pdf

数据负责人：王述民[*]

来源项目：西北干旱区抗逆农作物种质资源调查

（935）2011～2016 年中国西北干旱地区抗逆农作物种质资源有效保护与高效利用发展战略报告

数据编号：2011FY110200-02-2016102002

数据时间：2011～2016 年

数据地点：全国

数据类型：文献资料

数据内容：该报告分为四部分：第一部分为项目实施的基本情况，介绍了西北地区抗逆农作物种质资源调查的目的和意义、调查目标与调查内容、调查方法；第二部分为取得的主要成果，包括气候和植被变化情况、农作物种植面积、产量和品种变化情况、农业总产值及占比变化情况、收集的重要抗逆农作物种质资源、野生大豆考察收集、种质资源数据库构建；第三部分为调查发现的主要问题，主要有资源丧失风险、野生源生存环境恶化、特色小宗作物种植面积下降、资源研究与保存条件亟待改善、资源研究队伍急需稳定；第四部分为作物种质资源保护与利用建议，主要有提高公众意识，加强资源多样性保护、开发利用优异抗逆种质资源、推广具有直接开发利用价值的资源、开展新型种质资源保护与利用模式研究、建立种质资源保护和鉴定设施，提升鉴定评价和共享能力，建立野生大豆原生境保护点，加强野生大豆的保护、建立稳定的财政支持机制和人才队伍。

学科类别：农学

数据格式：.pdf

数据负责人：王述民[*]

来源项目：西北干旱区抗逆农作物种质资源调查

（936）2011～2016 年中国西北干旱地区抗逆农作物种质资源多样性图集

数据编号：2011FY110200-03-2016102003

数据时间：2011～2016 年

数据地点：全国

数据类型：文献资料

数据内容：整理和收集了 2011～2016 年通过外业考察收集的西北、华北等 7 省（自治区、直辖市）的抗逆优异农作物种质资源的图片数据，并撰写成册，形成中国西北地区抗逆农作物种质资源多样性图集。图集主要通过图片和文字的形式，描述了每份资源的主体特征，反映了资源的名称、调查编号、收集时间、收集地点和主要特征特性。具有良好的可视性，能够辅助人们从直观上认识资源、了解资源。

学科类别：农学

数据格式：.pdf

数据负责人：王述民[*]

来源项目：西北干旱区抗逆农作物种质资源调查

（937）2011～2016 年通过外业考察收集西北、华北等 7 省（自治区、直辖市）森林植物检疫对象普查空间数据库

数据编号：2011FY110200-04-2016102004

数据时间：2011～2016 年

数据地点：全国

数据类型：文献资料

数据内容：2011～2016 年通过外业考察收集西北、华北等 7 省（自治边、直辖市）的抗逆农作物种质资源所形成的数据库，包括收集资源的相关属性信息以及资源的图片材料。相关属性包括：调查编号，调查日期，调查单位，填表人，调查地点，作物名称，种质名称，属名，学名，种质类型，生长习性，繁殖习性，播种期，收获期，主要特性，其他特性，种质用途，利用部位，种质分布，种质群落，生态类型，气候带，地形，土壤类型，样品来源，采集部位，样品数量，备注。数据共计 5335 条记录。

学科类别：农学

数据格式：.pdf

数据负责人：王述民[*]

来源项目：西北干旱区抗逆农作物种质资源调查

（938）2011～2016 年中国西北、华北干旱地区抗逆农作物种质资源描述规范表

数据编号：2011FY110200-05-2016102005

数据时间：2011～2016 年

数据地点：全国

数据类型：文献资料

数据内容：2011～2016 年通过考察收集西北、华北等 7 省（自治区、直辖市）的抗逆农作物种质资源，将收集到的 4030 份实物资源入国家库圃保存。字段项包括：ID，资源编号，种质名称，种中文名，属名，种质外文名，省，国家，资源类型，主要特性，主要用途，气候带，生长习性，生育周期，观测地点，土壤类型，生态系统类型，图像，共享方式，获取途径，联系人，单位，地址，邮编，电话，E-mail。其中"采集号"为数据的唯一标示，用户可通过该字段进行数据的查询和检索。数据共计 4030 条记录。

学科类别：农学

数据格式：.pdf

数据负责人：王述民[*]

来源项目：西北干旱区抗逆农作物种质资源调查

（939）2011～2016 年中国西北、华北干旱地区抗旱、耐盐碱、耐瘠薄等性状突出的优异种质资源描述规范表

数据编号：2011FY110200-06-2016102006

数据时间：2011～2016 年

数据地点：全国

数据类型：文献资料

数据内容：2011～2016 年通过考察收集西北、华北等 7 省（自治区、直辖市）的抗逆农作物种质资源，从 4030 份入库圃保存的资源中筛选出 603 份优异资源。字段项包括：ID，资源编号，种质名称，种中文名，属名，种质外文名，省，国家，资源类型，主要特性，主要用途，气候带，生长习性，生育周期，观测地点，土壤类型，生态系统类型，图像，共享方式，获取途径，联系人，单位，地址，邮编，电话，E-mail。其中"采集号"为数据的唯一标示，用户可通过该字段进行数据的查询和检索。数据共计 603 条记录。

学科类别：农学

数据格式：.pdf

数据负责人：王述民[*]

来源项目：西北干旱区抗逆农作物种质资源调查

（940）2011～2016 年华北地区重要植物类群资源状况评估报告

数据编号：2011FY110300-01-2016122801

数据时间：2011～2016 年

数据地点：华北地区

数据类型：文献资料

数据内容：该资源由 2011～2016 年华北地区（31.2°N～50.5°N，94.5°E～129.5°E）重要经济植物、药用植物、珍稀濒危植物分省分布表数据汇总撰写而成，共 172 页，为评估报告类资源，格式为 PDF。该报告对分布与华北地区重要中草药植物资源、重要经济植物资源、珍稀濒危植物资源等的地理分布、生境特征以及利用和保护现状进行了评估说明，并包含有每种植物的分布图及其与现有国家级、省级自然保护区的覆盖图。项目结题验收 1 年后向科技界无条件完全开放共享。

学科类别：生态学

数据格式：.pdf

数据负责人：刘鸿雁

来源项目：华北地区自然植物群落资源综合考察

（941）2011～2016 年华北地区药用植物分省分布表

数据编号：2011FY110300-02-2016122802

数据时间：2011～2016 年

数据地点：华北地区

数据类型：文献资料

数据内容：该数据集是 2011～2016 年华北地区重要植物类群资源状况评估报

告附表的一部分，介绍华北地区药用植物资源在各省的分布及保护现状。数据总量为 30kB，共计 231 种重点药用植物的分省分布与保护数据记录矩阵。通过 2011～2016 年华北地区自然植物群落野外调查记录分析而成。

项目结题验收 1 年后向科技界无条件完全开放共享。

　　学科类别：生态学

　　数据格式：.xls

　　数据负责人：刘鸿雁

　　来源项目：华北地区自然植物群落资源综合考察

（942）2011～2016 年华北地区珍稀濒危植物分省分布表

　　数据编号：2011FY110300-03-2016122803

　　数据时间：2011～2016 年

　　数据地点：华北地区

　　数据类型：文献资料

　　数据内容：该数据集是 2011～2016 年华北地区重要植物类群资源状况评估报告附表的一部分，介绍华北地区珍稀濒危植物资源在各省的分布及保护现状。数据总量为 10kB，共计 13 种珍稀濒危植物的分省分布与保护数据记录矩阵。通过 2011～2016 年华北地区自然植物群落野外调查记录分析而成。项目结题验收 1 年后向科技界无条件完全开放共享。

　　学科类别：生态学

　　数据格式：.xls

　　数据负责人：刘鸿雁

　　来源项目：华北地区自然植物群落资源综合考察

（943）2011～2016 年华北地区重要经济植物分省分布表

　　数据编号：2011FY110300-04-2016122804

　　数据时间：2011～2016 年

　　数据地点：华北地区

　　数据类型：文献资料

　　数据内容：该数据集是 2011～2016 年华北地区重要植物类群资源状况评估报告附表的一部分，介绍华北地区重要经济植物资源在各省（自治区、直辖市）的分布及保护现状。数据总量为 16kB，共计 79 种重要经济植物分省分布数据记录矩阵。通过 2011～2016 年华北地区自然植物群落野外调查记录分析而成。

项目结题验收 1 年后向科技界无条件完全开放共享。

　　学科类别：生态学

　　数据格式：.xls

数据负责人：刘鸿雁

来源项目：华北地区自然植物群落资源综合考察

（944）《2011～2016 年华北地区植物群落志》

数据编号：2011FY110300-05-2016122805

数据时间：2011～2016 年

数据地点：华北地区

数据类型：文献资料

数据内容：2011～2016 年华北地区水生植物群落志是由 2011～2016 年华北地区自然植物群落志数据汇总撰写而成。针对来自 2011 年 6 月～2016 年 5 月期间对于华北地区（31.2°N～50.5°N，94.5°E～129.5°E）自然植物群落全面清查数据，分析每个样地的优势种命名群落类型，记录每种群落类型的恒有种、区分种以及偶见种。该数据集为志书类资源，该群落志共包括 233 个群落类型，共计 300页。主要通过野外调查记录整理而成。

项目结题验收 1 年后向科技界无条件完全开放共享。

学科类别：生态学

数据格式：.pdf

数据负责人：刘鸿雁

来源项目：华北地区自然植物群落资源综合考察

（945）2011～2016 年华北地区草地群落志草本层数据

数据编号：2011FY110300-06-2016122806

数据时间：2011～2016 年

数据地点：华北地区

数据类型：文献资料

数据内容：该数据集是 2011～2016 年华北地区自然植物群落志数据的一部分，其来自 2011 年 6 月～2016 年 5 月对于华北地区（31.2°N～50.5°N，94.5°E～129.5°E）自然植物群落全面清查数据。数据集数据空间粒度为县级，包含 1841个 291 种草地群落样方中草本层常见的优势种及其恒有度数据。该数据集为科学数据类型，数据总量为 188kB，共计 1 万条信息，主要通过野外调查记录整理而成。项目结题验收 1 年后向科技界无条件完全开放共享。

学科类别：生态学

数据格式：.xls

数据负责人：刘鸿雁

来源项目：华北地区自然植物群落资源综合考察

（946）2011～2016 年华北地区灌丛群落志草本层数据

数据编号：2011FY110300-07-2016122807

数据时间：2011～2016 年

数据地点：华北地区

数据类型：文献资料

数据内容：该数据集是 2011～2016 年华北地区自然植物群落志数据的一部分，其来自 2011 年 6 月～2016 年 5 月期间对于华北地区（31.2°N～50.5°N，94.5°E～129.5°E）自然植物群落全面清查数据。数据集数据空间粒度为县级，记录了 5601个 277 种灌丛群落中草本层常见的优势种及其恒有度数据。该数据集为科学数据类型，数据总量为 188kB，共计 9869 条信息，主要通过野外调查记录整理而成。项目结题验收 1 年后向科技界无条件完全开放共享。

学科类别：生态学

数据格式：.xls

数据负责人：刘鸿雁

来源项目：华北地区自然植物群落资源综合考察

（947）2011～2016 年华北地区灌丛群落志灌木层数据

数据编号：2011FY110300-08-2016122808

数据时间：2011～2016 年

数据地点：华北地区

数据类型：文献资料

数据内容：该数据集是 2011～2016 年华北地区自然植物群落志数据的一部分，其来自 2011 年 6 月～2016 年 5 月对于华北地区（31.2°N～50.5°N，94.5°E～129.5°E）自然植物群落全面清查数据。数据集数据空间粒度为县级，记录 5601个 277 种灌丛群落中灌木层常见的优势种及其恒有度数据。该数据集为科学数据类型，数据总量为 92kB，共计 4400 条信息，主要通过野外调查记录整理而成。项目结题验收 1 年后向科技界无条件完全开放共享。

学科类别：生态学

数据格式：.xls

数据负责人：刘鸿雁

来源项目：华北地区自然植物群落资源综合考察

（948）2011～2016 年华北地区森林群落志草本层数据

数据编号：2011FY110300-09-2016122809

数据时间：2011～2016 年

数据地点：华北地区

数据类型：文献资料

数据内容：该数据集是 2011～2016 年华北地区自然植物群落志数据的一部分，其来自 2011 年 6 月～2016 年 5 月期间对于华北地区（31.2°N～50.5°N，94.5°E～129.5°E）自然植物群落全面清查数据。数据集数据空间粒度为县级，包含记录了347 种森林群落中草本层常见的优势种及其恒有度数据。该数据集为科学数据类型，数据总量为 209kB，共计 11 000 条信息，主要通过野外调查记录整理而成。项目结题验收 1 年后向科技界无条件完全开放共享。

学科类别：生态学

数据格式：.xls

数据负责人：刘鸿雁

来源项目：华北地区自然植物群落资源综合考察

（949）2011～2016 年华北地区森林群落志灌木层数据

数据编号：2011FY110300-10-2016122810

数据时间：2011～2016 年

数据地点：华北地区

数据类型：文献资料

数据内容：该数据集是 2011～2016 年华北地区自然植物群落志数据的一部分，其来自 2011 年 6 月～2016 年 5 月对于华北地区（31.2°N～50.5°N，94.5°E～129.5°E）自然植物群落全面清查数据。数据集数据空间粒度为县级，包含 347 种森林群落中灌木层常见的优势种及其恒有度数据。该数据集为科学数据类型，数据总量为 114kB，共计 5839 条信息，主要通过野外调查记录整理而成。项目结题验收 1 年后向科技界无条件完全开放共享。

学科类别：生态学

数据格式：.xls

数据负责人：刘鸿雁

来源项目：华北地区自然植物群落资源综合考察

（950）2011～2016 年华北地区森林群落志乔木层数据

数据编号：2011FY110300-11-2016122811

数据时间：2011～2016 年

数据地点：华北地区

数据类型：文献资料

数据内容：该数据集是 2011～2016 年华北地区自然植物群落志数据的一部分，其来自 2011 年 6 月～2016 年 5 月对于华北地区（31.2°N～50.5°N，94.5°E～129.5°E）自然植物群落全面清查数据。数据集数据空间粒度为县级，包含 347 种森林群落中乔木层常见的优势种及其恒有度数据。该数据集为科学数据类型，数据总量为 65kB，共计 3028 条信息，主要通过野外调查记录整理而成。项目结题验收 1 年后向科技界无条件完全开放共享。

　　学科类别：生态学

　　数据格式：.xls

　　数据负责人：刘鸿雁

　　来源项目：华北地区自然植物群落资源综合考察

（951）2011～2016 年华北地区水生植物群落志数据

　　数据编号：2011FY110300-12-2016122812

　　数据时间：2011～2016 年

　　数据地点：华北地区

　　数据类型：文献资料

　　数据内容：2011～2016 年华北地区水生植物群落志是 2011～2016 年华北地区自然植物群落志数据的一部分。其来自 2011 年 6 月～2016 年 5 月对华北地区（31.2°N～50.5°N，94.5°E～129.5°E）自然植物群落全面清查数据。数据集数据空间粒度为县级，包含 229 个 2 种（沉水群落、沉水挺水群落）水生植物群落中常见的优势种及其恒有度数据。该数据集为科学数据类型，数据总量为 19kB，共计 442 条信息，主要通过野外调查记录整理而成。项目结题验收 1 年后向科技界无条件完全开放共享。

　　学科类别：生态学

　　数据格式：.xls

　　数据负责人：刘鸿雁

　　来源项目：华北地区自然植物群落资源综合考察

（952）2011～2016 年华北地区草地群落调查样方物种组成数据

　　数据编号：2011FY110300-13-2016122813

　　数据时间：2011～2016 年

　　数据地点：华北地区

　　数据类型：文献资料

　　数据内容：该数据集来自 2011 年 6 月～2016 年 5 月对于华北地区（31.2°N～50.5°N，94.5°E～129.5°E）自然植物群落全面清查数据。数据集数据空间粒度为县级，包含 1841 个草地样方的物种组成数据。该数据集为科学数据类型，数据总量为 607kB，共计 19 000 条信息，主要通过野外调查记录整理而成，记录的是草地草本层植被观测调查信息数据。项目结题验收 1 年后向科技界无条件完全开放共享。

学科类别：生态学

数据格式：.xls

数据负责人：刘鸿雁

来源项目：华北地区自然植物群落资源综合考察

（953）2011～2016 年华北地区草地群落调查样方样方信息数据

数据编号：2011FY110300-14-2016122814

数据时间：2011～2016 年

数据地点：华北地区

数据类型：文献资料

数据内容：该数据集来自 2011 年 6 月～2016 年 5 月对于华北地区（31.2°N～50.5°N，94.5°E～129.5°E）自然植物群落全面清查数据。数据集数据空间粒度为县级，包含 1841 个草地样方的样方信息数据。该数据集为科学数据类型，数据总量为 149kB，共计 1841 条信息，主要通过野外调查记录整理而成，记录的是草地植被观测调查样方信息数据。项目结题验收 1 年后向科技界无条件完全开放共享。

学科类别：生态学

数据格式：.xls

数据负责人：刘鸿雁

来源项目：华北地区自然植物群落资源综合考察

（954）2011～2016 年华北地区灌丛群落调查样方草本层数据

数据编号：2011FY110300-15-2016122815

数据时间：2011～2016 年

数据地点：华北地区

数据类型：文献资料

数据内容：该数据集来自 2011 年 6 月～2016 年 5 月对于华北地区（31.2°N～50.5°N，94.5°E～129.5°E）自然植物群落全面清查数据。数据集数据空间粒度为县级，包含 5601 个灌丛样方的草本层植被观测调查信息数据。该数据集为科学数据类型，数据总量为 852kB，共计 30 000 条信息，主要通过野外调查记录整理而成。项目结题验收 1 年后向科技界无条件完全开放共享。

学科类别：生态学

数据格式：.xls

数据负责人：刘鸿雁

来源项目：华北地区自然植物群落资源综合考察

（955）2011～2016 年华北地区灌丛群落调查样方灌木层数据

数据编号：2011FY110300-16-2016122816

数据时间：2011～2016 年

数据地点：华北地区

数据类型：文献资料

数据内容：该数据集来自 2011 年 6 月～2016 年 5 月对于华北地区（31.2°N～50.5°N，94.5°E～129.5°E）自然植物群落全面清查数据。数据集数据空间粒度为县级，包含 5601 个灌丛样方灌木层植被观测调查信息数据。该数据集为科学数据类型，数据总量为 555kB，共计 18 000 条信息，主要通过野外调查记录整理而成。项目结题验收 1 年后向科技界无条件完全开放共享。

学科类别：生态学

数据格式：.xls

数据负责人：刘鸿雁

来源项目：华北地区自然植物群落资源综合考察

（956）2011～2016 年华北地区灌丛群落调查样方样方信息数据

数据编号：2011FY110300-17-2016122817

数据时间：2011～2016 年

数据地点：华北地区

数据类型：文献资料

数据内容：该数据集来自 2011 年 6 月～2016 年 5 月对于华北地区（31.2°N～50.5°N，94.5°E～129.5°E）自然植物群落全面清查数据。数据集数据空间粒度为县级，包含 5601 个灌丛样方的样方信息数据。该数据集为科学数据类型，数据总量为 375kB，共计 5601 条信息，主要通过野外调查记录整理而成。项目结题验收 1 年后向科技界无条件完全开放共享。

学科类别：生态学

数据格式：.xls

数据负责人：刘鸿雁

来源项目：华北地区自然植物群落资源综合考察

（957）2011～2016 年华北地区森林群落调查样方草本层数据

数据编号：2011FY110300-18-2016122818

数据时间：2011～2016 年

数据地点：华北地区

数据类型：文献资料

数据内容：该数据集来自 2011 年 6 月～2016 年 5 月对于华北地区（31.2°N～50.5°N，94.5°E～129.5°E）自然植物群落全面清查数据。数据集数据空间粒度为县级，包含 2657 个森林样方草本层植被观测调查信息数据。该数据集为科学数据类型，数据总量为 925kB，共计 33 000 条数据，主要通过野外调查记录整理而成。项目结题验收 1 年后向科技界无条件完全开放共享。

　　学科类别：生态学

　　数据格式：.xls

　　数据负责人：刘鸿雁

　　来源项目：华北地区自然植物群落资源综合考察

（958）2011～2016 年华北地区森林群落调查样方灌木层数据

　　数据编号：2011FY110300-19-2016122819

　　数据时间：2011～2016 年

　　数据地点：华北地区

　　数据类型：文献资料

　　数据内容：该数据集来自 2011 年 6 月～2016 年 5 月对于华北地区（31.2°N～50.5°N，94.5°E～129.5°E）自然植物群落全面清查数据。数据集数据空间粒度为县级，包含 2657 个森林样方灌木层植被观测调查信息数据。该数据集为科学数据类型，数据总量为 596kB，共计 19 000 条数据，主要通过野外调查记录整理而成。项目结题验收 1 年后向科技界无条件完全开放共享。

　　学科类别：生态学

　　数据格式：.xls

　　数据负责人：刘鸿雁

　　来源项目：华北地区自然植物群落资源综合考察

（959）2011～2016 年华北地区森林群落调查样方乔木层数据

　　数据编号：2011FY110300-20-2016122820

　　数据时间：2011～2016 年

　　数据地点：华北地区

　　数据类型：文献资料

　　数据内容：该数据集来自 2011 年 6 月～2016 年 5 月对于华北地区（31.2°N～50.5°N，94.5°E～129.5°E）自然植物群落全面清查数据。数据集数据空间粒度为县级，包含 2657 个森林样方乔木层植被观测调查数据。该数据集为科学数据类型，数据总量为 395kB，共计 10 000 条数据，主要通过野外调查记录整理而成。项目结题验收 1 年后向科技界无条件完全开放共享。

　　学科类别：生态学

　　数据格式：.xls

　　数据负责人：刘鸿雁

　　来源项目：华北地区自然植物群落资源综合考察

（960）2011～2016 年华北地区森林群落调查样方样方信息数据

数据编号：2011FY110300-21-2016122821

数据时间：2011～2016 年

数据地点：华北地区

数据类型：文献资料

数据内容：该数据集来自 2011 年 6 月～2016 年 5 月对于华北地区（31.2°N～50.5°N，94.5°E～129.5°E）自然植物群落全面清查数据。数据集数据空间粒度为县级，包含 2657 个森林样方的样方信息。该数据集为科学数据类型，数据总量为231kB，共 2657 条数据，主要通过野外调查记录整理而成。项目结题验收 1 年后向科技界无条件完全开放共享。

学科类别：生态学

数据格式：.xls

数据负责人：刘鸿雁

来源项目：华北地区自然植物群落资源综合考察

（961）2011～2016 年华北地区水生植物群落调查样方物种组成数据

数据编号：2011FY110300-22-2016122822

数据时间：2011～2016 年

数据地点：华北地区

数据类型：文献资料

数据内容：该数据集来自 2011 年 6 月～2016 年 5 月对于华北地区（31.2°N～50.5°N，94.5°E～129.5°E）自然植物群落全面清查数据。数据集数据空间粒度为县级，包含 229 个水生植被群落样方的物种组成数据组成。该数据集为科学数据类型，数据总量为 28kB，共计 936 条信息，主要通过野外调查记录整理而成，包括样方信息、物种组成两个方面的水生植被观测调查信息数据。项目结题验收 1年后向科技界无条件完全开放共享。

学科类别：生态学

数据格式：.xls

数据负责人：刘鸿雁

来源项目：华北地区自然植物群落资源综合考察

（962）2011～2016 年华北地区水生植物群落调查样方样地信息数据

数据编号：2011FY110300-23-2016122823

数据时间：2011～2016 年

数据地点：华北地区

数据类型：文献资料

数据内容：该数据集来自 2011 年 6 月～2016 年 5 月对于华北地区（31.2°N～50.5°N，94.5°E～129.5°E）自然植物群落全面清查数据。数据集数据空间粒度为县级，包含 229 个样水生植被群落样方的样样方信息数据组成。该数据集为科学数据类型，数据总量为 23kB，共计 229 个样方的信息，主要通过野外调查记录整理而成，包括样方信息、物种组成两个方面的水生植被观测调查信息数据。项目结题验收 1 年后向科技界无条件完全开放共享。

学科类别：生态学

数据格式：.xls

数据负责人：刘鸿雁

来源项目：华北地区自然植物群落资源综合考察

（963）2011～2016 年华北地区常见物种属性数据

数据编号：2011FY110300-24-2016122824

数据时间：2011～2016 年

数据地点：华北地区

数据类型：文献资料

数据内容：该数据集来自 2011 年 6 月～2016 年 5 月对于华北地区（31.2°N～50.5°N，94.5°E～129.5°E）自然植物群落全面清查数据。

数据集数据为植物物种的分类精度，包含 387 种华北常见植物的生态属性。该数据集为科学数据类型，数据总量为 85kB，共计 387 条信息，主要通过野外调查记录和室内实验测定整理而成。项目结题验收 1 年后向科技界无条件完全开放共享。

学科类别：生态学

数据格式：.xls

数据负责人：刘鸿雁

来源项目：华北地区自然植物群落资源综合考察

（964）2011～2016 年华北地区自然植物群落资源分布图集

数据编号：2011FY110300-25-2016122825

数据时间：2011～2016 年

数据地点：华北地区

数据类型：科学数据

数据内容：该数据集为图集类型，数据为 5.86MB 的 ArcGIS SHP 格式文件，共计 233 种常见植物群落资源分布点，空间参考基准为 Clarke_1866_Albers 投影坐标。该类资源根据植物群落类型划分为森林、灌丛、草地、水生四类，共 4 个文件夹，每个文件夹下为各个植物群落资源分布点。该资源数据来自 2011 年 6 月～2016 年 5 月期间对于华北地区（31.2°N～50.5°N，94.5°E～129.5°E）自然植物群落全面清查数据，在 ArcGIS 中加工形成。该数据集将在项目结题验收 1 年后向科技界完全开放共享。

　　学科类别：生态学

　　数据格式：.shp

　　数据负责人：刘鸿雁

　　来源项目：华北地区自然植物群落资源综合考察

（965）氢化可的松纯度标准物质

　　数据编号：2011FY130100-01-2016100901

　　数据时间：2011～2016 年

　　数据地点：中国计量科学研究院

　　数据类型：文献资料

　　数据内容：标准值 99.2%，扩展不确定度=0.2%（k=2）。

　　学科类别：化学

　　数据格式：.xls，.pdf

　　数据负责人：李红梅

　　来源项目：心脑血管与肿瘤疾病诊断重要标志物标准物质的研究

（966）17α-羟孕酮纯度标准物质

　　数据编号：2011FY130100-02-2016100902

　　数据时间：2011～2016 年

　　数据地点：中国计量科学研究院

　　数据类型：文献资料

　　数据内容：标准值 99.3%，扩展不确定度=0.2%（k=2）。

　　学科类别：化学

　　数据格式：.xls，.pdf

　　数据负责人：李红梅

　　来源项目：心脑血管与肿瘤疾病诊断重要标志物标准物质的研究

（967）血清中氢化可的松成分分析标准物质（92.2ng.g）

　　数据编号：2011FY130100-03-2016100903

　　数据时间：2011～2016 年

　　数据地点：中国计量科学研究院

　　数据类型：文献资料

　　数据内容：标准值 92.2ng.g，扩展不确定度=1.8ng.g（k=2）。

　　学科类别：化学

　　数据格式：.xls，.pdf

数据负责人：李红梅

来源项目：心脑血管与肿瘤疾病诊断重要标志物标准物质的研究

（968）血清中氢化可的松成分分析标准物质（107.6ng.g）

数据编号：2011FY130100-04-2016100904

数据时间：2011～2016 年

数据地点：中国计量科学研究院

数据类型：文献资料

数据内容：标准值 107.6ng.g，扩展不确定度=1.6ng.g（$k=2$）。

学科类别：化学

数据格式：.xls，.pdf

数据负责人：李红梅

来源项目：心脑血管与肿瘤疾病诊断重要标志物标准物质的研究

（969）血清中孕酮成分分析标准物质（1.09ng.g）

数据编号：2011FY130100-05-2016100905

数据时间：2011～2016 年

数据地点：中国计量科学研究院

数据类型：文献资料

数据内容：标准值 1.09ng.g，扩展不确定度=0.05ng.g（$k=2$）。

学科类别：化学

数据格式：.xls，.pdf

数据负责人：李红梅

来源项目：心脑血管与肿瘤疾病诊断重要标志物标准物质的研究

（970）血清中孕酮成分分析标准物质（21.89ng.g）

数据编号：2011FY130100-06-2016100906

数据时间：2011～2016 年

数据地点：中国计量科学研究院

数据类型：文献资料

数据内容：标准值 21.89ng.g，扩展不确定度=0.52ng.g（$k=2$）。

学科类别：化学

数据格式：.xls，.pdf

数据负责人：李红梅

来源项目：心脑血管与肿瘤疾病诊断重要标志物标准物质的研究

（971）血清中 17α-羟孕酮成分分析标准物质（0.51ng.g）

数据编号：2011FY130100-07-2016100907

数据时间：2011～2016 年

数据地点：中国计量科学研究院

数据类型：文献资料

数据内容：标准值 0.51ng.g，扩展不确定度=0.02ng.g（k=2）。

学科类别：化学

数据格式：.xls，.pdf

数据负责人：李红梅

来源项目：心脑血管与肿瘤疾病诊断重要标志物标准物质的研究

（972）血清中 17α-羟孕酮成分分析标准物质（1.65ng.g）

数据编号：2011FY130100-08-2016100908

数据时间：2011～2016 年

数据地点：中国计量科学研究院

数据类型：文献资料

数据内容：标准值 1.65ng.g，扩展不确定度=0.03ng.g（k=2）。

学科类别：化学

数据格式：.xls，.pdf

数据负责人：李红梅

来源项目：心脑血管与肿瘤疾病诊断重要标志物标准物质的研究

（973）冰冻男性血清睾酮成分分析标准物质

数据编号：2011FY130100-09-2016101009

数据时间：2011～2016 年

数据地点：中国计量科学研究院

数据类型：文献资料

数据内容：标准值 3.66（ng.g），扩展不确定度=0.18（ng.g）（k–2）。

学科类别：化学

数据格式：.xls，.pdf，.doc

数据负责人：李红梅

来源项目：心脑血管与肿瘤疾病诊断重要标志物标准物质的研究

（974）血清中雌二醇标准物质

数据编号：2011FY130100-10-2016101010

数据时间：2011～2016 年

数据地点：中国计量科学研究院

数据类型：文献资料

数据内容：标准值 3.03ng.g，扩展不确定度=0.1（ng.g）（k=2）。

学科类别：化学

数据格式：.xls，.pdf

数据负责人：李红梅

来源项目：心脑血管与肿瘤疾病诊断重要标志物标准物质的研究

（975）人血清中电解质成分标准物质（Level—1）

数据编号：2011FY130100-11-2016101011

数据时间：2011～2016 年

数据地点：中国计量科学研究院

数据类型：文献资料

数据内容：标准值 Level—1 （mg.kg）：K 246；Ca 123；Mg 27.6；Li 8.06；Na 3032；Cl 3499；*iCa2+ 0.89 ，相对扩展不确定度=1%～3%（k=2）。

学科类别：化学

数据格式：.xls，.pdf，.doc

数据负责人：李红梅

来源项目：心脑血管与肿瘤疾病诊断重要标志物标准物质的研究

（976）人血清中电解质成分标准物质（Level—2）

数据编号：2011FY130100-12-2016101012

数据时间：2011～2016 年

数据地点：中国计量科学研究院

数据类型：文献资料

数据内容：标准值 Level—2 （mg.kg）：K 198；Ca 104；Mg 20.4；Li 5.33；Na 3385；Cl 3915；*iCa2+ 0.76 ，相对扩展不确定度=1%～3%（k=2）。

学科类别：化学

数据格式：.xls，.pdf，.doc

数据负责人：李红梅

来源项目：心脑血管与肿瘤疾病诊断重要标志物标准物质的研究

（977）人血清中电解质成分标准物质（Level—3）

数据编号：2011FY130100-13-2016101013

数据时间：2011～2016 年

数据地点：中国计量科学研究院

数据类型：文献资料

数据内容：标准值 Level—3 （mg.kg）：K 151；Ca 81.1；Mg 16.5；Li 2.74；Na 3703；Cl 4372；*iCa2+ 0.64，相对扩展不确定度=1%～3%（k=2）。

学科类别：化学

数据格式：.xls，.pdf，.doc

数据负责人：李红梅

来源项目：心脑血管与肿瘤疾病诊断重要标志物标准物质的研究

（978）氧化钛比表面积标准物质（20 m2.g）

数据编号：2011FY130100-14-2016101014

数据时间：2011～2016 年

数据地点：国家纳米科学中心

数据类型：文献资料

数据内容：标准值 19.9 m2.g，相对扩展不确定度=2.5%（k=2）。

学科类别：化学

数据格式：.xls，.pdf，.doc

数据负责人：李红梅

来源项目：心脑血管与肿瘤疾病诊断重要标志物标准物质的研究

（979）氧化钛比表面积标准物质（100 m2.g）

数据编号：2011FY130100-15-2016101015

数据时间：2011～2016 年

数据地点：国家纳米科学中心

数据类型：文献资料

数据内容：标准值 103.5 m2.g，相对扩展不确定度=1.2%（k=2）。

学科类别：化学

数据格式：.xls，.pdf，.doc

数据负责人：朴玲钰

来源项目：心脑血管与肿瘤疾病诊断重要标志物标准物质的研究

（980）睾酮纯度标准物质

数据编号：2011FY130100-16-2016101116

数据时间：2011～2016 年

数据地点：中国计量科学研究院

数据类型：文献资料

数据内容：标准值 99.3%，扩展不确定度=0.3%（k=2）。

学科类别：化学

数据格式：.xls，.pdf，.doc

数据负责人：李红梅

来源项目：心脑血管与肿瘤疾病诊断重要标志物标准物质的研究

（981）甲羟孕酮纯度标准物质

数据编号：2011FY130100-17-2016101117

数据时间：2011～2016 年

数据地点：中国计量科学研究院

数据类型：文献资料

数据内容：标准值 99.3%，扩展不确定度=0.4%（k=2）。

学科类别：化学

数据格式：.xls，.pdf，.doc

数据负责人：全灿

来源项目：心脑血管与肿瘤疾病诊断重要标志物标准物质的研究

（982）5，7-二羟基黄酮纯度标准物质

数据编号：2011FY130100-18-2016101118

数据时间：2011～2016 年

数据地点：中国计量科学研究院

数据类型：文献资料

数据内容：标准值 99.4%，扩展不确定度=0.5%（k=2）。

学科类别：化学

数据格式：.xls，.pdf，.doc

数据负责人：李红梅

来源项目：心脑血管与肿瘤疾病诊断重要标志物标准物质的研究

（983）水飞蓟宾纯度标准物质

数据编号：2011FY130100-19-2016101119

数据时间：2011～2016 年

数据地点：中国计量科学研究院

数据类型：文献资料

数据内容：标准值 98.7%，扩展不确定度=0.5%（k=2）。

学科类别：化学

数据格式：.xls，.pdf，.doc

数据负责人：李红梅

来源项目：心脑血管与肿瘤疾病诊断重要标志物标准物质的研究

（984）香豆素纯度标准物质

数据编号：2011FY130100-20-2016101120

数据时间：2011～2016 年

数据地点：中国计量科学研究院

数据类型：文献资料

数据内容：标准值 99.2%，扩展不确定度=0.5%（$k=2$）。

学科类别：化学

数据格式：.xls，.pdf，.doc

数据负责人：李红梅

来源项目：心脑血管与肿瘤疾病诊断重要标志物标准物质的研究

（985）橙皮甙纯度标准物质

数据编号：2011FY130100-21-2016101121

数据时间：2011～2016 年

数据地点：中国计量科学研究院

数据类型：文献资料

数据内容：标准值 98.4%，扩展不确定度=0.9%（$k=2$）。

学科类别：化学

数据格式：.xls，.pdf，.doc

数据负责人：全灿

来源项目：心脑血管与肿瘤疾病诊断重要标志物标准物质的研究

（986）川陈皮素纯度标准物质

数据编号：2011FY130100-22-2016101122

数据时间：2011～2016 年

数据地点：中国计量科学研究院

数据类型：文献资料

数据内容：标准值 98.4%，扩展不确定度=0.7%（$k=2$）。

学科类别：化学

数据格式：.xls，.pdf，.doc

数据负责人：全灿

来源项目：心脑血管与肿瘤疾病诊断重要标志物标准物质的研究

（987）C 反应蛋白标准物质

数据编号：2011FY130100-23-2016101123

数据时间：2011～2016 年

数据地点：中国计量科学研究院

数据类型：文献资料

数据内容：标准值 0.337 g.g，扩展不确定度=0.010 g.g（$k=2$）。

学科类别：化学

数据格式：.xls，.pdf，.doc

数据负责人：宋德伟

来源项目：心脑血管与肿瘤疾病诊断重要标志物标准物质的研究

（988）肌钙蛋白标准物质

数据编号：2011FY130100-24-2016101124

数据时间：2011～2016 年

数据地点：中国计量科学研究院

数据类型：文献资料

数据内容：标准值 0.223 g.g，扩展不确定度=0.016 g.g（k=2）。

学科类别：化学

数据格式：.xls，.pdf，.doc

数据负责人：宋德伟

来源项目：心脑血管与肿瘤疾病诊断重要标志物标准物质的研究

（989）瘦素标准物质

数据编号：2011FY130100-25-2016101125

数据时间：2011～2016 年

数据地点：中国计量科学研究院

数据类型：文献资料

数据内容：标准值 0.058 g.g，扩展不确定度=0.014 g.g（k=2）。

学科类别：化学

数据格式：.xls，.pdf，.doc

数据负责人：李红梅

来源项目：心脑血管与肿瘤疾病诊断重要标志物标准物质的研究

（990）17β-雌二醇纯度标准物质

数据编号：2011FY130100-26-2016101226

数据时间：2011～2016 年

数据地点：中国计量科学研究院

数据类型：文献资料

数据内容：标准值 99.2%，扩展不确定度=0.3%（k=2）。

学科类别：化学

数据格式：.xls，.pdf，.doc

数据负责人：苏福海

来源项目：心脑血管与肿瘤疾病诊断重要标志物标准物质的研究

（991）雌三醇纯度标准物质

数据编号：2011FY130100-27-2016101227

数据时间：2011～2016 年

数据地点：中国计量科学研究院

数据类型：文献资料

数据内容：标准值 98.4%，扩展不确定度=0.3%（$k=2$）。

学科类别：化学

数据格式：.xls，.pdf，.doc

数据负责人：苏福海

来源项目：心脑血管与肿瘤疾病诊断重要标志物标准物质的研究

（992）雌酮纯度标准物质

数据编号：2011FY130100-28-2016101228

数据时间：2011～2016 年

数据地点：中国计量科学研究院

数据类型：文献资料

数据内容：标准值 99.3%，扩展不确定度=0.4%（$k=2$）。

学科类别：化学

数据格式：.xls，.pdf，.doc

数据负责人：苏福海

来源项目：心脑血管与肿瘤疾病诊断重要标志物标准物质的研究

（993）香草扁桃酸纯度标准物质

数据编号：2011FY130100-29-2016101229

数据时间：2011～2016 年

数据地点：中国计量科学研究院

数据类型：文献资料

数据内容：标准值 99.5%，扩展不确定度=0.3%（$k=2$）。

学科类别：化学

数据格式：.xls，.pdf，.doc

数据负责人：李红梅

来源项目：心脑血管与肿瘤疾病诊断重要标志物标准物质的研究

（994）17α-羟孕酮甲醇溶液标准物质

数据编号：2011FY130100-31-2016101231

数据时间：2011～2016 年

数据地点：中国计量科学研究院

数据类型：文献资料

数据内容：标准值 1.0mg.ml，扩展不确定度=0.03mg.ml（$k=2$）。

学科类别：化学

数据格式：.xls，.pdf，.doc

数据负责人：李红梅

来源项目：心脑血管与肿瘤疾病诊断重要标志物标准物质的研究

（995）17β-雌二醇甲醇溶液标准物质

数据编号：2011FY130100-32-2016101232

数据时间：2011～2016 年

数据地点：中国计量科学研究院

数据类型：文献资料

数据内容：标准值 1.0mg.ml，扩展不确定度=0.03mg.ml（k=2）。

学科类别：化学

数据格式：.xls，.pdf，.doc

数据负责人：苏福海

来源项目：心脑血管与肿瘤疾病诊断重要标志物标准物质的研究

（996）香草扁桃酸甲醇溶液标准物质

数据编号：2011FY130100-33-2016101233

数据时间：2011～2016 年

数据地点：中国计量科学研究院

数据类型：文献资料

数据内容：标准值 1.0mg.ml，扩展不确定度=0.03mg.ml（k=2）。

学科类别：化学

数据格式：.xls，.pdf，.doc

数据负责人：苏福海

来源项目：心脑血管与肿瘤疾病诊断重要标志物标准物质的研究

（997）17-OHP、氢化可的松混合溶液标准物质

数据编号：2011FY130100-35-2016101235

数据时间：2011～2016 年

数据地点：中国计量科学研究院

数据类型：文献资料

数据内容：标准值 1.0mg.ml，扩展不确定度=0.03mg.ml（k=2）。

学科类别：化学

数据格式：.xls，.pdf，.doc

数据负责人：苏福海

来源项目：心脑血管与肿瘤疾病诊断重要标志物标准物质的研究

（998）雌二醇、雌三醇、雌酮甲醇混合溶液标准物质

数据编号：2011FY130100-36-2016101236

数据时间：2011～2016 年

数据地点：中国计量科学研究院

数据类型：文献资料

数据内容：标准值 1.0mg.ml，扩展不确定度=0.03mg.ml（k=2）。

学科类别：化学

数据格式：.xls，.pdf，.doc

数据负责人：苏福海

来源项目：心脑血管与肿瘤疾病诊断重要标志物标准物质的研究

（999）C 反应蛋白酶联免疫分析方法

数据编号：2011FY130100-37-2016123037

数据时间：2011～2016 年

数据地点：中国计量科学研究院

数据类型：文献资料

数据内容：C 反应蛋白酶联免疫分析方法（ELISA）。

学科类别：化学

数据格式：.pdf，.doc

数据负责人：宋德伟

来源项目：心脑血管与肿瘤疾病诊断重要标志物标准物质的研究

（1000）C 反应蛋白化学发光免疫分析方法

数据编号：2011FY130100-38-2016123038

数据时间：2011～2016 年

数据地点：中国计量科学研究院

数据类型：文献资料

数据内容：C 反应蛋白化学发光免疫分析方法（CLIA）。

学科类别：化学

数据格式：.pdf，.doc

数据负责人：宋德伟

来源项目：心脑血管与肿瘤疾病诊断重要标志物标准物质的研究

（1001）人绒毛膜促性腺激素特征肽的分析检测方法

数据编号：2011FY130100-39-2016123039

数据时间：2011～2016 年

数据地点：中国计量科学研究院

数据类型：文献资料

数据内容：人绒毛膜促性腺激素（hCG）特征肽的同位素稀释质谱法（IDMS）法。

学科类别：化学

数据格式：.pdf，.doc

数据负责人：李红梅

来源项目：心脑血管与肿瘤疾病诊断重要标志物标准物质的研究

（1002）人绒毛膜促性腺激素蛋白质的分析检测方法

数据编号：2011FY130100-40-2016123040

数据时间：2011～2016 年

数据地点：中国计量科学研究院

数据类型：文献资料

数据内容：人绒毛膜促性腺激素（hCG）蛋白质的同位素稀释质谱法（IDMS）法。

学科类别：化学

数据格式：.pdf，.doc

数据负责人：黄挺

来源项目：心脑血管与肿瘤疾病诊断重要标志物标准物质的研究

（1003）《土城子阶、义县阶标准地层剖面及其地层古生物、构造-火山作用》

数据编号：无项目编号

数据时间：2004 年

数据地点：中国北京

数据类型：文献资料

数据内容：全书包括土城子阶标准地层剖面及其地层古生物、义县阶标准地层剖面及其地层古生物、冀北—辽西义县组火山岩地层、火山作用及构造背景。

学科类别：地质学

数据格式：.pdf

数据负责人：王五力、张宏

来源项目：土城子阶、义县阶标准剖面建立和研究

（1004）《中国紫阳志留系高分辨率笔石生物地层与生物复苏》

数据编号：无项目编号

数据时间：2006 年

数据地点：中国陕西紫阳

数据类型：文献资料

数据内容：紫阳地区位于秦岭地槽与杨子地台之间的过滤带，具有不少连续而完整的各时代地层剖面，尤其是以含丰富的志留纪笔石地层著称，该书对该地

区 3 个地层界线，即志留系底界、特列奇阶底界和文洛克统底界的界限作了分析讨论。

　　学科类别：地质学

　　数据格式：.pdf

　　数据负责人：傅力浦

　　来源项目：紫阳志留纪高分辨率笔石与几丁虫生物地层及生物复苏

第5章　科技基础性工作专项项目及数据资料分析

5.1　项目及数据资料分析方法

数据资料分析是一个将获取的原始数据资料进行加工处理和计算分析后，得到数据表征或隐含的规律认知的过程。数据资料分析能够通过收集和分析数据，回答一些关于检验假设和理论证明的问题（Yu and C.H.，1977）。统计学家 John Tukey 将数据分析定义为"分析数据的程序，解释这些程序结果的技术，收集数据以便其分析更容易、更精确的方法，以及应用于分析数据的各种（数学）统计学方法和工具"。数据分析广泛应用于自然科学、经济学、工商学和社会学等领域，在科学研究与发现、国民经济与社会发展预测，国家规划及战略的制定等方面具有不可估量的作用。

在科技计划和科技项目领域，围绕科技基础性工作专项项目及数据资料的分析将对科技基础性研究成果的总结、挖掘以及以后立项布局具有重要意义和价值。首先，不同时期科技基础性专项项目的选题、评审、立项有其客观价值和依据，一定程度上反映了我国当时的社会发展、政策导向、以及区域热点问题；其次，通过对已立项的科技基础性工作专项项目数据进行系统分析，能够全面总结出各研究领域的现有的基础资料，以此在一定程度上掌握各研究领域的重点科学问题，明确这些问题的解决方法及解决效果，从而有利于对科技基础性工作的整体把握并理清后续亟待攻破的难点和热点问题，为我国今后科研项目的立项分析提供科学的参考和依据；最后，科技基础性工作专项项目所产生的数据资料反映的是我国科研工作者长期以来积累的重要研究成果，是我国开展前沿和重大科学研究的基础资料，对其进行分析与规范化整编，不仅方便数据资料向政府部门和广大科研工作者的快速公开共享，而且有利于进一步挖掘数据资料中隐含的知识和内在规律，为支撑科技创新、国家战略决策和社会经济的发展发挥积极的作用。

5.1.1　数据资料分析的基本原则

科技基础性工作专项项目及数据资料的分析需要遵循一些基本原则。这些基本原则用以具体指导科技基础性工作专项项目及数据资料的分析活动，从而为不同领域数据资料的分析提供科学化、规范化、一致化的依据。科技基础性工作专项项目及数据资料分析的基本原则主要包括目的明确、流程规范、多方法综合、表达直观 4 个方面。

（1）目标明确原则

在进行数据分析工作时，始终需要有明确的目标作为引领，引导贯穿整个数据分析的生命周期。以目标为导向，进而提出待分析的问题，选择合适的分析方法，取得有效的分析结果。

（2）流程标准原则

数据分析和其他的业务工作一样，有其遵循的工作流程，这个流程可以确保在数据分析过程中，每一个阶段有章可循，并针对数据分析中可能出现的问题，做到有源可溯。遵循数据分析的规范化流程，使得数据分析更加科学、更加严谨、更加具有说服力，让数据分析的工作有条理可移植，以便与其他数据分析结果相对比，以及其他研究者可以继续未完成的分析任务。

（3）多方法综合原则

数据分析过程中可能涉及一个问题多种解决方法，这时候就需要专业的分析人员进行方法的选择。通常，对于不同的数据特点，根据前人的工作经验，已经给出了数据分析方法的适用性，但是在面对数据复杂情况下，通过多种数据分析方法，并且加以检验，不仅可以提高数据分析的准确性和可靠性，还能挖掘出数据本质的特点。

（4）表达直观原则

可视化表达可以更加直观地呈现数据资料分析结果。数据分析结果需要运用统计图表、地图等可视化表达方法，才能够更加直观、精准的表达数据的时空分布及其变化规律，更有利用读者对分析结果的理解和把握。

5.1.2　数据资料分析的一般步骤

数据资料分析的基本原则确定了数据分析时需要遵循的"法则"，而数据资料分析的一般步骤则定义了数据资料分析的业务流程。科技基础性工作专项项目及数据资料的分析，主要包括 6 个步骤，如图 5-1 所示，即确定数据分析内容、相关数据资料收集、数据资料预处理、探索性数据分析、数据建模与分析、数据报告撰写。

1）确定数据分析内容。在进行数据分析前，首先要明确本次数据分析要研究的主要问题和预期的分析目标，然后梳理分析思路，并搭建分析框架，把分析目

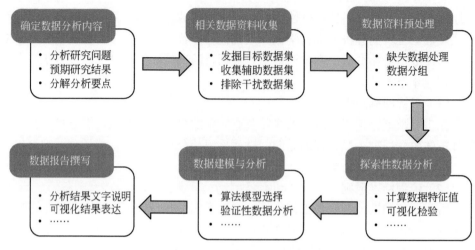

图 5-1　数据资料分析流程图

的分解成若干个不同的分析内容。为正确制定数据收集方案、收集相关数据奠定基础。

2）相关数据资料收集。根据数据分析主题，制定数据收集方案，发掘合适的目标数据集，同时收集可能会使用到的辅助数据集。数据的质量在很大程度上会影响数据分析结果的优劣，在数据收集时，要尽量排除与分析主题不相关的干扰数据。

3）数据资料预处理。在正式进行数据分析前，数据资料的规范性往往还达不到正式数据分析的精度要求。数据的预处理工作不仅可以提高数据质量，还能帮助用户了解数据特征，从而进一步优化数据结构和组织。数据预处理是进行正式数据分析和建模的基础，通常包括：缺失数据处理、数据分组、数据取值的转换、数据的正态化处理等。

4）探索性数据分析。探索性数据分析是数据资料进入统计分析阶段的前提步骤。进行统计分析前，算法的确定和模型的选择需要对数据特征有全局的把握。探索性数据分析方法用于初步理解数据资料的特征信息（Behrens，1997；Few and S.，2004）。如均值、中位数、方差等。通过探索性数据分析有助于更好的理解数据，从而确定数据分析适合的模型和算法。

5）数据建模与分析。数据建模和分析是把数学表达式或者模型应用于数据，验证其变量之间的相关性和因果关系。在选择分析模型时，不仅需要对各种算法和模型进行系统、细致的研究，还需要深入了解业务背景，构建出科学的、精确的模型，避免无意义甚至错误的分析结论。

6）数据报告撰写。数据报告撰写是数据分析的最后环节，也是最终分析结果的产出形式。数据分析报告，不仅需要科学、可靠的数据分析方法，还需要直观明了、层次清晰、图文并茂的结果说明。在数据报告中，尽量使用表格和图形来表示数据，从而可以使报告主次分明、结构清晰，有助于更直观清晰地掌握数据背后隐藏的规律。

5.1.3　数据资料统计分析基本方法

按照统计学的观点，数据资料的分析方法可概括为描述性数据资料分析、探索性数据资料分析以及验证性数据资料分析三类。

5.1.3.1　描述性数据资料分析

描述性数据资料分析是一种概括性的数据资料统计方法，用以揭示数据资料各类变量的特征、分布状况及趋势走向（Mann，2007）。描述性数据资料分析提供了概括和表征数据的有效且相对简便的方法，可以总结原始数据特征并将其转换为人类容易理解的形式。描述性数据资料分析主要包括：频数分析、集中趋势分析、离散趋势分析、分布分析等。

1）频数分析，指考察一组数据不同的数值出现的频数。在数据的预处理部分，利用频数分析和交叉频数分析可以了解数据的分布状况，检验数据异常值。频数分析的结果通常以统计图的形式进行表达，主要有条形图、饼状图和直方图。

2）集中趋势分析，是用各种具有代表性意义的量度来反映变量数值趋向中心位置的一种分析方法。主要包括平均数、中位数、众数等统计指标来表示数据的集中趋势。数据的集中趋势，对于总体的某一特征具有代表性，表明所研究的数据资料在一定时间、空间条件下的共同性质和一般水平。

3）离散趋势分析，用一个特别的数值来反映一组数据相互之间的离散程度的一种分析方法。在统计学上，观测值偏离中心位置的趋势，反映了观测值偏离中心的分布情况。它与集中趋势分析一起，分别从两个不同的侧面描述和揭示一组数据的分布情况，共同反映出数据分布的全面特征。描述离散趋势的常用指标有极差、四分位数间距、方差、标准差和变异系数等，其中方差和标准差最常用。

4）分布分析，是根据分析目的，将数据（定量数据）进行等距或者不等距的分组，研究各组分布规律的一种分析方法。如收入分布，年龄分析。分布分析的主要统计量有偏度系数和峰度系数。偏度系数用来描述数据变量取值分布的对称性，而峰度系数则是描述变量所有取值分布形态的陡峭程度。

5.1.3.2 探索性数据资料分析

传统统计方法通常是先假定一个模型，例如数据服从某种分布特征（常见的有正态分布、均匀分布、伯努利分布等），然后使用此模型对数据进行拟合、分析及预测。但实际上，多数数据并不能保证满足假定的理论分布。因此，传统方法的统计结果具有一定的局限性，常常难以令人满意。大数据时代的到来，数据分析面临着数据量暴增、数据种类复杂、数据噪声增多等新的挑战，这不仅要求在进行数据分析前，进行数据清洗，提高数据质量，还要求用户充分了解数据资料的特点，准确掌握数据的内部结构和关系，以便选择适当的数据分析模型。因此，探索性数据分析已经成为数据资料分析中不可替代的一个重要环节。

探索性数据分析的目的就是让用户对数据的直觉最大化，结合各种统计学的图表将数据以各种形式进行展示，使用户最大程度感知数据，发掘数据资料的潜在规律，并从中提取出重要的变量，删除异常值，检验潜在的假设，建立初步的模型，决定最优因子的设置。它不受假设和分析模型的限制，通过作图、制表、方程拟合、计算特征等手段尽可能地探索和发现数据的结构和规律。确定是否为探索性分析，不是依靠判断使用了哪些特定技术，而是依据用户使用这些技术分析数据的动机（Tukey，1980）。简而言之，任何对数据进行探究而非正式统计分析和建模分析的，都可以称之为探索性数据分析。常见的探索性数据分析的方法有聚类分析、因子分析、对应分析等方法。

1）聚类分析，指将数据对象分类到不同的分组的一种分析方法，确保每个分组中的数据对象具有最大的相似性，分组间的数据对象具有显著的差异性。通过聚类分析可以在无先验条件下，合理地按照数据样本的各自特征进行分类。聚类分析能够分析事物内在的特点和规律，并根据相似性原则对事物进行分组。聚类分析也是数据挖掘常用的一种技术。

2）因子分析，是一种对数据进行简化的统计分析方法。通过研究数据多个变量内部的相互依赖关系，用少数几个代表性的关键变量进行数据的模拟分析。因子分析可以减少原始数据中变量的数目，从而降低进一步数据分析的复杂性，减少数据分析的计算量，并用于变量间假设关系的检验。

3）对应分析，也称关联分析、R-Q 型因子分析，是近年新发展起来的一种多元相依变量统计分析技术，通过分析由定性变量构成的交互汇总表来揭示变量间的联系。对应分析法可以揭示同一变量的各个类别之间的差异，以及不同变量各个类别之间的对应关系。对应分析方法的基本思想是将一个数据的行和列中各元素的比例结构以点的形式在较低维的空间中表示出来（贾俊平，2010），将众多的样本及其属性变量同时作到同一张图上，通过图直观而又明了地将样本表示出来。

由此，通过对应分析法，可以省去因子选择和因子轴旋转等复杂的数学运算及中间过程，可以从因子载荷图上对样品进行直观的分类。

5.1.3.3 验证性数据资料分析

验证性数据资料分析又称为"假设检验分析"，主要是验证所选的模型和所解释的公式，在结构上、形式上、变化方向上是否能代表客观情况（张伟，2003；郑振华，2011；梁前德，2009）。验证性数据分析是一种统计推理的方法，通常是将抽样数据集进行比较，或者是抽样数据集与理想模型产出数据集进行比较，对两个数据集的统计关系提出假设，并对其假设真实性进行验证。验证性数据分析与探索性数据分析的主要区别在于，探索性数据分析并没有预先的假设，而验证性数据分析侧重于已有假设的验证（Yu and C.H.，1977）。

由于数据资料内部存在差异性，不可避免的会引起抽样误差，所以在进行验证性数据资料分析时，难以凭借个别样本分析来下结论。验证性数据分析的基本思想是小概率反证法思想。小概率反证法思想是指当某一事件发生的概率很小时，那么这个小概率事件（一般概率小于 0.01 或 0.05）在一次实验中基本上不会发生，一旦小概率事件发生了，则从反面证明原来的假设以及设定的条件是有问题的。在进行假设检验时，需要建立一队相互对立的假设，即原假设和备择假设。通常原假设的内容不需要证明的、没有理由不能轻易否定，备择假设的内容则需要证明的、不能轻易肯定。这样设计假设的理由是为了使用反证法，通过假设有罪来证明无罪，通过假设有问题而证明没有问题。例如，两个变量相关性检验的假设，零假设为两变量不相关，备择假设为两变量相关。假设检验的主要方法包括：卡方检验、t 检验，Z 检验，卡方检验，F 检验。

1）卡方检验，是一种非参数检验方法，在总体方差未知或知道甚少的情况下，利用样本数据对总体分布形态等进行推断。主要是比较两个及两个以上样本的构成比例，以及两个分类变量的关联性分析。实质上就是统计样本的实际观测值与理论推断值之间的偏离程度，偏离程度越大，卡方值越大，反之亦然。

2）Z 检验，一般用于大样本的平均值差异检验。使用标准正态分布的理论来推断差异发生的概率大小，从而得出两个平均数之间的差异是否显著。Z 检验要求总体标准差已知或者样本容量足够大，在一定程度上限制了 Z 检验的应用场景。

3）t 检验，为了弥补 Z 检验应用场景的局限性，t 检验只需要总体满足正态分布，可以使用较少的样本进行均值差异检验。它是用 t 分布理论来推断差异发生的概率，从而判定两个平均数的差异是否显著。

4）F 检验，是检验两个正态随机变量的总体方差是否相等的一种假设检验方法。在使用 t 检验进行两个样本之间比较时，需要判断两个样本的总体方差是否相等，如果方差相等则进行 t 检验，这个过程中涉及的方差是否相等的判断，就需要使用 F 检验。

总结上述数据资料分析方法，描述性数据分析旨在对数据资料进行概括，探索性数据分析侧重于在数据之中发现新的特征，而验证性数据分析则侧重于已有假设的证实或证伪。每一种数据分析方法有各自的特点和适用范围，数据资料分析，要以数据分析的目的为出发点，按照数据资料分析的一般步骤，遵循数据资料分析的基本原则，选择多种合适数据分析方法，多次假设反复检验，提取出数据资料中有用的信息，对分析结果概括总结形成结论，汇集成相互关联的知识体系提供决策支持。

5.1.4　数据资料语义分析方法

语义（semantic）是指数据资源所蕴含的意义。语义不仅要表述事物本质，还要表述事物之间的相互联系、上下位、因果关系等各种逻辑关系。语义分析就是对信息所包含的语义的识别，通过建立一种计算模型，实现信息检索、信息过滤、信息分类和深度挖掘等功能（秦春秀等，2014；　车万翔等，2005；　刘永丹等，2004）。

传统的统计分析方法只能对数据的外部特征进行分析提取，难以深入数据语义内部，造成其在信息检索、潜在知识的挖掘，以及智能化的服务上无法满足应用需求。通过数据资料的语义分析，可以实现对数据内部信息的整体把握和准确理解，进而实现更高层次的知识推理，为后续结果分析和可视化表达提供有力支撑。

语义分析应用不仅仅局限于文本数据，还包括了图片、视频等媒体资源。当然，狭义上语义分析主要是指文本数据的信息挖掘和关联。本文主要论述文本数据的语义分析方法，并对其进行分类说明。按照语义分析的具体实施过程，将其分为基于知识的语义分析和基于统计学的语义分析。

（1）基于知识规则的语义分析

基于知识规则的语义分析是一种基于语言学的语义分析方法，它利用语义知识库中定义好的概念及其相互间的上下位关系等逻辑关系，通过计算两个概念在概念体系中的距离来衡量词语间的语义相似或相关度。语义知识库则是基于规则的语义相似（相关）度计算的基石。知识规则库的建立离不开有效的知识表示方法，常见的知识表示方法有：语义场、语义网络、概念图、知识图谱等。在现有的基于规则的相似（相关）度分析研究中，语义词典是最常用的一种知识规则库。语义词典一般都是将所有的词组织成树状层次结构，词语在树状结构图中的路径长度即为语义距离。

（2）基于统计学的语义分析

基于统计学的语义分析方法是一种经验主义方法，它以代数理论、概率论和统计论等数学理论为基础，建立在可观察的语言事实上。该方法认为两个词语，当且仅当它们处于相似或相关的上下文环境中，这两个词语在语义上才相似或相关。通过对大规模语料库的统计，该方法将词语的上下文信息作为语义相似或相关分析的主要参照依据。因此，语料库是进行语义统计分析的基础资料。常用的语料库包括：美国布朗大学的 Brown 语料库，英国兰卡斯特大学、挪威奥斯陆大学和卑尔根大学共同建立的当代英国英语的 LOB 语料库，以及北京大学《人民日报》语料库、中国科学院自动化研究所的 LDC 语料库、清华大学的现代汉语语料库、哈尔滨工业大学信息检索语料库。现有的基于统计的语义分析研究认为，词语的上下文可以为词语语义相关度计算提供足够的信息。按照数学基础的不同，基于统计的词语语义分析又可分为基于代数理论的相似度分析方法和基于概率论的相似度分析方法。词语向量空间模型是目前基于代数理论的词语相似（相关）度计算中使用比较广泛的一种模型。该模型事先选择一组特征词，计算这组特征词与每个词的相关性，对于每个词都可得到一个相关性的特征词向量，然后利用这些向量之间的相似度作为这两个词的相关度。

数据资料语义分析结果可以利用知识图谱技术进行可视化表达。构建知识图谱将有助于解决科技基础性工作专项中不同主题的异构知识的规范化和形式化组织，实现不同领域知识之间的语义关联、智能推理与检索。

知识图谱是结构化的语义知识组织形式，用于以图形化的网络形式描述物理世界中的概念及其相互关系。知识图谱旨在描述真实世界中存在的各种实体或概念及其关系，构成一张巨大的语义网络图，节点表示实体或概念，边则由属性或关系构成。知识图谱的基本组成单位是"实体-关系-实体"三元组，以及实体及其相关属性-值对，实体间通过关系相互连接，构成网状的知识结构（刘峤等，2016；段宏，2016；曹倩和赵一鸣，2015）。随着人工智能的技术发展和应用，知识图谱已经被广泛应用于智能搜索、智能问答、个性化推荐、内容分发等领域。

知识图谱的关键技术主要包括知识抽取、知识融合、知识表达以及知识推理。

1）知识抽取。即从不同来源、不同结构的数据中进行知识提取，形成知识（结构化数据）存入到知识图谱，主要包括实体抽取、关系抽取和属性抽取。实体抽取也称命名实体识别，是从文本中自动识别出命名实体。实体是知识图谱中最基本的元素，抽取结果的完整性、准确性等将直接影响到知识图谱构建的质量。实体抽取主要有三种方法（徐增林等，2016），基于规则与词典的方法、基于机器学习的方法、面向开放域的抽取方法。基于规则与词典的方法，针对目标实体编写模板，对原始语料进行匹配；基于机器学习的方法，对原始预料进行训练得到模型，然后再使用模型去识别实体；面向开放域的抽取将海量的 Web 语料作为抽取对象，使用迭代等方式进行实体语料库的扩展。

关系抽取是指从文本中抽取出实体和实体之间的关系，从而解决实体间语义衔接的问题。关系抽取的算法可以分为：基于模板的方法和监督学习方法以及半监督/非监督学习方法。基于模板的方法需要人工定义触发词以及基本的依存句法，准确率高、构建方法简单，但仅适用于特定领域、可移植性差；监督学习方法通过对测试数据进行训练，再将训练得到的模型应用到测试集，在测试集与训练集相似度高的情况下，监督分类的准确率会很高，但由于需要大量质量较好的标注数据，训练样本的代价十分昂贵；半监督分类需要少量标注数据，优点是成本低，适合大范围构建，缺点是准确率较低，存在语义漂移的问题；非监督分类则不需要标注数据，一般使用语料中存在的大量冗余信息进行聚类分析，在此基础上抽取关系，但是由于聚类方法本身存在着难以描述关系的问题，非监督分类的抽取效果一般不太理想。

属性抽取则是从文本中抽取出实体的属性信息，例如实体"长江"的"长度""径流量"等属性，从多种数据来源中汇集这些信息，实现对实体属性的完整勾画。由于可以将实体的属性视为实体和属性间的一种名词性关系，因此也可以将属性抽取问题视为关系抽取。

2）知识融合。知识抽取从非结构化和半结构化的数据中获取到大量的实体、关系以及属性信息。但是，这些知识来源广泛，存在着大量的冗余和错误信息，通过知识融合可以实现高层次的知识组织，将不同来源的知识在同一框架规范下进行整合、消歧、加工、推理验证、更新等，消除概念的歧义，剔除掉冗余和错误的信息，从而构建出高质量的知识库。知识融合主要包括实体链接和知识合并两个方面。

实体链接是指对于从文本中抽取得到的实体对象，将其链接到知识库中对应的正确实体对象中（Yang et al.，2013； 王睿，2015； 舒佳根，2015）。实体链接的主要思想是通过将自然语言中的文本与知识库中的条目进行链接，以解决自然语言中同一意义不同表达的多样性问题，以及同一表达不同意义的歧义性问题。解决多样性和歧义性带来的实体链接问题，主要依托实体对齐和实体消歧技术。实体对齐主要是为了消除异构数据中实体冲突、指向不明等一致性问题，解决同一意义不同表达的多样性问题。实体消歧是用于解决同名实体产生歧义问题的技术，通过实体消歧，就可以根据当前的语境，准确建立实体链接。

在构建知识图谱时，除了半结构化数据和非结构化数据以外，还可以使用外部结构化数据作为数据源，如外部知识库和关系数据库。知识合并就是为了实现对外部结构化数据的合并处理，主要分为两种：合并外部知识库以及合并关系数据库。合并外部数据库又包括数据层的融合和模式层融合两个方面，数据层融合是指对实体的指称、属性、关系以及所属类别的融合；模式层融合是指将得到的本体融入已有的本体库。合并关系数据库实质上就是将企业或者各机构的关系型数据库中的结构化数据转换成 RDF（资源描述框架）三元组的形式，再将其融入知识图谱。

3）知识加工。通过实体链接后，可以得到一系列的基本事实表达或初步的本体雏形，但是这些事实还并不等于是知识，它只是知识的基本单元。要抽象出更高质量的知识体系，形成对知识的同一管理还需要对知识进行加工。知识加工主要包括本体构建和质量评估两个方面。

本体是共享概念模型的明确形式化规范说明（Studer et al.，1998），主要是用来描述某个领域内的概念和概念之间的关系，具有共享化、明确化、概念化和形式化的特点。本体在知识图谱中的地位相当于知识库的模具，通过本体库而形成的知识库不仅层次结构较强，并且冗余程度低。本体构建通常有人工、自动和半自动三种方式。人工构建本体的方法通常由大量的领域专家相互协作完成，由领域专家讨论决定领域内的相关概念以及概念关系的表达；自动构建本体通常被称为本体学习，目标是利用知识获取技术、机器学习技术以及统计分析技术等从数据资源中自动地获取本体知识，从而降低本体构建的成本；半自动构建本体介于人工构建和自动构建本体之间，对于大多数领域而言，完全自动化构建本体难以实现，通常在自动构建本体中，还需要用户参与指导。

质量评估也是知识库构建技术的重要组成部分，它的意义在于可以对知识的可信度进行量化，通过舍弃置信度较低的知识来保障知识库的质量。质量评估可以分为人工质量评估、半自动质量评估以及自动的质量评估三种。人工质量评估是指用户根据自身业务需求灵活定义质量评估函数，可以基于多种评估方案进行综合考量确定最终的质量评分；半自动质量评估是指用户对样本数据的实体关系三元组进行标注，并以此作为训练集，通过机器学习算法得到拟合模型，再以此模型评价知识库的质量。对于用户贡献的知识评估，与通过信息抽取获得的知识评估应该采用不同的方法。谷歌提出了一种依据用户的贡献历史和领域，以及问题的难易程度进行自动评估用户贡献知识质量的方法。用户提交知识后，该方法可以立刻计算出知识的可信度（Tan et al.，2014）。

4）知识推理。知识推理是指在知识库的基础上进一步挖掘隐含的知识，经过计算机推理，建立实体间的新关联，扩展和丰富知识库。知识推理是知识图谱构建的关键一环，通过知识推理可以发现新的知识。知识推理不仅应用在实体间，还可以应用于实体的属性、本体的概念层次关系等。知识推理根据是否与业务相关，可以分为基于规则的推理和基于算法的推理。

基于规则的推理主要是通过业务本体框架中的相关约束来做相关的推理，如类别推理、属性推理等。规则在这里就是一组条件，通常是 IF-THEN 结构。一条规则可与其他规则共同决定最终结果，也可能出现条件相互交叉的规则，这时就需要规定规则的优先级别。

基于算法的推理主要包括：基于路径的建模、分布式表示学习、基于神经网络的推理，以及混合推理。推理算法获得的结果通常具有不确定性，只是一种预测的可能性。基于算法的推理，依据知识库中的三元组关系作为训练集和测试集，三元组里面的实体通过关系相互连接，通过训练得到一个用来计算实体或关系之间关联度的评分函数，再通过评分函数对测试集三元组进行评估打分，最后得到一个评分排名。

作为数据融合与链接的纽带，知识图谱以其强大的关系表达能力弥补了传统统计学在语义分析上的不足。在数据分析中，知识图谱可以作为一个全局的知识库，支持数据的处理、加工、关联、存储，实现数据的推理分析和语义检索。知识图谱作为人工智能的重要组成，在未来的发展中，知识图谱会应用在更多的科学研究领域，创造出更大的应用价值。

5.1.5　数据资料空间分析方法

空间分析是指利用地理空间相关的拓扑关系、几何关系、度量关系等来分析地理现象、地理对象的空间格局、时空演替规律及状态的一种方法。

空间分析方法可以用于科技基础性工作专项项目实施单位、研究对象区域特征的分析，为今后专项项目的组织提供参考。更重要的是，空间分析方法应用于数据资料层面，则可以将不同学科、不同年份、不同区域的空间数据进行整合，形成一个长时空序列、跨学科领域的综合数据集，开展数据资料空间分布格局、时间变化趋势，以及时空演替规律的研究。常用的空间分析方法包括：空间叠置分析、空间聚类分析、缓冲区分析、空间插值分析等。

（1）空间叠置分析

叠置分析是将不同图层的地图要素进行叠置产生一个新的要素图层的操作。新要素综合了原来多层要素所具有的空间和属性特征。叠置分析往往涉及逻辑交、逻辑并、逻辑差等基本运算。按照叠置分析对象的数据类型，可以将其划分为矢量数据叠置分析和栅格数据叠置分析。矢量叠置分析需要将不同图层的图斑要素进行相交计算，然后再重新建立拓扑关系。栅格数据叠置分析主要是对相同位置网格单元的属性进行代数运算或者逻辑运算，赋予每个栅格单元新的属性。开展矢量或栅格数据叠置分析的不同图层，需要在相同空间基准（相同的投影、坐标系）及其空间比例尺或分辨率的基础上进行。

（2）空间聚类分析

空间聚类是指根据指定的属性，将空间数据对象进行类别（簇）的划分。地理对象在同一个类别（簇）中具有较高的相似度，在不同簇中表现为较大的差异性。空间聚类可以被视作是无监督分类应用在空间数据上的分析方法，仅从空间数据对象的特征出发，不需要先验知识，实现空间数据对象类别划分。主要的空间聚类算法包括四种：基于划分的聚类算法、基于层次的聚类算法、基于密度的聚类算法、基于神经网络的聚类算法。

（3）缓冲区分析

缓冲区分析是指根据给定的距离，在点、线、面等空间对象周围建立一定宽度多边形区域的分析方法，用来分析地理对象在指定距离内的影响范围。缓冲区分析是空间数据分析的重要方法，在交通、资源、环境治理、城市规划和生态领域得到了广泛的应用，例如水源地保护区范围的划定、自然保护区（核心区、实验室、缓冲区的划定）、污染物扩散范围、城市垃圾站选址等。不同特点的空间数据在进行缓冲区分析后得到的结果也不同——基于点要素的缓冲区分析，通常是以点为圆心，以指定的缓冲区范围为半径的圆形；基于线要素的缓冲区，通常是以线为轴线，距离中心轴线一定距离的平行条状多边形；基于面状要素的缓冲区，则是由向内或者向外扩展一定距离生成的新多边形。

（4）空间插值分析

空间插值是利用已知点的属性值估计其他未知点属性值的过程，常用于将离散点数据转换为连续面数据，以便与其他空间面数据的叠加计算分析。空间插值又可以分为空间内插和空间外推两种形式。空间内插是在已观测点的区域估计未观测点数据的过程，空间外插是在已观测点区域外估计未观测点数据的过程。空间插值的理论建立在空间自相关的基础上，空间位置上越靠近的点，其特征就越具有相似性，距离越远的点，其特征相似性就越小。空间插值分析主要方法有：克里金插值、样条函数插值、反距离加权插值、全局多项式插值等。

5.2　非资源环境领域项目分析

5.2.1　非资源环境领域项目现状分析

科技基础性工作自 1999 年启动以来，在非资源环境领域设置了大量项目，这些项目不仅类型复杂、时间跨度大，且项目承担单位分布于全国各地。本书从项目类型、立项年度、项目承担单位所在区域、项目研究对象的时空分布等多个维度对非资源环境领域科技基础性工作立项情况进行分析。

（1）项目类型分析

1999～2011 年科技基础性工作专项非资源环境领域项目共计 229 个，涉及科学考察与调查、科学规范与标准物质、志书/典籍编研、科技资源整编与图集等多种类型。其中，科学考察与调查类项目占 26%，科学规范与标准物质类项目占 30%，志书/典籍编研类项目占 14%，科技资源整编与图集类项目占 30%，具体如图 5-2 所示（注意，有些项目同时覆盖了多种类型）。

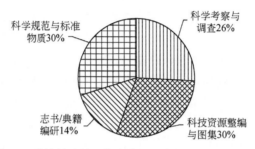

图 5-2　科技基础性工作非资源环境领域项目类型分析

（2）立项年度分析

1999～2011 年，科技基础性工作专项非资源环境领域的立项项目数量并不均衡。2000 年，立项项目数量最多为 55 个；其次是 2001 年的 35 个；然后是 2002 年的 28 个，2007 年的 24 个，而 2003 年是所有年份中项目数量最少的一年，仅为 1 个。各年份项目数量分布情况如图 5-3 所示。

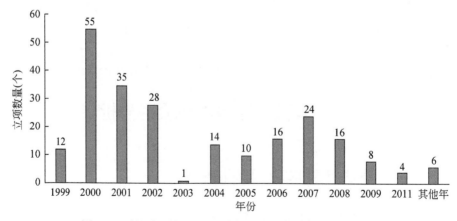

图 5-3　科技基础性工作非资源环境领域每年立项数量分析

（3）项目承担单位所在地分析

科技基础性工作专项非资源环境领域项目承担单位分布于全国范围，其中大部分项目由北京、上海、江苏、浙江、云南、黑龙江等的省、自治区、直辖市的高校、研究所承担。其中，北京地区所承担的项目占90%以上，全国其他省、自治区、直辖市承担的基础性工作项目数量较为均匀，具体分布情况如表5-1所示。

表 5-1　项目承担单位与项目数量统计

项目承担单位 所在地区	项目数量	项目承担单位 所在地区	项目数量	项目承担单位 所在地区	项目数量
北京	162	广西	1	云南	6
上海	5	山东	4	甘肃	2
重庆	1	四川	2	江苏	8
天津	3	辽宁	2	宁夏	2
黑龙江	5	天津	3	湖南	1
海南	1	湖北	3	河南	3
浙江	6	陕西	4	广东	3
内蒙古	1	吉林	1		

（4）项目研究对象时空特征分析

科科技基础性工作非资源环境领域所有项目的研究对象时间跨度约为 20 年左右，空间上基本涵盖了全国的典型区域，如华南、华北、西北、东北，以及南方丘陵、青藏高原、秦巴山、荒漠草原、喀斯特石漠化地区等。具体分布情况如图 5-4 所示。

5.2.2　非资源环境领域项目共词分析及图谱构建

科技基础性工作专项非资源环境领域项目蕴含着丰富的语义信息，不同项目之间具有时间、空间、要素内容等方面的语义关联性。如"森林植物种质资源收集、保存与编目（2001DEA10002）"和"林业微生物菌种的收集、整理和保藏（2001DEA10004）"两个项目属于同一项目类型（科技资源整编与图集），要素内容上涉及科技实物资源（植物种质资源和微生物资源）的收集、保存等。利用关联数据、知识图谱等技术，可以实现不同项目在语义层面的多维关联，有助于提升项目信息的检索精度，而且还能从多个角度直观展示出各类项目的基本情况，从而为基础性工作项目管理、数据共享及其利用等提供服务和支撑。

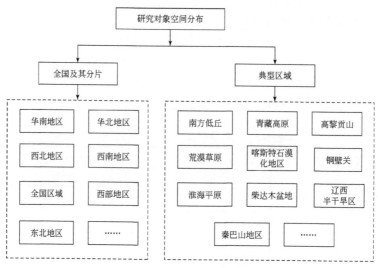

图 5-4　项目研究对象空间分布

为此，本书通过挖掘分析项目隐含的语义信息，利用图数据库技术（Neo4J）从立项时间、项目类型、主管部门等多个方面（可关联和构建的图谱类型较多，限于篇幅，仅考虑部分图谱），构建项目知识图谱（图 5-5～图 5-7）。

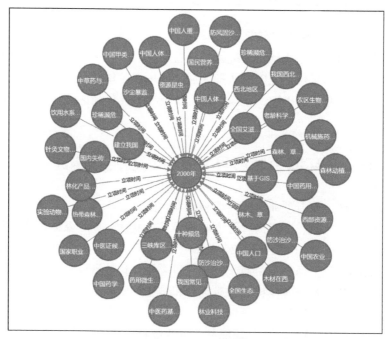

图 5-5　基于相同立项时间（2000 年）的项目图谱

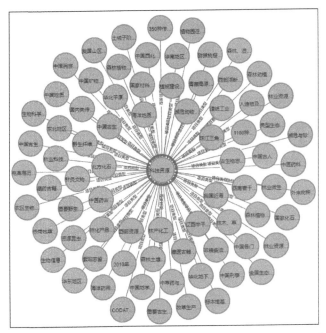

图 5-6 基于相同项目类型（科技资源整编与图集）的项目图谱

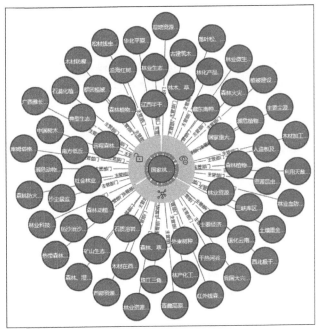

图 5-7 基于相同主管部门（国家林业局）的项目图谱

图 5-5 为基于相同立项时间（2000 年）的项目图谱。利用立项时间将同一年份的项目进行关联及其可视化展示，不仅有利于准确掌握历年项目立项情况，还能实现特定年份内项目的快速查找与回溯。

图 5-6 为基于相同类型（科技资源整编与图集）的项目图谱。同一类型项目涉及的一些技术方法往往具有一定的相似性和通用性，将同一类型项目进行关联和可视化展示，能快速、准确地获取到涉及类似技术方法的项目，进而在一定程度上为后续同类型项目的开展提供技术参考与支撑。同时，可以准确掌握同一类型已立项项目已经开展过的工作成果，为下一步该类型项目的立项提供支撑。

图 5-7 为基于相同主管部门（国家林业局）的项目谱图。将属于相同主管部门的项目进行关联和可视化，有利于主管部门把握下属单位承担的项目情况，更好地督促项目执行及其完成日常管理等相关工作。同时，可以看出不同主管部门立项项目的对比与关联。

5.3 非资源环境领域项目数据分析

5.3.1 非资源环境领域项目数据现状分析

经过多年的支持，基础性工作专项，在地质、地球物理、农业、林业、人口健康等非资源环境领域已经积累了大量的数据资料。这些数据资料在类型、区域范围、要素内容等方面存在一定差异性和多样性。为了帮助用户快速了解科技基础性工作非资源环境领域项目的数据资源情况，本书从数据类型、数据资源的时空特征、数据要素内容等方面对其现状进行分析。

（1）数据类型分析

科技基础性工作专项非资源环境领域项目产生的数据集共计 1004 个，涉及科学数据、文献资料、软件工具以及多媒体等多种类型。其中：文献资料占比最高为 77%，其次是科学数据占 13%，多媒体占 6%，软件工具占比最少为 4%，不同类型的数据集占比如图 5-8 所示。

（2）数据资源时空特征分析

科技基础性工作专项非资源环境领域项目数据资源的时空范围差异较大。时间上，既有短时间范围的数据资源，如"2012 年中国植物引种栽培及迁地保护的现状与展望"，也有长时间范围数据集如"民族医药科技发展现状与对策文献资料（公元前～2014 年）"；空间上，不仅有全国范围、典型区域的，还有涉及欧美等国外区域的数据集。

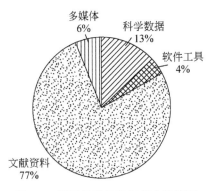

图 5-8 不同类型的数据集占比情况

（3）数据要素内容分析

科技基础性工作专项非资源环境领域项目产生的数据资源涉及的对象要素丰富。既有医学领域的微生物基因组、蛋白质序列、蛋白质结构等，也有农业领域的茶树虫害、棉花病虫害、食用菌等，林业领域的森林资源、土壤、植物标本等，还有地球物理领域的固体潮、地壳应力、地震波、电离层，地质领域的地层剖面、孢粉、古生物等。不同数据资源要素内容的数据情况如图 5-9 所示。

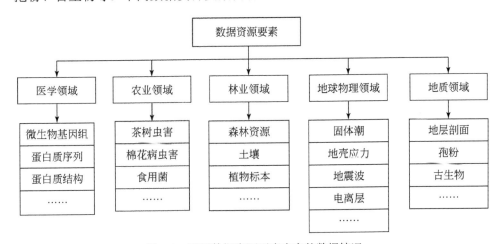

图 5-9 不同数据资源要素内容的数据情况

5.3.2 非资源环境领域项目数据共词分析及图谱构建

基础性工作专项非资源环境领域数据与项目类似，同样隐含着丰富的语义信息，甚至比项目信息的语义丰富得多，数据之间存在很强的语义关联性。例如，不同数据集具有相同的数据源，如："中国典型县社会经济数据"和"黄土高原社会经济数据"都源于"1996—2013 年中国统计年年鉴"；不同数据涉及的区域范围存在空间相关性，如："长三角1∶10万土地利用数据"和"江苏省1∶10万土地利用数据"中涉及的"长三角"跟"江苏省"具有空间包含关系；不同数据所涉及的专题要素属于同一类别等。这些语义关系，对于消除"数据资源孤岛"，实现数据关联，推动数据共享与利用都具有重要意义（Zhu et al.，2017）。

因此，本书利首先用自然语言处理、数据挖掘等技术手段，提取数据语义信息，然后结合数据关联、知识图谱等技术，建立不同数据资源之间的链接，最终形成数据资源图谱（数据资源可关联的类型较多，限于篇幅，仅列出部分示例图 5-10～图 5-12）。

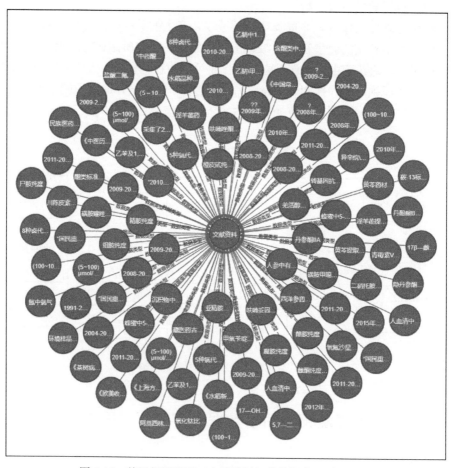

图 5-10　基于相同类型（文献资料）的数据资源图谱示例

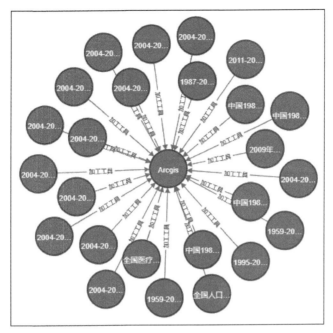

图 5-11　基于相同加工工具（Arcgis）的数据资源图谱示例

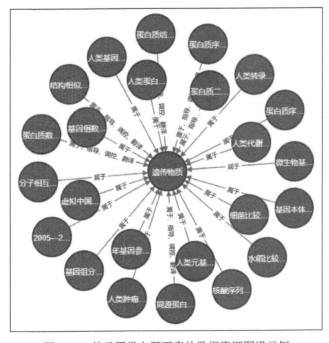

图 5-12　基于同类专题要素的数据资源图谱示例

图 5-10 为基于相同数据类型的数据资源图谱。将同一类型（如文献资料）的数据资源进行关联和可视化，能够为同类型相关应用研究如文本挖掘与分类、自然语言处理等提供重要的数据源，其他类型数据资源之间构建关联也具有类似的用途。

图 5-11 为基于相同加工工具的数据资源图谱。将使用相同加工工具、相同或类似算法、模型（如图 5-10 中的 Arcgis 工具）的数据资源进行关联和可视化，能够有效地将数据资源推荐给致力于模型、算法研究的用户，使其不必浪费大量时间去寻找使用相同、类似或相关工具、模型、算法的数据，只需专注于研究本身，这对于模型、算法用户及相关研究人员而言具有重要意义。

图 5-12 为基于同类专题要素的数据资源图谱。同类专题要素（如基因/基因组、蛋白质、核酸序列等都属于遗传物质范畴）的数据资源通常满足用户的第一检索意图（即大部分用户查找数据时都以数据的专题要素作为检索词），将其进行关联和可视化，不仅能够使用户获取更多满足其需求的数据资源，而且还能揭示当前系统或平台内同类专题要素的数据资源情况，进而提升用户的检索体验。

参 考 文 献

曹倩，赵一鸣. 2015. 知识图谱的技术实现流程及相关应用. 情报理论与实践，38（12）：127-132.

车万翔，刘挺，李生. 2005. 浅层语义分析. 全国计算语言学联合学术会议.

段宏. 2016. 知识图谱构建技术综述. 计算机研究与发展，53（3）：582-600.

何乐. 2017. 数字环境下我国文献编目工作的变革与创新研究. 南昌：南昌大学硕士学位论文.

赫元萍，唐雅萍，徐敏. 2009. 环境监测实验室标准物质的分类和管理. 环境监测管理与技术，
　21（4）：70-72.

贾俊平. 2010. 统计学基础.北京：中国人民大学出版社.

梁前德. 2009. 基础统计.北京：高等教育出版社.

刘峰峰，孙更新. 2015. 我国图书馆编目规则发展简史. 图书馆理论与实践，（12）：23-27.

刘峤，祝婷，赵捧未，等. 2016. 知识图谱构建技术综述. 计算机研究与发展，53（3）：582-600.

刘永丹，曾海泉，李荣陆，等. 2004. 基于语义分析的倾向性文本过滤. 通信学报，25（7）：78-85.

秦春秀，祝婷，赵捧未，等. 2014. 自然语言语义分析研究进展. 图书情报工作，58（22）：130-137.

舒佳根. 2015. 中文实体链接研究. 苏州：苏州大学硕士学位论文.

王睿. 2015. 实体链接的研究与实现.　北京：北京邮电大学硕士学位论文.

徐增林，盛泳潘，贺丽荣，等. 2016. 知识图谱技术综述. 电子科技大学学报，45（4）：589-606.

杨雅萍，白燕，夏乐芳，等.2019a.国家科技基础性工作专项资源与环境领域项目成果编研（上
　册）.北京：科学出版社.

杨雅萍，白燕，夏乐芳，等.2019b.国家科技基础性工作专项资源与环境领域项目成果编研（下
　册）.北京：科学出版社.

于亚东，刘媛. 2010. 标准物质新老定义的理解与比较. 化学分析计量，19（4）：4-8.

曾伟忠，何乐. 2015.《中国文献编目规则》（第 2 版）与 ISBD（统一版）、AACR2R-2002 著录
　方式比较. 图书馆建设，（6）：48-51.

张伟. 2003. 基础统计学.西安：西北大学出版社.

赵文龙，李冬青. 2004. 浅析标准物质的用途及作用. 中国计量，（10）：65-66.

郑振华. 2011. 统计学基础与应用. 北京：北京交通大学出版社.

诸云强，宋佳，李威蓉，等.2019.科技基础性工作数据汇交与整编模式、标准.北京：科学出版社.

Behrens J. 1997. Principles and procedures of exploratory data analysis. Psychological Methods，（2）：
　131-160.

Li Y，Wang C，Han F，et al.2013.Mining evidences for named entity disambiguation.Proceedings of
　the 19th ACM SIGKDD international conference on Knowledge discovery and data mining.ACM：
　1070-1078.

Mann P S. 2007. Introductory Statistics 7th Edition. Hoboken：John Wiley & Sons.

Studer R，Benjamins VR，Fensel D.1998. Knowledge engineering：Principles and methods. Data and Knowledge Engineering，25（1-2）：161-197.

Tan C H，Agichtein E，Ipeirotis P，et al. 2014. Trust，but Verify：Predicting Contribution Quality for Knowledge Base Construction and Curation. New York：the 7th ACM international conference on Web search and data mining.

Tukey J W. 1980. We Need Both Exploratory and Confirmatory. The American Statistician，34（1）：23-25.

Yu C H.1977.Exploratory data analysis. Methods，2：131-160.

Zhu Y Q，Zhu A X ，Song J ，et al. 2017.Multidimensional and quantitative interlinking approach for Linked Geospatial Data. International Journal of Digital Earth，10（9）：923-943.